卓越系列·21世纪机电大类专业精品规划教材

机械制图（第2版）

主　编　赵秀玲　卢建源　李龙泉
副主编　刘迅之　宋全胜
参　编　张　虹　于剑斌　方　力　张林琳
　　　　张国刚　张　伟
主　审　上官家桂

内容简介

本书是专门为高职高专院校、应用型本科院校机械类专业和近机类专业编写的教材。其内容包括:机械制图的基本知识、绘图工具和机械制图国家标准的基本规定、轴测图、立体三视图的画法、零件的视图表达方法、标准件和常用件、零件图和装配图。

本书也适合工程技术人员和相关技术工人使用。

图书在版编目(CIP)数据

机械制图/赵秀玲,卢建源,李龙泉主编.—天津:天津大学出版社,2010.9(2024.8重印)

(卓越系列)

21世纪高职高专精品规划教材

ISBN 978-7-5618-3591-3

Ⅰ.①机… Ⅱ.①赵… ②卢… ③李… Ⅲ.①机械制图—高等学校:技术学校—教材 Ⅳ.①TH126

中国版本图书馆CIP数据核字(2010)第162299号

出版发行 天津大学出版社
地　　址 天津市卫津路92号天津大学内(邮编:300072)
电　　话 发行部:022—27403647　邮购部:022—27402742
网　　址 www.tjupress.com.cn
印　　刷 廊坊市瑞德印刷有限公司
经　　销 全国各地新华书店
开　　本 185mm×260mm
印　　张 17
字　　数 422千
版　　次 2010年9月第1版　2013年9月第2版
印　　次 2024年8月第6次
定　　价 45.00元

前　言

机械制图是工程技术界的共同语言，设计人员用图样来表达设计思想，工人依据图样进行生产，部门之间用图样进行技术交流。所以，人们把机械制图比喻为工程技术界的共同语言。其主要内容是零件图和装配图。零件图是用来表达零件的形状、大小和技术要求的图样；装配图用来表达机器或部件的工作原理、传动路线、各零件之间的配合关系及主要零件形状的图样。

机械制图是一门涉及诸多内容的综合性课程，以零件图为例，它不但涉及许多国家标准，例如图纸、幅面、比例、字体、线型、尺寸标注等，还涉及其他许多课程内容，例如工程材料、公差配合和技术测量、机械加工工艺、机械零件设计等。所以要学会画图和读图就必须了解这些相应的知识和技能。

本书不同于其他同类教材，有以下特点。

1. 零件图是根据工作过程需要来组织教学内容的，即在学习时以图样为载体，图样上出现什么问题，就学习什么问题，其优点是学习时有了“抓手”，容易使学生产生学习动力和兴趣，而动力和兴趣是学习好一切知识和技能的前提条件。在读图时能做到勿需查阅其他参考书，方便了现场工作人员。本书有些内容本不属于机械制图的范畴，例如形位公差的检测与解释、零件的参考工艺、金属材料、热处理等的解释，但因现场工作人员的需要，我们还是把它们收编了进来；同样，本书对于一些相同形位公差的检测与公差带解释曾重复出现，还有一些其他内容也重复出现过，亦是为了满足现场工作人员的需要而为之的。

2. 由于“理论认识依赖感性认识”的认识事物的普遍规律，本书学习点、线、面的投影和学习立体的投影密切结合在一起，其优点是使点、线、面和立体有机地联系了起来，体现了“理论认识依赖感性认识”的普遍规律。从视图表达要求既“完整”又“清晰”这一对矛盾出发引出了剖视图、断面图、规定画法和简化画法；从提高画图、读图的工作效率的角度出发，引出了螺纹的规定画法、螺栓、螺钉、双头螺柱连接、螺旋弹簧、齿轮、齿轮啮合的规定画法、比例画法；引出了滚动轴承的表示法。使学生认识到这些规定是有原因、有道理的，学习这些知识、技能、方法是有用的。

3. 本书以模块为单位编写，每学习完一个模块就具备了一定的专门知识、掌握了一定的专门技能，形成了一定的能力，将本书的全部知识和技能迭加、融汇、贯通、迁移就将形成了较强的读图和画图能力。

4. 对于机械制图的重要方法，例如组合体的画图方法、读图方法，零件图的画图方法、读图方法，选择剖视图的依据；规定画法，例如螺纹的规定画法、齿轮的规定画法。为了便于读者的理解、记忆和应用，作者编了一些“顺口溜“，目的当然是为了快速、牢固地记住并合理地应用它们。

5. 每个模块开始，一般均给出了认知、技能和情感诸方面的学习目标，体现了重点培养、全面提高高职学生职业素质和实践能力，特别是培养使他们具有高尚职业道德的目的。

6. 和本书配套有《机械制图习题集》，它内容新颖、形式独特，尤其是在读图方面，更是特色独具，令人耳目一新。其内容、题目、方式、方法非常有利于高效培养学生的的读图，尤其是读装配图的能力。

7. 高职和应用本科的教育目标与普通高校有明显的不同，要实现三个转变：将传统的以教材为中心向以岗位要求的知识、技能、职业素质为中心转变；将以教师为中心向以学生为中心转变;将以课堂为中心向以工作过程为中心转变。对机械制图课程教学而言,要把培养学生的画图、读图能力并重,向培养学生的读图能力为主转变。

8. 学习方法。学习机械制图的最终目的是学会读图和画图 ,为此除掌握相关的基本知识和技能外,要从空间立体到三视图,即从三维到二维,再由三视图回到空间立体,即从二维回到三维,反复练习。要看,看机械零件、看模型、看轴测图,并结合它们看三视图。要思,思考怎样把三维的立体表达为三视图,怎样把二维的视图转换为三维的立体。要不耻下问,问同学、问老师、问有一技之长的人。

9. 和本书配套还有零件测绘、形位公差检测及各个模块的课件,习题集答案,为高效学习本课程提供了可靠、有力、先进手段。本书后续配有多媒体课件,索取邮箱为 hxj8321@126. com。

本书是为高职高专、应用型本科院校机械类和近机类专业编写的教科书,也适用于一线工作者自学之用,还可作机械工程技术人员的参考书。

以工作过程需要为导向来组织机械制图的教学内容的编写是一种尝试,缺点、错误在所难免,而且会不少;褒贬不一的反映也是预想得到的,但我们认为它是一个大方向,应该去尝试。如承蒙读者指出,我们将非常感谢。

在编写本书过程中,曾得到天津中德职业技术学院副院长、教授吕景泉、机械工程学院院长陈宽,副院长杨中立,天津大学出版社的大力支持,得到王笑娜同学的诸多帮助,在此表示感谢!

编者　2013 年 4 月

目　　录

模块一　机械制图的基本知识

学习目标

1. 知道机械制图中出现的几种图的特点和用处；

2. 知道三视图的形成过程，牢记并能熟练应用三视图的对应关系、位置关系和方位关系；

3. 牢记并理解正投影的基本性质；

4. 对于刚进入高职院校的学生而言，机械制图是一门新课程，授课时教师必须向学生强调它的重要性，其重要性将伴随其终生工作，以此唤起学生对该课的重视。

1.1　表达立体的几种图

1. 轴测图（立体图）

立体有长、宽、高三个方向的形状，在同一张图上如果能够同时全部表达它们，就比较直观，有立体感。图 1－1(a)所示是个长方体，它由三对大小不同的平面组成；图 1－1(b)所示是个圆柱体，它的周围是圆柱面，两端面是圆形平面。如果立体的三个方向的形状能在同一个图中表达，便能看出它的大概形状，这样的图形就叫立体图，立体图在机械制图中叫轴测图。它不仅形状失真，长方形变成了平行四边形，圆形变成了椭圆形，而且比较难画，所以在机械制图中应用较少，仅作为辅助图样来使用。

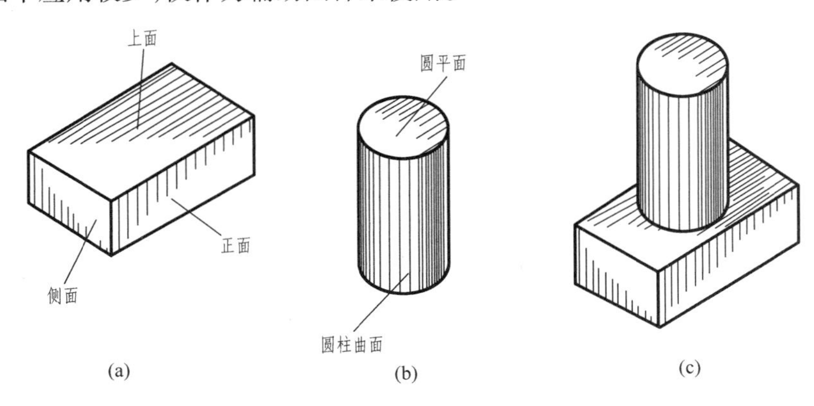

图 1－1　轴测图

(a)长方体　(b)圆柱体　(c)长方体和圆柱体的组合体

本书中采用了一些轴测图，目的是利用它的直观性优点，作为辅助图样和视图对照，帮助学生理解视图与立体图间的相互转化，即由平面到空间、再由空间回到平面的转化。在读轴测图时，要注意以下几点。

1）轴测图上的平行四边形，一般反映的是立体上的长方形或正方形。

2）轴测图上的椭圆，一般反映的是立体上的正圆。

3）视图中的每一个“线框”（封闭的几何图形）都表示立体上的一个面，要能根据这些

“线框”读懂立体的形状，还要读懂这些“线框”表示的是立体哪个方向的形状。这样，脑子里才会有立体感，也才能弄明白整个立体的形状。

2. 视图和剖视图

(1)视图

轴测图失真，那么怎样才能使画出的图形不失真呢？实践证明，正对着立体去看，画出的图形就不会失真。如图1－2(a)所表示的立体，把它横拿在手中，正对着看去，就看到长方体的窄平面和圆柱体前半部的曲面，画出来的图形如图1－2(a)所示；再把这个立体向右翻转90°后正对着看，画出来的便是图1－2(b)所示的图形。每一个图形能正确反映出立体某一个方向的形状，如果把这两个图结合起来读，整个立体的形状就完整而又准确地表示出来了，见图1－3。

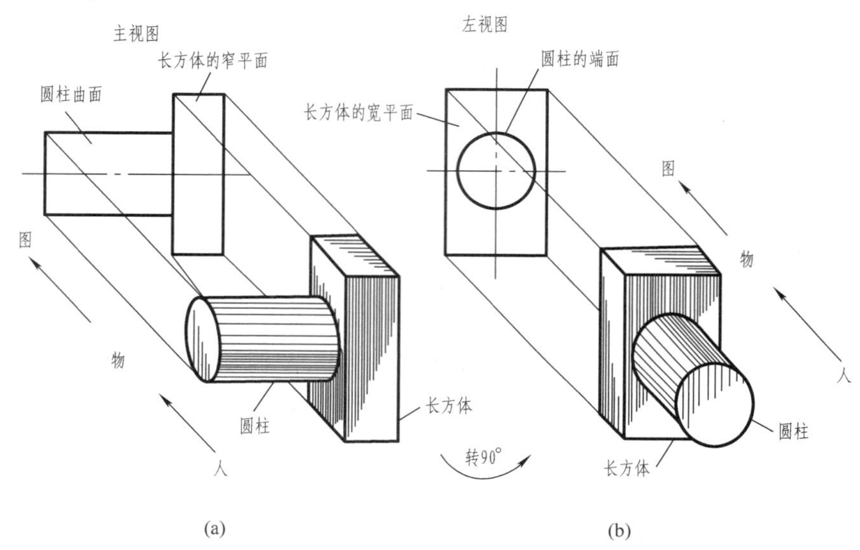

图1－2 视图是怎样得来的

(a)横拿正看 (b)翻转90°后正看

这种正对着立体去看，画出的图形叫视图。机械图就是用视图来表示机件形状的。

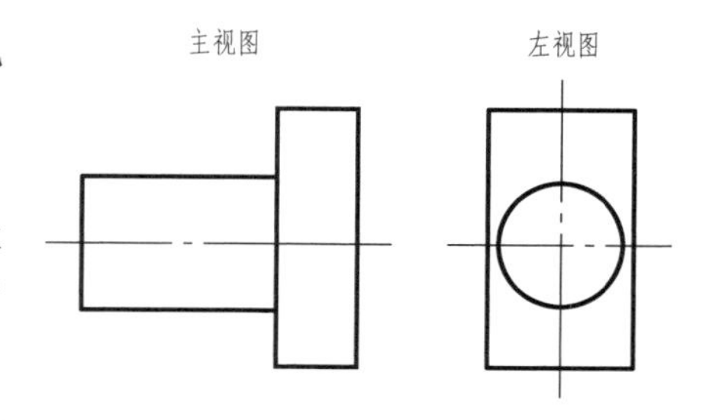

图1－3 把两个视图结合起来看

(2)剖视图

生产上要求视图能完整、正确、清晰地表示立体的形状。当需要清楚地表达立体的内部形状时，可假想用剖切平面把立体切开，拿走前面部分，画出留下部分的视图，并在切口上(假想立体与剖切平面接触到的部位)画上剖面符号(当材料是金属时，画成间隔相等，方向相同并且与水平线呈45°夹角相互平行的细实线)，这种图形叫做剖视图，见图1－4。

视图和剖视图结合能够完整、清楚地表示立体的内、外形状，但一般要用几个视图来表示，立体感较差，不如立体图那样直观、易懂，因此，我们要着重学习视图的画法和投影规律，以便掌握它的读图和画图的技能。

3. 机械图(包括零件图和装配图)

(1)零件图

视图和剖视图用来表示立体的内、外形状,但仅有它们还不能用于生产。图1－5所示的图样不仅用视图表示零件的形状,还用尺寸来表示它的大小,用符号或文字来说明它的技术要求,在标题栏中还说明了零件的名称、比例、材料、数量等等,这种图样叫零件图。见图1－5。

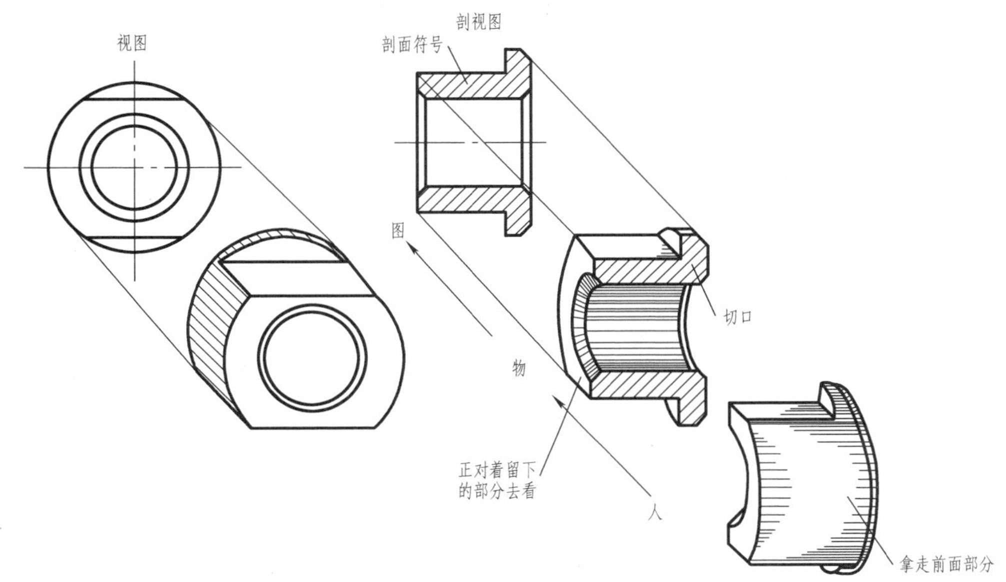

图1－4　轴套的视图和剖视图

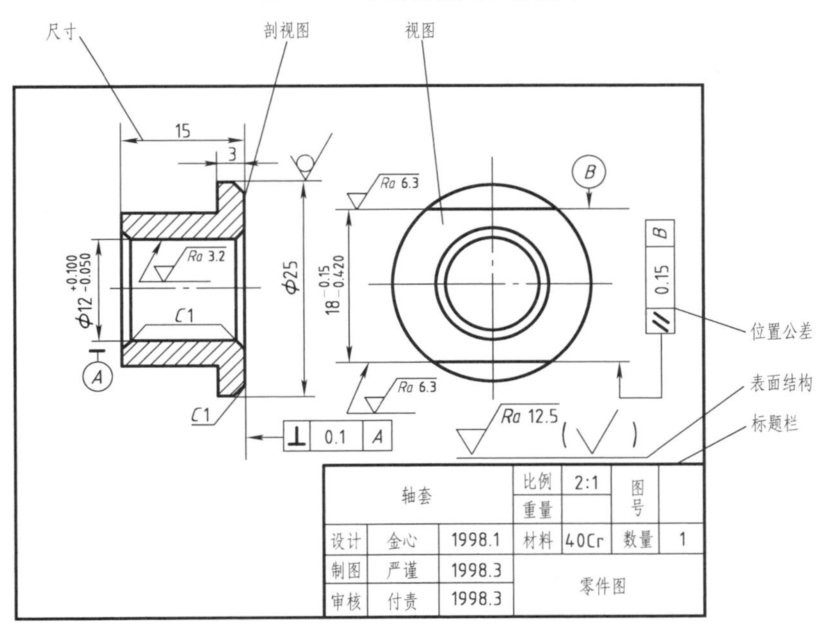

图1－5　零件图

(2)装配图

图1－6所示的图样是把一定数量的零件,按设计要求装配在一起,以表达部件或机器的工作原理、零件的相对位置及配合关系和主要零件形状的图样,这样的图样叫装配图。

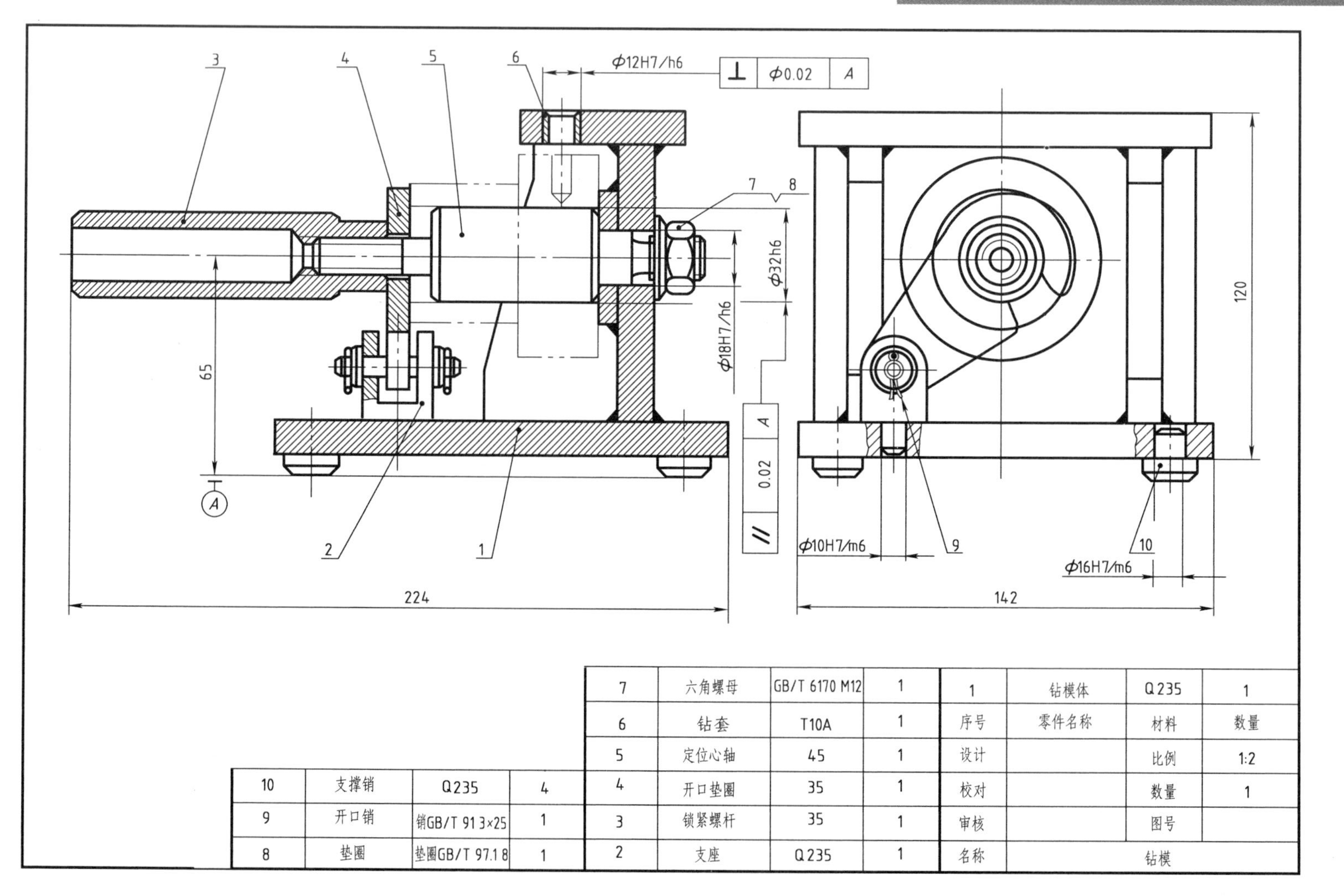

10	支撑销	Q235	4	4	开口垫圈	35	1	校对		数量	1
9	开口销	销GB/T 91 3×25	1	3	锁紧螺杆	35	1	审核		图号	
8	垫圈	垫圈GB/T 97.1 8	1	2	支座	Q235	1	名称	钻模		

7	六角螺母	GB/T 6170 M12	1	1	钻模体	Q235	1
6	钻套	T10A	1	序号	零件名称	材料	数量
5	定位心轴	45	1	设计		比例	1:2

图1-6　钻模装配图

1.2 三视图的形成及其相互关系

正对着立体去看得到的图形叫正投影图。在正投影图中，立体的立体感消失殆尽，固有的层次消失了，变成了平面图形，就像层次分明的高山、大河、平原、峡谷在一些地图上全部都变成了违背人们视觉习惯的平面图形，增加了读图的难度。

1. 三面投影体系

立体在一个方向的投影具有片面性，如果我们从多个方向看，得到立体在多个方向的投影，读图时将他们联系起来分析、想象就能消除片面性，确定立体的真实形状。一般画出立体三个方向的视图就能做到这一点。为此，人们设立了三面投影体系，它由三个相互垂直的投影面组成。三个投影面的名称、代号、投影轴和三轴的交点见图 1－7。

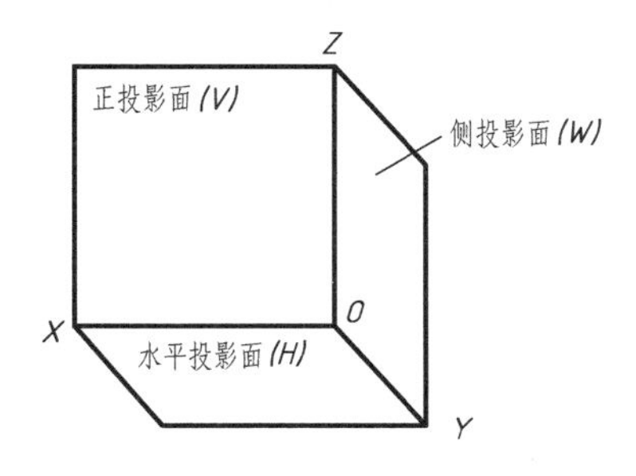

图 1－7　三面投影体系

2. 三视图是如何得来的

将机械零件 V 型块放进三投影面体系中，假想将其悬空，而且使 V 型块表面与投影面平行，就是把物体“摆正”来看，见图 1－8(a)。

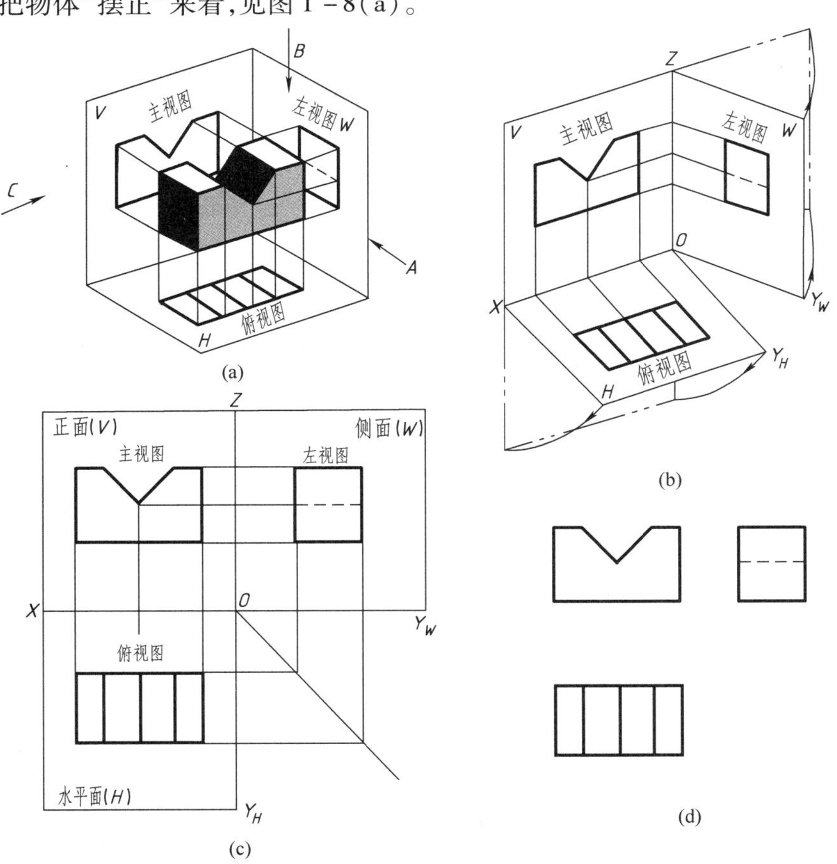

图 1－8　三视图的形成

(a)立体向三个相互垂直的投影面投影　(b)投影面展开

(c)展开后的三视图位置　(d)三视图

按箭头 *A* 所示方向，由前向后正对着 *V* 型块看，在正面上得到的投影叫主视图；*V* 型块不动，改变观察者的方向，按箭头 *B* 所示方向，由上向下正对着 *V* 型块看，在水平面上得到的投影叫俯视图；同样，按箭头 *C* 所示，由左向右看，在左侧面上得到的投影叫左视图。画图时，立体看得见的轮廓线画粗实线，看不见的轮廓线画虚线。

3. 三视图的关系

三视图有三种关系，分别是对应关系、方位关系和位置关系。

(1)对应关系

任何立体都有长、宽、高三个方向的尺寸，在机械制图中规定沿左右方向量度的尺寸叫长，沿前后方向量度的尺寸叫宽，沿上下方向量度的尺寸叫高。任何一个投影面的视图都反映立体两个方向的尺寸，主视图反映立体长度和高度方向的尺寸，俯视图反映长度和宽度方向的尺寸，左视图反映宽度和高度方向的尺寸。因此，三个视图之间存在着主视、俯视长对正，主视、左视高平齐，俯视、左视宽相等的投影规律，简称为“长对正，高平齐，宽相等”。对于立体的总长、总宽、总高是如此，对于某一局部尺寸也是这样，见图 1－9。

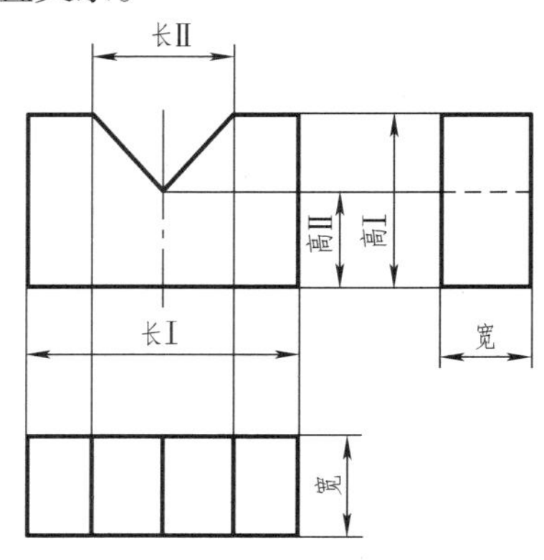

图 1－9　三视图的对应关系

(2)方位关系

方位指立体的上、下、左、右、前、后面六个位置。以图 1－10 所示的玩偶为例，说明三视图上立体的方位关系。

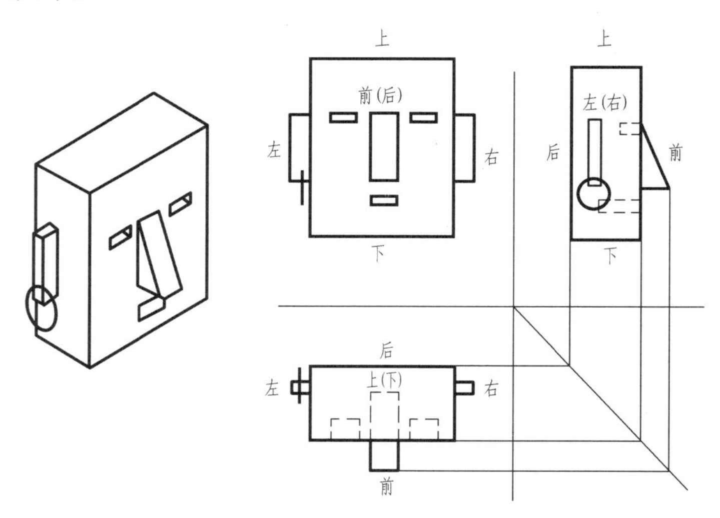

图 1－10　三视图的方位关系

读三视图时，容易把立体上的前后位置与视图上的前后位置弄混。例如玩偶的鼻子在前面，当把三个投影面都摊到同一个平面上时，它却到俯视图的下面、到左视图的右面去了。这样就成了俯视图的下面表示立体的前面；左视图的右面表示立体的前面，就是在视图上“远离主视图的一面是立体的前面”。

(3)位置关系

位置关系是指三视图的摆放位置。如果以主视图为准,俯视图在它的下面,左视图在它的右面。即:“正面放看主视图,俯视就在它下面,右面摆着左视图,三图位置不能变(在不加说明的状况下)。”

4. 视图上线条、“线框”表示的几何意义

正对着立体去看画出的视图,是把组成立体每个表面的轮廓线用规定的线条画出来,因此知道视图上线条、“线框”表示的空间意义,对于画图和读图都是重要的。

视图中每一条粗实线或虚线,分别反映了下列三种情况之一,见图 1－11(a)。

1)立体上垂直于某一投影面的平面的投影;

2)立体上表面交线的投影;

3)立体上曲面转向轮廓线的投影。

视图中的封闭“线框”,分别反映了下列三种情况之一,见图 11－1(b)。

1)表示立体上一个平面或曲面的投影;

2)相邻两个封闭“线框”,表示立体上位置不同的两个平面;

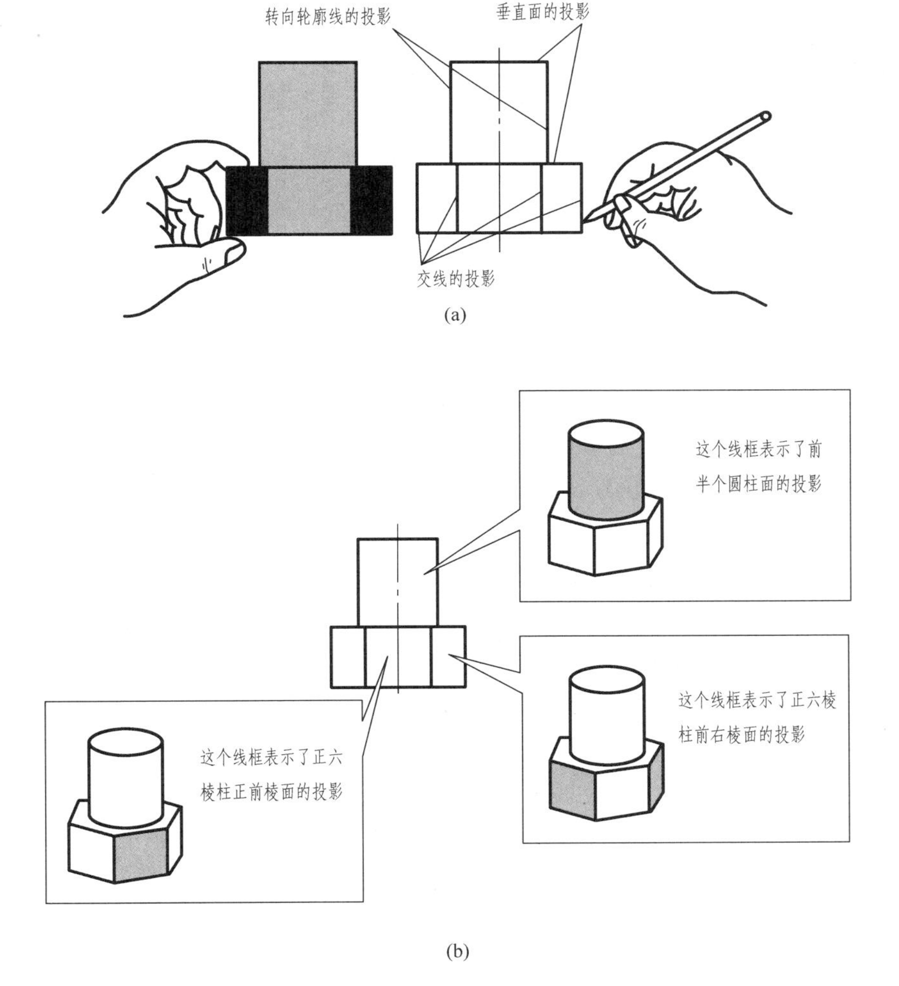

图 1－11 视图上线条、“线框”的意义

(a)线条的意义 (b)“线框”的意义

3)在一个大封闭“线框”内所包括的各个小“线框”,表示在大平面(或曲面)内凸出或凹下的小平面(或曲面),见图 1-11(b)。如果能把视图中的每一条线,每一个“线框”表示的空间意义搞清楚了,也就大概搞清了立体的形状。

1.3 正投影的基本性质

图 1-12 所示为正三棱锥的三面视图,从图中可以看出正投影具有以下性质。

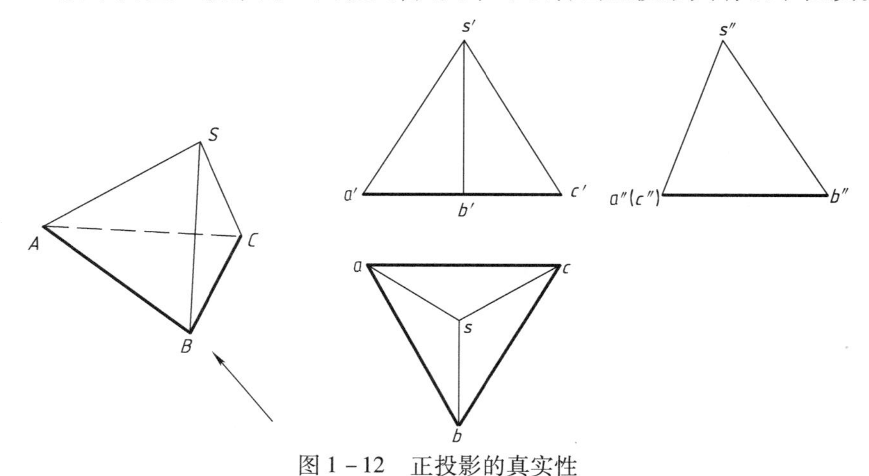

图 1-12 正投影的真实性

1. 真实性

在图 1-12 中,直线 $BC /\!/ H$ 面,它在 H 面的投影 bc 反应直线的实长;$\triangle ABC /\!/ H$ 面,它在 H 面上的投影 Δabc 反映实形。直线的投影反映实长、平面的投影反映实形的现象叫正投影的真实性。

2. 积聚性

从图 1-13 中可以看出:直线 $AC \perp W$ 面,它在 W 面上的投影 $a''(c'')$ 积聚为一点,$\triangle ABC \perp V$ 面、W 面,它在 V 面上的投影 $a'b'c'$ 在 W 面上的投影 $a''b''c''$ 分别积聚为一直线。直线的投影积聚为一点,平面的投影积聚为一条线的现象,叫正投影的积聚性。

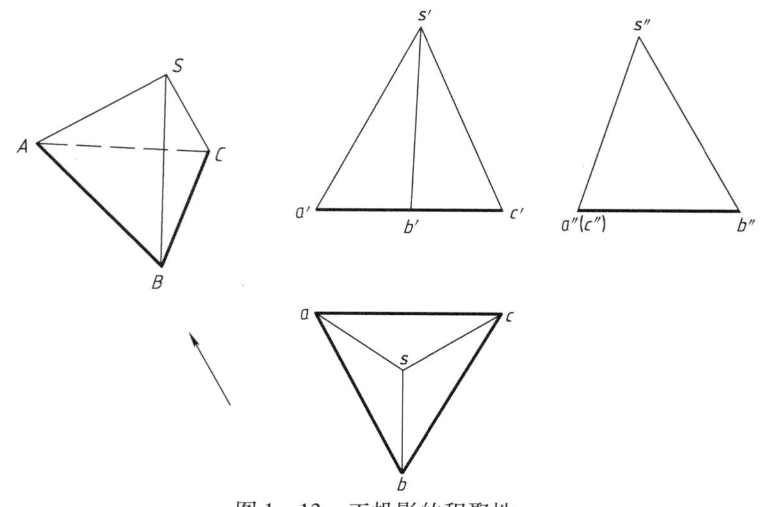

图 1-13 正投影的积聚性

3. 类似性

从图 1－14 中可以看出，直线 *SB* 倾斜于 *H* 面、*V* 面、*W* 面，它在 *H* 面上的投影 *sb*，在 *V* 面上的投影 $s'b'$，在 *W* 面上的投影 $s''b''$均小于空间直线 *SB* 的实长；ΔSAB 面倾斜于 *H* 面、*V* 面、*W* 面，它在 *H* 面上的投影 Δsab，在 *V* 面上的投影 $\Delta s'a'b'$和在 *W* 面上的投影 $\Delta s''a''b''$均小于空间 ΔSAB 的实形，直线的投影小于空间直线的实长，平面的投影小于空间平面的实形的现象，叫正投影的类似性。

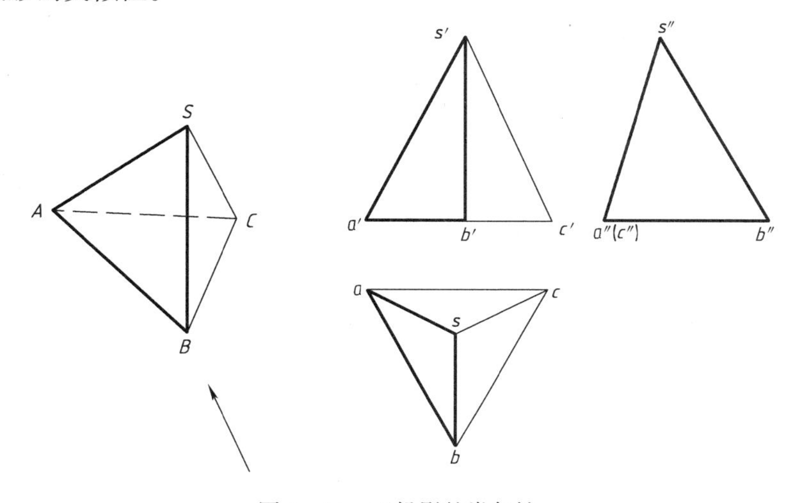

图 1－14　正投影的类似性

模块二　绘图工具和机械制图国家标准的基本规定

学习目标

1. 熟记各种绘图工具的名称、用途,熟练掌握其使用方法和技能;

2. 养成严格遵守机械制图国家标准规定的良好习惯;

3. 熟练掌握平面几何图形的画法;

4. 通过绘图工具的使用和基本几何作图的练习,使学生认识到认真、细致是做好一切工作的首要条件,从而逐步养成认真、细致的良好习惯。

教学提示

1. 要画出完整、正确、清晰和便于进行技术交流的图样,就必须遵照一定的规定,按照规定的几何作图方法去画图,具体地说就是要选用规定的比例,采用科学的几何作图方法,用规定的图线将视图画在规定的幅面上,按照国标的规定标注出它的尺寸和技术要求。本模块将学习这方面的知识和技能。

2. 零件的轮廓形状,一般是由直线、圆弧相连接而成的。在画图时,必须利用图板、丁字尺、圆规、三角板等工具。因此要学会熟练运用绘图工具,科学、高效地作图。画图时必须严格遵守机械制图国家标准的规定。

3. 圆弧连接的画法用 CAD 演示,其速度之快远胜于手绘。

2.1　绘图工具及其使用

1. 图板

图板是用来固定图纸用的木制垫板,板面必须平整。它的两侧面是工作边(也叫导边),要求光滑平直。使用图板时,一般将其长边水平放置(即横放),绘图时将图纸用胶带纸固定在图板上,见图 2－1。图板切不可受潮湿和受热,以防板面翘曲或龟裂,影响绘图效果。

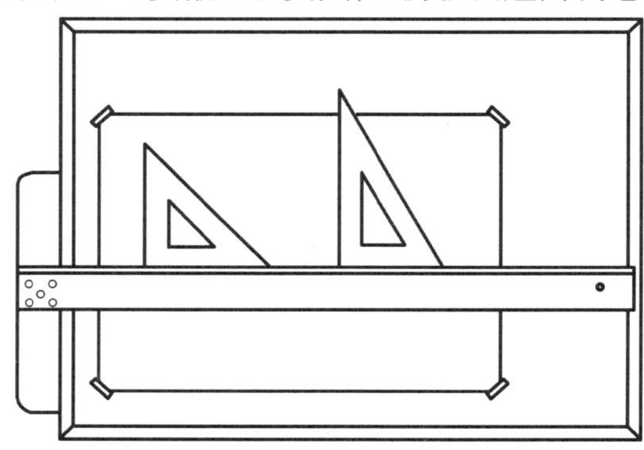

图 2－1　图板、丁字尺、三角板

2. 丁字尺

丁字尺一般用有机玻璃制成,由尺头和尺身两部分垂直相交而成。尺头的内边缘为其导边，尺身的上边缘为工作边，要求平直光滑，且标示公制长度刻度。

图形中的水平线一般用丁字尺绘制；它还常与三角板配合画垂直线和作15°倍数的角，见图2-2、图2-3、图2-4。

用毕后，应将丁字尺挂于干燥处，以防翘曲变形。

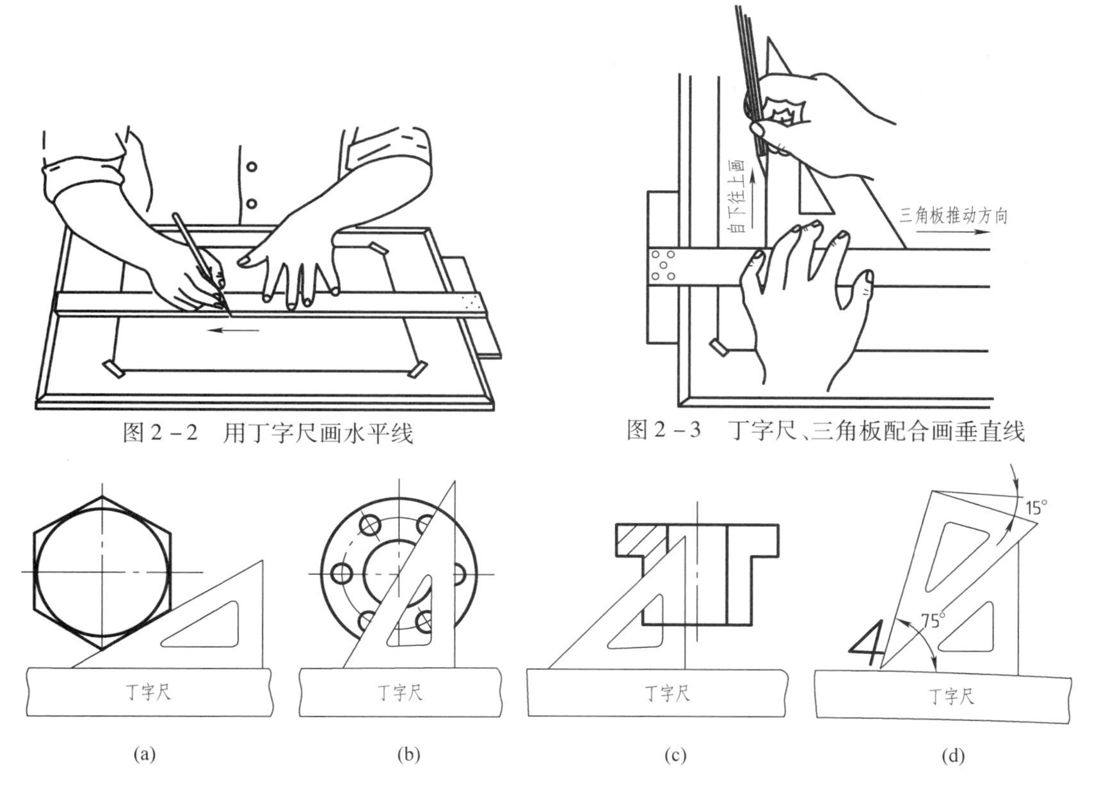

图2-2　用丁字尺画水平线

图2-3　丁字尺、三角板配合画垂直线

图2-4　丁字尺、三角板配合画15°倍数角

3. 三角板

一副三角板有45°、60°和30°的各一块，它用有机玻璃制成，要求板平边直、角度准确。图形中的垂直线，一般用三角板与丁字尺配合来画，见图2-3。

三角板配合丁字尺可画出15°的倍数角，见图2-4。

用一块三角板与丁字尺或直尺配合，或者用两块三角板配合，还可以画任意位置互相平行的直线或相互垂直的直线，见图2-5、图2-6。

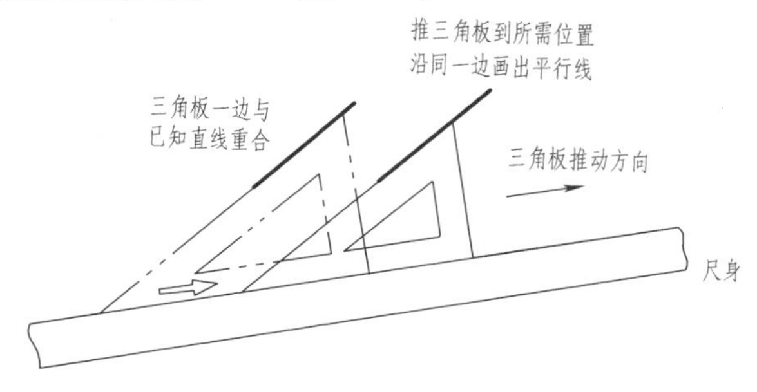

图2-5　用三角板画平行线

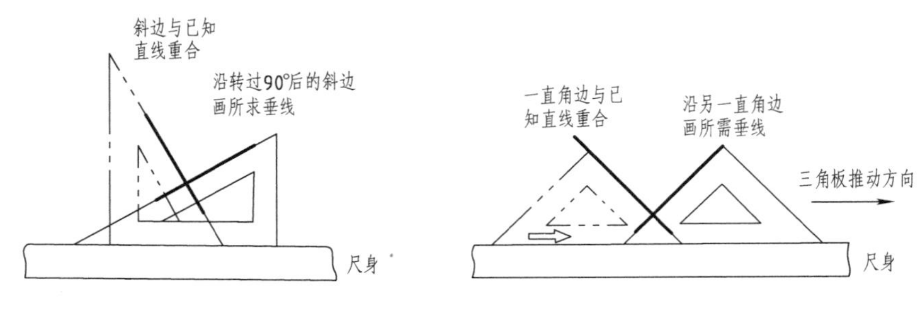

图 2－6　用三角板画垂直线

4. 圆规及其插脚

圆规是画圆和画圆弧的工具。它的一条腿装有钢针，是固定腿；另一条为活动腿，具有肘形关节，并可装换三种插脚和接长杆，装上铅芯插脚能画铅笔线圆，装上鸭嘴插脚能画墨线圆，装上钢针插脚可当分规用，装上接长杆能画直径较大的圆，见图 2－7。

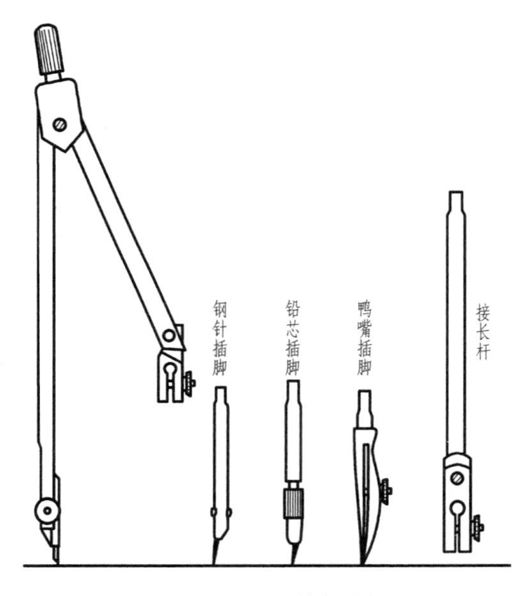

图 2－7　圆规及其各种插脚

圆规固定腿上的钢针有两种不同的尖端，代替分规时换用锥形尖端，画图时用带支撑面的，见图 2－8，以免针尖插入图板过深，圆心扩大，因而失去图形准确性。针尖应调得比铅芯稍长出 0.5～1mm。

用圆规画铅笔线底稿时，铅芯端部磨成圆锥形或楔状，描粗加深圆弧时，铅芯端部磨成四棱柱状并稍微倾斜，见图 2－8。

如所画圆的半径大于 50mm 时，要调整两脚上的钢针和铅芯插脚，使之垂直于纸平面，见图 2－9；特别是在画墨线圆时，要注意使鸭嘴插脚的两个钢片都接触纸面；画大圆时要装上接长杆，再将插脚装在接长杆上，见图 2－10；画小圆时应使圆规的两脚稍向里倾斜，见图 2－11。

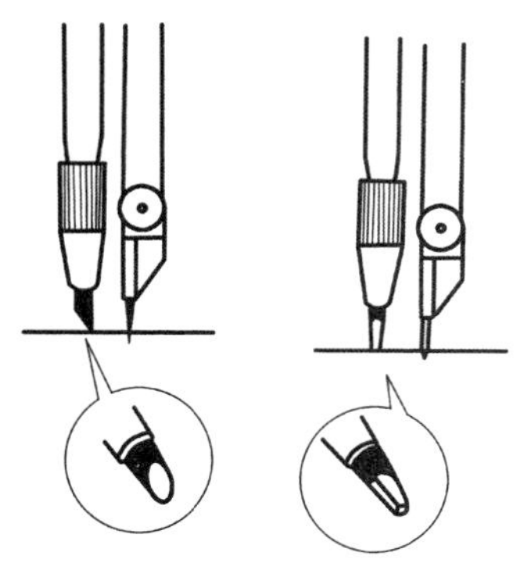

图 2 - 8　圆规用铅心形状

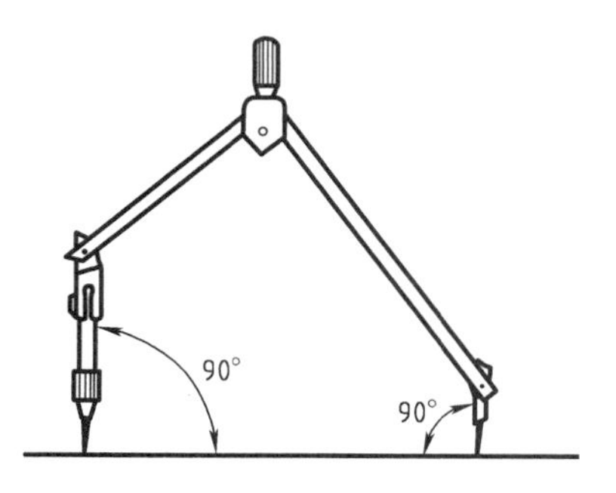

图 2 - 9　圆规两脚应垂直于纸平面

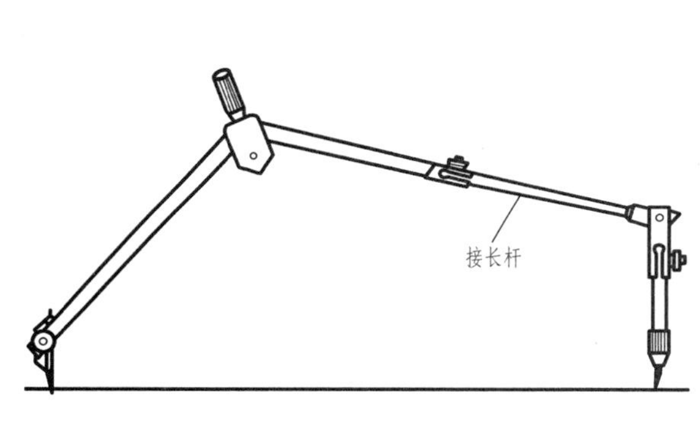

图 2 - 10　大圆画法

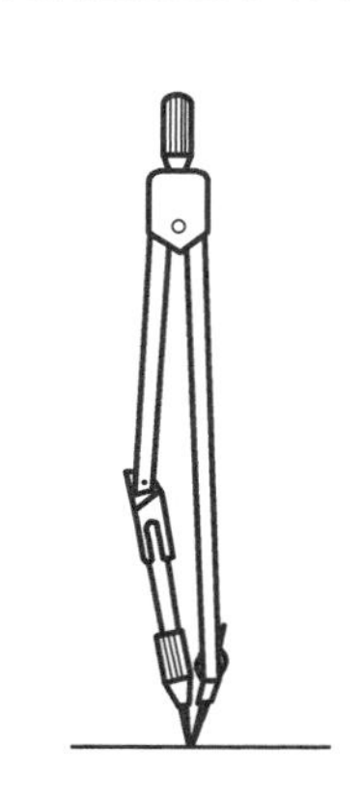

图 2 - 11　小圆画法

画圆时的手势如图 2 - 12 所示，顺时针方向转动，速度和用力都要均匀，并使圆规稍微向运动方向倾斜。

5. 分规

分规用于等分线段或圆弧、移植线段或从尺上量取尺寸的工具。分规两脚合拢时两针尖应相交于一点。

用分规量取线段的方法，见图 2 - 13。

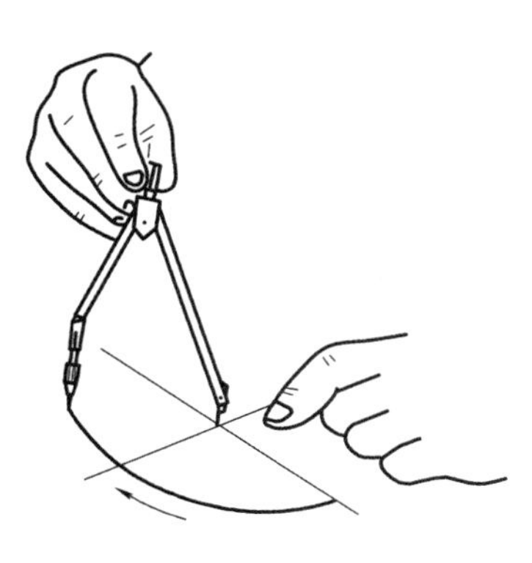

图 2 - 12　画圆的手势

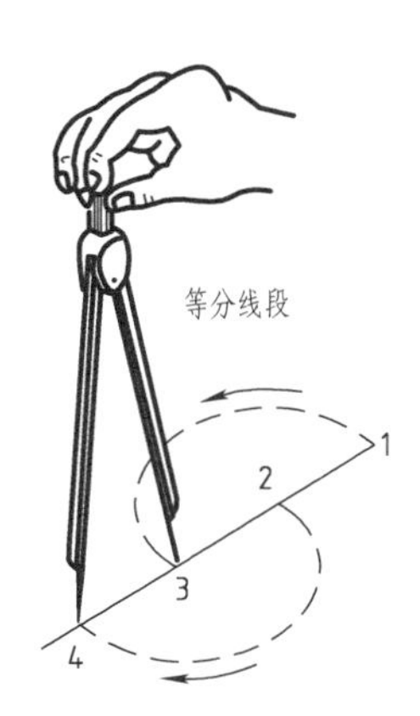

图 2 - 13　用分规量取线段

6. 墨线笔

墨线笔又称鸭嘴笔,见图 2－14,它是描图时上墨用的工具。

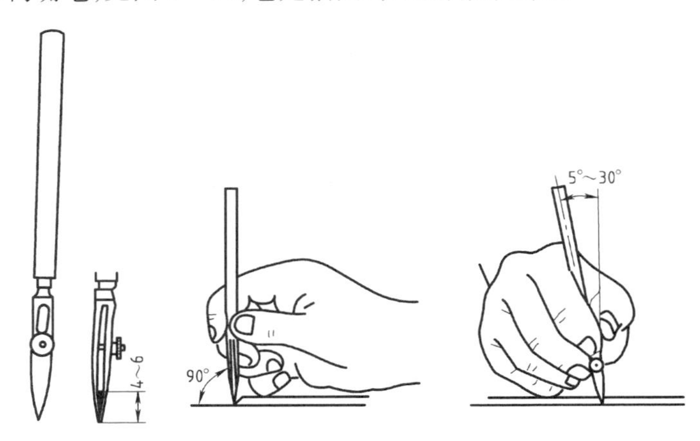

图 2－14　墨线笔

描图时最好使用绘图墨水笔,它具有普通自来水笔的特点,笔内有储存碳素墨水的笔胆,不需经常加墨水。

7. 比例尺

比例尺是量取不同比例尺寸用的工具,其形状为三棱柱,故又称三棱尺。它的三个面上刻有六种不同的比例刻度,供绘图时选用,见图 2－15。

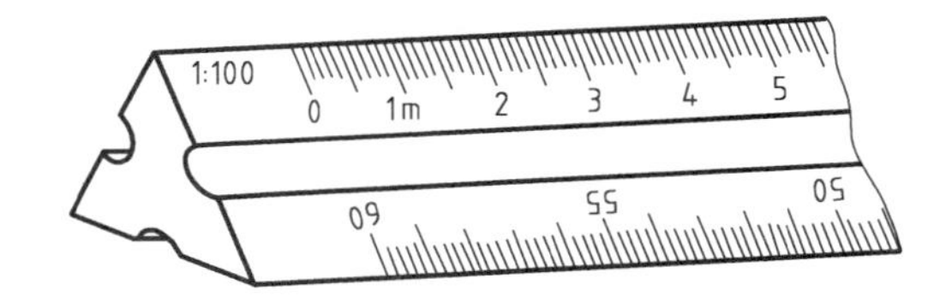

图 2－15　比例尺

比例尺上的刻度一般是以米(m)为单位,而机械图样的尺寸是以毫米(mm)为单位。使用比例尺时要把 1∶100 当作用 1∶1 用,即把尺上刻度 1m 当 10mm 用,每格 1mm。

8. 铅笔

铅笔用于画图样的底稿、加深和写字。根据不同的使用要求,要准备以下几种硬度不同的铅笔:

H 或 HB——画底稿;

HB——写字或徒手画图;

B、2B——加深图线。

根据线型的宽度的不同,将铅芯磨成圆锥状或四棱锥状。

9. 曲线板

曲线板用于绘制非圆曲线。使用时要先将需要连成曲线的各已知点徒手用细实线轻轻勾描出一条曲线轮廓,然后在曲线板上选用与曲线形状完全吻合的一段描绘,再逐段描绘,直至描绘出所求的曲线,见图 2－16。

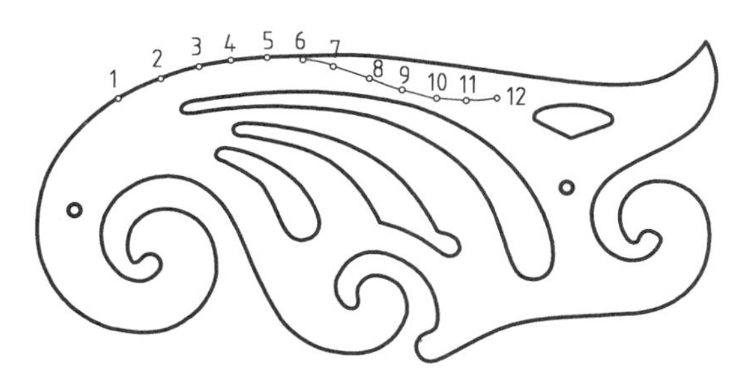

图 2－16 用曲线板描曲线的画图方法

10. 其他绘图工具

除了上述工具外，在绘图时，还需要准备铅笔刀、橡皮、固定图纸用的胶纸带、测量角度用的量角器、修改图线时用的擦图片、磨铅笔用的砂纸和画箭头、倒角、正六边形及一些特殊轮廓的模板以及清除图面上橡皮屑的小刷等等，见图 2－17。

此外，还有帮助想象立体形状用的橡皮泥。

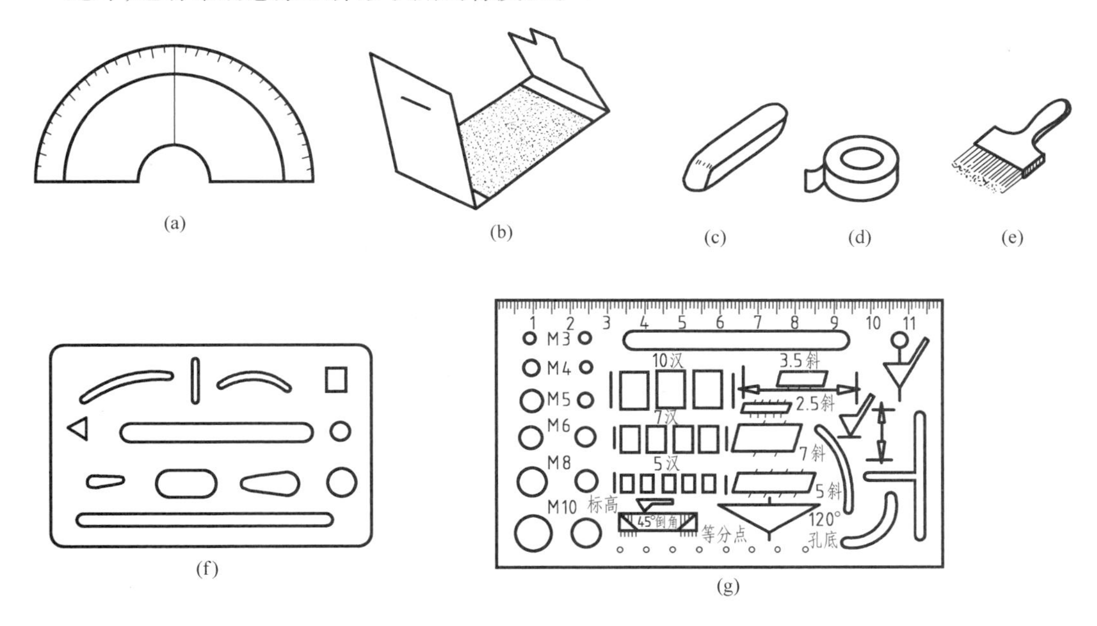

图 2－17 其他绘图工具

2.2 机械制图国家标准的基本规定

图样是现代工业生产中最基本的技术文件之一。为了便于生产和进行技术交流，对图样的画法、尺寸标注、图幅、比例等均需作统一规定。绘图时要遵守国家标准的规定。这些统一规定由国家有关部门制订和颁布实施，用于机械图国家标准全称叫机械制图国家标准，简称机械制图国标（例 GB/T 4457. 4—2002）。

机械制图国标中的每个标准均有专门代号，例如 GB/T 14689—2009，其中“GB”为国家标准的汉语拼音“GUOJIA BIAOZHUN”的缩写，简称“国标”；“T”表示推荐性标准，不标“T”表示强制性标准；“14689”为标准的编号，短画后面的“2009”表示该标准是 2009 年颁布的。

学习机械制图必须严格遵守机械制图国标的有关规定，树立标准化观念。下面介绍有关图纸幅面、比例、字体、图线和尺寸标注等国家标准，其余的标准和规定将在相关内容逐一学习。

1. 图纸幅面及格式(GB/T14689—2008)

为了便于图样的绘制、使用、保管和技术交流。机件图样均要画在具有一定格式和幅面的图纸上。GB/T 14689—2008 规定绘制图样时，应优先采用表 2－1 所规定的基本图幅。

由表 2－1 可知，国标规定了五种基本幅面，其中 A0 幅面最大，其尺寸大小是 841mm × 1189mm；A1 幅面为 A0 大小的一半(以长边对折裁开)；其余都是后一号为前一号幅面的一半。各号幅面的尺寸关系如图 2－18 所示。绘图时，可根据需要将图纸横放或竖放使用。

表 2－1　图纸幅面的尺寸　　mm

幅面代号	A0	A1	A2	A3	A4
$B \times L$	841 × 1 189	594 × 841	420 × 594	297 × 420	210 × 297
e	20		10		
c	10			5	
a	25				

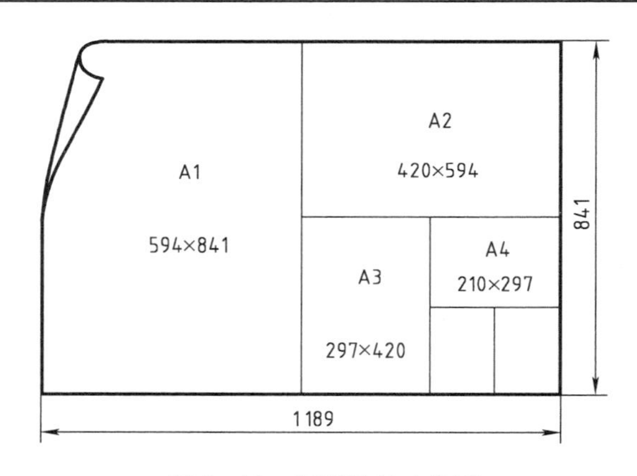

图 2－18　幅面的尺寸关系

需要装订的图样，图框格式如图 2－19(a)所示，尺寸大小按表 2－1 的规定。一般采用 A4 幅面竖装或 A3 幅面横装。

不留装订边的图样，其图框格式如图 2－19(b)所示，尺寸按表 2－1 中的规定。

各种幅面的图样，图框线均用粗实线绘制。

图框的右下角要绘制标题栏，按图 2－19 所示的方式配置。标题栏中的文字方向与读者的读图方向一致。国标对标题栏格式未作统一规定。在制图作业中建议采用图 2－20(a)、(b)的格式。GB/T 1069. 1—1989 规定的标题栏、明细表见图 2－20(c)、(d)。

2. 比例(GB/T 14690—1993)

图形与实物相应要素的线性尺寸之比叫比例。为使图样能真实反映出实物的大小，应尽量选用 1∶1 的比例。但因各种零件大小悬殊，简繁不一，当需要采用扩大或缩小的比例绘制图样时，要选用 GB/T 14690—1993 规定的比例，见表 2－2。

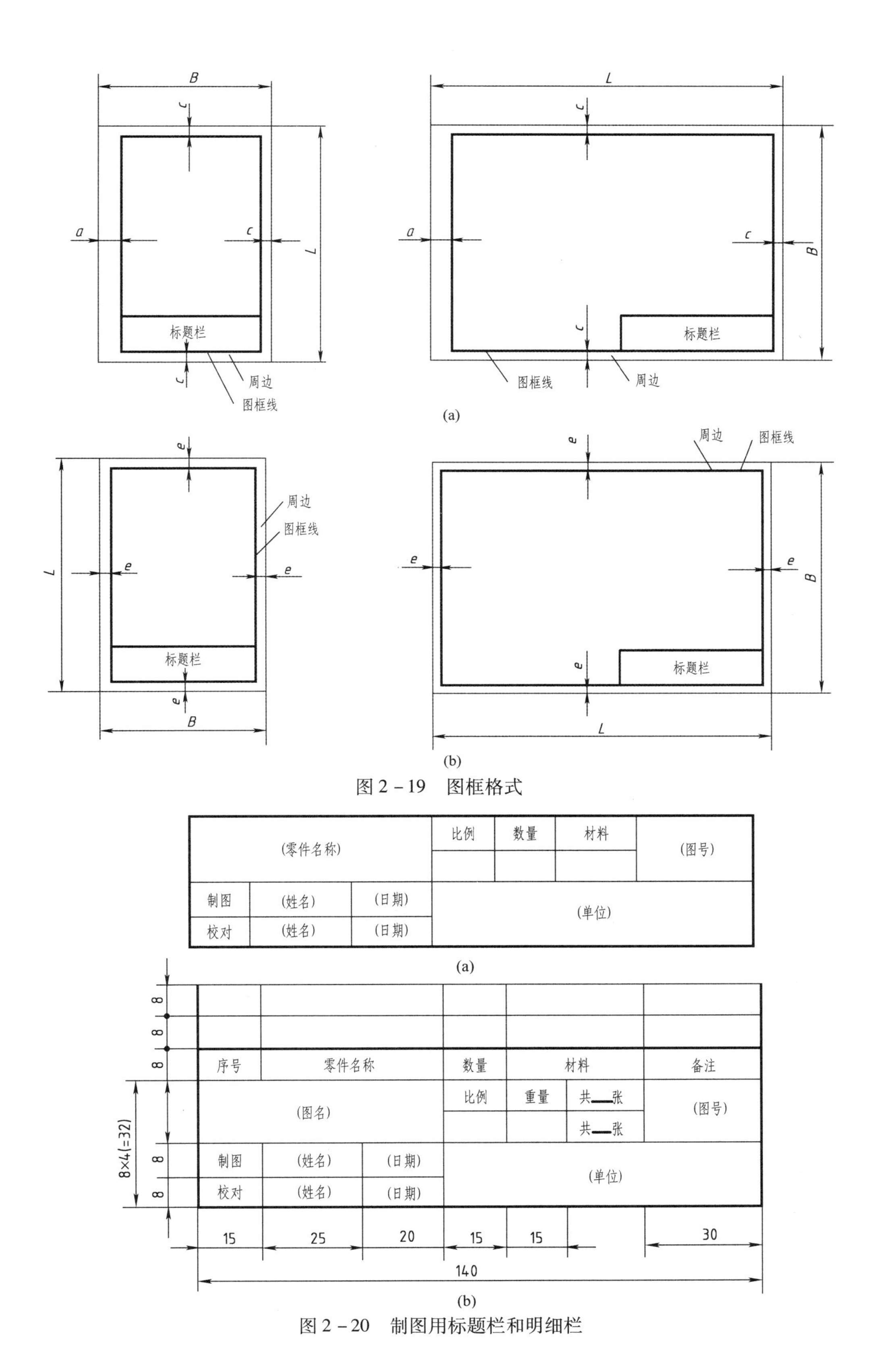

图 2－19　图框格式

图 2－20　制图用标题栏和明细栏

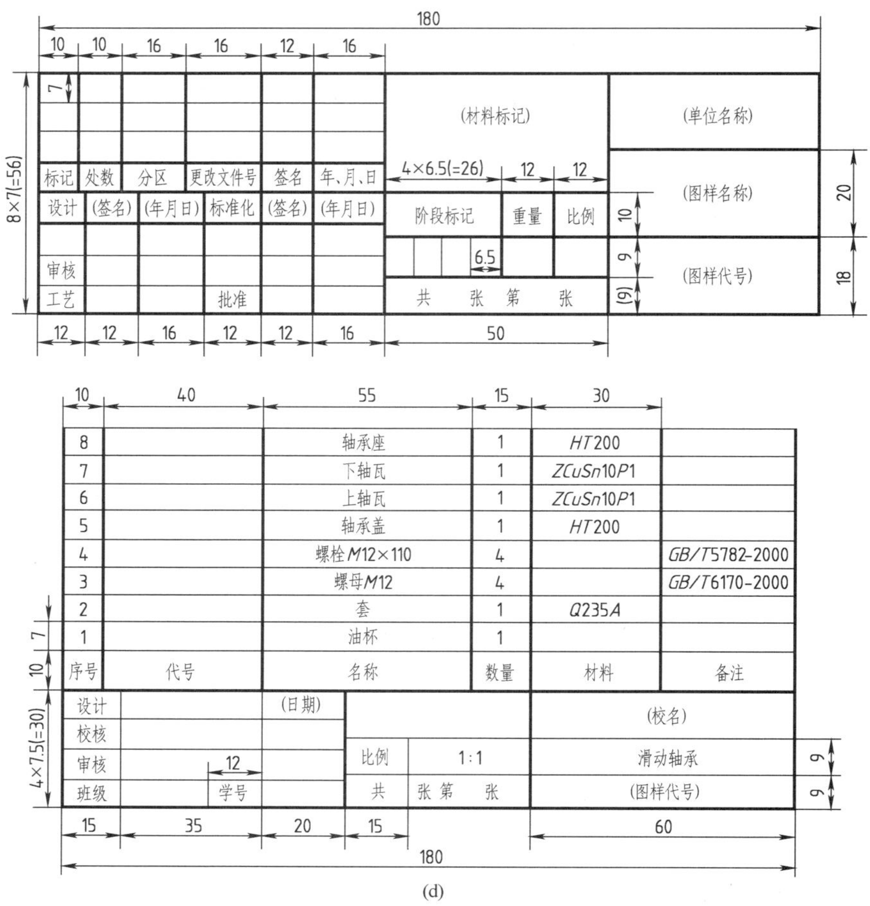

(d)

图 2－20 制图用标题栏和明细栏(续)

(a)零件图作业标题栏格式 (b)装配图作业标题栏和明细栏格式

(c)标准零件图标题栏格式 (d)标准装配图标题栏和明细栏格式

表 2－2 比例系列

种类	比例	
	第一系列	第二系列
原值比例	1∶1	
缩小比例	1∶2 1∶5 1∶10^n 1∶2×10^n 1∶5×10^n	1∶1.5 1∶2.5 1∶3 1∶4 1∶6 1∶1.5×10^n 1∶2.5×10^n 1∶3×10^n 1∶4×10^n 1∶6×10^n
放大比例	2∶1 5∶1 1×10^n∶1 2×10^n∶1 5×10^n∶1	2.5∶1 4∶1 2.5×10^n∶1 4×10^n∶1

注：n 为正整数。

绘制同一零件的各个视图应采用相同的比例，并在标题栏的比例一栏中填写所选用的比例，例如，1∶1、1∶2、2∶1 等。

不论选用何种比例，图形上所标注的尺寸数值必须是零件的设计尺寸，与图形采用的比例无关，见图 2－21，但要注意，不论采用放大或缩小比例，角度的大小是永远不变的。

当视图的某部分需要采用不同的比例时，必须另行标注。

3. 字体

在图样和技术文件上书写的汉字、数字和字母必须做到：字体端正，笔画清楚，排列整齐，间隔均匀。各种字体示例见图 2－22。字体高度(用 h 表示)的公称系列为 1.8、2.5、3.5、5、7、10、14、20,字体的高度代表字体的号数,在同一图样上,只允许用一种字,字的宽度为 $h/\sqrt{2}$。

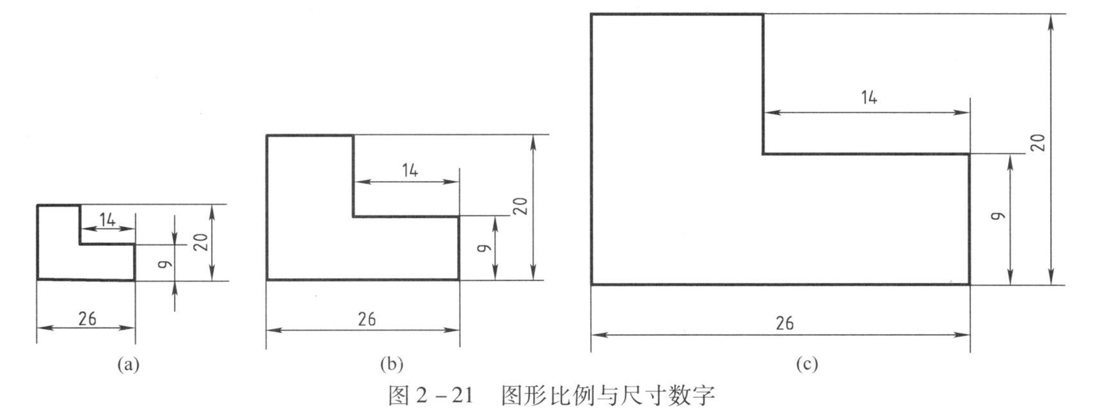

图 2－21 图形比例与尺寸数字

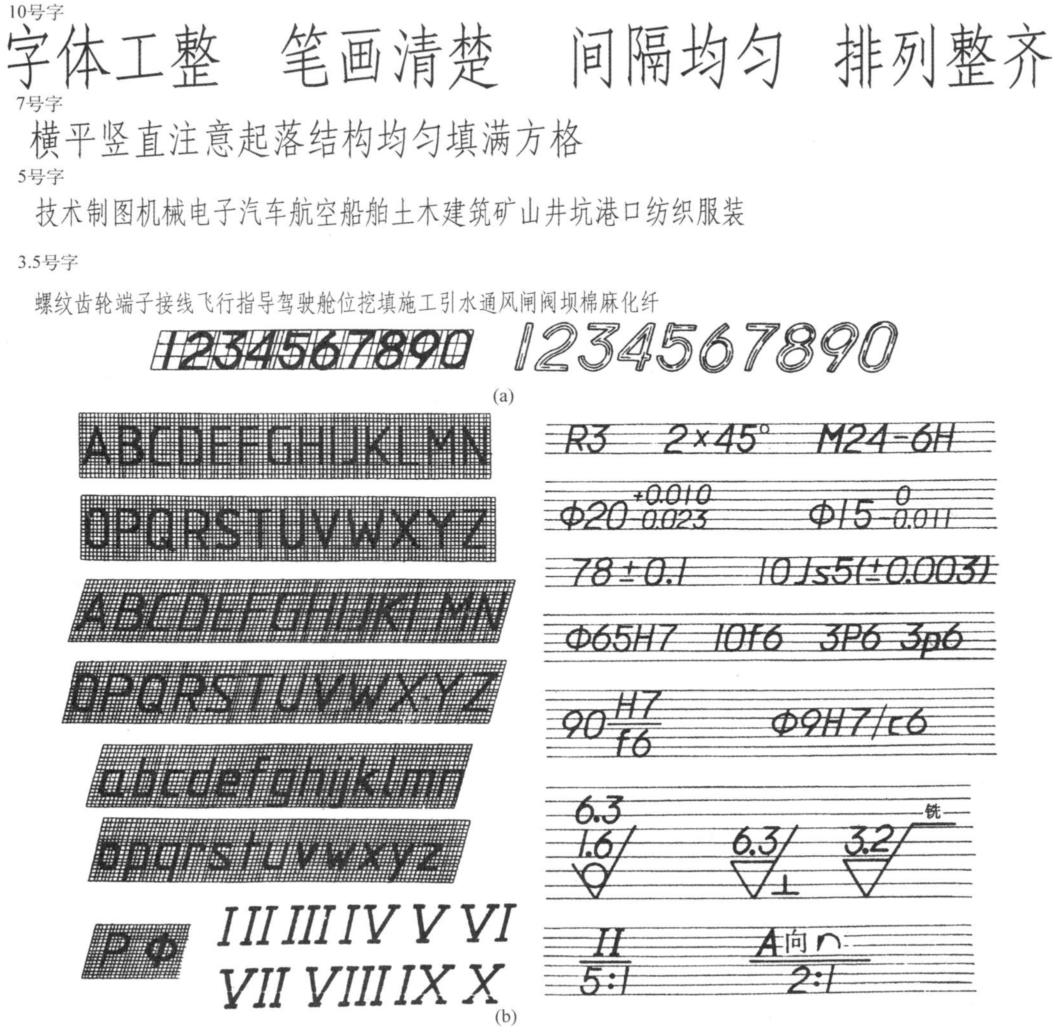

10号字

字体工整 笔画清楚 间隔均匀 排列整齐

7号字

横平竖直注意起落结构均匀填满方格

5号字

技术制图机械电子汽车航空船舶土木建筑矿山井坑港口纺织服装

3.5号字

螺纹齿轮端子接线飞行指导驾驶舱位挖填施工引水通风闸阀坝棉麻化纤

1234567890 1234567890

(a)

ABCDEFGHIJKLMN
OPQRSTUVWXYZ
ABCDEFGHIJKLMN
OPQRSTUVWXYZ
abcdefghijklmn
opqrstuvwxyz
P Φ
I II III IV V VI
VII VIII IX X

R3 2×45° M24-6H
Φ20$^{+0.010}_{-0.023}$ Φ15$^{0}_{-0.011}$
78±0.1 10Js5(±0.003)
Φ65H7 10f6 3P6 3p6
90$\frac{H7}{f6}$ Φ9H7/c6
6.3 1.6 6.3 3.2 铣
$\frac{II}{5:1}$ $\frac{A向}{2:1}$

(b)

图 2－22 各种字体举例

4. 图线及其画法(GB/T 4457.4—2002)

(1)图线的形式

图形是由各种图线绘制的。根据国标 GB/T 4457.4—2002 中的规定,常用的图线有粗实线、虚线、点画线和细实线等,它们的用途、宽度、代号和应用举例等见图 2-23 和表 2-3。

(2)图线画法要点

同一图样中同类图线的宽度要大体保持一致。虚线、点画线及双点画线的长度和间隔应各自大致相等。

(3)绘制图线时的注意事项

图线宽度的选择应根据图样的类型、比例、复杂程度和尺寸大小来确定。图线的最大宽度为 2 mm,最小宽度为 0.25 mm,常用图线的宽度为 0.7 mm,绘制图线的注意事项见表 2-4。

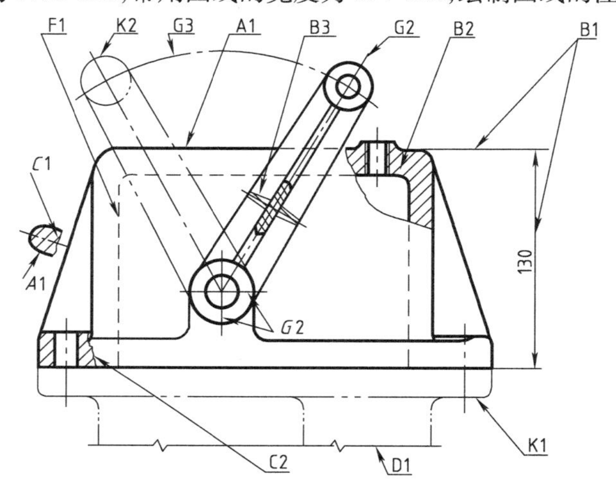

图 2-23 各种线型应用示例

表 2-3 图线的名称、形式、代号、宽度以及在图上的应用

图线名称	图线形式及代号	图线宽度	一般应用
粗实线	———————— A	b 一般约 0.7 mm	A1 可见轮廓线; A2 可见过渡线
细实线	———————— B	约 b/2	B1 尺寸线及尺寸界线; B2 剖面线; B3 重合断面图的轮廓线; B4 外螺纹的牙底线及齿轮的齿根线; B5 引出线; B6 分界线及范围线; B7 弯折线; B8 辅助线; B9 不连续的同一表面的连线; B10 成规律分布的相同要素的连线; B11 交叉对角线; B12 过渡线

续表

图线名称	图线形式及代号	图线宽度	一般应用
波浪线	 C	约 $b/2$	C1　断裂处的边界线； C2　视图和剖视图的分界线
双折线	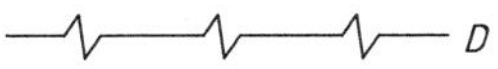 D	约 $b/2$	D1　断裂处的边界线
虚线	 2～6　1～2　F	约 $b/2$	F1　不可见轮廓线； F2　不可见过渡线
细点画线	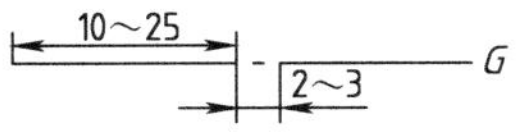 10～25　2～3　G	约 $b/2$	G1　轴心线； G2　对称中心线； G3　轨迹线； G4　节圆及节线
粗点画线	 J	b	J1　有特殊要求的线或表面的表示线
双点画线	 K	约 $b/2$	K1　相邻辅助零件的轮廓线； K2　极限位置的轮廓线； K3　坯料的轮廓线或毛坯图中制成品的轮廓线； K4　假想投影轮廓线； K5　试验或工艺用结构(成品上不存在)的轮廓线； K6　中断线
粗虚线		b	允许表面处理的表示线

表 2-4　绘制图线的注意事项

注意事项	图例	
	正　确	错　误
点画线应以长画相交，点画线的起始与终止应为长画	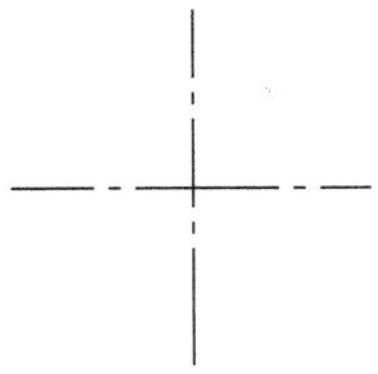	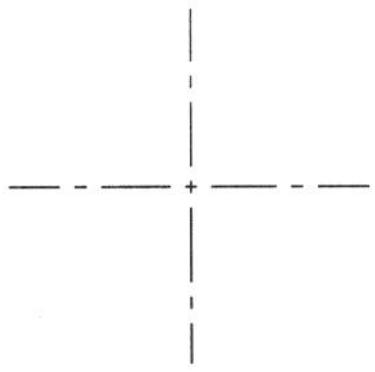
中心线应超出圆周约 5 mm，较小的圆形其中心线可用细实线代替，超出图形约 3 mm	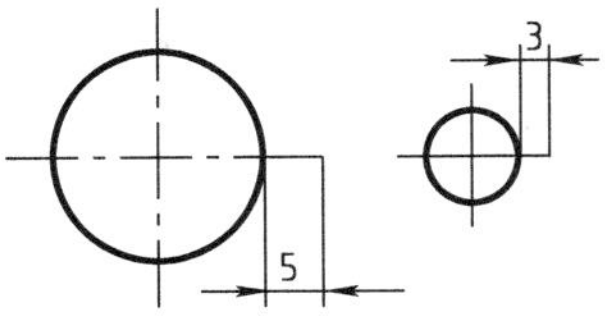 3　5	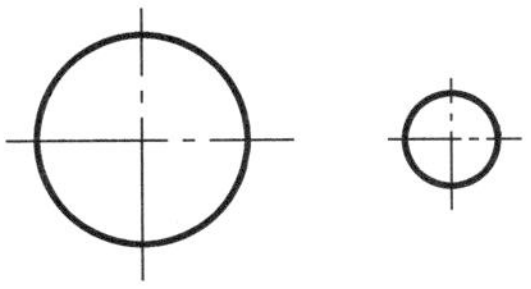
虚线与虚线相交，或与实线相接时，应以线段相交，不得留有空隙	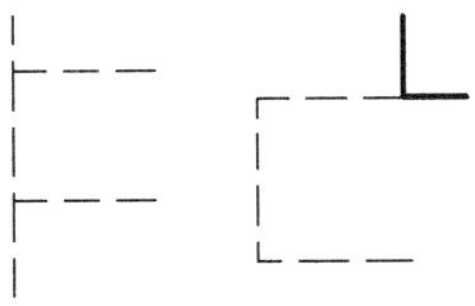	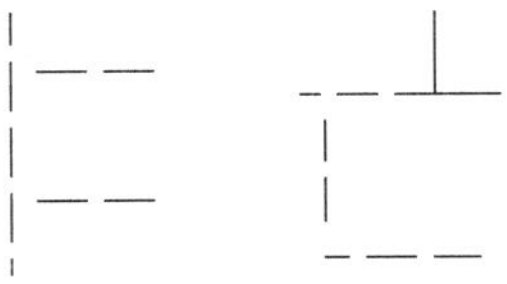

续表

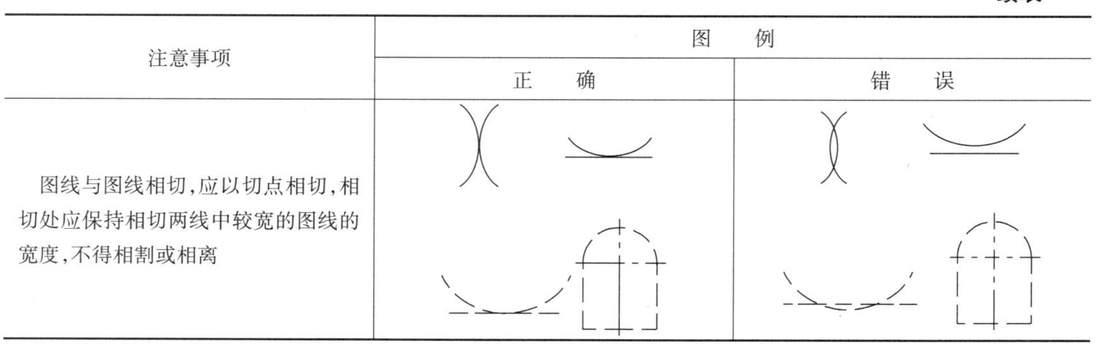

注意事项	图例	
	正确	错误
图线与图线相切，应以切点相切，相切处应保持相切两线中较宽的图线的宽度，不得相割或相离		

4. 标注尺寸的基本规则（GB/T 4458.4—2003）

机械制图国家标准中规定了标注尺寸的规则和方法。画图时必须严格遵守，否则将会引起尺寸混乱，给生产带来不应有的损失。表 2－5 中列出了标注尺寸的基本规则和说明（用 CAD 标注尺寸，可避免手绘出现的错误）。

表 2－5　标注尺寸的基本规则

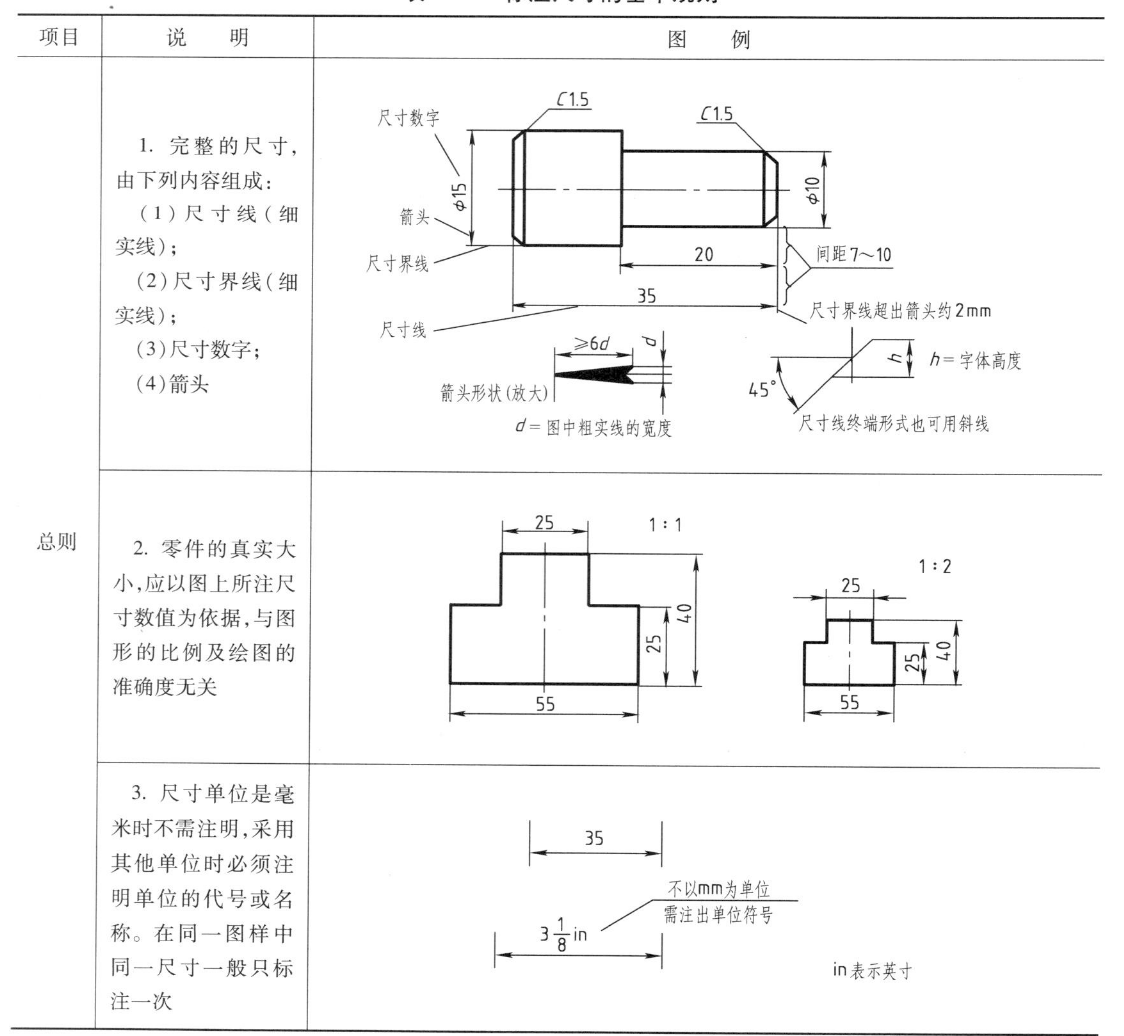

项目	说明	图例
总则	1. 完整的尺寸，由下列内容组成： （1）尺寸线（细实线）； （2）尺寸界线（细实线）； （3）尺寸数字； （4）箭头	
	2. 零件的真实大小，应以图上所注尺寸数值为依据，与图形的比例及绘图的准确度无关	
	3. 尺寸单位是毫米时不需注明，采用其他单位时必须注明单位的代号或名称。在同一图样中同一尺寸一般只标注一次	

续表

项目	说　明	图　例
尺寸数字	1. 线性尺寸的数字一般注在尺寸线的上方,也允许填写在尺寸线的中断处	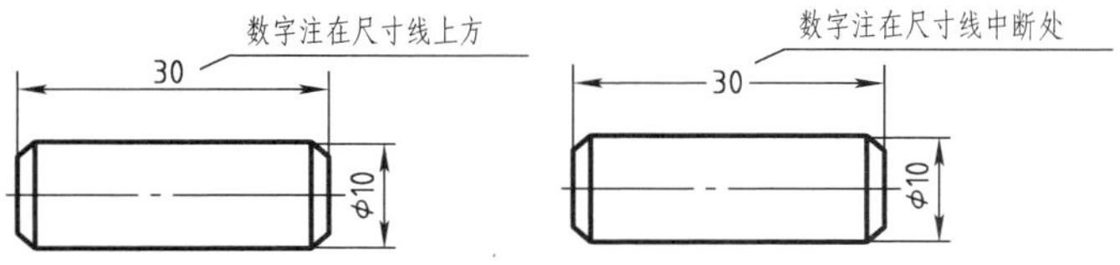 数字注在尺寸线上方　数字注在尺寸线中断处
	2. 线性尺寸的数字应按图(a)所示的方向填写,并尽量避免在图示30°范围内标注尺寸,见图(b)。竖直方向尺寸数字也可按图(c)形式标注	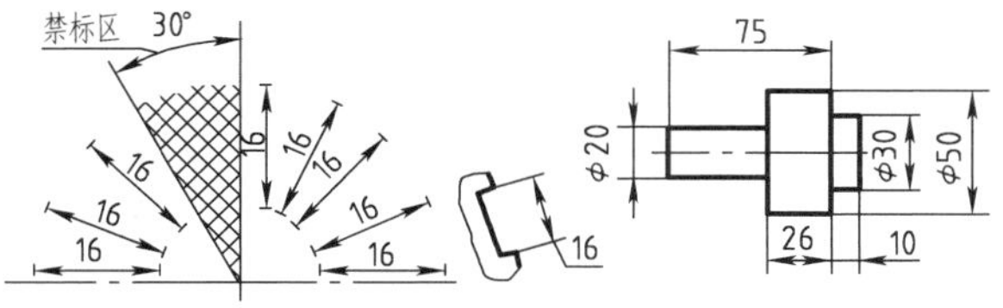 (a)　(b)　(c)
	3. 数字要按标准字体,书写工整,不得潦草。在同一张图上,数字及箭头的大小应保持一致	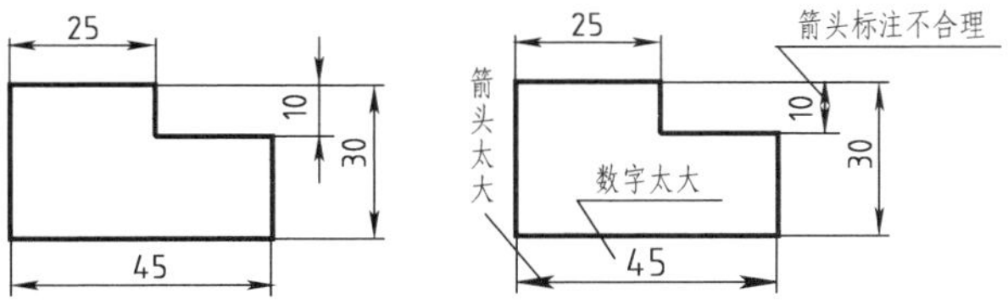 (a) 好　(b) 不好
	4. 数字不可被任何图线所通过。当不可避免时,必须把图线断开	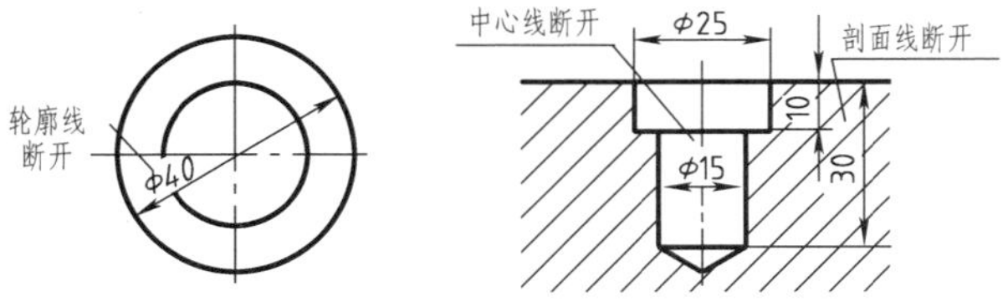
尺寸线	1. 尺寸线必须用细实线单独画出。轮廓线、中心线或它们的延长线均不可作尺寸线使用 2. 标注线性尺寸时,尺寸线必须与所标注的线段平行	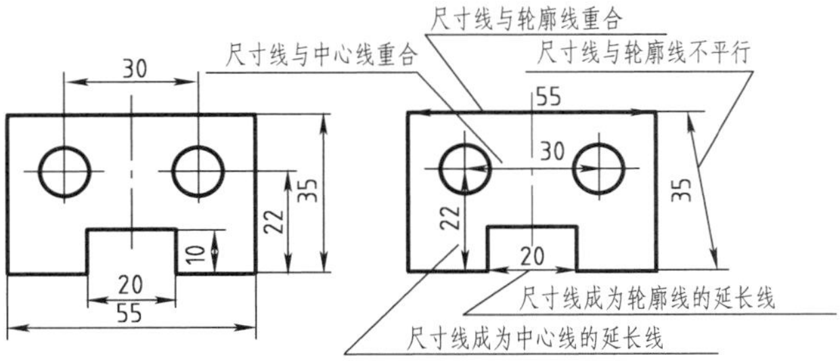 (a) 正确　(b) 错误

续表

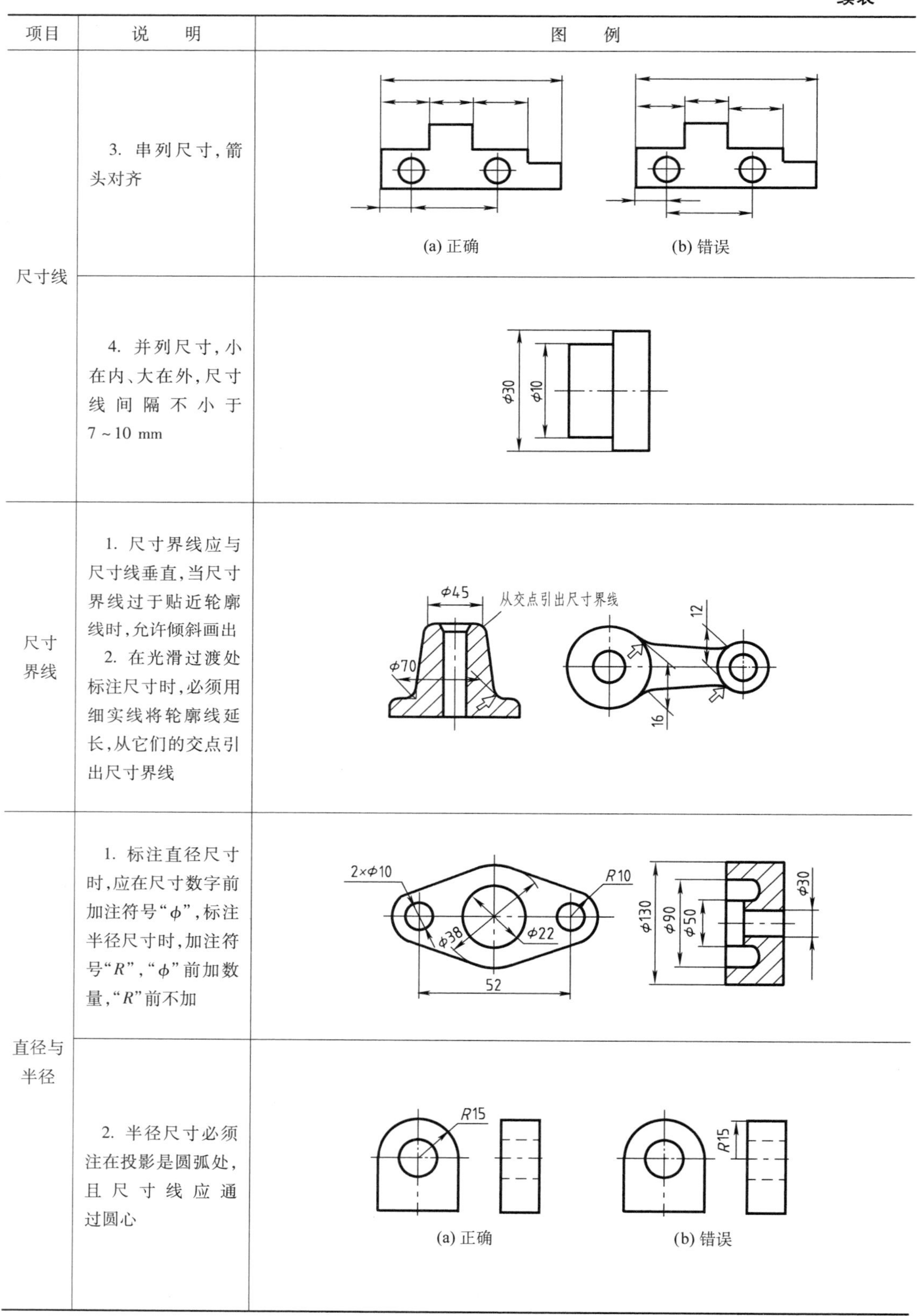

项目	说　　明	图　　例
尺寸线	3. 串列尺寸，箭头对齐	(a) 正确　(b) 错误
	4. 并列尺寸，小在内、大在外，尺寸线间隔不小于 7 ~ 10 mm	
尺寸界线	1. 尺寸界线应与尺寸线垂直，当尺寸界线过于贴近轮廓线时，允许倾斜画出 2. 在光滑过渡处标注尺寸时，必须用细实线将轮廓线延长，从它们的交点引出尺寸界线	
直径与半径	1. 标注直径尺寸时，应在尺寸数字前加注符号“φ”，标注半径尺寸时，加注符号“R”，“φ”前加数量，“R”前不加	
	2. 半径尺寸必须注在投影是圆弧处，且尺寸线应通过圆心	(a) 正确　(b) 错误

续表

项目	说　明	图　例
直径与半径	3. 半径过大，圆心不在图纸内时，可按图（a）的形式标注；若圆心位置不需注明，尺寸线可以中断，如图（b）所示	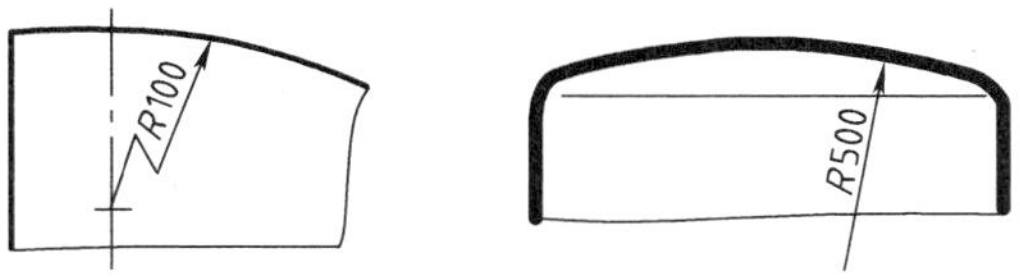 R100　R500 (a)　(b)
	4. 标注球面的直径或半径时，应在“ϕ”或“R”前面加注符号“S”如图（a）、图（b）所示；对于螺钉、铆钉的头部，轴及手柄的端部，不致引起误解时则可省略符号“S”，如图（c）所示	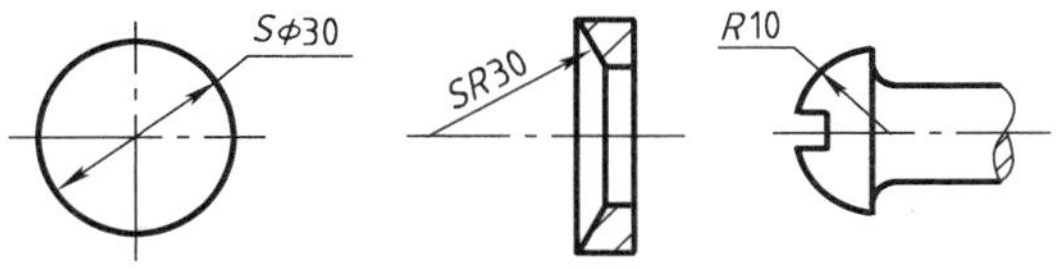 Sϕ30　SR30　R10 (a)　(b)　(c)
狭小部位	1. 当没有足够位置画箭头或写数字时，可有一个布置在外面 2. 位置更小时，箭头和数字可以都布置在外面	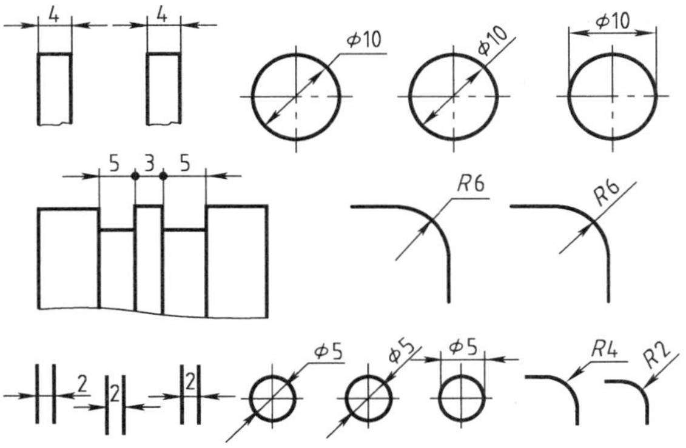 4　4　ϕ10　ϕ10　ϕ10 5　3　5　R6　R6 2　2　2　ϕ5　ϕ5　ϕ5　R4　R2
角度	1. 角度的尺寸数字一律水平填写 2. 角度的数值应写在尺寸线的中断处，必要时允许写在外面，或引出标注 3. 角度的尺寸界线必须沿径向引出	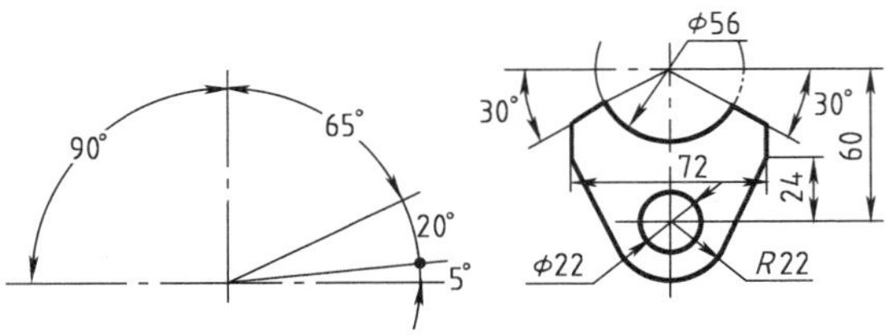 90°　65°　20°　5° ϕ56　30°　30°　72　24　60　ϕ22　R22

续表

项目	说　明	图　例
弧长及弦长	1. 标注弧长时，应在尺寸数字上加符号“⌒” 2. 弧长及弦长的尺寸界线应平行于该弦的垂直平分线，见图(a)；当弧长较大时，尺寸界线可改用径向引出，见图(b)	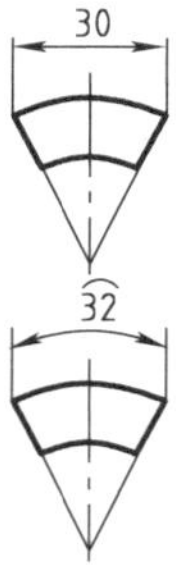 (a) 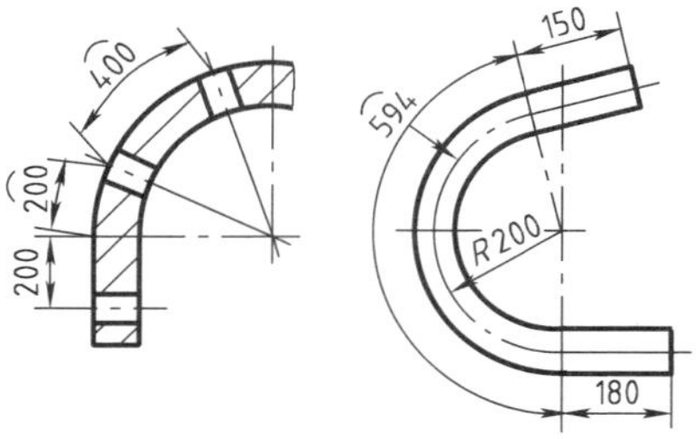　(b)
均布的孔	均匀分布的孔，可按图(a)、图(b)标注。当孔的定位和分布情况在图中已明确时，允许省略其定位尺寸和“均布”两字，见图(c)	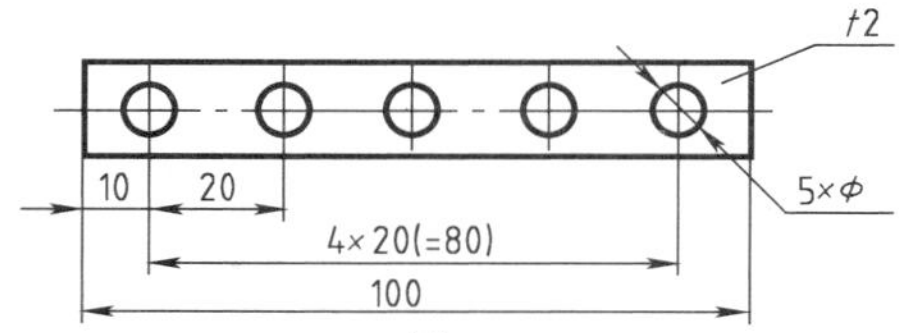 (a) 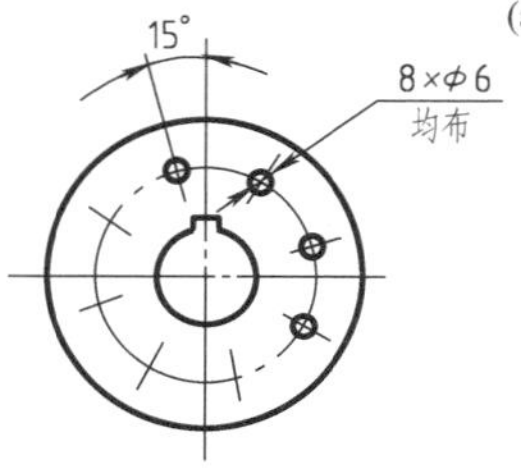　(b) 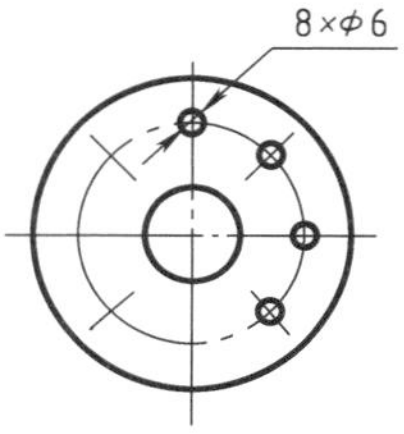　(c)
对称图形	1. 当图形具有对称中心线时，分布在对称中心线两边的相同结构要素，仅标注其中的一组要素尺寸	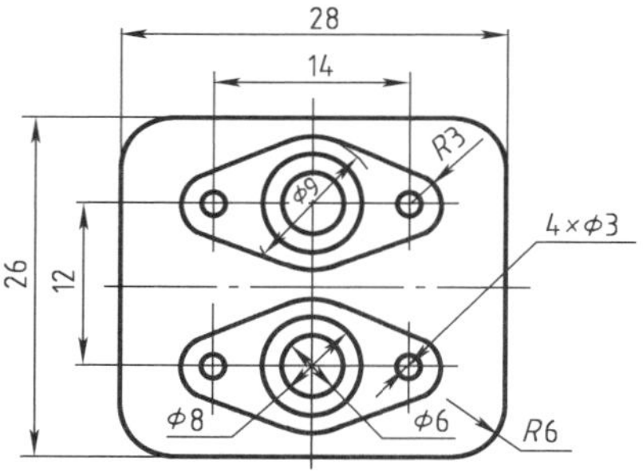
	2. 对称零件的图形画出一半时，尺寸线应略超过对称中心线，见图(a)；如画出多于一半时，尺寸线应略超过断裂线，见图(b)。以上两种情况都只在尺寸界线的一端画出箭头	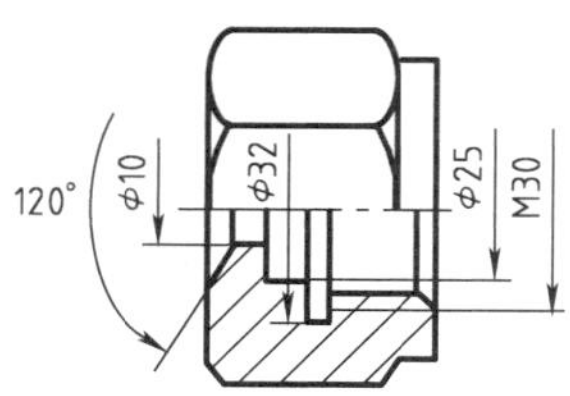 (a) 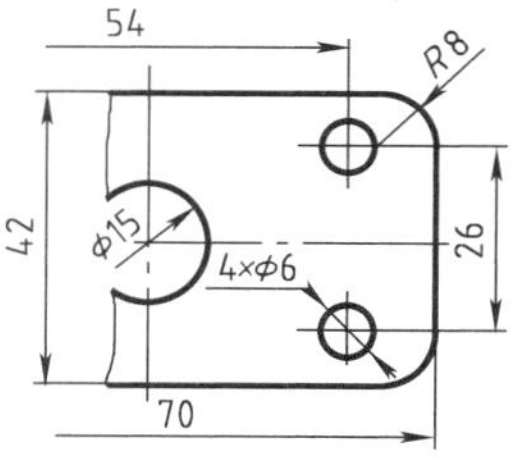　(b)

续表

项目	说 明	图 例
曲线轮廓	曲线轮廓上各点的坐标，可按图中的两种形式标注	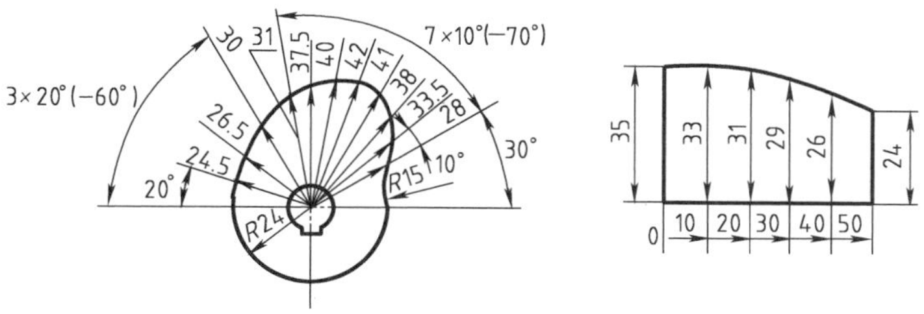

2.3 平面几何图形的画法

几种常用平面几何图形的画法见表2-6。

表2-6 常用平面图形的画法

已知条件和作图要求	作图方法及步骤
1. 经过已知直线外的一个已知点，作一直线和已知直线平行	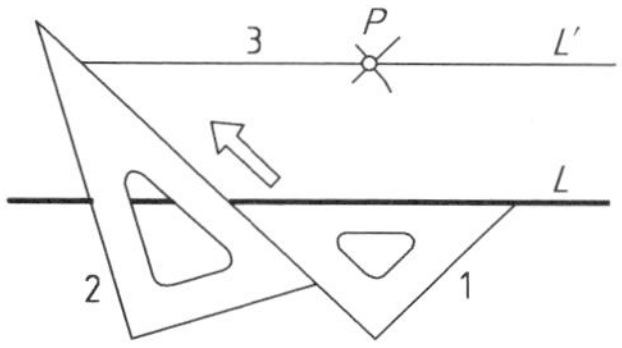
2. 作已知线段的垂直平分线	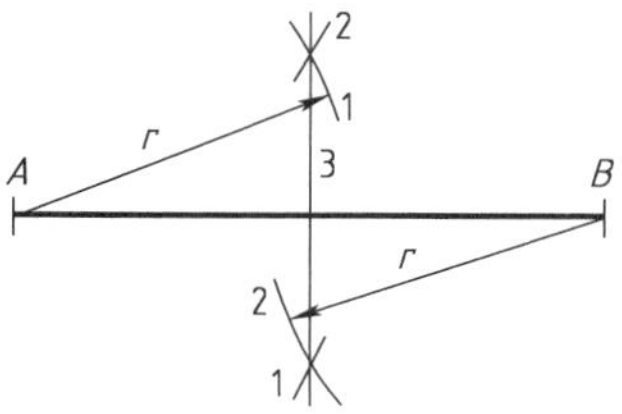
3. 经过已知直线外的一点作该直线的垂线	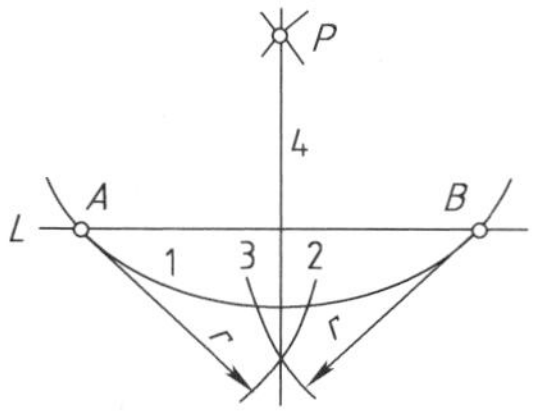
4. 经过已知直线上的一个端点作该直线的垂线	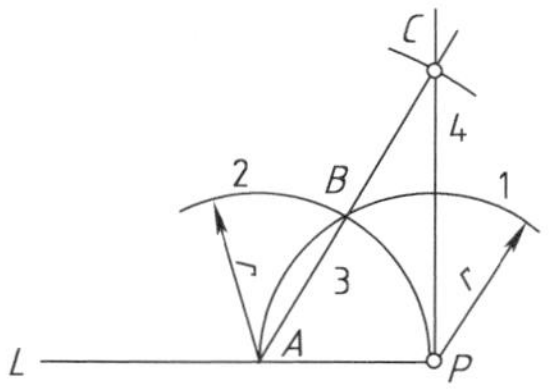

续表

已知条件和作图要求	作图方法及步骤
5. 平分已知角	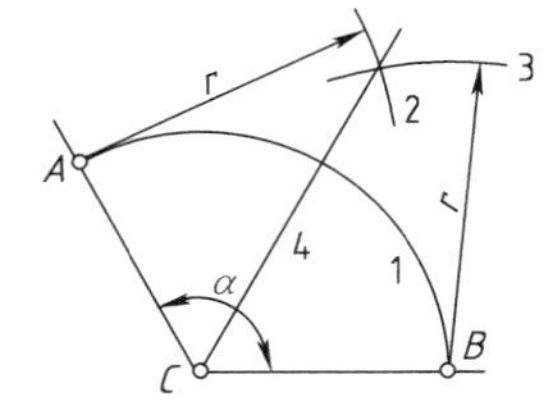
6. 等分已知线段(图中为五等分)	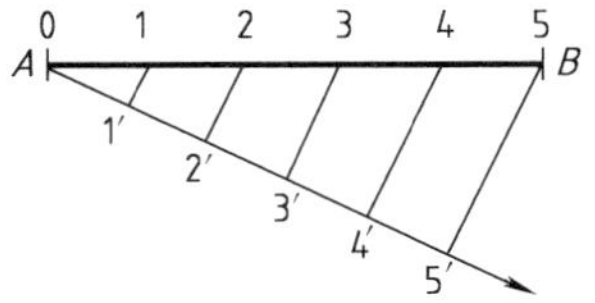
7. 作三角形的外接圆	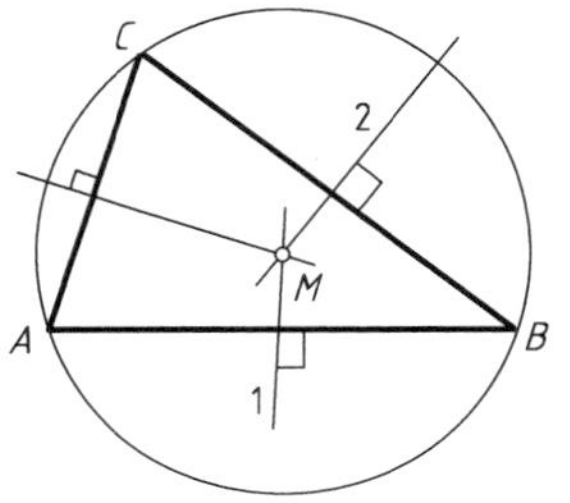
8. 正六边形画法	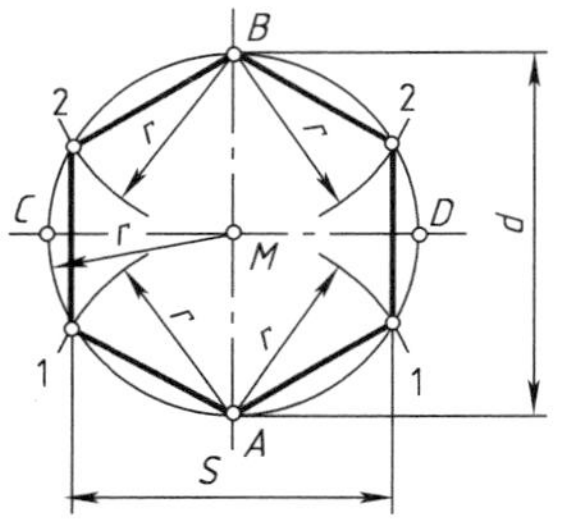
9. 圆内接正 n 边形的画法(图中为圆内接正五边形,顶角朝上)	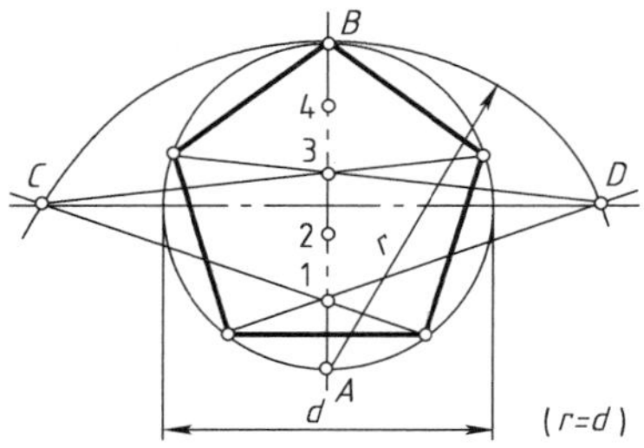 $(r=d)$ 作图要领: (1)用等分已知线段的方法五(n)等分 $d(\overline{AB})$,以直径的下端起向上分。 (2)若作图要求正 n 边形的顶角向上,则取等分的单数点(如1、3、5等)分别与点 C、D 连接;顶角向下,则取等分的双数点(如2、4、6等)分别与点 C、D 连接

椭圆的近似画法,见表 2 –7。

椭圆的近似画法通常采用四心圆法。画椭圆时先求出四个圆心,求法见表 2 –7。

表 2 –7　椭圆的近似画法(已知椭圆长、短轴 AB 和 CD)

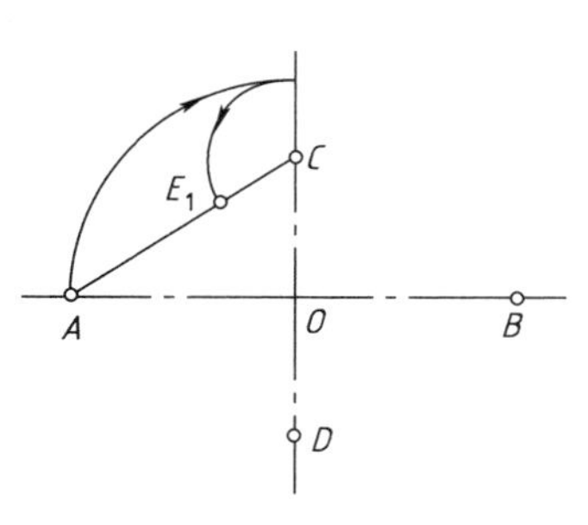	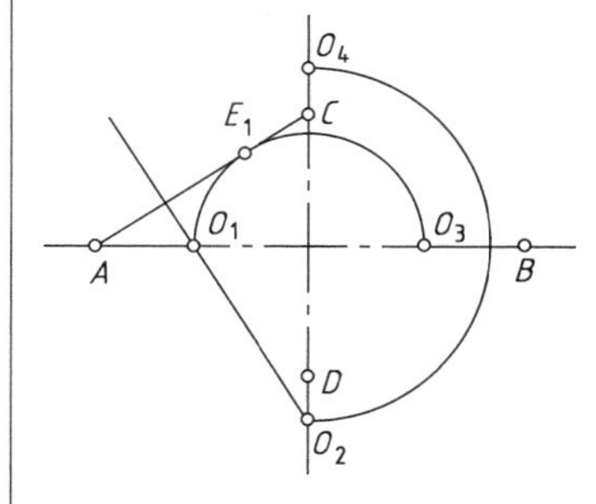	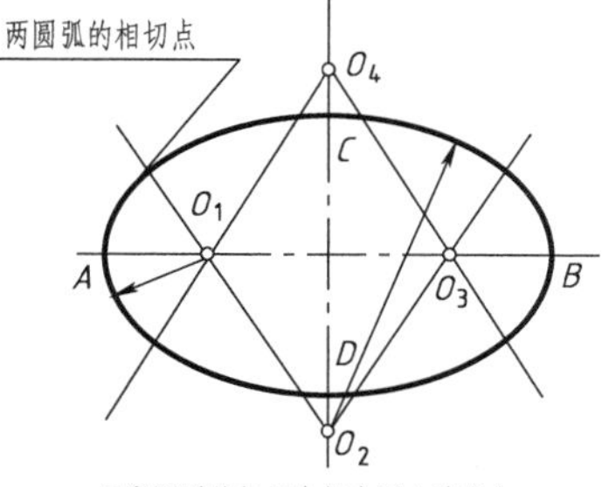
(1)作长轴 AB 和短轴 CD,连接 AC,并在 AC 上取 $CE_1=OA-OC$	(2)作 AE_1 的垂直平分线,与长、短轴分别交于点 O_1、O_2,再作对称点 O_3、O_4	(3)以 O_1、O_2、O_3、O_4 各点为圆心,O_1A、O_2C、O_3B、O_4D 为半径,分别画弧,即得所求的近似椭圆

作图要领:四个圆心(O_1、O_2、O_3、O_4)确定后,分别连 O_2O_3、O_3O_4、O_4O_1、O_1O_2,形成一个菱形,然后画圆弧,因为四段圆弧的相切点都在圆心连线上,它比精确画法简便而实用。

2.4　斜度和锥度

1. 斜度

(1)斜度的概念

斜度是指直角三角形的高与其直角边之比,它表示斜边对直角边的倾斜程度。用分数表示斜度时通常将比例前项(分式中的分子)化为 1,写成 $1:n$ 的形式,见图 2 – 24,即

$$斜度=\mathrm{tg}\alpha=\frac{H}{L}=\frac{H-h}{l}=1:n$$

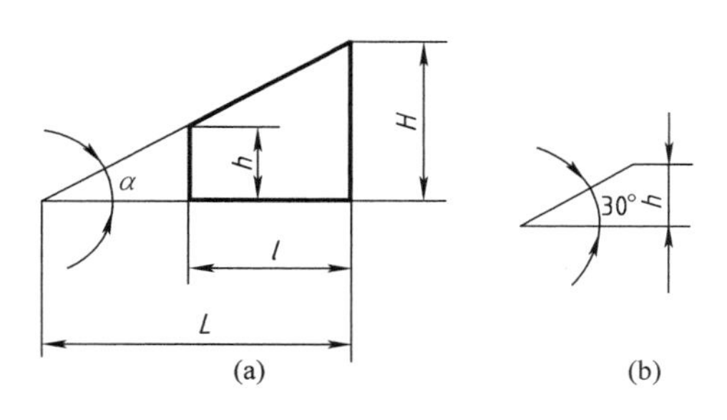

图 2 – 24　斜度

(a)斜度的概念　(b) 斜度符号

斜度符号可按图 2 – 24(b)绘制,符号高度 h = 字体高度,符号方向与图形的斜度方向一致,用细实线绘制。

(2)斜度的作图

图 2 –25(a)是一个斜度为 1:10 的零件,其作图步骤见图 2 –25(b)、(c)所示,斜度的标注见图 2 –25(a)。

2. 锥度

(1)锥度的概念

锥度是指正圆锥的底圆直径与其高度之比。如果是圆台,则为两底圆直径之差与圆台高度的比。通常规定写成 $1:n$ 的形式,见图 2 –26(a)。锥度用字母符号 C 表示,圆锥角用字母符号 α 表示。即

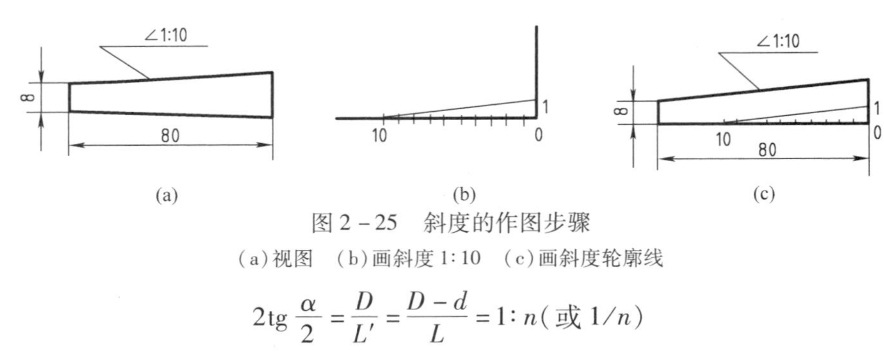

(a)　　(b)　　(c)

图 2-25　斜度的作图步骤

(a)视图　(b)画斜度 1:10　(c)画斜度轮廓线

$$2\text{tg}\,\frac{\alpha}{2}=\frac{D}{L'}=\frac{D-d}{L}=1:n(\text{或}\ 1/n)$$

(2)锥度符号与标注

1) 符号。在图样上采用图 2-26(b)所示的符号表示锥度，该符号标注在基准线上，见图 2-26(c)。锥度符号要靠近圆锥轮廓线标注，基准线用引出线与圆锥的轮廓素线相连。基准线与圆锥的轴线平行，符号的方向应与零件的锥度方向一致。符号用细实线绘制。

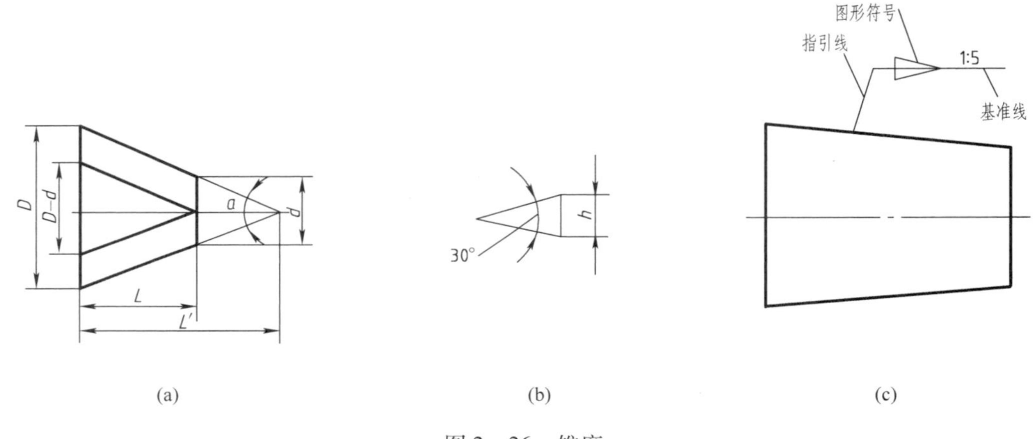

(a)　　(b)　　(c)

图 2-26　锥度

(a)概念　(b)符号　(c)标注方法

2) 标注。锥度的标注见图 2-27。

当所标注的锥度是标准圆锥系列之一(尤其是莫氏锥度或米制锥度，见 GB 1443)时，可用标准系列号和相应的标记表示，见图 2-27(d)。

(3) 作图。

图 2-28 所示是个锥度为 1:5 的零件，其作图步骤见图 2-28(b)、(c)。

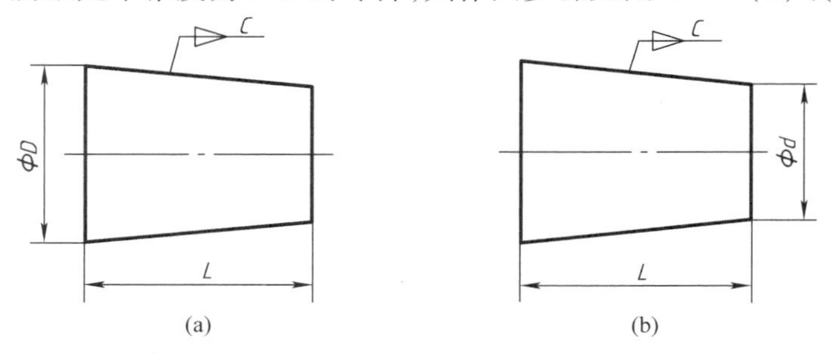

(a)　　(b)

图 2-27　锥度的标注方法

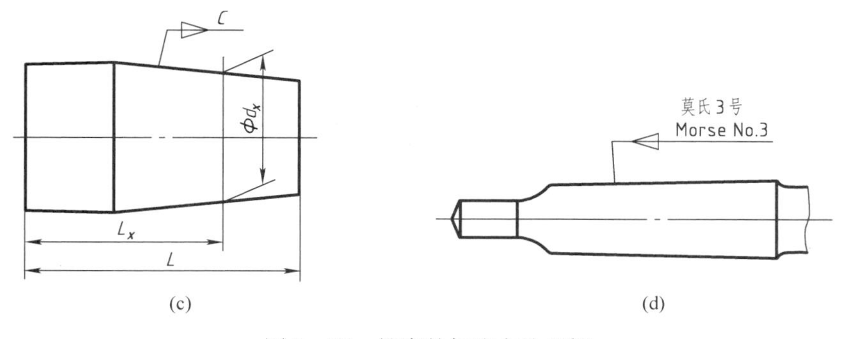

(c) (d)

图 2－27 锥度的标注方法(续)

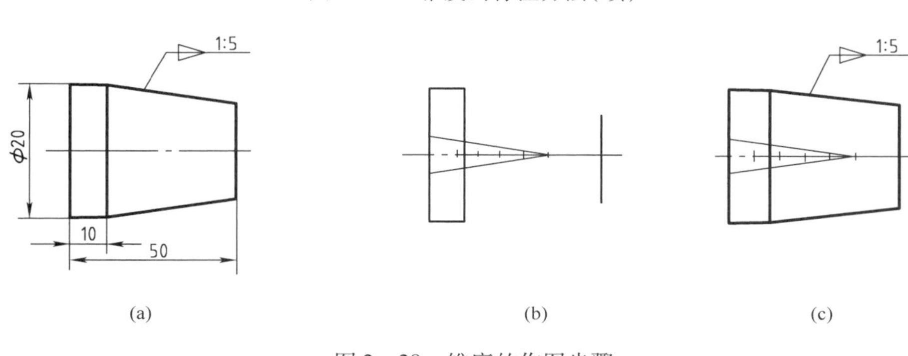

(a) (b) (c)

图 2－28 锥度的作图步骤

(a)视图 (b)画锥度 1∶5 (c) 画锥度轮廓线

2.5 圆弧连接的画法

零件是由直线和圆弧、圆弧和圆弧连接而成的,因此,要学习直线和圆弧、圆弧和圆弧连接的作图方法。

1. 圆弧连接

圆弧连接的内容包括用连接弧连接两条已知直线;用连接圆弧连接两已知圆弧;用连接弧连接已知线段和已知圆弧。连接弧的特点:只知半径不知中心位置尺寸。它的作图步骤可以概括为:①求连接弧的圆心;②确定连接点(切点);③画连接弧。

1)用圆弧连接两直线的作图方法,见表 2－8。

表 2－8 两直线间的圆弧连接(圆角)

类别	用圆弧连接锐角或钝角(圆角)	用圆弧连接直角(圆角)
图例		

2)直线与圆弧以及圆弧与圆弧连接的作图方法,见表 2－9。

表 2－9　直线与圆弧、圆弧之间的圆弧连接

类　　别	图　　例
过圆外一点作已知圆的切线	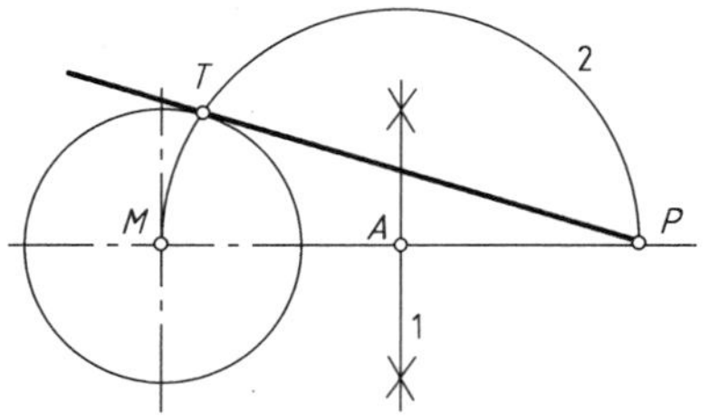 T 2 M A P 1
作两圆的外公切线	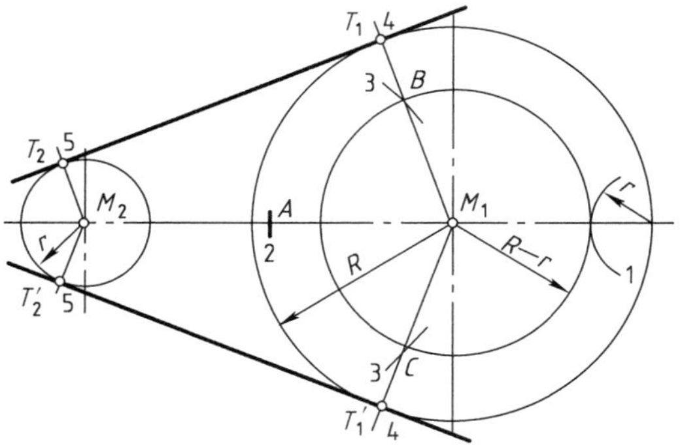 T_1 4 3 B T_2 5 M_2 A M_1 r 2 R $R-r$ 1 T_2' 5 3 C T_1' 4
作两圆的内公切线	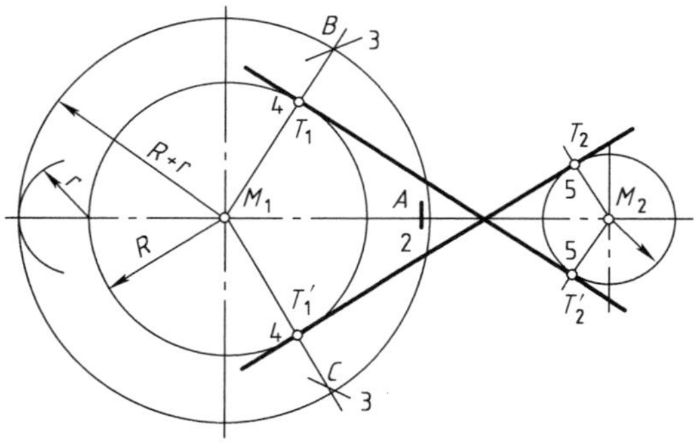 B 3 4 T_1 T_2 $R+r$ r M_1 A 5 M_2 R 2 5 T_1' T_2' 4 C 3
用已知半径 R 的圆弧连接已知直线与圆弧	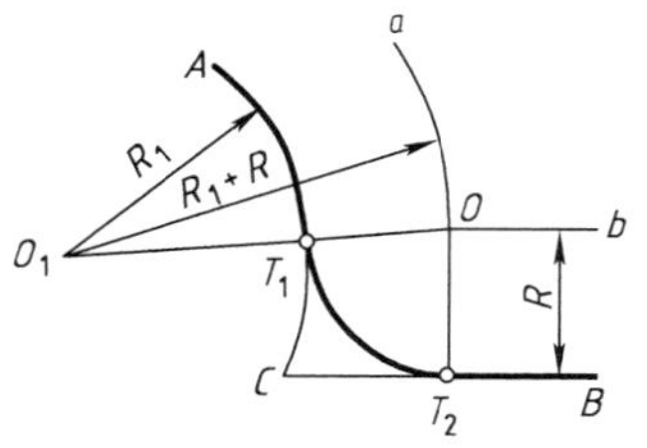 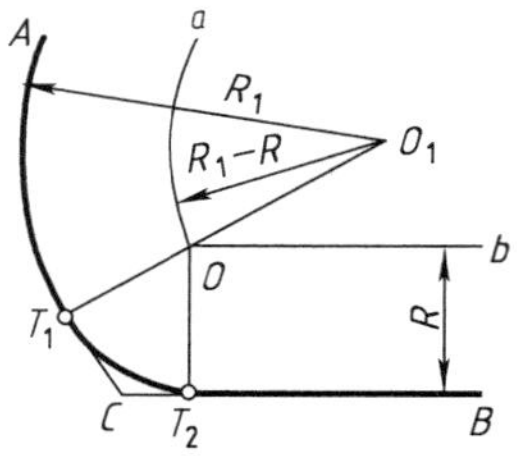 a A R_1 R_1+R O b O_1 T_1 R C T_2 B A a R_1 R_1-R O_1 O b T_1 R C T_2 B

续表

类　别	图　例
用已知半径 R 的圆弧连接两已知圆弧	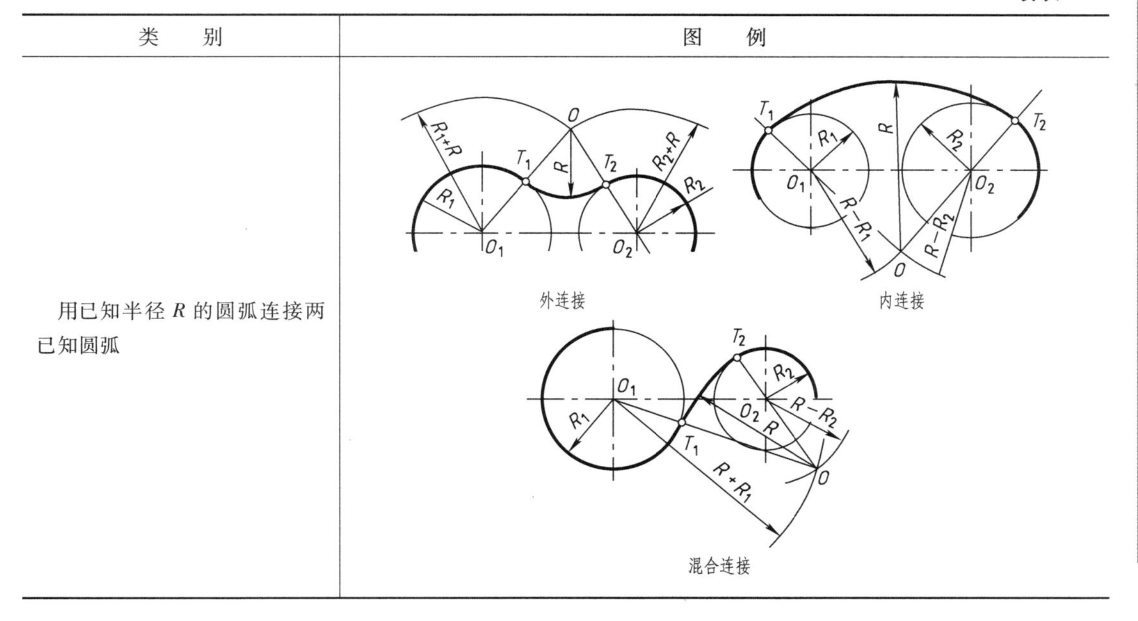

3)平面几何图形尺寸的分析和作图步骤 平面图形的尺寸分析，就是分析平面图形中每个尺寸的作用。通过对尺寸的分析，可以解决以下两个问题：

a. 确定合理的作图步骤 就是画图时，先画哪些几何要素，后画哪些几何要素；

b. 判断图形能否画出 就是确定图形中给出的尺寸是否够用或是否多余。

2. 尺寸基准与尺寸分类

(1)尺寸基准

所谓尺寸基准，就是标注尺寸的起始点。在平面几何图形中，一般常选用下列几何要素作为尺寸的基准：对称图形的对称中心、重要的端面、底面。例如图 2－29，在径向是以水平对称中心线为基准，左右(长度)方向以中间的端面为基准。

(2) 尺寸的分类

按尺寸在平面图形中所起的作用不同可分为两类。

1)定形尺寸 确定线段的长度、圆弧的半径(或圆的直径)和角度的大小的尺寸，称为定形尺寸。如图 2－29 中 ϕ20、15、ϕ5、R12、75、R50、SR10、ϕ30。

2)定位尺寸 确定几何图形与基准之间相对位置的尺寸，称为定位尺寸。如图 2－29 中的尺寸 8 就是定位尺寸，它确定了 ϕ5 的圆心位置。

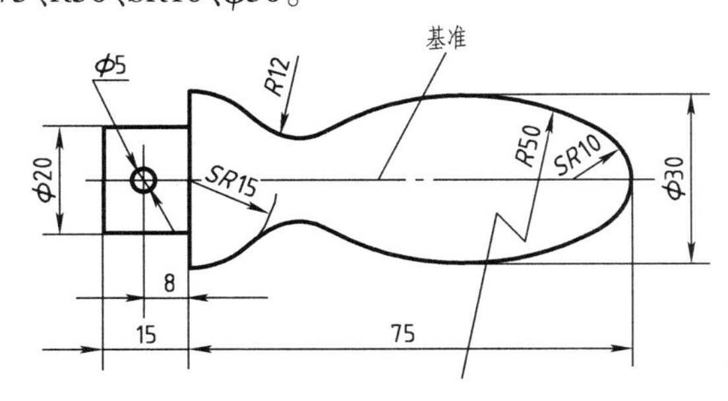

图 2－29　手柄的平面图形

3. 线段的分类

平面几何图形中的线段(直线或圆弧)，根据其定位尺寸完整与否，可分为三类。

(1) 已知线段

标注有定形尺寸和完全定位尺寸的线段；作图时，可以根据这些尺寸直接画出的线段或圆弧。如图 2－29 中的 $SR15$、$\phi5$ 和 $SR10$。

（2）中间线段

给出定形尺寸、只给一个定位尺寸的线段，作图时需待与其一端相邻的已知线段画出后，才能画出的线段，如图 2－29 中的 $R50$。

（3）连接线段

只给出定形尺寸，没有定位尺寸的线段，作图时须待与其两端相邻的线段画出后，才能画出的线段，如图 2－29 中的 $R12$。

下面以手柄的平面图形为例，说明圆弧连接的作图步骤，见表 2－10。

4. 平面图形的作图步骤

1）分析图形的尺寸及其线段；

2）画出图形的基准线，根据图形的定位尺寸确定其位置；

3）用细实线逐步画出各部轮廓（必须做到先画已知线段，再见画中间线段，最后画连接线段）；

4）校对修改底稿图，擦去不必要的线条，加深：其顺序是先粗后细，先曲后直，先水平、后垂直、倾斜，先上后下，先左后右；

5）标注尺寸，填写标题栏等。

5. 线段连接的一般规律

在两个已知线段间可以有任意个中间线段，但是必须有，也只能有一个连接线段。如果有两个（包括两个）以上的连接线段，则图中一定缺少尺寸；如果没有连接线段，则图中必有多余尺寸。缺少尺寸或有多余尺寸，该图形都无法画出。这是判断平面图形能否画出的重要依据。知道了这一点，就可以做到标注尺寸不遗漏、不重复了。

表 2－10　手柄图形作图步骤

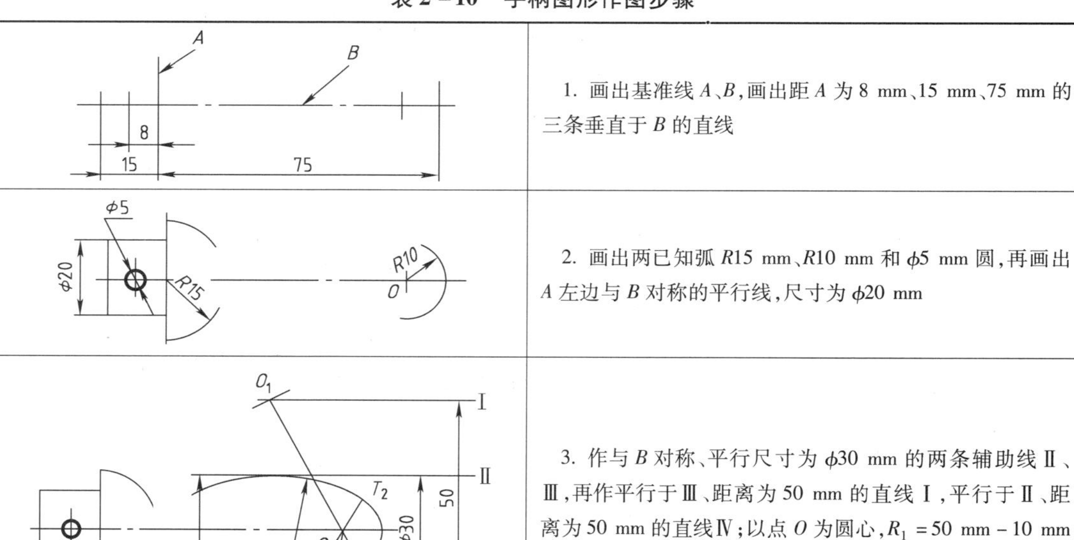

图形	作图步骤
	1. 画出基准线 A、B，画出距 A 为 8 mm、15 mm、75 mm 的三条垂直于 B 的直线
	2. 画出两已知弧 $R15$ mm、$R10$ mm 和 $\phi5$ mm 圆，再画出 A 左边与 B 对称的平行线，尺寸为 $\phi20$ mm
	3. 作与 B 对称、平行尺寸为 $\phi30$ mm 的两条辅助线Ⅱ、Ⅲ，再作平行于Ⅲ、距离为 50 mm 的直线Ⅰ，平行于Ⅱ、距离为 50 mm 的直线Ⅳ；以点 O 为圆心，R_1＝50 mm－10 mm 为半径，画弧交Ⅰ、Ⅳ于 O_1、O_2，即圆心，作切点 T_1、T_2，画出 $R50$ mm 与 $R10$ mm 内切连接的圆弧

续表

<table>
<tr>
<td>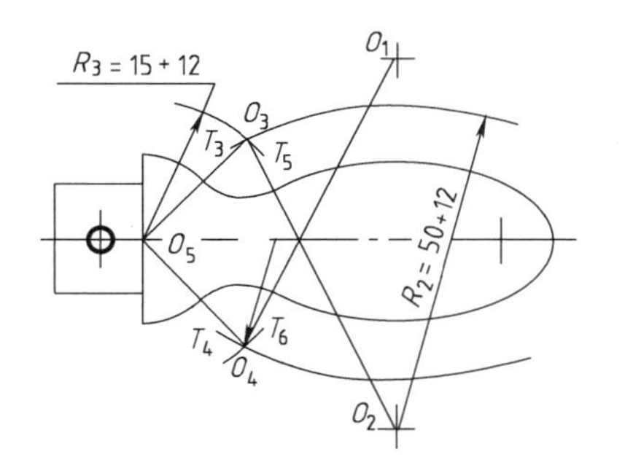
</td>
<td>4. 分别以 O_1、O_2 为圆心，R_2 = 50 mm + 12 mm 为半径画弧，以点 O_5 为圆心，R_3 = 15 mm + 12 mm 为半径画弧，得交点 O_3、O_4 即为连接弧 R12 mm 的圆心；连接 O_5O_3、O_5O_4 与 R15 mm 交于 T_3、T_4，连接 O_2O_3、O_1O_4 与 R50 mm 交于 T_5、T_6 即为切点，画出 R12 mm 与 R15 mm、R50 mm 外切连接的圆弧</td>
</tr>
<tr>
<td>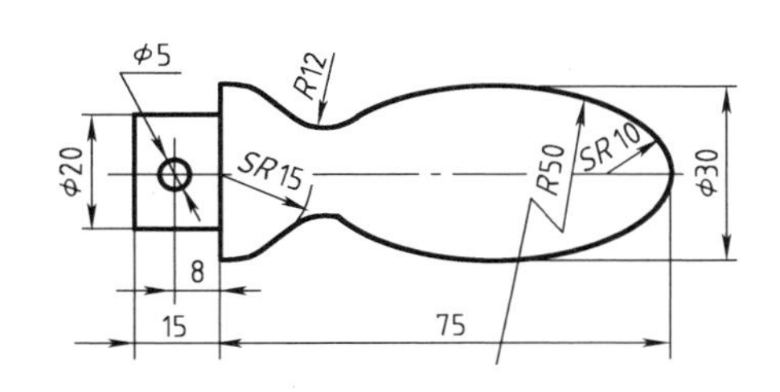
</td>
<td>5. 加深图线，并标注尺寸</td>
</tr>
</table>

模块三 轴 测 图

学习目标

1. 了解轴测图的形成、概念、优缺点和应用场合;

2. 学会绘制中等复杂程度零件的正等轴测图、斜二轴测图及轴测草图;

3. 通过学习轴测图，培养学生逐步养成认真、细致的工作习惯。

教学提示

1. 地位作用 轴测图不是一个孤立的知识点,它是二维图和三维图之间的转换工具,是学习机械制图的辅助工具,地位一般。

2. 物资材料 形成轴测图的模型、相关立体、轴测剖视体的模型,相关课件。

3. 教法提示 重点讲清楚轴测图的形成,要求学生牢记轴间角和轴向缩短系数,掌握轴测图的选择和画法。

4. 学法提示 在弄清概念,熟记相关参数的基础上,要多练习,尤其是徒手练习。

3.1 轴测图的基本知识

根据正投影原理画出的视图,能真实地反映立体的形状,且度量性好,作图简单,但立体感不强,只有具备一定读图能力的人才能读懂。因此,机械工程上有时采用立体感较强的轴测图,作为辅助图样。

1. 轴测图的形成

将空间立体连同确定其位置的直角坐标系,沿不平行于任一坐标平面的方向,用平行投影法投射在某一选定的单一投影面上,所得到的具有立体感的图形,称为轴测投影图,简称轴测图,如图 3-1 所示。

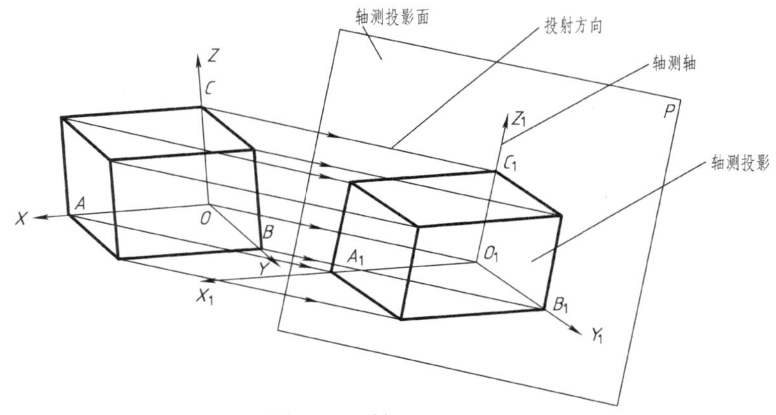

图 3-1 轴测图的形成

在轴测投影中,把选定的投影面 P 称为轴测投影面;把空间直角坐标轴 OX、OY、OZ 在轴测投影面上的投影 O_1X_1、O_1Y_1、O_1Z_1 称为轴测轴;两轴测轴之间的夹角 $\angle X_1O_1Y_1$、$\angle Y_1O_1Z_1$、$\angle X_1O_1Z_1$ 称为轴间角;轴测轴上的单位长度与空间直角坐标轴上相对应的单位长度的比值，称为轴向伸缩系数。OX、OY、OZ 的轴向伸缩系数分别用 p_1、q_1、r_1 表示。例如，在图 3-1 中，$p_1 = O_1A_1/OA$，$q_1 = O_1B_1/OB$，$r_1 = O_1C_1/OC$。

轴间角与轴向伸缩系数是绘制轴测图的两个主要参数。

2. 轴测图的种类

（1）按照投影方向与轴测投影面的夹角的不同分类

正轴测图——轴测投影方向（投射线）与轴测投影面垂直所得到的轴测图。

斜轴测图——轴测投影方向（投射线）与轴测投影面倾斜所得到的轴测图。

（2）按照轴向伸缩系数的不同分类

正等测轴测图——$p_1 = q_1 = r_1$，简称正等测图。

斜二测轴测图——$p_1 = r_1 \neq q_1$，简称斜二测图。

本模块只学习“机械制图“常用的正等轴测图和斜二轴测图。

3. 轴测投影的基本性质

轴测投影同样具有平行投影的性质。

1）立体上互相平行的线段，在轴测图中仍保持互相平行；立体上平行于坐标轴的线段，在轴测图中仍平行于相应的轴测轴，且同一轴向所有线段的轴向伸缩系数相同。

2）立体上不平行于坐标轴的线段的轴测图，可以用坐标法画出其两个端点的轴测投影后连线即可。

3）立体上不平行于轴测投影面的平面图形，在轴测图中变成原形的类似形，如长方形的轴测投影为平行四边形，圆的轴测投影为椭圆等。

3.2 正等轴测图

1. 形成及参数

（1）形成

如图 3-2（a）所示，如果使三条坐标轴 OX、OY、OZ 对轴测投影面都处于倾角相等的位置，把立体向轴测投影面投影，这样所得到的轴测投影图就是正等轴测图，简称正等测图。

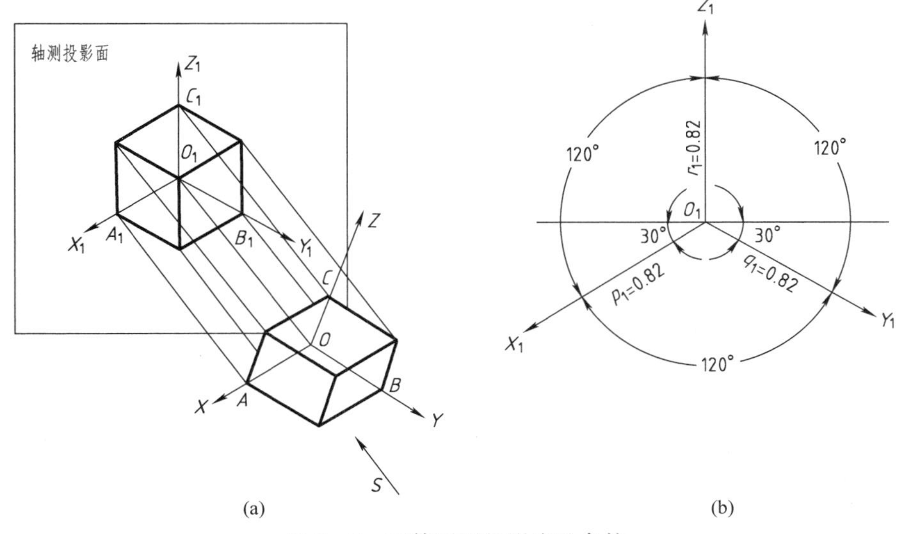

图 3-2 正等测图的形成及参数

（a）形成 （b）参数

(2)参数

图 3-2(b)显示出了正等轴测图的轴间角和轴向伸缩系数等参数及画法。从图中可以看出，正等测图的轴间角均为 120°，且三个轴向伸缩系数相等。经计算可得 $p_1 = q_1 = r_1 = 0.82$。为作图简便，画正等测图时采用 $p_1 = q_1 = r_1 = 1$ 的简化伸缩系数，即沿各轴向的所有尺寸都按立体的实际长度画图。按简化伸缩系数画出的轴测图是实物大小的 1/0.82≈1.22 倍。

2. 画法

(1)平面立体的画法

平面立体的正等轴测图一般用坐标法和方箱法。

1)所谓坐标法即画出立体上的各点的轴测图，然后由点连成线，由线连成面，从而绘出零件的轴测图。

例 3-1 求作三棱锥的正等轴测图，见表 3-1。

表 3-1 三棱锥正等测图的画法

图例	作图步骤	图例	作图步骤
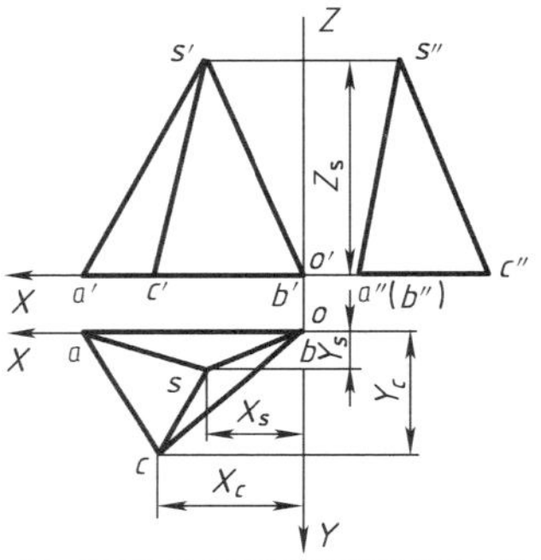	在三棱锥的视图上定坐标轴。考虑到作图方便，把坐标原点选在底面上点 B 处，并使 AB 和 OX 轴重合	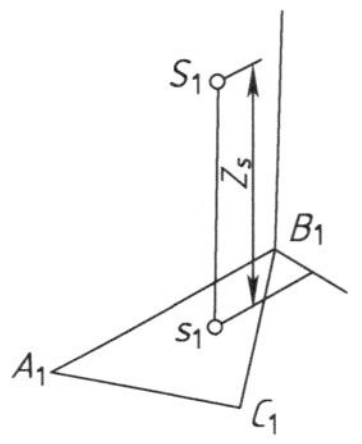	根据锥顶的高度定出 S_1
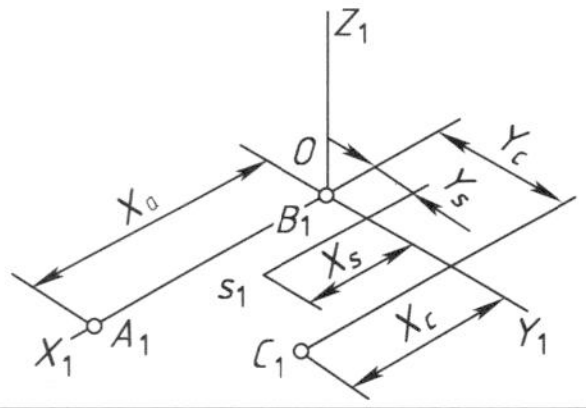	画轴测轴，定底面各顶点和锥顶 s 在底面的投影 s_1	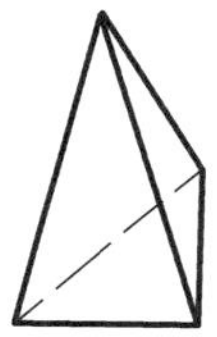	连接各顶点，描深即完成作图

例 3-2 画正六棱柱的正等轴测图，见表 3-2。

表 3-2 正六棱柱正等测图的画法

图例	作图步骤	图例	作图步骤
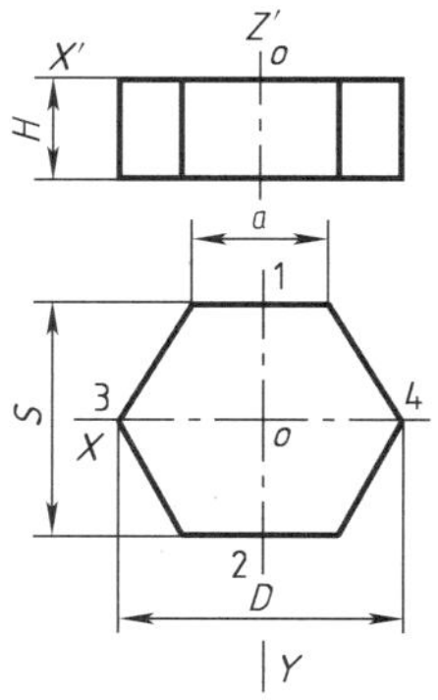	在视图上定坐标轴。由于正六棱柱前后、左右对称，故选择顶面的对称中心作为坐标原点，棱柱的轴线作为 OZ 轴，顶面的两对称线作为 OX 轴、OY 轴	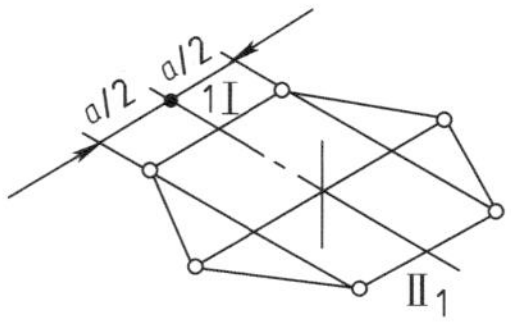	过点 I_1、II_1 作直线平行于 O_1X_1，并在所作直线上各取 $a/2$ 得 4 个点，连接各顶点

续表

图　例	作图步骤	图　例	作图步骤
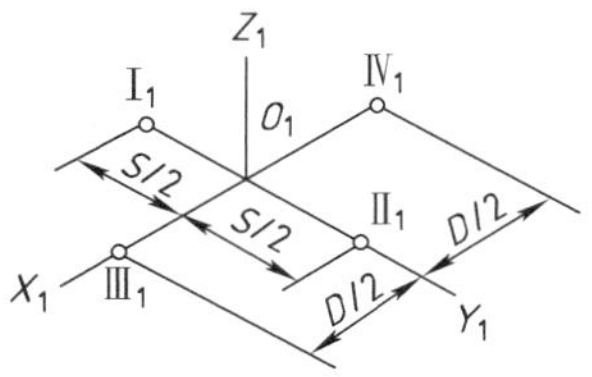 Z_1 $Ⅰ_1$ $Ⅳ_1$ O_1 $S/2$ $S/2$ $Ⅱ_1$ $D/2$ X_1 $Ⅲ_1$ $D/2$ Y_1	画轴测轴，根据尺寸 S、D 定出点 $Ⅰ_1$、$Ⅱ_1$、$Ⅲ_1$、$Ⅳ_1$	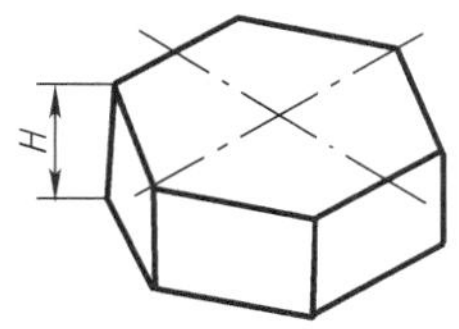 H	过各顶点向下画侧棱，取尺寸 h，画底面各边，描深即得完整图

从上述两例的作图过程中，可以总结出以下两点。

a. 画平面立体的轴测图时，首先应选坐标轴，然后画各顶点的轴测图，最后依次连线，完成轴测图。画图前，应分析平面立体的形状特征，一般总是先画出立体上一个主要表面的轴测图。通常是先画顶面，再画底面，有时要先画前面，再画后面，或者先画左面再画右面。

b. 为使图形清晰，轴测图中一般不画虚线。但有些情况下，如果画虚线能增强图形的直观性、立体感也可画出虚线。

2）方箱法。是假设将立体装在一个辅助立方体内画轴测图的方法，实质上它是利用辅助方箱作为基准来确定点的坐标位置的作图方法，见表 3－3。

表 3－3　方箱法

作图方法	图示步骤
方箱画法： 一点起画， 每点三线， 每角三画， 各面相连成方箱	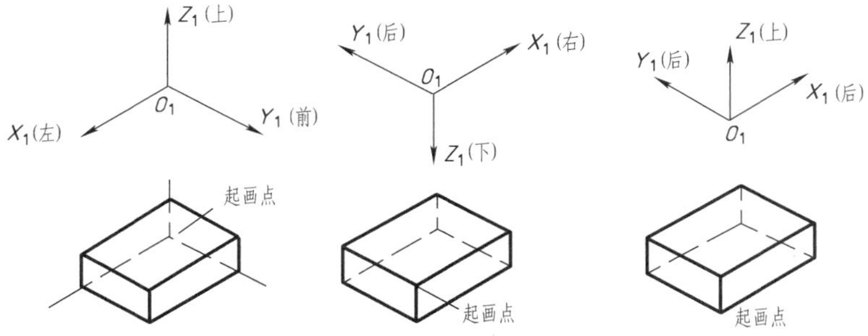 Z_1(上) O_1 X_1(左) Y_1(前)　Y_1(后) X_1(右) O_1 Z_1(下)　Z_1(上) Y_1(后) X_1(后) O_1 起画点　起画点　起画点
截切作法	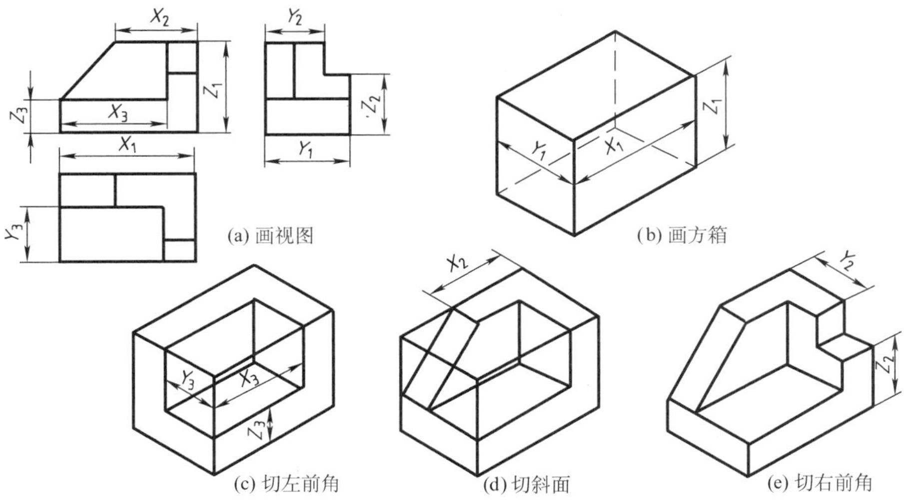 X_2 Y_2 Z_3 X_3 Z_1 Z_2 X_1 Y_1 Y_3 (a) 画视图 Y_1 X_1 Z_1 (b) 画方箱 Y_3 X_3 Z_3 (c) 切左前角 X_2 (d) 切斜面 Y_2 Z_2 (e) 切右前角

平面立体的正等轴测图画法是：
坐标原点要首选，方便画图是关键。
依次画出各顶点，先画前面和顶面。
一般不要画虚线，立体感强当另谈。

(2) 回转体的画法

图 3－3 是连杆的三视图和正等测图。将三视图与正等测图对照可以看出，在三视图中表现为圆或圆弧的曲线，在正等测图中就变成椭圆或椭圆弧了。因此，画曲面立体的正等测图，必须首先学会椭圆正等轴测图的画法。在正等测图中一般采用四心法画椭圆，见表 3－4。

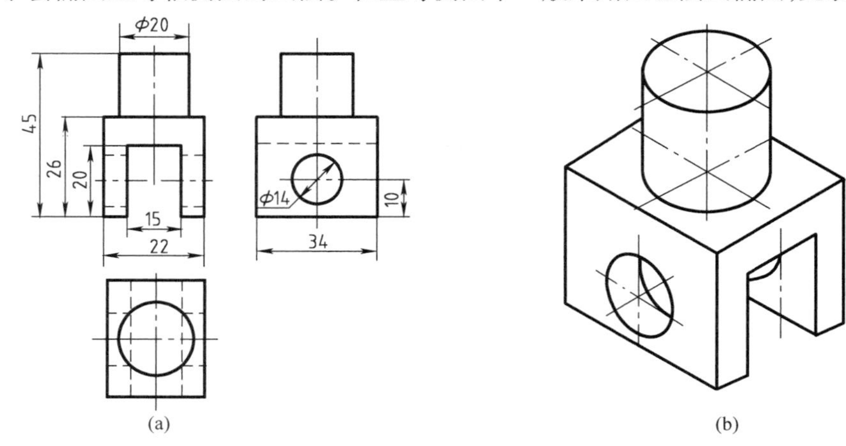

图 3－3 连杆的三视图和正等测图

表 3－4 四心圆法画椭圆

图例	作图步骤
E, A, X, D, φd, O, F, B, C, Y	确定坐标轴 OX、OY 与圆的对称中心线重合，然后作圆的外切正方形，切点为 C、D、E、F
A_1, E_1, F_1, 30°, O_1, φd, D_1, C_1, X_1, Y_1, B_1	画轴测轴和圆外切正方形的轴测投影（菱形），其边长为圆的直径 d
A_1, E_1, F_1, O_1, X_1, D_1, C_1, Y_1, B_1	以点 A_1、B_1 为圆心，以 A_1C_1 为半径，画出椭圆的两个大圆弧
A_1, E_1, F_1, Ⅰ, O_1, Ⅱ, X_1, D_1, C_1, Y_1, B_1	连接 A_1C_1 和 A_1D_1 交椭圆长轴于Ⅰ、Ⅱ两点
A_1, E_1, F_1, Ⅰ, O_1, Ⅱ, X_1, D_1, C_1, Y_1, B_1	以点Ⅰ、Ⅱ为圆心，ID_1 为半径画出椭圆的两个小圆弧，在 C_1、D_1、E_1、F_1 处与大圆弧相连接，即得到所画的椭圆

图 3 -4 表示圆在三个不同方向平面内的正等测图。其中椭圆 1 平行于水平面，椭圆 2 平行于侧面，椭圆 3 平行于正面，这三个椭圆都是用菱形法（即四心圆法）画出来的，它们的画法完全相同（只要将其中一个椭圆旋转 60°，便可得到另一个椭圆），所不同的是画各椭圆的辅助菱形的边和轴的方向不同，在作图时切不可搞错。在正等测图上，圆柱两端的圆都是椭圆。而椭圆的位置，由圆柱的轴线方向所确定，见图 3 -4。当圆柱轴心线与 Z 轴同方向时，则椭圆位置如图 3 -4(b) 上方所示；当圆柱轴心线与 X 轴同方向时，则椭圆位置如图3 -4(b) 左下方所示；当圆柱轴心线与 Y 轴同方向时，则椭圆位置如图 3 -4(b) 右下方所示。

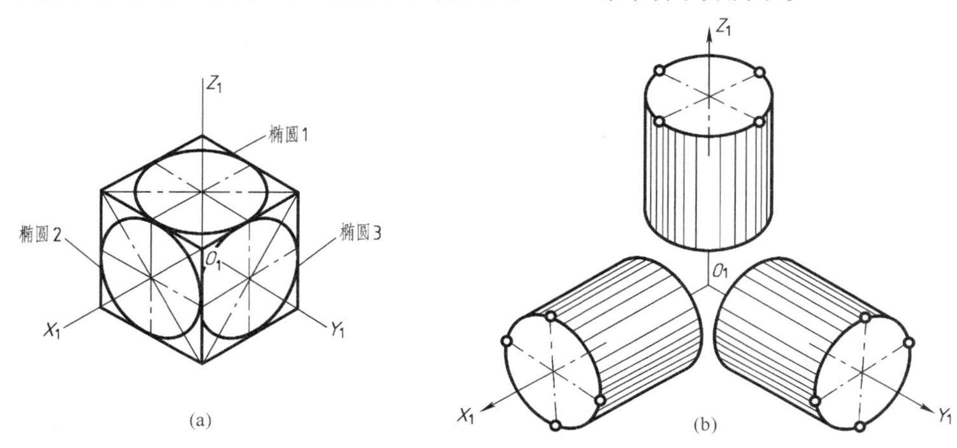

图 3 -4　三个不同方向圆的正等测图画法

例 3 -3　求作圆柱的正等测图，见表 3 -5。

表 3 -5　圆柱正等测图的画法及步骤

图　　例	作图步骤	图　　例	作图步骤
	圆柱的顶面和底面都平行于水平面，而且是同样大小的圆； 把坐标轴选定在圆柱体的上（或下）端面上		另一种画法：完成顶圆的轴测图后，在 OZ_1 轴上直接量取高度尺寸 h，再由顶面椭圆的四个圆心都向下度量 h 距离，即可得底面椭圆各个圆心的位置，并由此画出底面椭圆。这种方法称圆心平移法
	画出轴测轴。按圆柱高度尺寸 h 在 O_1Z_1 轴上确定圆柱上、下两面的中心位置，用四心圆法画出上、下两端面的椭圆		画出平行于 O_1Z_1 轴线两椭圆的相切的轮廓线； 擦去多余的线条，将轮廓线加深（不可见的线可省略不画），即得圆柱的正等测图

例 3－4 平板四圆角的正等测图画法，见表 3－6。

表 3－6 平板四个圆角的正等测图的画法

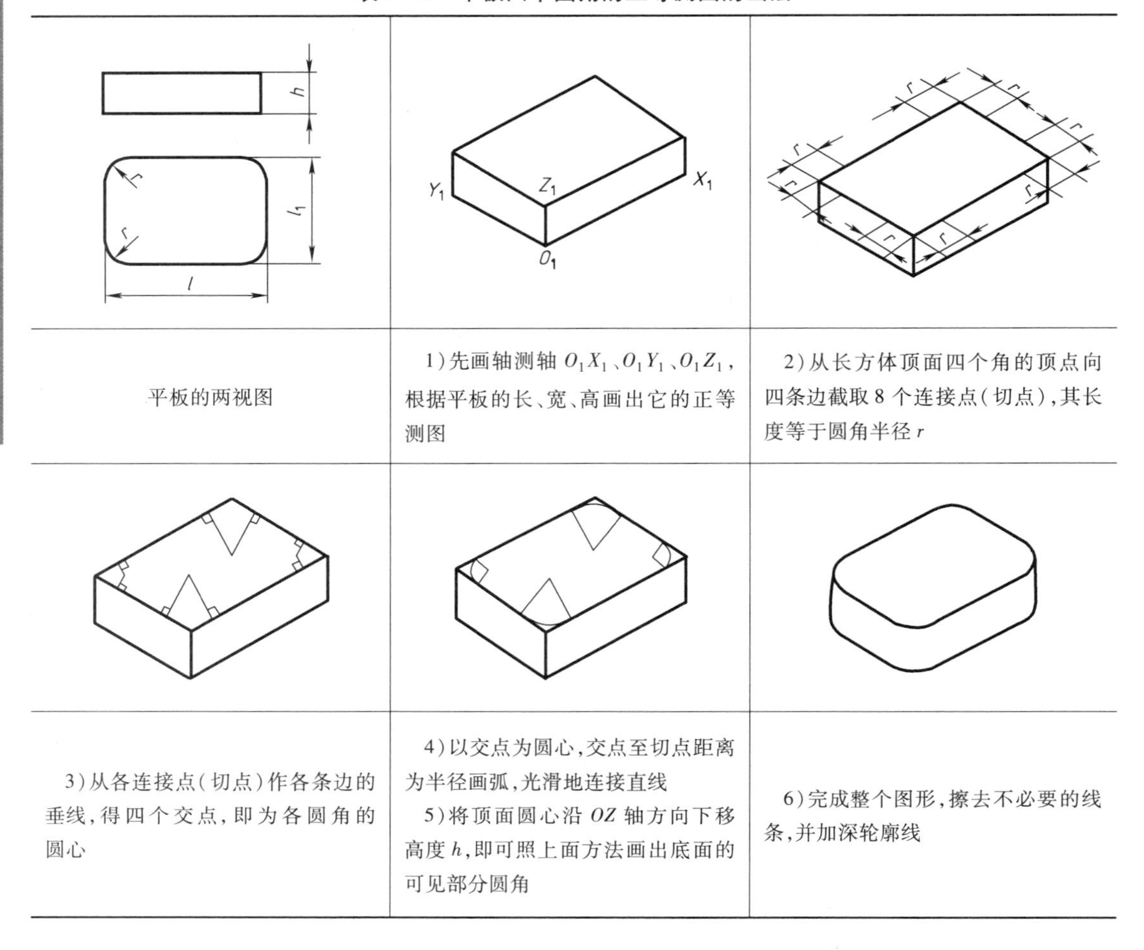

图	图	图
平板的两视图	1）先画轴测轴 O_1X_1、O_1Y_1、O_1Z_1，根据平板的长、宽、高画出它的正等测图	2）从长方体顶面四个角的顶点向四条边截取 8 个连接点（切点），其长度等于圆角半径 r
图	图	图
3）从各连接点（切点）作各条边的垂线，得四个交点，即为各圆角的圆心	4）以交点为圆心，交点至切点距离为半径画弧，光滑地连接直线 5）将顶面圆心沿 OZ 轴方向向下移高度 h，即可照上面方法画出底面的可见部分圆角	6）完成整个图形，擦去不必要的线条，并加深轮廓线

图 3－5 是用圆心平移法的局部放大图，将圆心和切点沿厚度方向平移 h，即可画出相同部分圆角的轴测图。注意图中有几处还需要在两圆弧间加画一条切线。

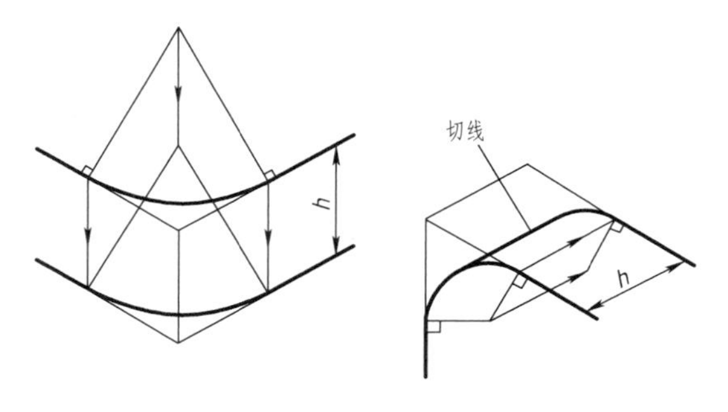

图 3－5 圆心平移法

回转体正等轴测图画法的要点是：

坐标原点选顶面，画好椭圆是关键。

平移画图是捷径，切勿忘记画切线。

3.3 斜二轴测图

1. 形成与参数

(1)形成

如图 3 – 6(a)所示,如果使立体的 XOZ 坐标面与轴测投影面处于平行位置,采用平行斜角投影法也能得到具有立体感的轴测图,这样所得到的轴测投影就是斜二等测轴测图,简称斜二测图。

(2)参数

图 3 – 6(b)表示斜二测轴测图的轴间角和轴向伸缩系数等参数及画法。从图中可以看出,在斜二测图中 $O_1X_1 \perp O_1Z_1$ 轴,O_1Y_1 轴与 O_1X_1 轴、O_1Z_1 轴的夹角均为 135°,三条轴的轴向伸缩系数分别为 $p_1 = r_1 = 1, q_1 = 0.5$。

2. 画法

斜二测图的画法与正等测图的画法基本相似,区别在于因轴间角和轴向伸缩系数不同,它沿 O_1Y_1 轴的尺寸只取实长的一半。因在斜二测图中,立体上平行于 XOZ 坐标面的图形均反映它的实形,所以,当立体上有较多的圆或曲线平行于 XOZ 坐标面时,宜选用斜二测图画图。

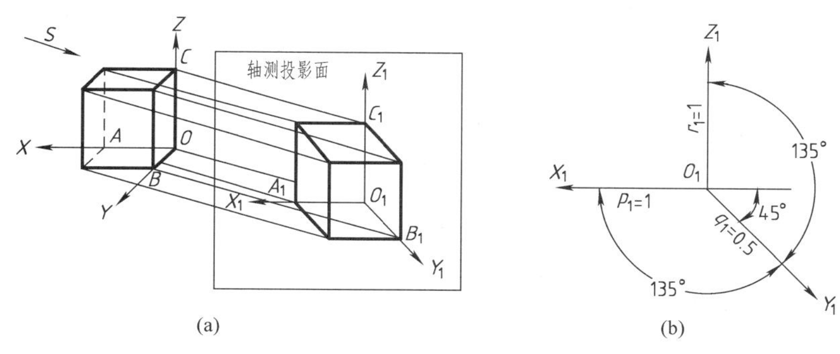

图 3 – 6　斜二测图的形成及参数

(1)平面立体的画法

例 3 – 5　简单零件的斜二测图画法,见表 3 – 7。

先画立体的正面,然后从正面各顶点作 O_1Y_1 轴的平行线,画出它的宽度,这种方法称为正面加宽法,见表 3 – 7。

表 3 – 7　简单零件的斜二测图画法及步骤

图　　例	作图步骤	图　　例	作图步骤
12, Z′, 23, 13, O′, 30, X, Y, 15, O, X	在视图上取其前面左下角的顶点为原点,定三个坐标轴		从零件前面各顶点引 O_1Y_1 轴的平行线,并取其宽度尺寸 7.5 mm(15/2),得后面各个顶点

续表

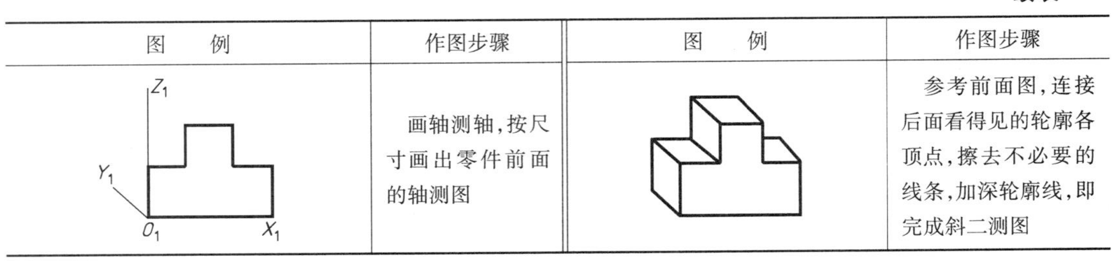

图　例	作图步骤	图　例	作图步骤
	画轴测轴，按尺寸画出零件前面的轴测图		参考前面图，连接后面看得见的轮廓各顶点，擦去不必要的线条，加深轮廓线，即完成斜二测图

例 3－6　画支座的斜二测图，见图 3－7。

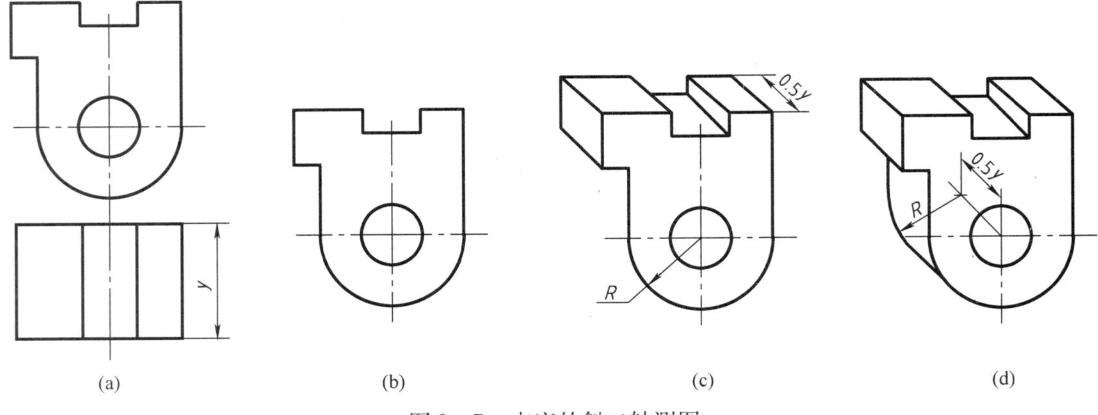

图 3－7　支座的斜二轴测图

（2）曲面立体的画法

曲面立体的斜二轴测图画法见表 3－8。

表 3－8　圆柱套筒斜二测图画法

图　例	作 图 步 骤
Z　Φ20　X　O　Φ30　Y　20	选取套筒前端面的圆心 O_1 为坐标原点
Y_1　Z_1　O_2　O_1　X_1	确定套筒后端面的圆心位置，并分别画出两端面的圆
	画出前后两外圆的公切线，擦去不必要线条，加深可见轮廓线，即得圆柱套筒的斜二测图

3.4 轴测剖视图

为了表示立体的内部结构，轴测图也常采用剖切画法，这种剖切后的轴测图，称为轴测剖视图。

1. 剖切方法

(1)剖切平面的选择

为了使立体的内、外形状都能表达清楚，在轴测图上一般采用两个互相垂直的轴测坐标面进行剖切，如图3－8(a)所示。一般应避免用单一剖切面，因为这样不能兼顾表达立体的内、外形状，如图3－8(b)所示。

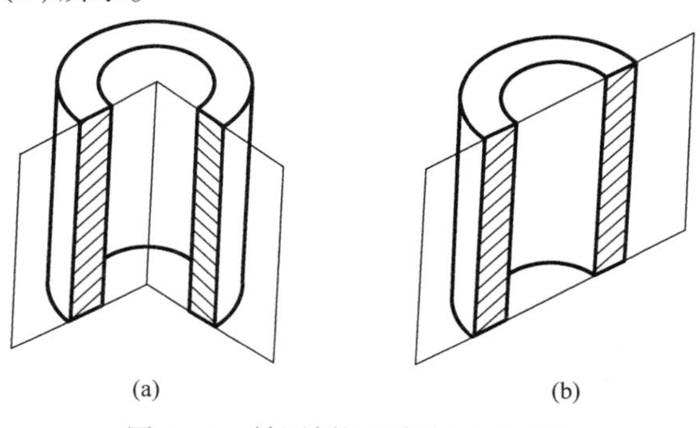

(a)　　(b)

图3－8　轴测剖视图剖切面的选择

(2)剖面线的画法

1)正等测图。视图上剖面线方向与水平线的夹角为45°，在轴测剖视图上仍要保持这种关系。例如在$X_1O_1Z_1$平面上画剖面线时，可在O_1X_1、O_1Z_1轴上各取一个长度单位，得到1、2两点。其连线即为$X_1O_1Z_1$平面上45°线的方向，如图3－9(a)所示。用同样方法可以画出$Y_1O_1Z_1$、$X_1O_1Y_1$两平面上的剖面线。

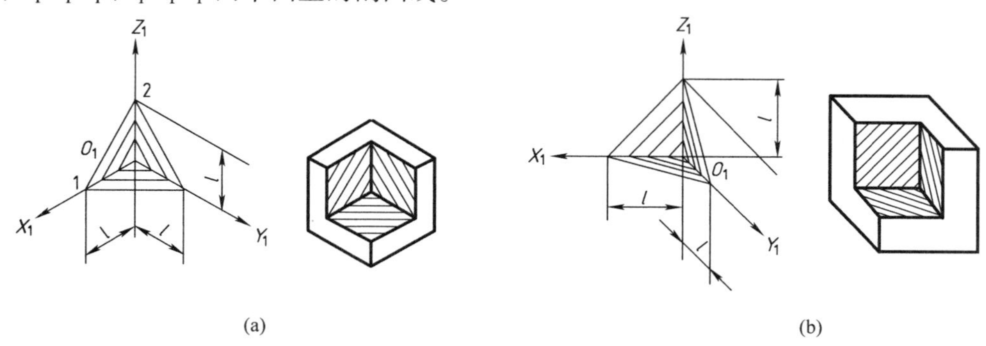

(a)　　(b)

图3－9　轴测剖视图剖面线的画法

(a)正等测图剖面线画法　(b)斜二测图剖面线画法

2)斜二测图。斜二测图剖面线的画法与正等测图类似，只是在画$Y_1O_1Z_1$、$X_1O_1Y_1$两平面上的剖面线时，应注意在O_1X_1、O_1Z_1轴上各取一个长度单位，而在O_1Y_1轴上取半个长度单位，如图3－9(b)所示。

2. 画法

为了保证立体外形的准确和清晰，所以不论零件是否对称，常剖切立体的四分之一。具体画法有两种，以支架的轴测剖视图为例说明如下。

（1）先画外形再画剖视图

先画出完整的外形轴测图，然后选取适当的剖切平面，剖去立体的适当部分，擦去被剖掉的部分外形，画出剖面形状、剖面线和可见到的轮廓，如图 3－10 所示。

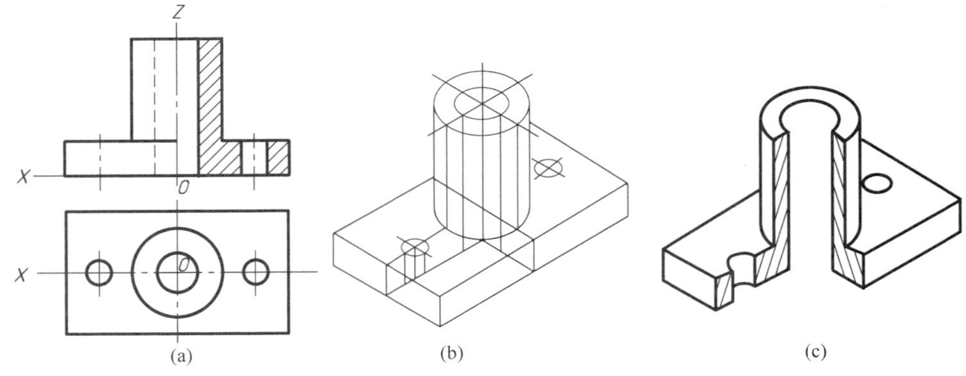

图 3－10　支架的剖视图的画法（方法一）

（2）先画剖面形状，后画外形

这种画图步骤是先画出立体剖切部分的轴测图，然后画其余可见部分的形体的轮廓，具体画图步骤是：

1）确定坐标轴位置，画轴测轴；

2）画出被剖部分的断面形状；

3）以断面处为基础画出外形的轴测图。

此法的优点是不画切除部分的外形，工作效率较高，见图 3－11。

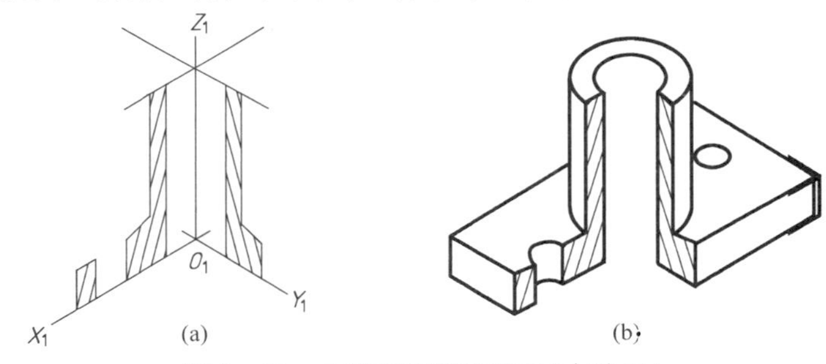

图 3－11　支架剖视图的画法（方法二）

3.5　轴测草图

轴测草图是表达设计思想的工具。在构思新机器或新结构时，可先用轴测草图将设计概貌表达出来，广泛征求意见和建议之后进行修改完善，然后用正投影画出设计草图，最后完成设计工作图。

1. 轴测草图的画法

（1）正等测图轴测轴的画法

画水平横线和 O_1Z_1 轴，然后将水平线下面两个象限分别三等分，能方便地画出 O_1X_1 轴和 O_1Y_1 轴，见图 3－12（a）。

（2）斜二测图轴测轴的画法

画互相垂直的轴测轴 O_1X_1 和 O_1Z_1 轴，然后作右象限角的平分线，即得 O_1Y_1 轴，见

图3－12(b)。

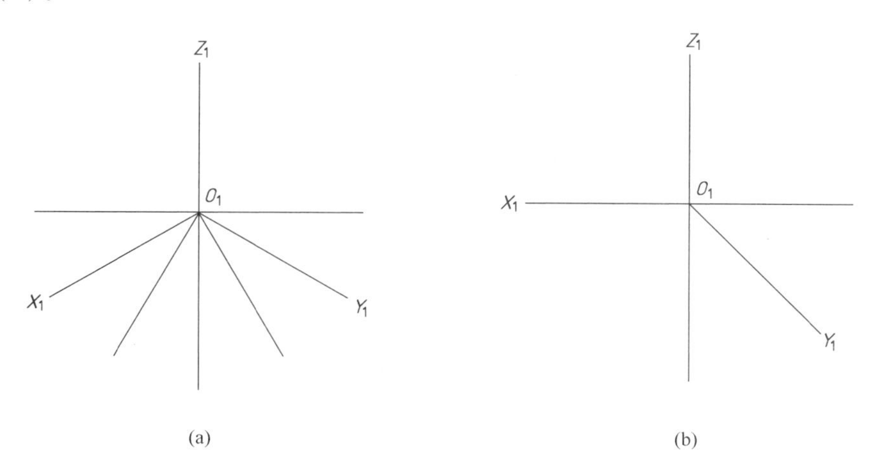

图 3－12 徒手画轴测轴

(a)正等测图轴测轴画法 (b)斜二测图轴测轴画法

(3)徒手等分线段

如图 3－13 所示,若以长方体的一条棱线做单位长度 l,则其另两条棱线的长度可按一定比例画出,并可再将 l 分为必要的等份。也可以按图 3－12(b)所示的方法按比例放大和缩小矩形尺寸。

(4)利用对角线及中心线作图

徒手画轴测图时,经常会遇到确定图形的对角线中心、中心线和圆心的位置等状况,按照图 3－14 所示的方法,可以迅速地确定。

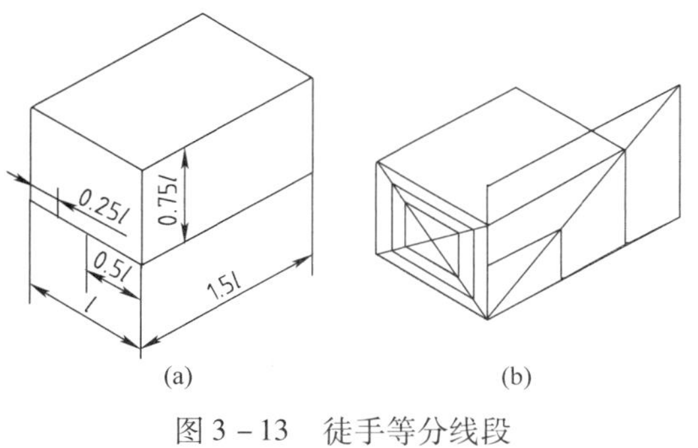

图 3－13 徒手等分线段

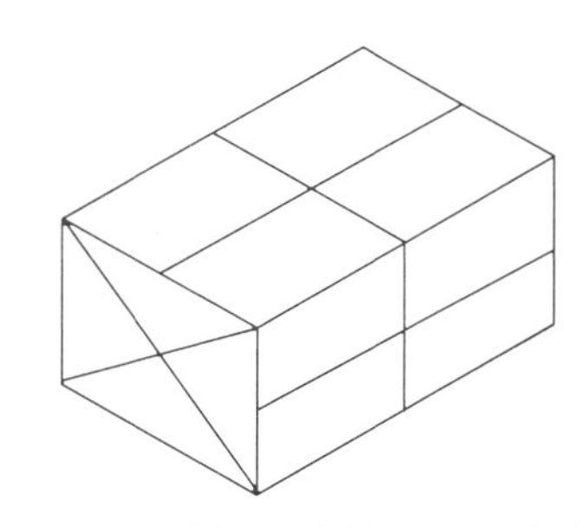

图 3－14 利用对角线及中心线作图

(5)圆的轴测草图画法

圆的轴测图是椭圆,通常用菱形法画出,椭圆弧分别与菱形四边的中点相切。徒手画四段光滑连接的圆弧即可,如图 3－15 所示。

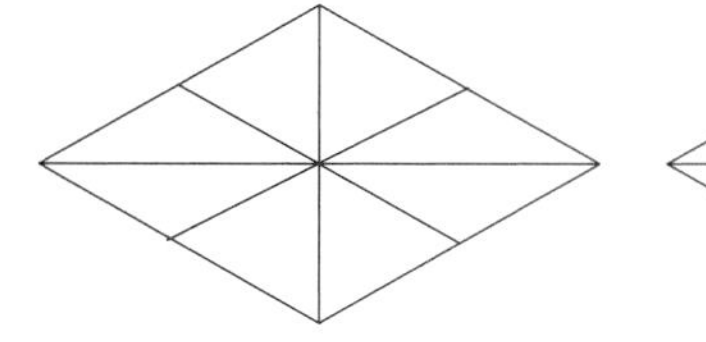
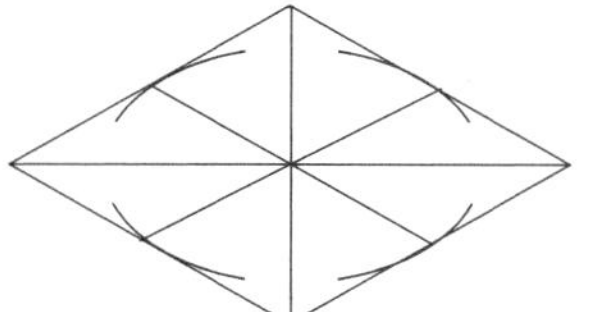
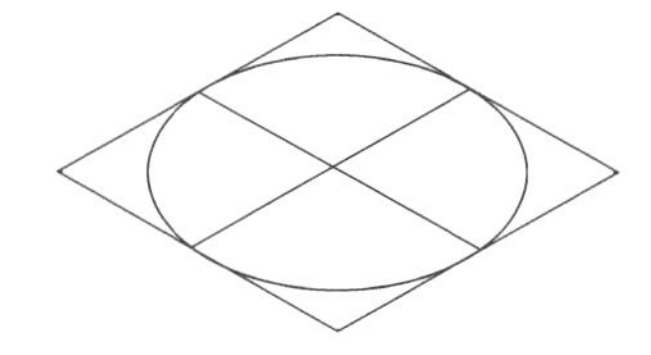

图 3－15 圆的轴测草图的画法

(6)圆柱体的轴测草图

画圆柱体前面椭圆的外切菱形,画椭圆;依据圆柱体的厚度S,用平移法画后面椭圆的外切菱形,画椭圆。见图3-16。

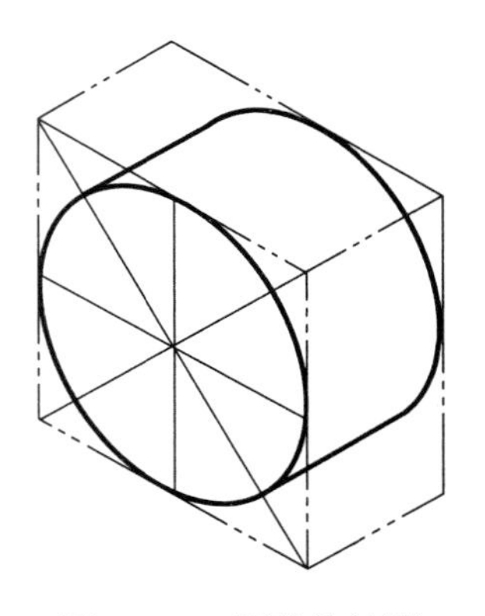

图3-16 圆柱体轴测草图的画法

2. 画轴测草图的一般步骤

1)根据视图、模型或零件,分析立体的形状和比例关系;

2)选择适合表达该对象形状的轴测图种类;

3)选择最能表达立体形状和位置特征的方向作轴测图的投影方向;

4)选择适当大小的图幅;

5)作图。

模块四　立体三视图的画法

学习目标

1. 能绘制、识读、分析基本体、比较复杂组合体的三视图；
2. 熟练掌握基本体表面求点的方法和步骤；
3. 能正确、清晰地标注基本体和组合体的尺寸；
4. 通过本模块的学习，逐步提高学生提出问题、分析问题、解决问题的能力。

教学提示

1. 地位作用　本模块的内容是学习零件图、装配图的基础，地位重要。

2. 物资材料　相关课件、各种棱柱体、棱锥体、圆柱体、圆锥体、球体、圆环以及叠加式组合体、切割式组合体的模型。

3. 教法提示　本模块是全书的基础、重点、难点和关键点，而基本体的投影和投影分析起着基础作用和关键作用，所以在学习时切勿因其简单而不予重视。多数机械零件是组合体，所以对组合体的画图、读图的学习应特别重视，要多练习、多实践。截交线和相贯线虽然是难点，但是，它不是重点。

4.1　基本体的三视图

不管零件的结构形状多么复杂，一般都可以看成是若干个基本体经叠加、切割或叠加加切割组合而成。

基本体按其形状特征可分为柱、锥、台、球和环；按其表面性质不同又可分为平面基本体和曲面基本体两类。图 4－1 所示的阀体就是由圆柱、圆台、四棱锥台、六棱柱、球和圆环等基本体组合而成的。

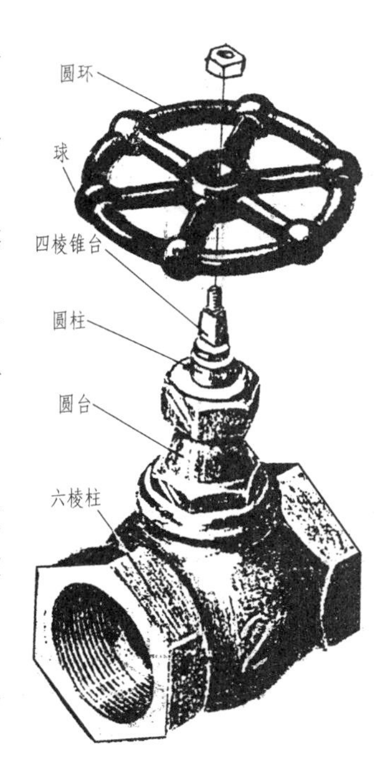

图 4－1　阀体的立体图

熟练掌握基本体的投影特点和其表面求点方法，是画图和读图的基础，尤其是画、读有截交线、相贯线立体的基础，对于分析和看懂较复杂的图形起着重要的作用。

4.1.1　平面基本体的三视图

由平面围成的立体，叫平面基本体。例如棱柱体、棱锥体，见图 4－2。图(a)、(b)、(c)是棱柱体；图(d)、(e)是棱台；图(f)、(g)是棱锥。

1. 棱柱体

常见的棱柱体有三棱柱、四棱柱和六棱柱。本书主要介绍六棱柱。

(1) 六棱柱的投影分析

图 4－3 所示为六棱柱的三视图。俯视图是正六边形，它是六棱柱顶面和底面的重合投影，反映六棱柱顶面和底面的实形。正六边形的六个边是六个侧面在 H 面上的积聚性投

影。主视图的三个矩形"线框"是六棱柱六个侧面的投影,中间的矩形"线框"是前、后面的重合投影,反映前后面的实形。左、右两个矩形线框为其余四个面的投影,是缩小的类似形。主视图中的上、下两条线分别是顶面和底面的积聚性投影,四条竖线是六条棱柱六条棱线的投影。左视图中的两个矩形线框,请读者自行分析。

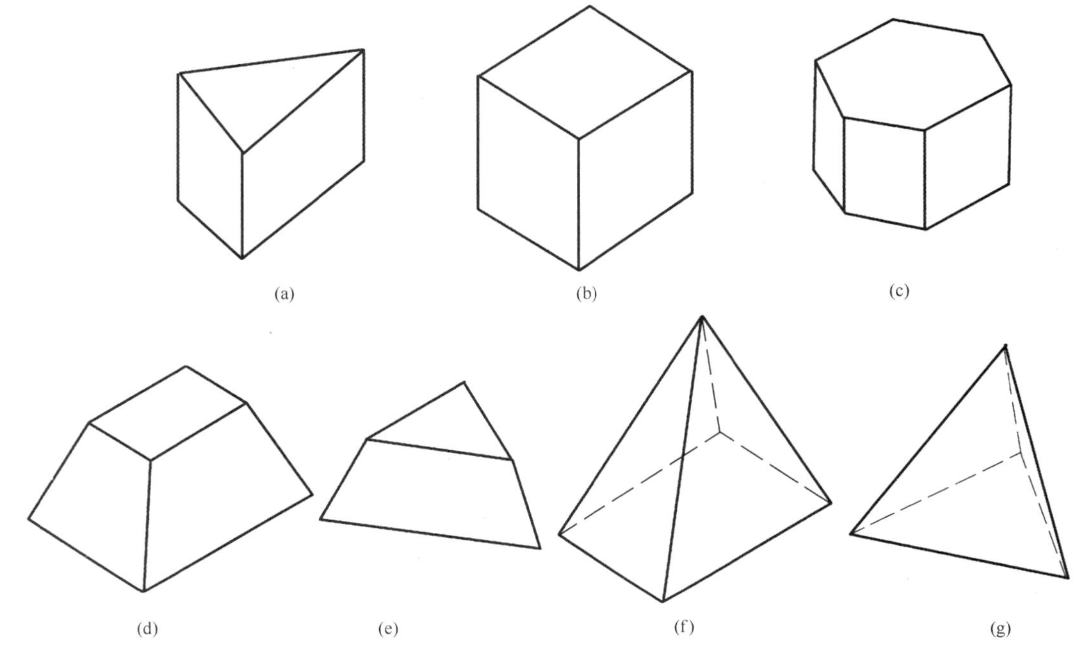

图 4-2　平面基本体

(a)三棱柱　(b)四棱柱　(c)六棱柱　(d)四棱台　(e)三棱台　(f)四棱锥　(g)三棱锥

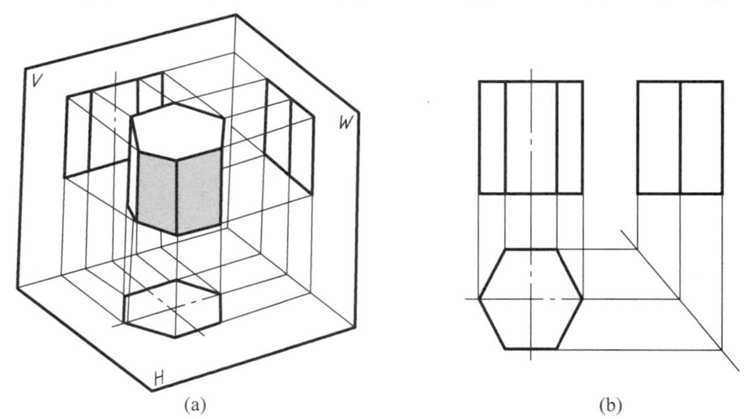

图 4-3　六棱柱的三视图

(a)立体图　(b)三视图

点在三面投影体系的投影规律,见图 4-4。

设六棱柱棱线的一个端点为 s,s 点在三面投影体系的投影规律是:

a. 点 $ss' \perp OX$ 轴,即点的正面投影与水平投影的连线垂直于 OX 轴。

b. $s's'' \perp OZ$ 轴,即点的正面投影与侧面投影的连线垂直于 OZ 轴。

c. 点的水平投影 s 到 OX 轴的距离,等于点的侧面投影 s''到 OZ 轴的距离,即:$ss_x = s''s_z$。

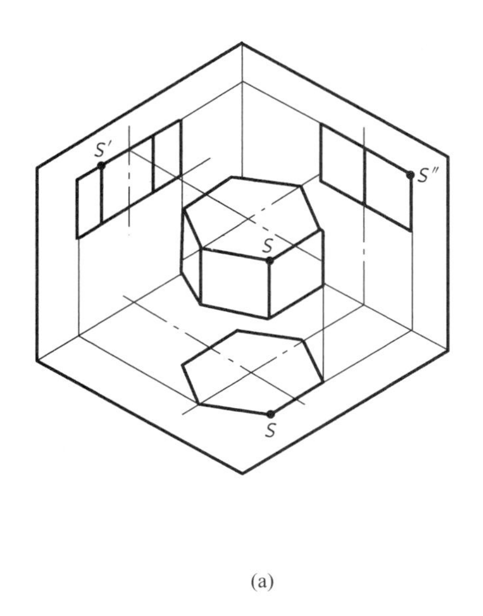

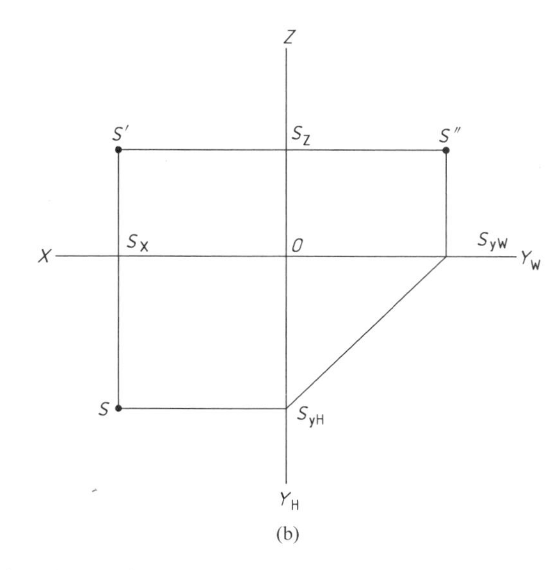

图 4－4 点的投影规律

(a)轴测图 (b)点的三视图

(2)六棱柱表面求点

由于六棱柱的六个侧面垂直于 H 面,所以六个侧面上的点可以利用投影的积聚性直接求出。

判断可见性时,若该平面处于可见位置,则该面上的点的投影也可见,反之则为不可见。在平面具有积聚性投影的投影面上,该平面上点的投影的可见性,可以不判断。

例 4－1 如图 4－5 所示,已知六棱柱 $ABCD$ 面上 M 点的 V 面投影 m',求该点在 H 面上的投影 m 和在 W 面上的投影 m''。

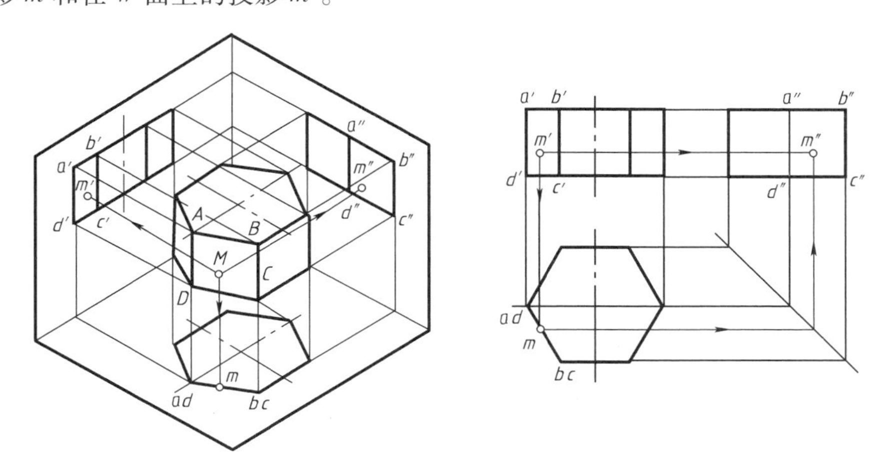

图 4－5 求六棱柱表面上点的投影

由于点 M 所属棱面 $ABCD$ 垂直于 H 面,因此 M 点在 H 面投影 m 必在该平面在 H 面上的积聚投影 $abcd$ 上,由 m' 向下作垂线,与 $abcd$ 的交点即为 m。然后根据 m' 和 m 求出它在 W 面上的投影 m''。由于 $ABCD$ 面在 W 面投影可见,故 m'' 也为可见。

2. 棱锥体

常见的棱锥体有三棱锥、四棱锥,本书主要介绍三棱锥。

(1)三棱锥的投影分析

图4-6所示为正三棱锥的投影,其底面△*ABC*为水平面,因此它的水平投影反映底面实形,其正面投影和侧面投影积聚为一直线。棱面△*SAC*为侧垂面,它的侧面投影积聚为一直线,水平投影和正面投影均为类似形。棱面△*SAB*、△*SBC*为一般位置平面,它们的三面投影均为类似形。

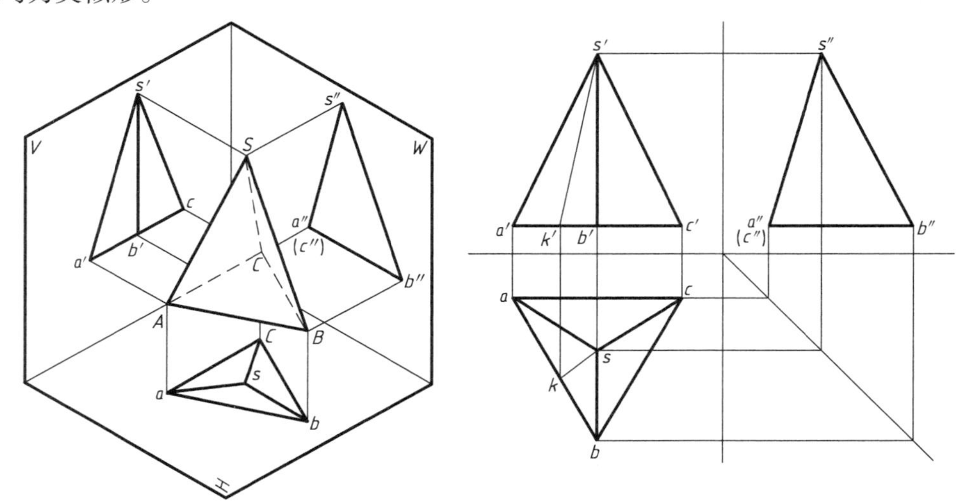

图4-6 三棱锥的三视图

(a)立体图 (b)三视图

作图时先画出底面三角形的各个投影,再作出锥顶*S*的各个投影,然后连接各棱线即得正三棱锥的三面投影。

(2)三棱锥表面求点

例4-2 如图4-7所示,已知三棱锥表面△*SAB*上*M*点的正面投影m'和△*SAC*上*N*点的水平面投影*n*,求作*M*、*N*两点的其他两面投影。

由于*N*点所在的平面垂直于*W*面,可利用该平面在*W*面上的积聚投影直接求得n'',再由*n*和n''求得(n')。由于*N*点所属棱面△*SAC*的正面投影看不见,所以(n')也不可见。

由于*M*点所在的△*SAB*和三个投影面都倾斜,其三面投影都无积聚性,要采用辅助素线法求其他两面投影。其方法是过锥顶s'和m'引一直线$s'1'$,求出$s'1'$的水平投影$s1$,然后根据点与直线的从属关系求得点*M*的水平投影*m*。具体作图步骤如下:

a. 连接$s'm'$并延长,与$a'b'$交与$1'$;

b. 求$s'1'$的水平投影$s1$;

c. 由m'作垂线与$s1$相交得*m*点;

d. 由m'和*m*,根据点的投影规律可求得m''。

另一种作图方法是过m'作平行于$a'b'$的平行线,也可求得*M*点的水平投影*m*和侧面投影m''。具体作图请读者完成。由于*M*点在△*SAB*面上,所以它的水平投影和侧面投影都可见,即*m*和m''是可见的。

4.1.2 曲面基本体的三视图

由曲面和平面或仅由曲面围成的立体叫曲面基本体,或叫回转体。例如圆柱体、圆锥体、球体、圆环等,见图4-8。

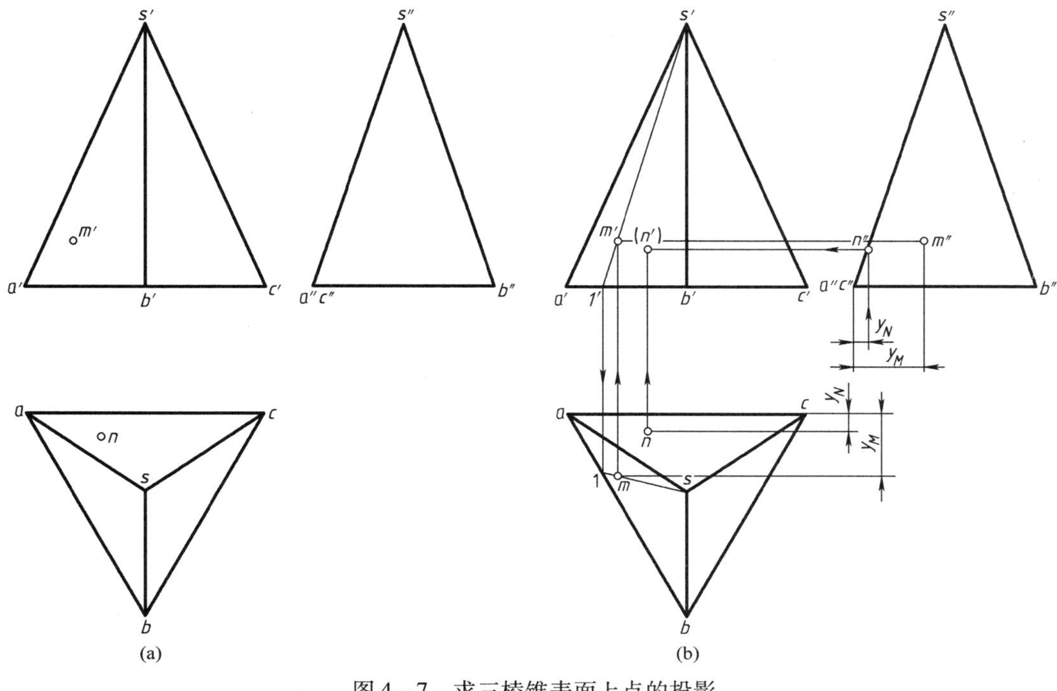

图 4 - 7　求三棱锥表面上点的投影

(a)题目　(b)作图方法

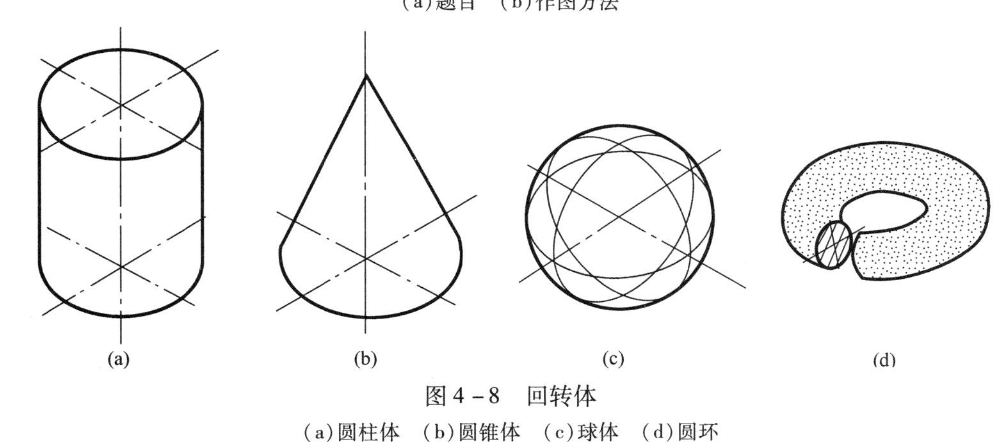

图 4 - 8　回转体

(a)圆柱体　(b)圆锥体　(c)球体　(d)圆环

1. 圆柱体

(1)形成

母线 AA_1，围绕与其平行的轴线 OO_1 旋转一周形成的几何体叫圆柱体，见图4 - 9(a)。圆柱体由上、下底面和圆柱面围成。直线 AA_1 叫母线。母线在旋转过程中所停留的任何位置叫素线。圆柱体可以看成由上底面、下底面和圆柱面上诸多素线围成。

(2)圆柱体的三视图和投影分析

1)三视图。圆柱体的正面、侧面投影是长方形，水平面投影是个圆。

2)投影分析。由图 4 - 9(b)、(c)可见，圆柱面上最左、最右两素线 AA_0 和 BB_0 是主视图的转向轮廓线，也是主视图的可见性分界线，其前半个圆柱面上的几何要素在主视图上的投影可见，它上面的点、线、正面投影也可见，后半个圆柱面的正面投影不可见，其上面点、线的正面投影也不可见。两素线的正面投影 $a'a_0'$ 和 $b'b_0'$ 必须画出，它们的侧面投影与中心线重合，水平投影积聚为两个点（最左点和最右点）。

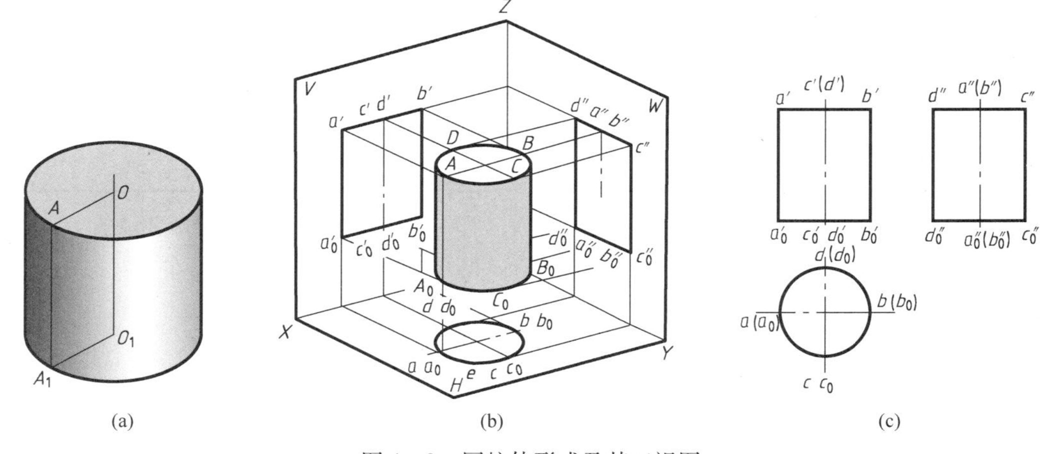

图 4－9　圆柱体形成及其三视图

（a）形成　（b）立体图　（c）三视图

圆柱面上的最前、最后两素线 CC_0 和 DD_0 是侧面投影的可见性分界线，是侧视图的转向轮廓线。左半个圆柱面的侧面投影可见，其上面的点、线侧面投影也可见，右半个圆柱面不可见，其上面的点、线侧面投影不可见。两素线的侧面投影 $c''c_0''$、$d''d_0''$ 必须画出，它的正面投影与中心线重合；水平投影积聚为点（最前点和最后点）。

3）表面求点。

例 4－3　如图 4－10（a）所示，已知圆柱面上点 M 的正面投影 m' 和点 N 的侧面投影 (n'')，求点 M、N 的其他两面投影。

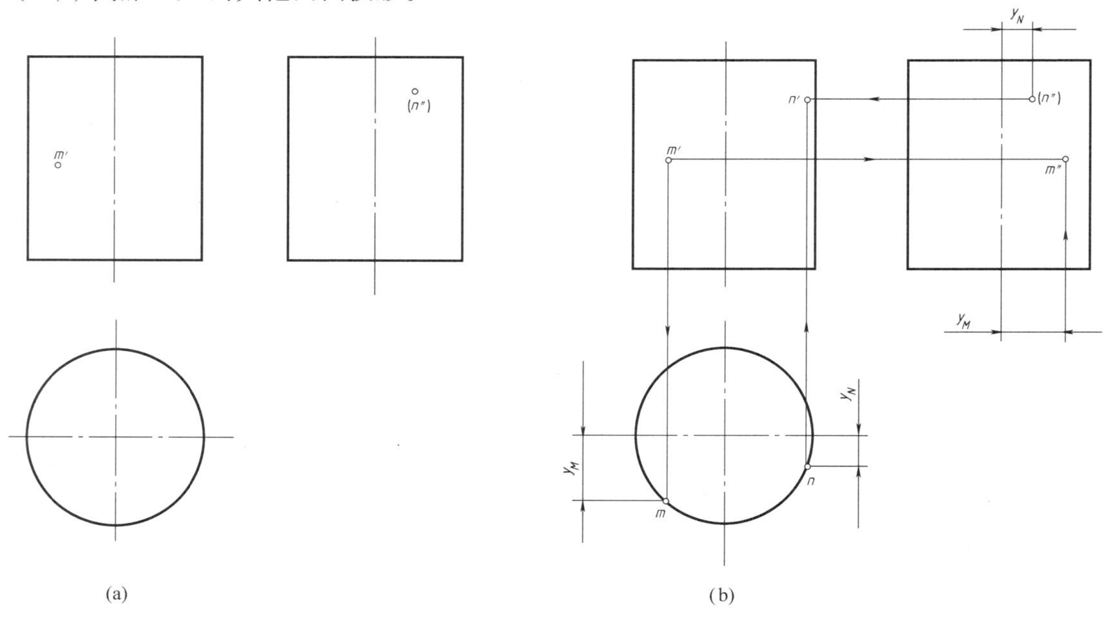

图 4－10　圆柱面上的点的求法

（a）题目　（b）求法

分析：由点 M 的正面投影 m' 可知，点 M 点位于左、前半个圆柱面上，由点 N 的侧面投影 (n'') 可知，点 N 位于右、前半个圆柱面上。

作图：如图 4－10(b)所示，利用圆柱面的水平投影的积聚性，可由 m' 向下作垂线与圆的前半部的交点，即为 M 点的水平投影 m，然后利用"高平齐、宽相等"的投影规律可求出其侧面投影 m''。利用水平投影的积聚性特点也可方便求出 n 和 n'。

判断可见性：由点 M 的位置可判断出 M 的侧面投影 m'' 可见、N 点的正面投影 n' 也可见。

2. 圆锥体

(1)形成

母线 SA 围绕与其相交的轴线 SO 旋转一周而围成的几何体叫圆锥体，见图4－11。

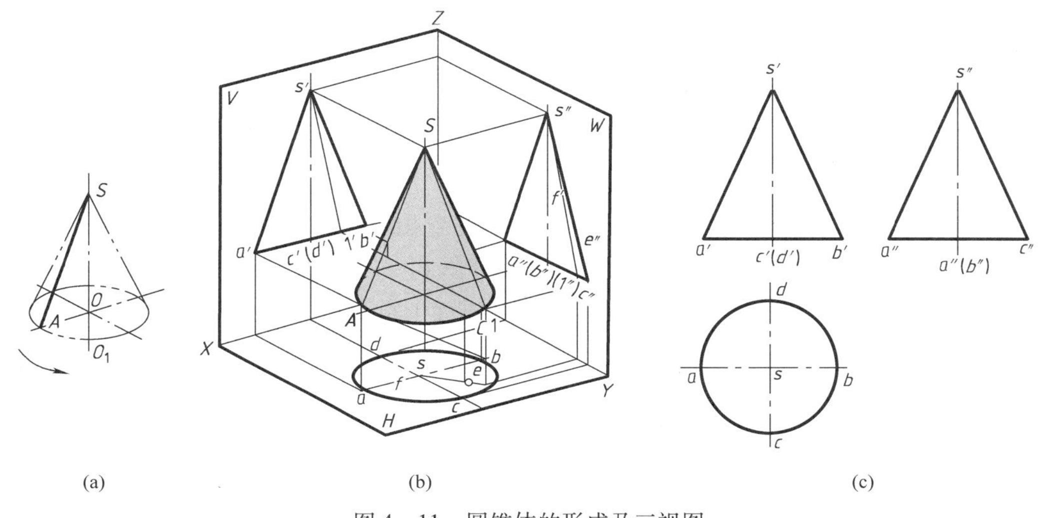

(a) (b) (c)

图 4－11　圆锥体的形成及三视图

(a)形成　(b)立体图　(c)三视图

(2)圆锥体的三视图和投影分析

1)三视图。如图 4－11(b)、(c)所示，当圆锥体的轴线垂直于 H 面时，其在俯视图的投影为圆，主视图、左视图是等腰三角形，三角形的底边为圆锥底面的投影，等腰三角形的腰为圆锥面的转向轮廓线的投影。

2)投影分析。圆锥体的水平投影是一个圆，它反映底圆的实形，它的正面、侧面投影均积聚为平直线。正面投影等腰三角形的两腰是圆锥体最左、最右素线的投影，其水平投影是横向水平中心线，侧面投影是中心线。最左、最右素线是正面投影的可见性分界线。最前、最后素线的投影请读者自己分析。圆锥面的三面投影均无积聚性。

3)表面取点。

a. 特殊位置点。在圆锥面的最左、最右、最前、最后素线及底面上的点，叫特殊位置点。

例 4－4　已知点 A 的正面投影 a'，点 B 的水平投影 b，点 C 的侧面投影 c''，求它们的另外两面投影，见图 4－12。

由点 A 的正面投影 a' 可知，点 A 在最左素线上，其水平投影在左半部的水平中心线上，侧面投影在中心线上；由点 B 的水平投影 b 可知，点 B 在最后素线上，先求出它在侧面上的投影 b''，再根据 b 和 b'' 求出它在正面上的投影 (b')；C 点在底面上，先求出其在水平面上的

投影 c，再根据 c 和 c''求出其在正面上的投影 c'，见图 4－12(b)。

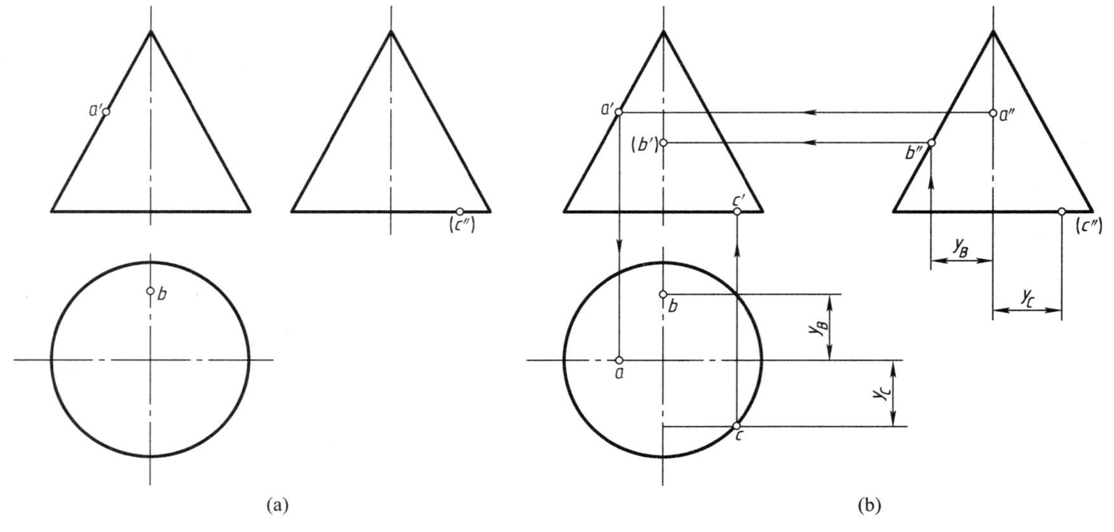

图 4－12　圆锥面上特殊位置点的求法

(a)题目　(b)解法

b. 一般位置点。如图 4－13(a)所示，已知圆锥面上点 K 的正面投影是 k'，求点 K 的其他两面投影。

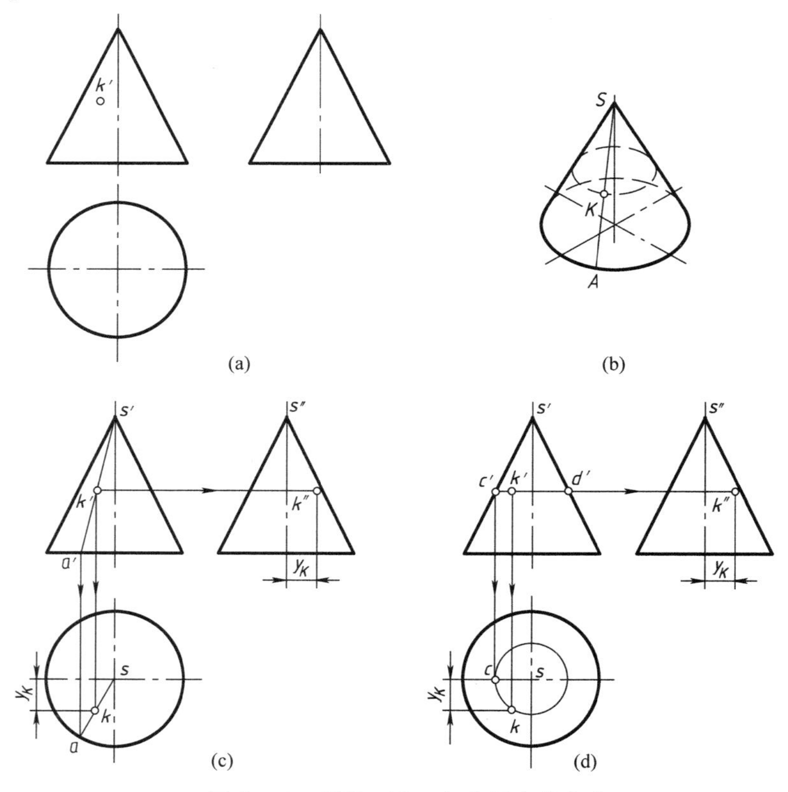

图 4－13　圆锥面上一般位置点的求法

(a)题目　(b)立体图　(c)辅助素线法　(d)辅助平面法

由于圆锥体的三面投影均无积聚性，所以不能利用投影的积聚性直接求得，必须采用辅助方法。

(a)方法一——辅助素线法

如图4－13(b)所示，过圆锥体顶点 S 和 K 点连线并延长与底圆交于 A，利用 K 点从属于素线 SA 的事实和点的投影规律可求出 K 点的另外两面投影。

作图方法如图4－13(c)所示：

a)连接 $s'k'$ 并延长和底边交于 a'；

b)求 SA 的水平投影 sa，由 k' 向下作垂线与 sa 的交点 k 即为所求；

c)利用“高平齐、宽相等”关系求得 k''。

(b)方法二——辅助平面法

分析：如图4－13(d)所示，过 K 点作一辅助水平面，截切圆锥体，该平面与圆锥相截得一个圆，它的水平投影为反映其实形的圆，该圆半径等于截切处圆的半径，正面投影和侧面投影积聚为直线。

作图步骤如下：

a)过 k' 作直线 $c'd'$(辅助圆的正面投影)；

b)画出截平面为圆的水平投影；由 k' 点向下作垂线，与辅助圆水平投影前半部的交点 k 即为 K 的水平投影；

c)利用“高平齐、宽相等”的投影规律求得 k''。

判别可见性：由于点 K 位于左前半个圆锥面上，故 k'' 可见。

3. 圆球

(1)形成

半圆母线围绕其直径 OO_1 旋转而形成的几何体叫圆球。见图4－14(a)。

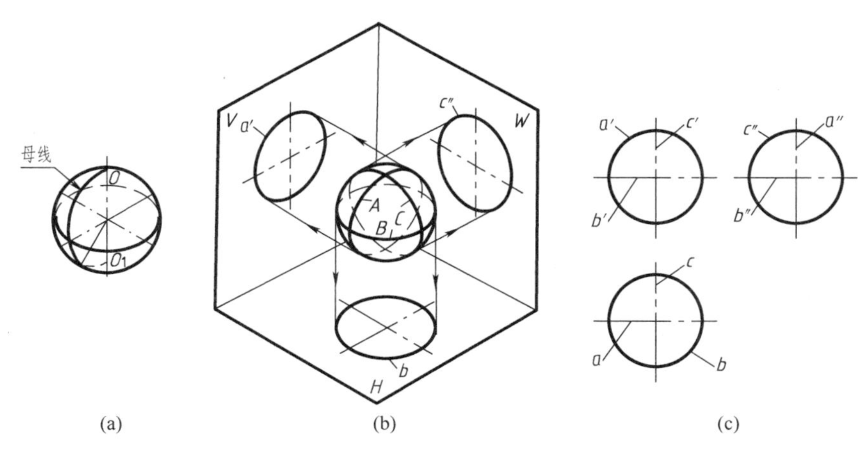

(a) (b) (c)

图4－14 圆球的形成及三视图

(a)形成 (b)立体图 (c)三视图

(2)圆球的三视图和投影分析

1)三视图。圆球的三面投影为三个全等的圆，并且均无积聚性，见图4－14(b)、(c)。

2)投影分析。圆球三面投影的三个圆分别是球面上平行于正面、水平面和侧面的素线圆的投影。例如球面上平行于正面的圆 A，在正面上的投影为圆 a'，在水平面、侧面上的投

影分别为 a、a''均与中心线重合,圆 A 又是正面投影的可见性分界圆。前半个球面的几何元素(点、线)正面投影是可见的,后半个球面的几何元素是不可见的。球面上平行于水平面、侧面的圆,请读者自己分析。

3)表面求点。

a. 特殊位置点。球面上//H 面、//V 面、//W 面圆上的点叫特殊位置点,见图 4-15。

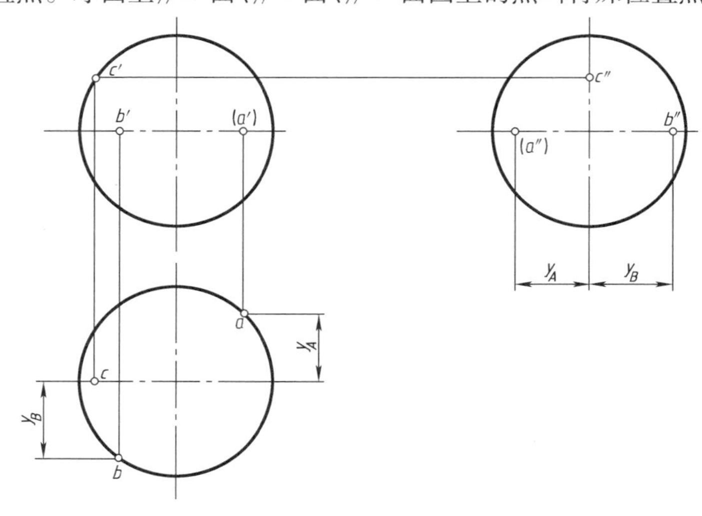

图 4-15 圆球上特殊位置点的求法

例 4-5 已知球面上 A 点的正面投影(a'),B 点的水平投影 b,C 点的侧面投影 c'',求它们的另外两面投影。见图 4-15。

分析:由(a')可知,A 点在平行于水平面圆的后半部,由(a')点向下作垂线和水平面上的圆后半部相交,即为其在水平面上的投影 a。依据点的投影规律可求出其在侧面上的投影(a'')。用同样方法可以求出 B、C 两点的另外两面投影。

b. 一般位置点。由于圆球的三面投影均无积聚性,所以根据点的一面投影,求一般位置点的其他两面投影用辅助平面法,见图 4-16。

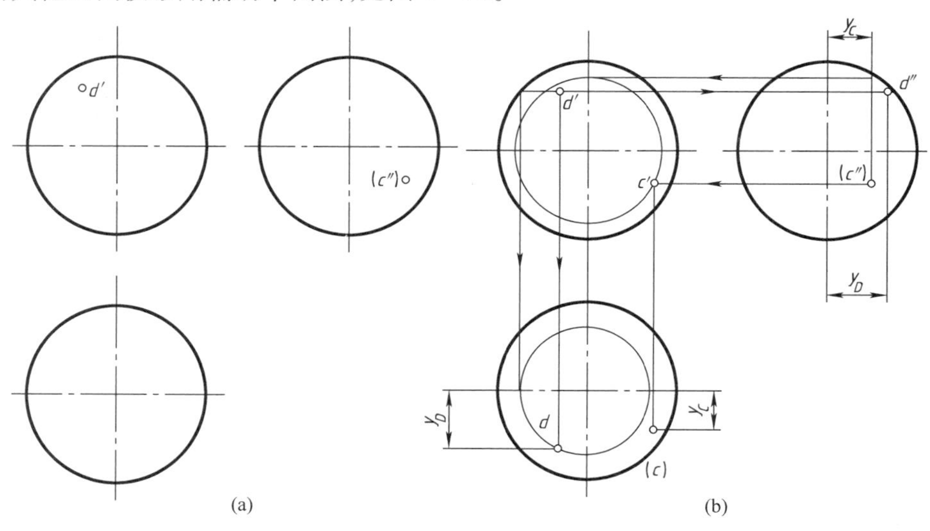

图 4-16 圆球上一般位置点的求法

例 4－6 已知圆球面上点 D 的正面投影 d'，C 点的侧面投影（c''），求点 D、C 的其余两面投影。

分析：过点 D 的正面投影 d' 在球面上作一辅助圆，它平行于水平面，该辅助平面与球相交得一个圆，其半径为截切处球面的半径，辅助圆的正面、侧面投影积聚成直线，水平投影反映它的实形，D 点的水平投影 d 就在此圆上，可根据 d、d' 方便求出它的侧面投影 d''。

作图方法如图 4－16（b）所示。

判断可见性：由已知投影 d' 可判断出点 D 位于球的左上方，故 d、d'' 都可见。C 点其他两面投影的求法，请读者自已完成。

4. 圆环

（1）形成

圆环可以看作是以圆 $ABCD$ 为母线，围绕与其在同一平面内不相交的轴线 OO_1 旋转一周而围成的几何体，见图 4－17。它的外面，称为外环面，由圆母线的 $\overset{\frown}{ABC}$ 弧形成；圆环的里面，称为内环面，由圆母线 $\overset{\frown}{ADC}$ 弧形成。

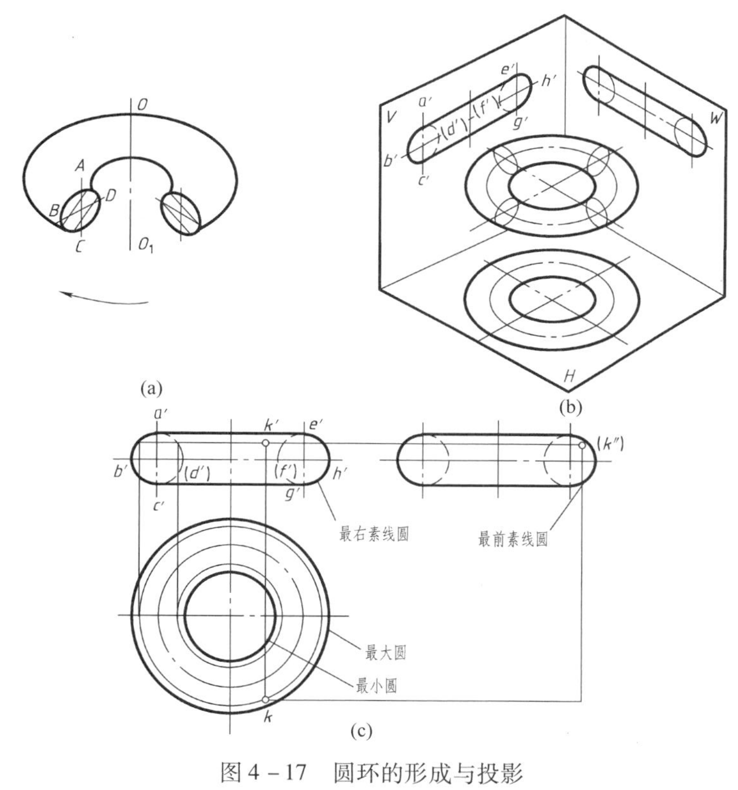

图 4－17 圆环的形成与投影

（a）形成 （b）直观图 （c）三视图

（2）圆环的三视图和投影分析

1）三视图与投影分析。图 4－17（c）所示是圆环中心线垂直于水平面时的三视图。正面投影中的两个小圆是轮廓素线转至平行于正面时的投影，上、下两水平直线分别是圆环上最上、最下两轮廓圆的投影，中间的点画线平直线表示环面上最大圆的投影。水平投影是两个同心圆，它们分别是圆环最大、最小圆的投影，点画线圆是最上、最下圆的投影。侧面投影请读者自己分析。

前半个外环面的正面投影可见,后半个外环面及内环面的正面投影不可见。画图时,正面投影要画出回转轴线、母线圆中心线;水平投影要画出最大、最小圆的投影及最上、最下圆的投影(用点画线表示)。左视图请读者自己分析。

2)表面求点。

a. 特殊位置点。圆环面上的最上、最下轮廓圆,最大、最小轮廓圆和平行于投影面的素线圆上的点叫特殊位置点。这些轮廓要素上的点可以直接求出,见图 4-18。

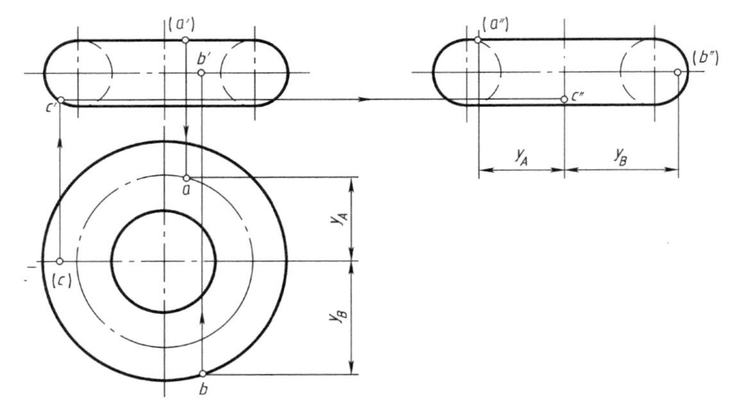

图 4-18 求圆环面上特殊位置点的求法

例 4-7 已知圆环面上 A 点的投影(a'),B 点的投影(b'')和 C 点的投影(c),求它们的另外两面投影,见图 4-18。

分析:由(a')可知,A 点在圆环的最上轮廓圆的后半部;由(b'')可知 B 点在圆环面最大轮廓圆的右前部;由(c)可知 C 点在平行于正面的左侧的素线圆的下部。依据点的投影规律可求出其另外两面投影。

作图方法见图 4-18。

b. 一般位置点。

例 4-8 已知圆环面上 B 点的投影 b',C 点的投影(c''),求它们的另外两面投影,见图 4-19。

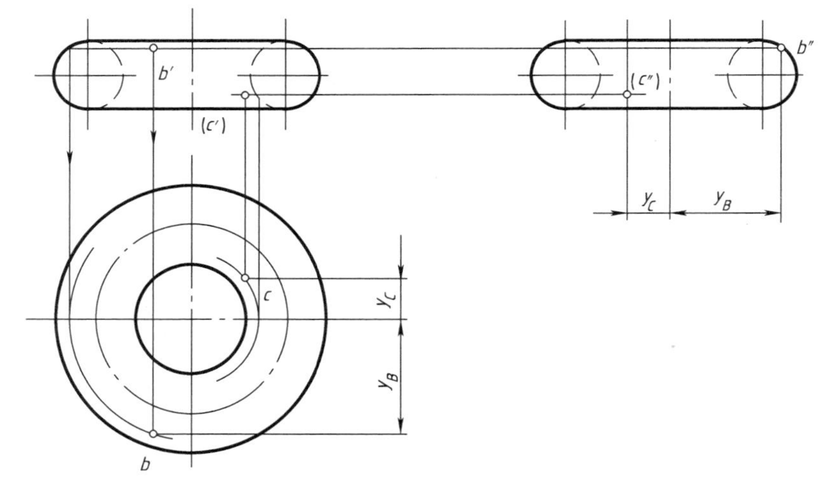

图 4-19 求圆环面上一般位置点的求法

分析：圆环的三面投影均无积聚性，要采用辅助平面法求 B、C 两点的其他两面投影。

作图：过 b' 作一辅助平面，它与圆环相交得两个圆，由于 B 点的正面投影 b' 是可见的，所以 B 点在前半环面上。根据点的投影规律，可求出 b 和 b''；

过 (c'') 作辅助平面，它与圆环相交得两个圆，由于 C 点的侧面投影 (c'') 不可见，所以 C 点在内半环圆上，根据点的投影规律可求出 c 和 c''。

4.1.3 基本体的尺寸标注

1. 平面基本体的尺寸标注

平面基本体一般标注它的长、宽、高三个方向的尺寸，正方形可采用边长×边长的标注形式，见图 4－20。

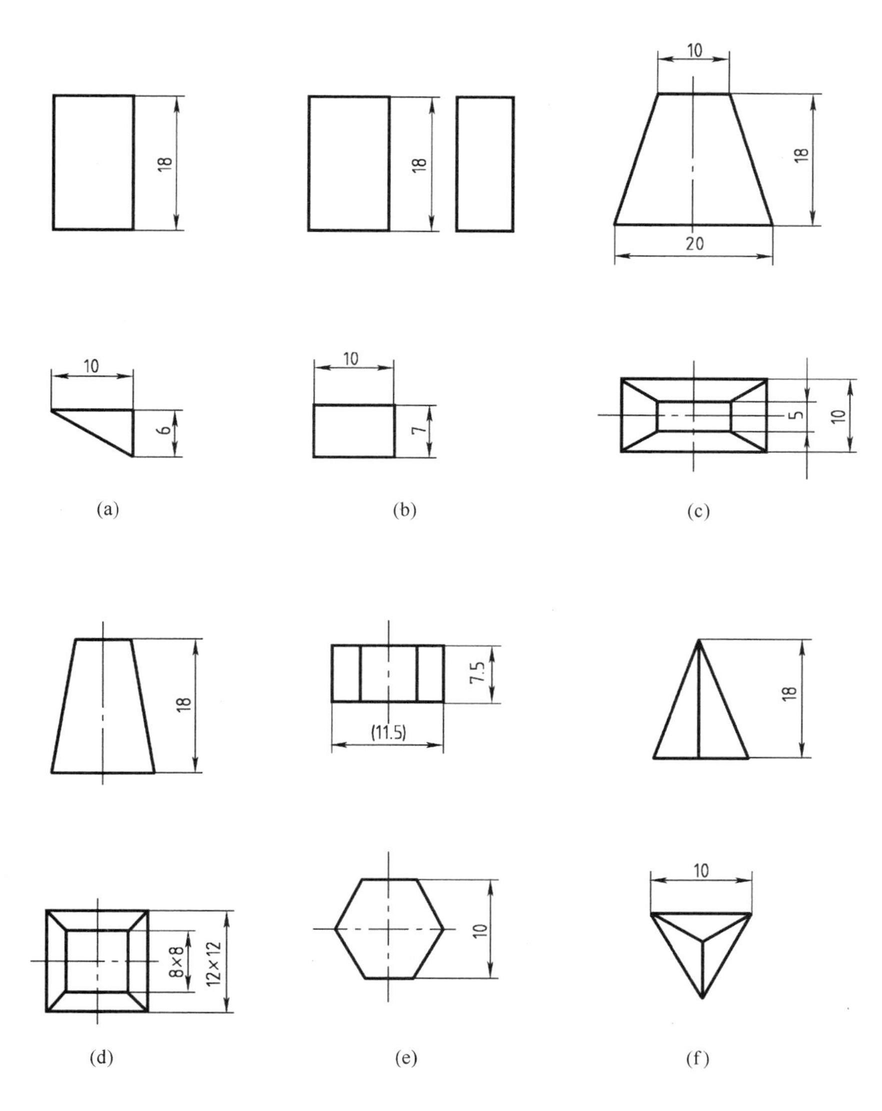

图 4－20 平面基本体的尺寸标准

(a)三棱柱 (b)四棱柱 (c)四棱台 (d)正四棱台 (e)正六棱柱 (f)三棱锥

2. 曲面基本体的尺寸标注

如图4－21所示，圆柱体和圆锥体要标出底圆直径和高度尺寸，见图4－21(a)、(b)；圆台还应在此基础上加注顶圆(或底圆)的直径，见图4－21(c)。圆柱体和圆锥体在标注尺寸后用一个视图就能确定其形状和大小，其他视图就可省略。

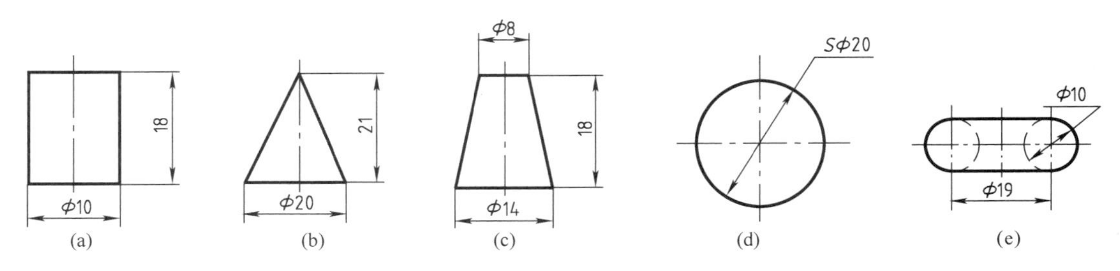

图4－21　曲面基本体的尺寸标注

圆球在尺寸数字前加注“$S\phi$”，只需要一个视图，见图4－21(d)；圆环要标注素线圆的直径、素线圆心运动轨迹的直径，最大、最小轮廓圆的直径，见图4－21(e)。

4.2　组合体的三视图

有些机械零件是由基本体叠加形成，有些是由基本体切割形成，大多数机械零件则是由基本体叠加加切割形成的，这些机械零件叫组合体。组合体分三种类型。

1. 切割式组合体(含截交线)

见图4－22、图4－23。

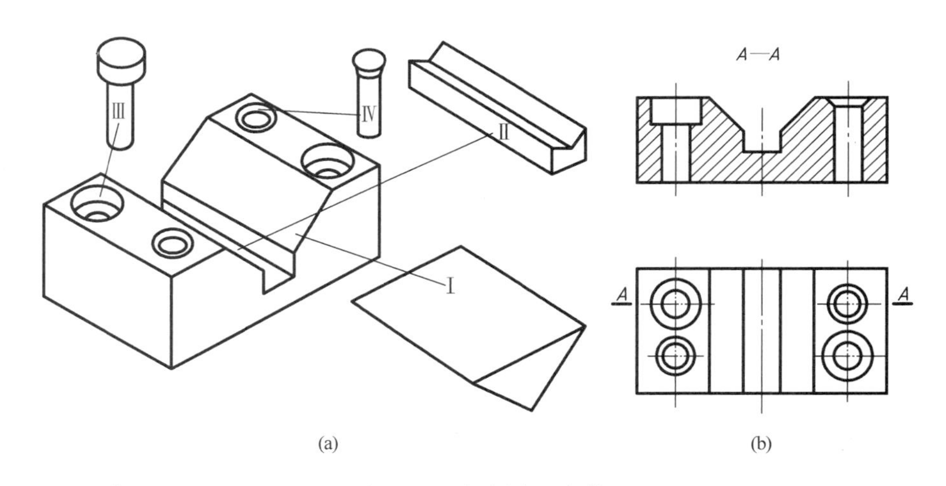

图4－22　切割式组合体

(a)轴测图　(b)主视图

2. 叠加式组合体

见图4－24。

3. 综合式组合体

组合体中的大多数属于该类，因为它不仅仅是叠加而成，也不仅仅是切割而成，而是经叠加加切割而形成的，见图4－25。

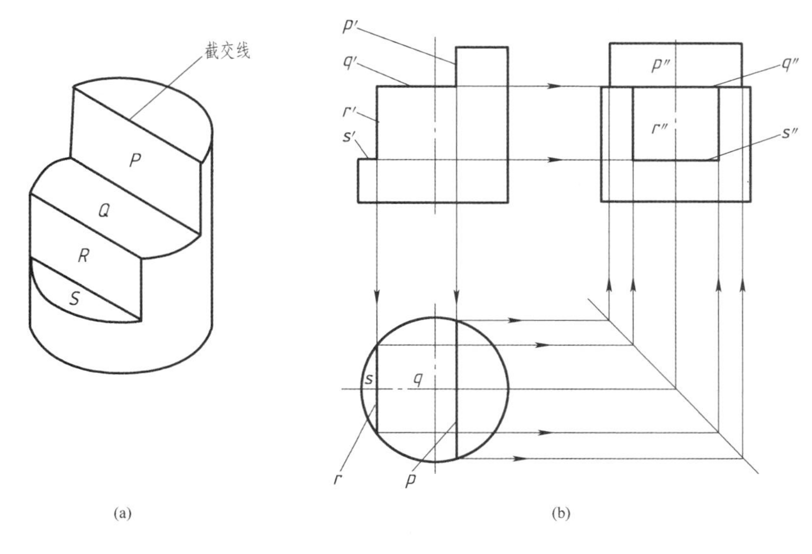

图 4－23　切割式组合体(含截交线)

(a)轴测图　(b)三视图

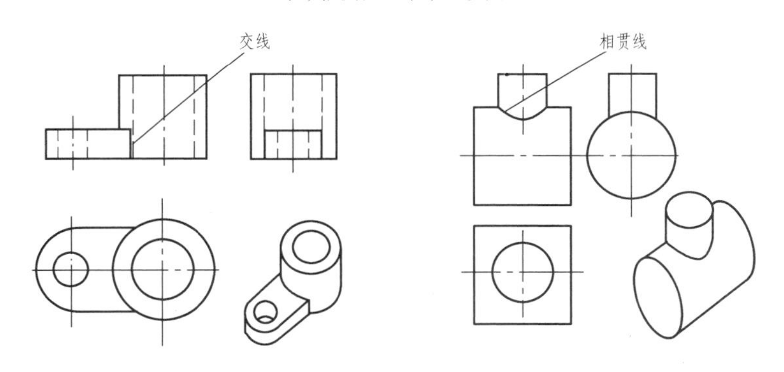

图 4－24　叠加式组合体

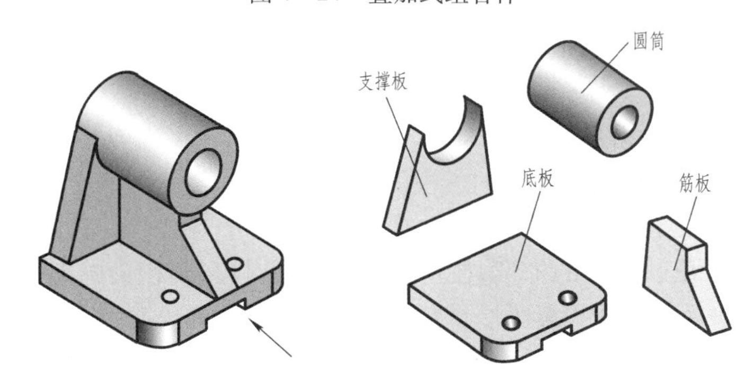

图 4－25　综合式组合体

4.2.1　切割式组合体(含截交线)的三视图

1. 截交线

(1)平面立体的截交线

截交线是截平面与立体相交得到的交线(是交线的一种)。

平面立体的截交线是由直线围成的封闭多边形。多边形的每一条边是棱面与截平面的交线。因此，求平面立体的截交线的实质就是求截平面与平面立体上各被截棱线的交点的连线。

例 4－9　画出被截四棱柱的左视图，见图 4－26。

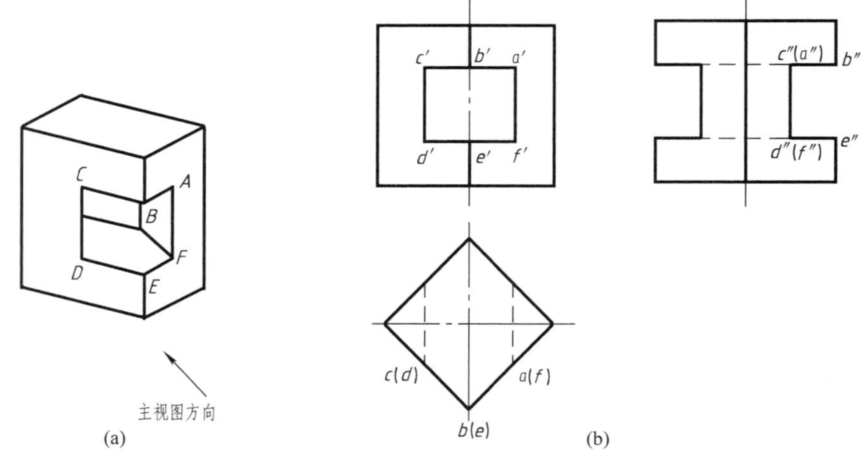

图 4－26　四棱柱穿孔的三视图

(a)轴测图　(b)三视图

1)分析。四棱柱被两个平行于 H 面的平面截切，截交线在主视图、左视图上的投影积聚成直线，水平投影反映实形；被两个平行于 W 面的平面所截，截交线在主视图、俯视图上的投影积聚成直线，侧面投影反映实形。根据其积聚性投影，可以求出它们的另一面投影。截交线上的 B、E 两点在棱线上，可根据其水平投影的积聚性，和正面投影直接求出其侧面投影 b''、e''；同样，可以求出 a''、c''、f''、d''，依次连接各点，即为所求。由于立体是对称的，求出截交线的 1/4 即可。

2)作图。

a. 首先画出未被截切前的四棱柱的左视图；

b. 求出 B、E 两点的左视图 b''、e''，求出 C、D、A、F 的左视图 c''、d''、a''、f''，连接 $b''c''$、$c''d''$、$d''e''$，即为所求；

c. 判断可见性，整理视图。

例 4－10　画出被截切四棱锥台的三视图，见图 4－27。

1)分析。在四棱锥台顶部切除一个槽，槽的左右面平行于 W 面，底面平行于 H 面，P、Q 在侧面的投影为一个反映实形的梯形，在正面、水平面的投影则积聚成直线。由于平面 S 平行于 H 面，所以在水平面上的投影为一个反映实形的矩形，而在正面、侧面的投影则积聚成直线。可利用其投影积聚性画出它的三视图。

2)作图。

a. 先画出完整的四棱锥台三视图，见图 4－27(b)；然后画出切口的正面投影，即画出平面 P、Q、S 的正面投影 p'、q'、s'，见图 4－27(c)。

b. 画出平面 S 的侧面投影 s''，再按投影规律完成其在水平面的投影，见图 4－27(d)。同时画出平面 P、Q 的水平面和侧面的投影 p、q 和 p''、q''。

c. 检查、修改、整理。

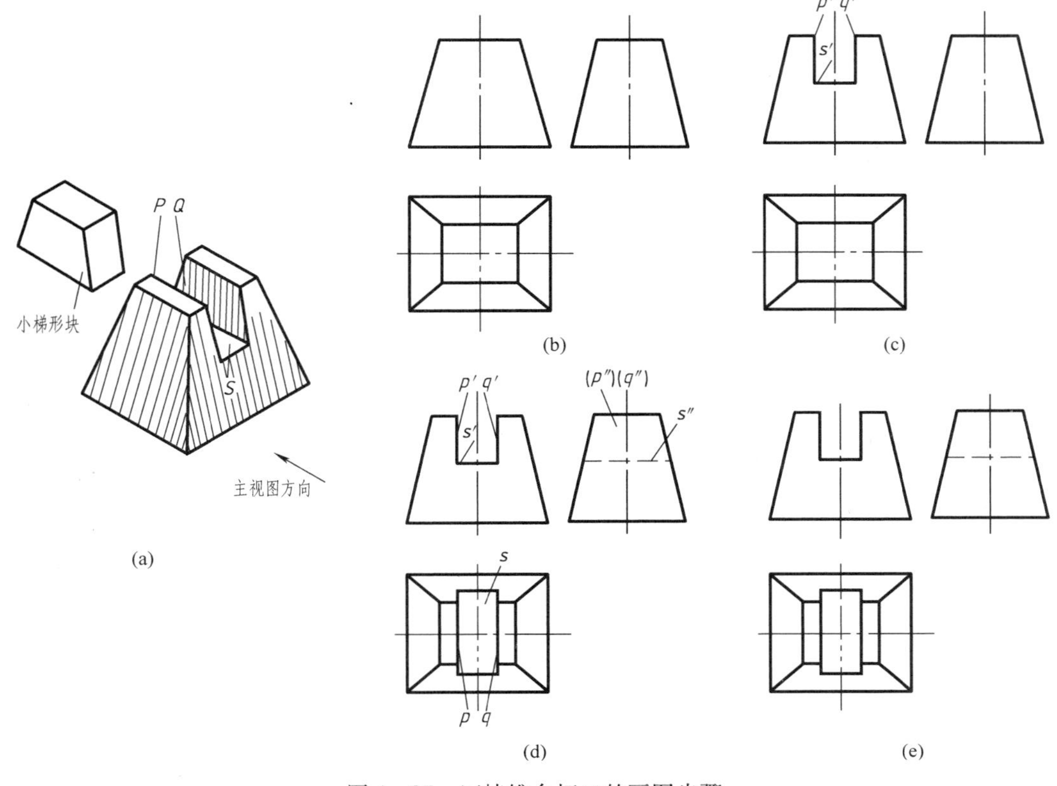

图 4－27　四棱锥台切口的画图步骤

(a)立体图　(b)完整四棱台的三视图　(c)切口的主视图　(d)画图步骤　(e)三视图

(2)曲面立体的截交线

曲面立体的截交线一般是封闭的平面曲线,特殊状况也可能是平面折线。截交线上的点都可看作是回转面上的某一素线与截平面的交点。因此,选用辅助平面法或辅助素线法,可以求出它们与截平面的交点,依次连接其同面投影即可求得截交线。

1)圆柱体的截交线。由于截平面与圆柱轴心线的相对位置不同,所以其截交线有三种不同的形状,见表 4－1。

表 4－1　圆柱体的截交线

截平面位置	与轴线平行	与轴线垂直	与轴线倾斜
截交线形状	矩形	圆	椭圆
立体图	P	P	P

续表

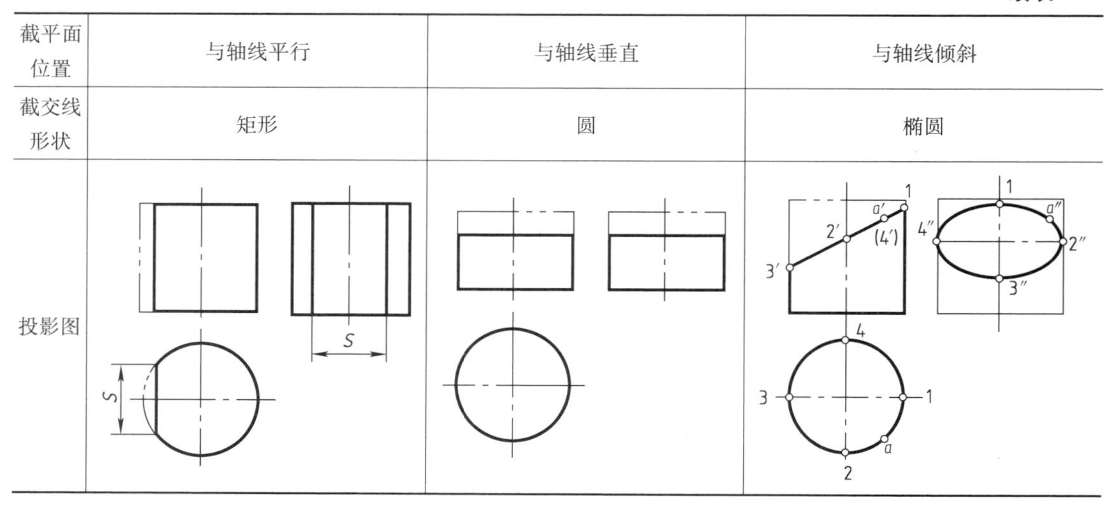

截平面位置	与轴线平行	与轴线垂直	与轴线倾斜
截交线形状	矩形	圆	椭圆
投影图			

例 4－11　求作垂直于 V 面的平面斜切的圆柱体的截交线，见图 4－28(a)。

a. 分析。圆柱被垂直于 V 面的平面截切，截交线是一个椭圆。椭圆的正面投影积聚为一条斜直线，水平投影积聚在圆上，侧面投影为椭圆的类似形。根据已知的正面投影和水平投影可求出截交线的侧面投影。

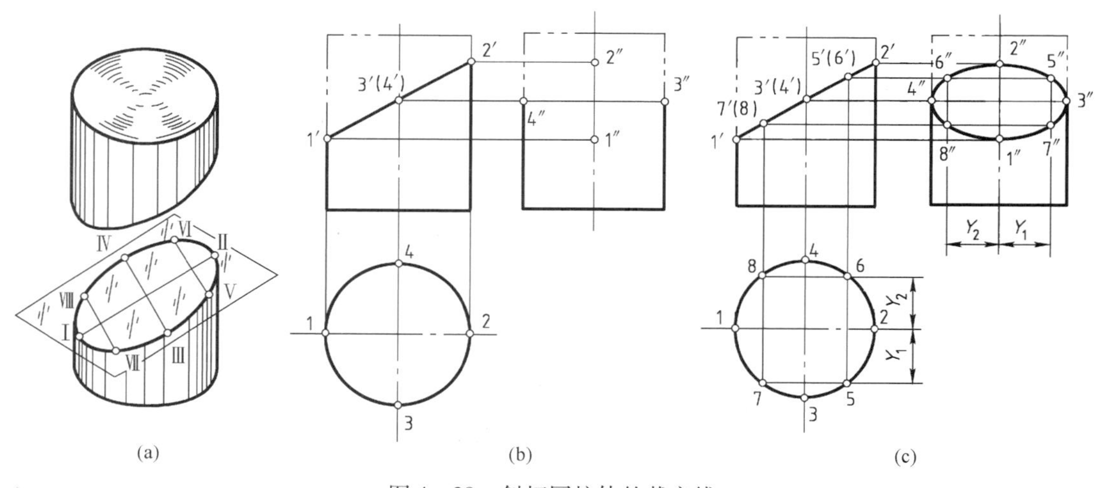

(a)　(b)　(c)

图 4－28　斜切圆柱体的截交线

b. 作图。

(a)先求特殊位置点。截交线椭圆长、短轴的两个端点是特殊位置点，长轴的两个端点Ⅰ、Ⅱ分别是椭圆的最低点和最高点，分别位于圆柱体的最左、最右素线上；短轴的两个端点Ⅲ、Ⅳ是椭圆的最前点和最后点，分别位于圆体的最前、最后素线上。它们的水平投影和正投影面均已知，按投影关系可直接求出侧面投影 1″、2″、3″、4″，见图 4－28(b)。

(b)再求出截交线上的一般位置点，Ⅴ、Ⅵ、Ⅶ、Ⅷ的侧面投影 5″、6″、7″、8″。见图4－28(c)。

(c)依次光滑连接 1″、7″、3″、5″、2″、6″、4″、8″、1″，即为所求。

当截平面与圆柱体的轴线夹角为 45°时，截交线仍为椭圆，在与截平面倾斜的投影面上

的投影为圆。这是截交线的特例，见图 4－29。

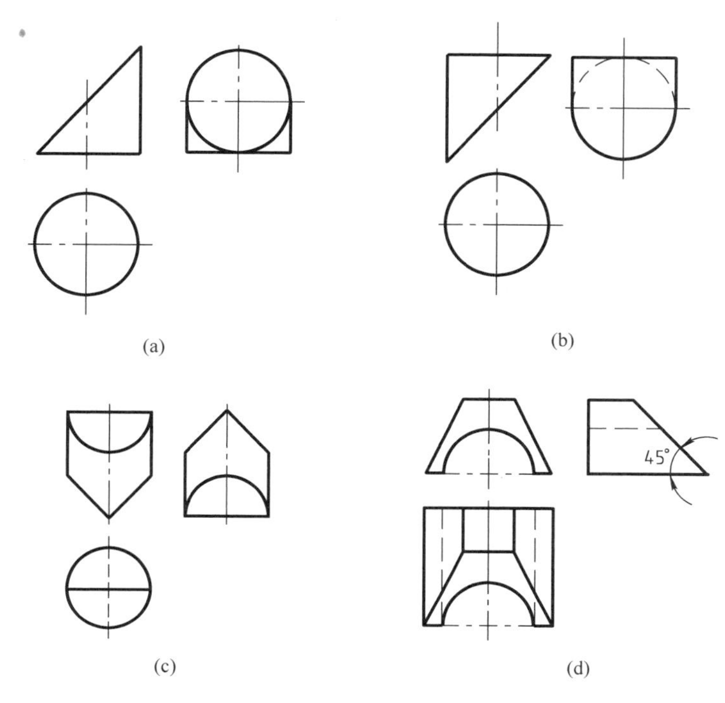

(a) (b) (c) (d)

图 4－29 45°方向截切圆柱体的截交线

实际状况往往比上述用单一平面截切立体要复杂，但作图的基本原理、方法是一样的。图 4－30 所示是分别用两个平行于轴线和垂直于轴线的平面截切圆柱体。用垂直于轴线的平面截切，截交线是圆的一部分；用平行于轴线的平面截切，截交线是矩形。先求出平面 P、R 截切圆柱体的截交线，再求出平面 Q、S 截切圆柱体的截交线即可。

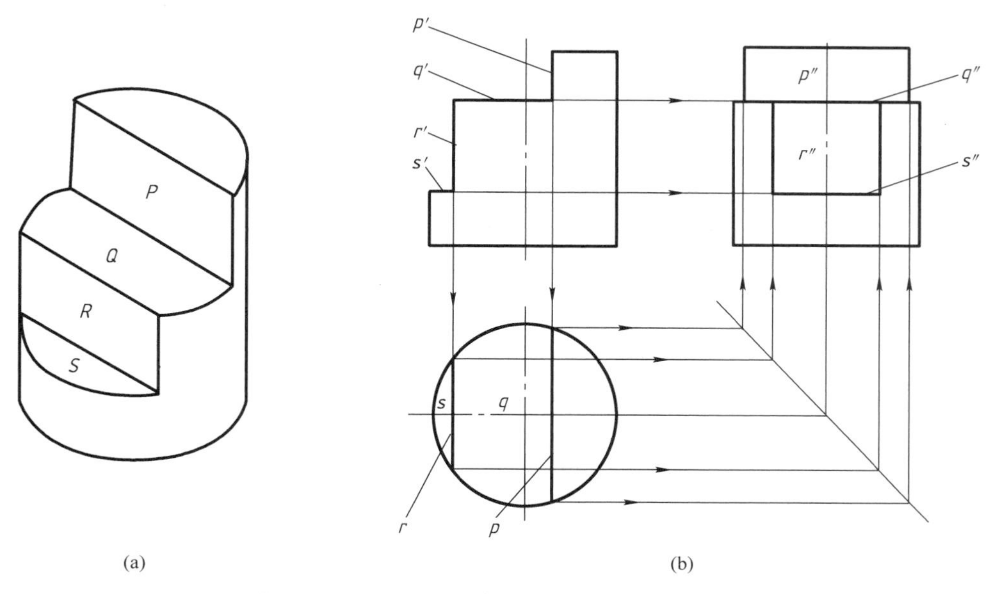

(a) (b)

图 4－30 圆柱体截交线综合练习

2)圆锥体的截交线。由于截平面与圆锥体轴线的相对位置不同,所以圆锥体的截交线有五种不同的形状,见表4-2。

表4-2 圆锥体的截交线

截平面位置	过锥顶	垂直于轴线,$\theta=90°$	倾斜于轴线,$\theta>\alpha$	平行于一条素线,$\theta=\alpha$	平行于轴线,$\theta=0$
截交线形状	三角形	圆	椭圆	抛物线与直线	双曲线与直线
立体图	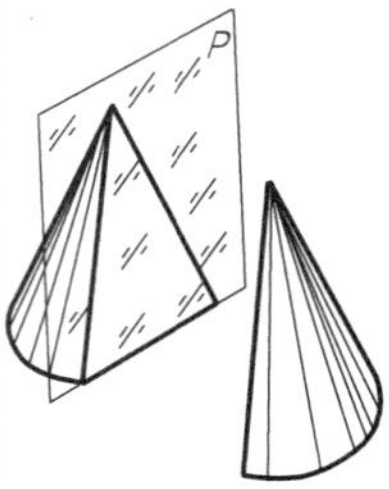 P	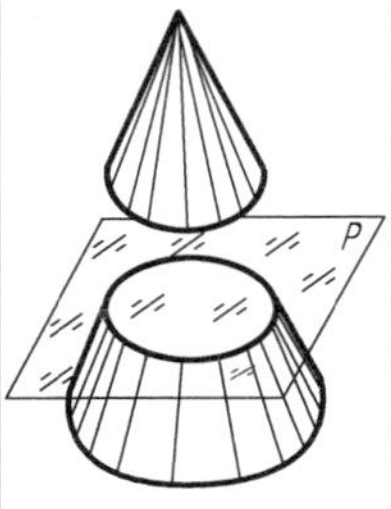 P	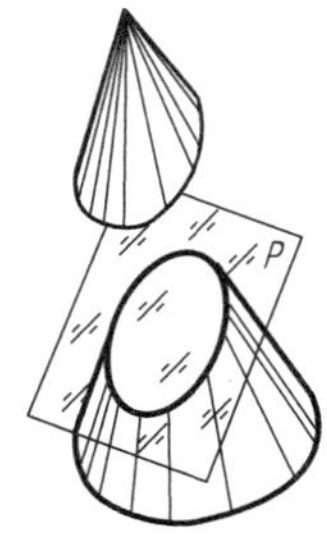 P	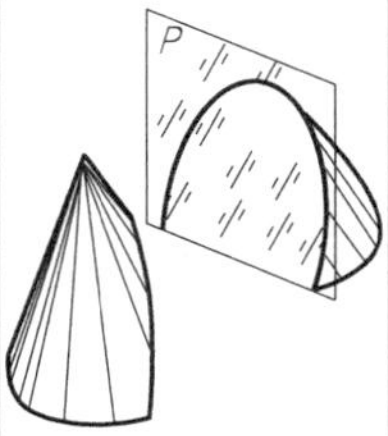 P	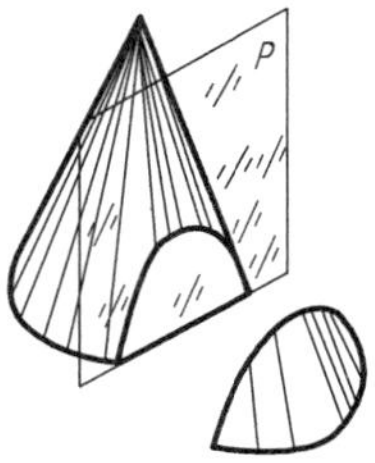 P
投影图	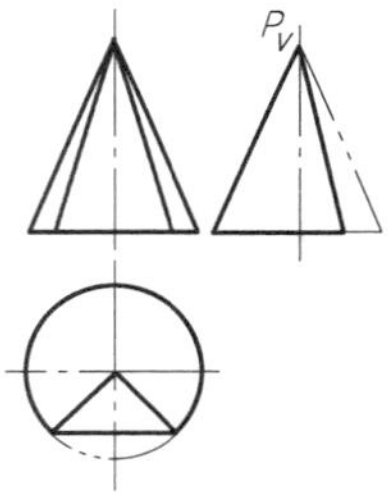 P_V	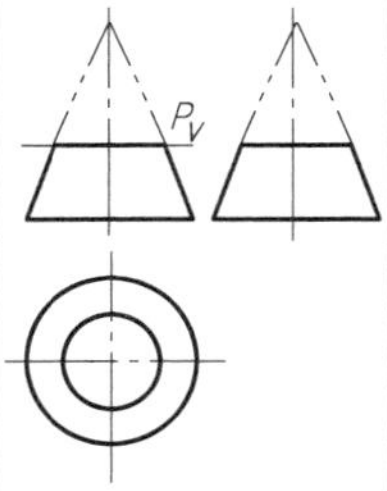 P_V	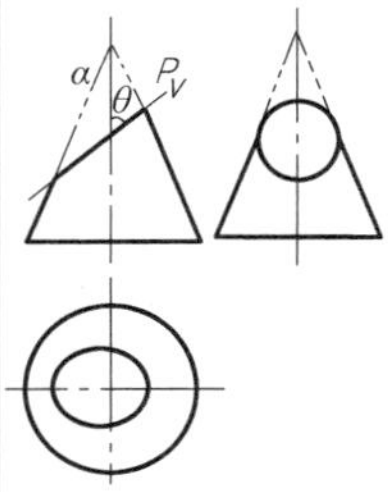 α θ P_V	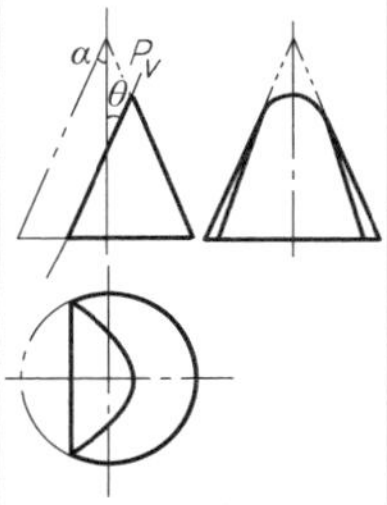 α P_V θ	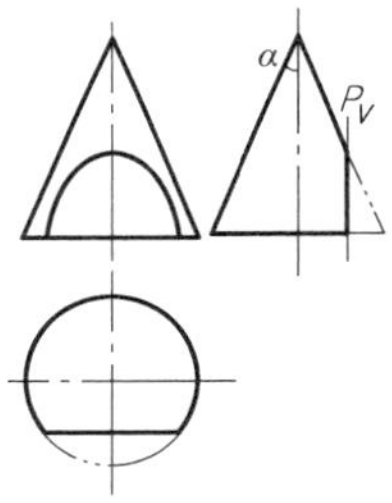 α P_V

从表4-2中可以看出,第一种状况是截平面通过锥顶,截交线为三角形,第二种状况是截平面垂直于中心线,截交线为圆。它们的截交线比较容易求出的。而后三种状况的截交线均为非圆曲线,一般要用辅助平面法或辅助素线法求得。

例4-12 求被平行于V面的平面截切后圆锥体的投影,见图4-31。

a. 分析。圆锥体被平行于V面的平面截切,截交线是双曲线。截交线的水平投影和侧面投影分别积聚为平直线,正面投影是双曲线,反映实形,是待求的。

b. 作图。

(a)先求截交线上的特殊位置点。最高点Ⅲ的正面投影3′,可根据侧面投影的3″直接求出;最低点Ⅰ、Ⅴ的正面投影1′、5′可根据水平投影1、5直接求出,见图4-31(b)。

(b)求一般位置点。一般位置点要用辅助平面法求出。为了方便作图,辅助平面要和基本投影面平行,它与基本体的交线应是直线或圆。如图4-32所示,作辅助平面Q,它与圆锥面的交线为一圆K,与截平面相交为直线CD,圆K与直线CD的交点,即是截交线上的点。

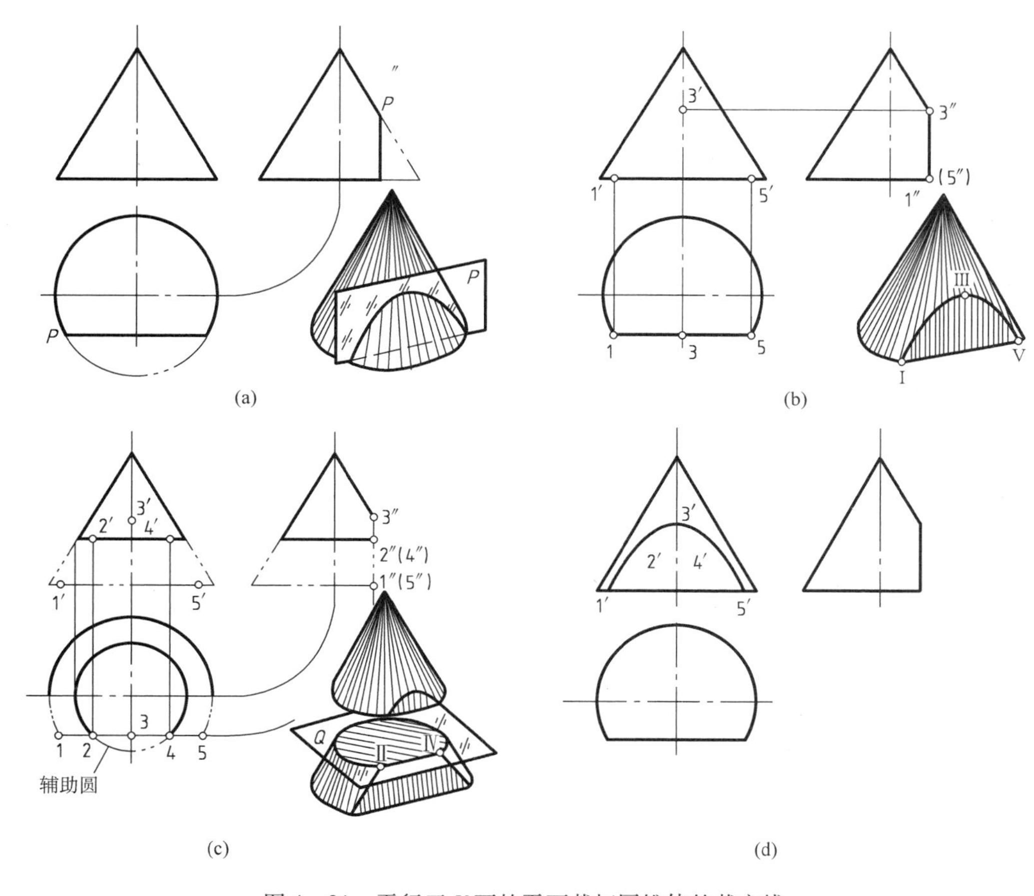

图 4－31　平行于 V 面的平面截切圆锥体的截交线

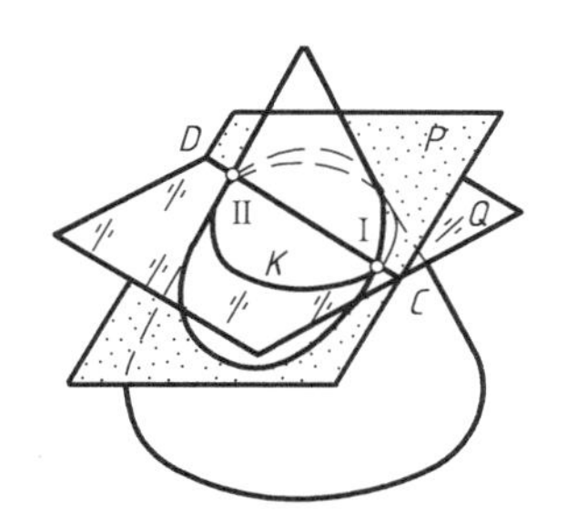

图 4－32　辅助平面法

对于图 4－31(a)所示圆锥体，作辅助平面 Q 与圆锥相交得一圆，该圆的水平投影与截平面 P 的水平投影相交得 2、4 两点，它们是截交线上的两个点。2′、4′可根据水平投影中 2、4 求出，见图 4－31(c)。

(c)光滑连接 1′、2′、3′、4′、5′即为所求，见图 4－31(d)。

例 4－13　求被垂直 V 面的平面截切的圆锥体的截交线，见图 4－33。

a. 分析。由图 4－33(a)可知，截平面 P 和圆锥体的全部素线相交，并且不平行于任何一条素线，故其截交线为一个椭圆。由于截平面 P 垂直于 V 面，所以截交线的正面投影积聚为一斜直线，

b. 作图。步骤见图 4－33(b)、(c)、(d)。

也可用辅助素线法求作圆锥体的截交线，作图步骤的叙述从略，见图 4－34。

3)圆球的截交线。圆球被任意平面截切，其截交线都是圆。当截平面平行于某一投影面时，截交线在该投影面上的投影反映圆的实形，在其他两个投影面上的投影都积聚为平直线，该直线的长度等于截切处圆的直径，见图 4－35，截切直径的大小与截平面至球心的距离 B 有关，很显然，B 越小，截切圆的直径就越大，反之亦然。

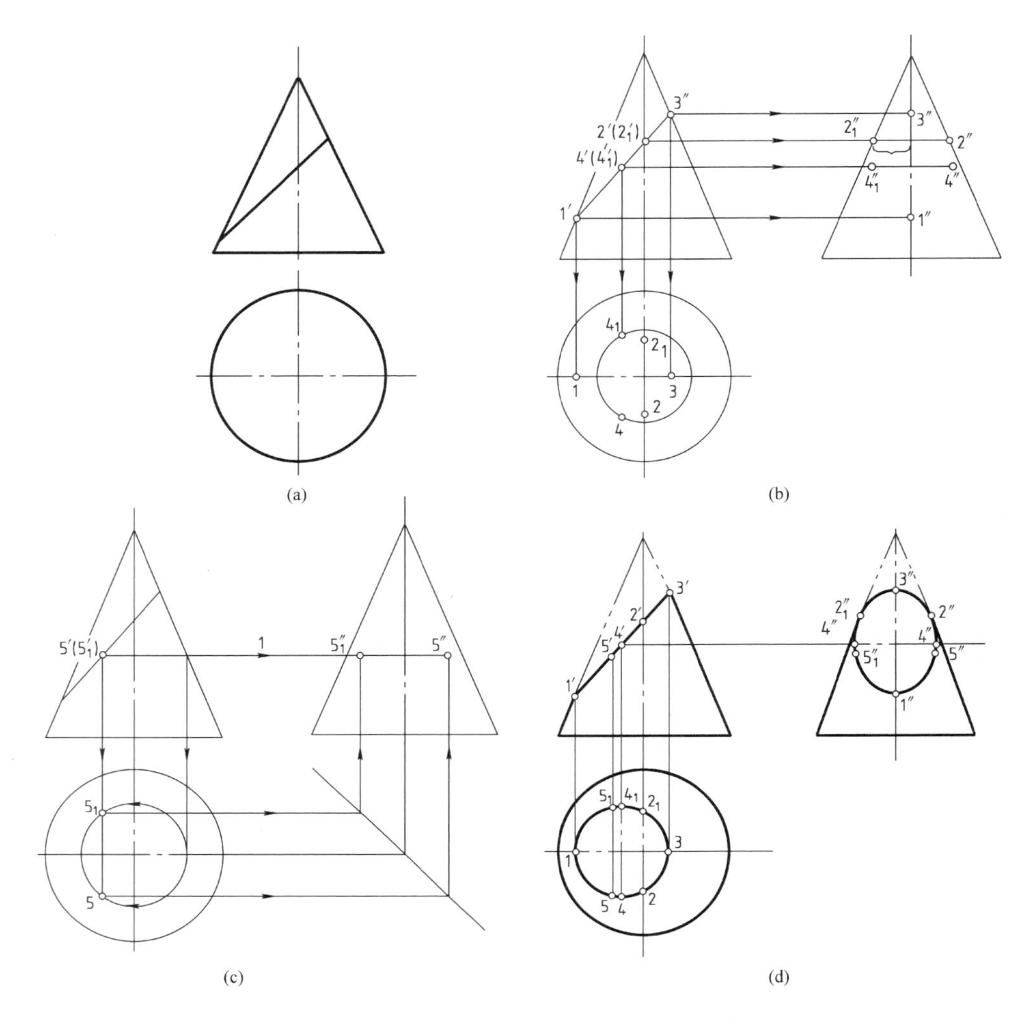

(a) (b)

(c) (d)

图 4－33　用垂直于 V 面的平面截切圆锥体

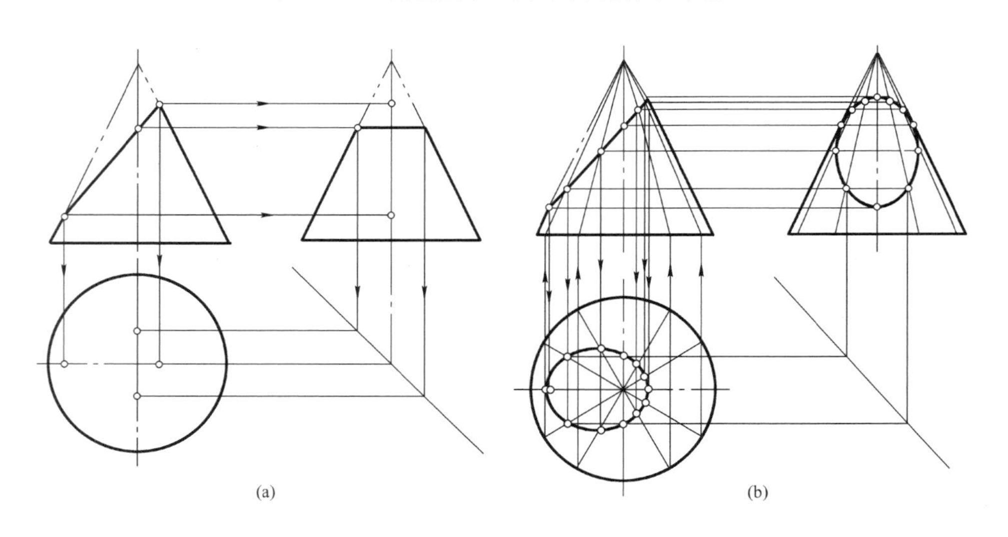
(a) (b)

图 4－34　用辅助素线法求圆锥体的截交线

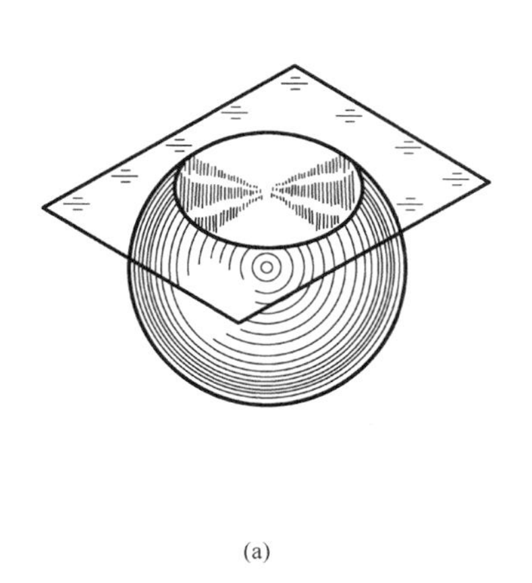

(a)

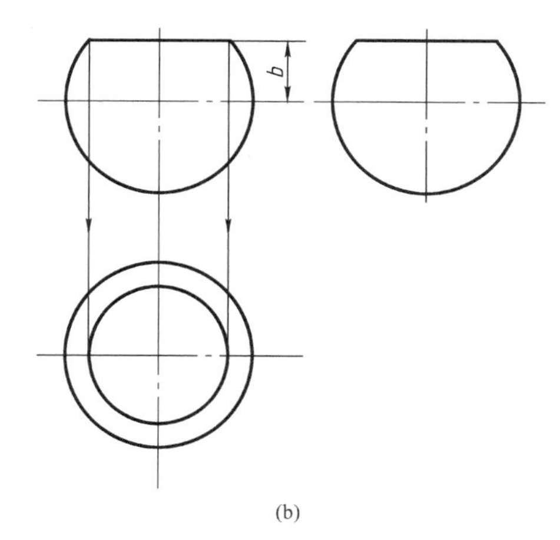

(b)

图 4-35　水平面截切圆球

(a)立体图　(b)三视图

当截平面垂直于某投影面时,截交线在与截平面相垂直的投影面上的投影积聚为一条斜直线,在其他两投影面上的投影为椭圆,见图 4-36。

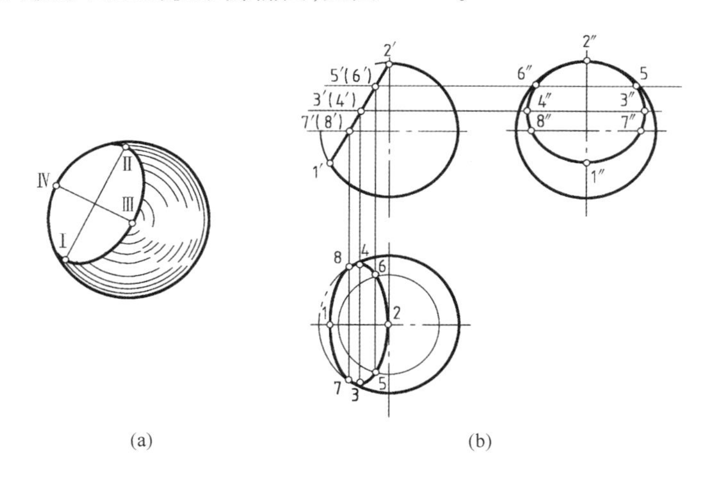

(a)　(b)

图 4-36　垂直于 V 面的平面截切圆球

(a)立体图　(b)三视图

例 4-14　球体被垂直 V 面的平面截切,求被截球体的其他两面投影,见图 4-36。

a. 分析。因为是被垂直于 V 面的平面截切球体,截交线的正面投影积聚为斜直线,其水平投影和侧面投影均为椭圆。

b. 作图。

(a)求特殊位置点。投影为椭圆的长、短轴的端点分别是Ⅲ、Ⅳ和Ⅰ、Ⅱ是特殊位置点。短轴的水平投影 1、2 和侧面投影点 1″、2″可根据正面投影点 1′、2′直接求得。长轴的水平投影 3、4 和侧面投影 3″、4″长度等于截交圆的直径的实长 1′2′,也可以方便求出。由于Ⅶ、Ⅷ两点在球的直径上,也属特殊位置点,可由 7′、(8′)求出 7、8 和 7″、8″。

(b)利用辅助平面法求一般位置点。作辅助平面与正面投影相交,得交点 5′、(6′),根据 5′、(6)′求出其水平投影 5、6 和侧面投影 5″、6″。

(c)将各点的同面投影依次光滑连接,即为所求。

4)同轴复合回转体的截交线。

例 4-15 求作顶尖的截交线,见图 4-37。

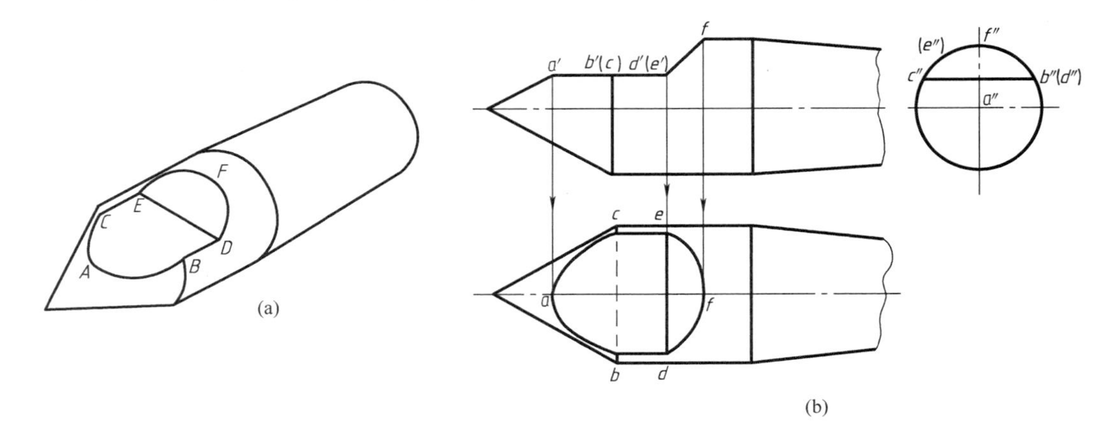

图 4-37 顶尖的截交

(a)立体图 (b)三视图

1)分析。顶尖被两个平面截切,一个面平行于 H 面,另一个面垂直于 V 面。平行于 H 面的平面截切到了圆锥体和圆柱体,它与圆锥体的截交线是双曲线,和圆柱体的截交线是两条素线,它们的正面、侧面投影均具有积聚性,可以利用这两面投影的积聚性,求出其水平投影。垂直于 V 面的平面截切圆柱体,截交线是椭圆的一部分,其正面、侧面投影已知,也可利用其投影的积聚性,求水平投影。

2)作图。如果基本体的形状、大小和截平面的位置确定了,截交线的形状、大小也就“被”确定了。换句话说截交线是“应变线”。它画得准确与否,对零件的制造和表达并没有直接影响。而准确地绘制它们的确比较复杂、费时。所以画投影为非圆曲线的截交时,求出其所有特殊位置点后,它的范围也就确定了,可依据其变化趋势以非圆曲线连接即可。

a. 求平行于 H 面的截平面与圆锥体相交的截交线,作图方法见图 4-37(b)。

b. 求平行于 H 面的截平面与圆柱体的截交线,是过 B、C 两点的直素线 BD 和 CE。

c. 求垂直于 V 面的平面与截切圆柱体的截交线,它的截交线的水平投影是椭圆的一部分,它由 D、E、F 等点围成。

d. 以非圆曲线连接 a、b、c,以椭圆弧连接 d、e、f,连直线 bd、ce 即为所求。

例 4-15 求作连杆头的截交线,见图 4-38。

1)分析。连杆头是由同轴线的圆球、内环面和圆柱体组合而成。它被前后两个平行于 V 面的平面对称地截切球和内环,所得截交线为圆弧和非圆曲线组成。这两段截交线的连接点在圆球与内环面的分界点上。因截平面与圆柱体不相交,故和圆柱体无截交线。

2)作图。

a. 截交线的 H 面投影和 W 面投影都积聚为直线,无需求。可利用它们投影的积聚性求出截交线的正面投影。

b. 求截交线圆与非圆曲线的分界点的正面投影 1′、3′。用作图方法求：连线得 a'，由 a' 求得 a''，由 1″求得 1′。1′、3′点左面为球的截交线，是半径为 R 的部分圆，右面内环的截交线最右点 2′可由水平投影 2 直接求得。再用辅助平面法（选侧平面）求一般位置点 4′、5′。

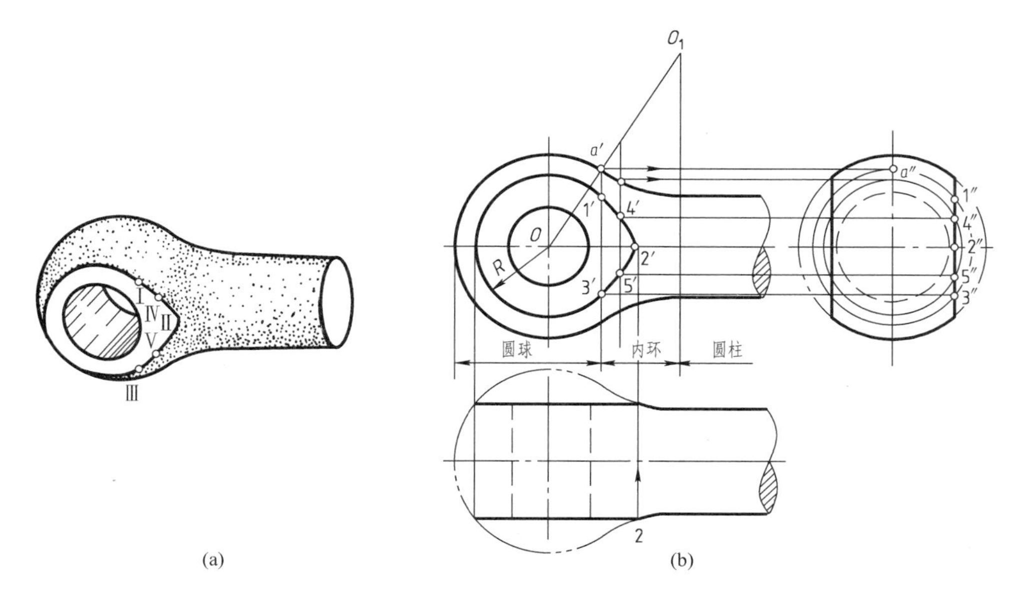

图 4－38　连杆接头的截交线

（a）轴测图　（b）截交线求法

c. 光滑连接 1′、4′、2′、5′、3′各点，即为所求。

截交线的性质是：

（a）截交线是封闭的平面几何图形（平面折线、圆、椭圆、双曲线、抛物线）；

（b）截交线是截平面与被截立体的共有线，截交线上的点是截平面与被截立体的共有点。

求截交线可以利用截交线投影的积聚性或利用辅助平面法、辅助素线法。

2. 切割式组合体的画图方法

画切割式组合体的三视图时，首先画出其基本体的三视图，然后在其上逐一进行切割，每切除一部分，其视图必将随之发生相应的变化，画出变化部位的三面投影；再切除一部分，再画出视图的相应变化，依此一步一步，画出切割式组合体的三视图，最后加以整理。

画出图 4－39 所示切割式组合体的三视图。

画图过程见表 4－3。

切割式组合体的画图方法是：

主视特征要明显，形状、位置（特征）要兼具。

首先画出基本体，一一切割逐步完。

每切一处图形变，变后视图要画全。

要想正确和清晰，仔细整理勿忘记。

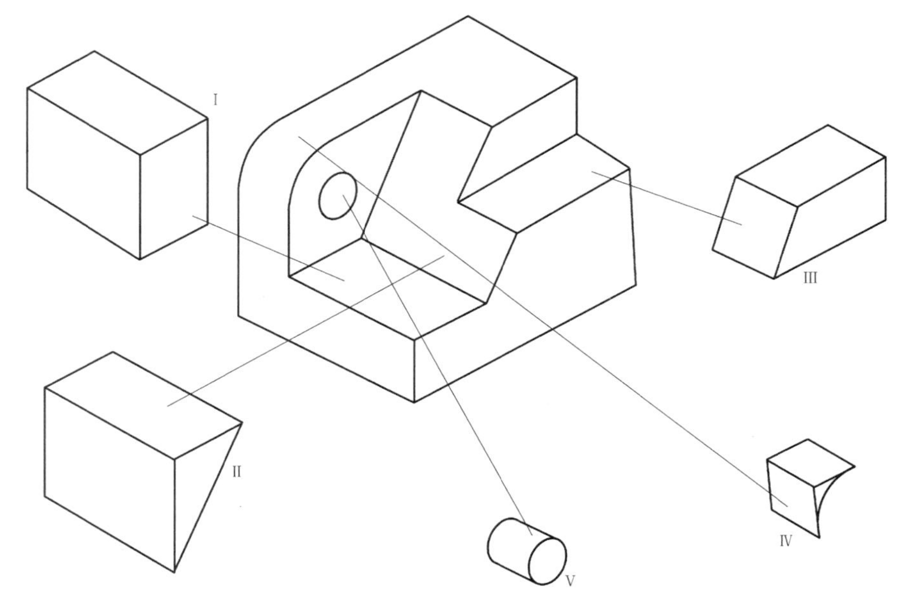

图4－39　切割式组合体

表4－3　切割式组合体的画图过程

序号	说明	轴测图	三视图
1	画出切割前基本体的三视图		
2	画出切除Ⅰ后的三视图		
3	画出切除Ⅱ后的三视图		

续表

序号	说明	轴测图	三视图
4	画出切除Ⅲ后的三视图	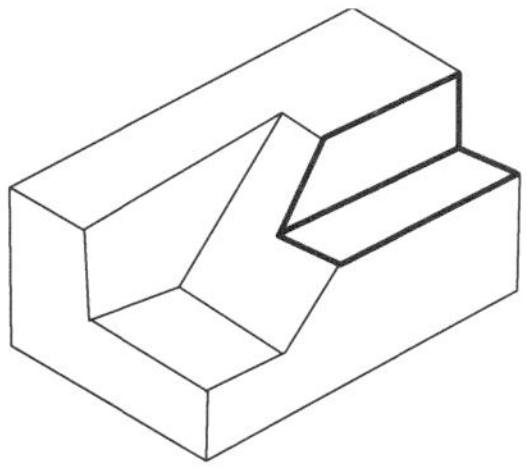	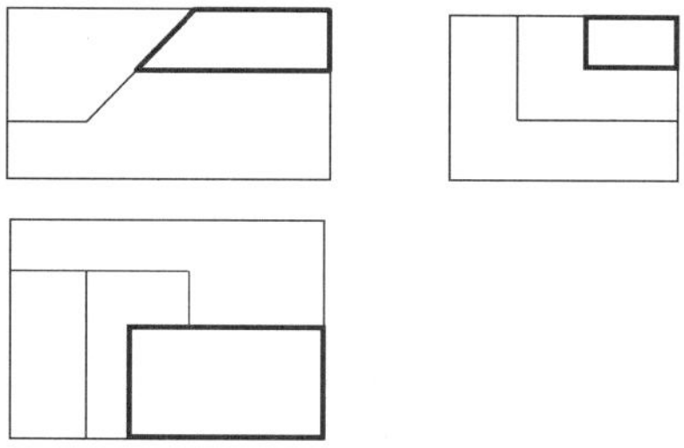
5	画出切除Ⅳ后的三视图	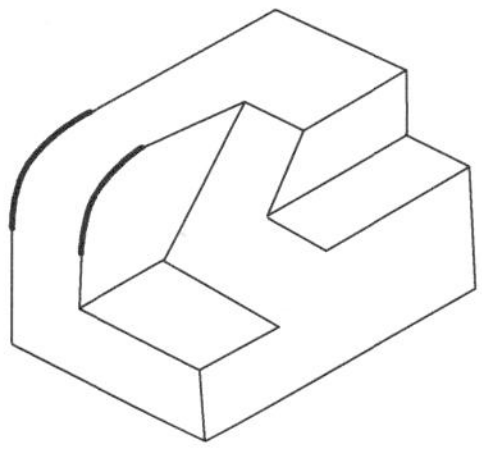	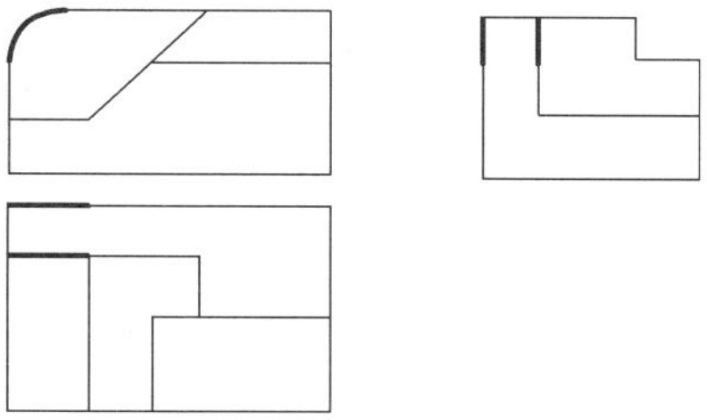
6	画出切除Ⅴ后的三视图	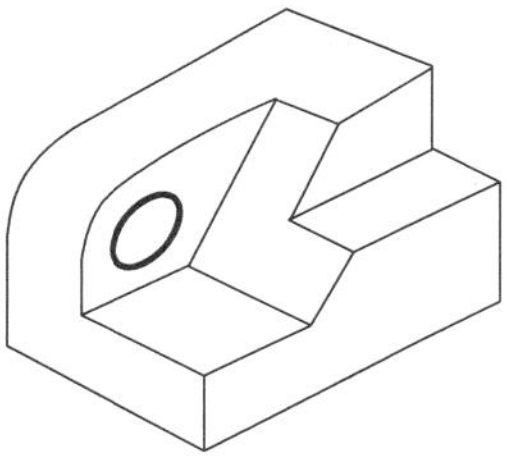	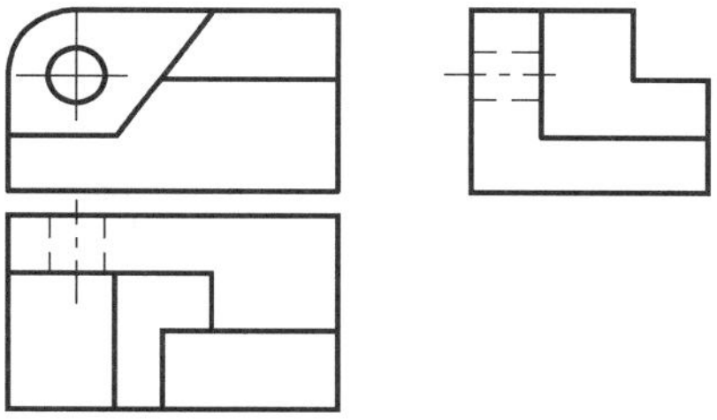

4.2.2 叠加式组合体(含相贯线)的三视图

1. 相贯线

立体与立体(一般是指曲面立体)相交叫相贯,其表面产生的交线叫相贯线(也称交线)。图4-40(a)即为两圆柱正交产生的相贯线。

(1)相贯线的求法

相贯线是由相交立体表面一系列共有点组成的,因此,求相贯线的问题实质就是求相交曲面立体表面一系列共有点的问题。求相贯线的具体方法有利用相贯线投影的积聚性法、辅助平面法和辅助球面法,我们学习前两种方法。

1)利用相贯线投影积聚性求相贯线。

例4-16 求直径不相等两圆柱体垂直相交(正交)的相贯线,见图4-40。

a. 分析。由图4-40(a)可知,两圆柱面相贯的相贯线是一条封闭的空间曲线。由于两圆柱体的轴线分别垂直于H面和W面,因此,相贯线的水平投影积聚在小圆柱水平投影的圆周上,相贯线的侧面投影积聚在大、小圆柱相交部分侧面投影的部分圆周上。只需求出相贯线的正面投影。

b. 作图。

(a)求特殊位置点。求最高点(最左、最右点)Ⅰ、Ⅲ的正面投影1′、3′;最低点(最前、最后点)Ⅱ、Ⅳ的正面投影2′、(4′),见图4-40(c)。

(b)求一般位置点。利用相贯线投影的积聚性,选取相贯线上一般位置点的水平投影5、6、7、8,依据投影规律求出侧面投影5″、(6″)、7″、(8″)和其正面投影5′、6′、(7′)、(8′),见图4-40(d)。

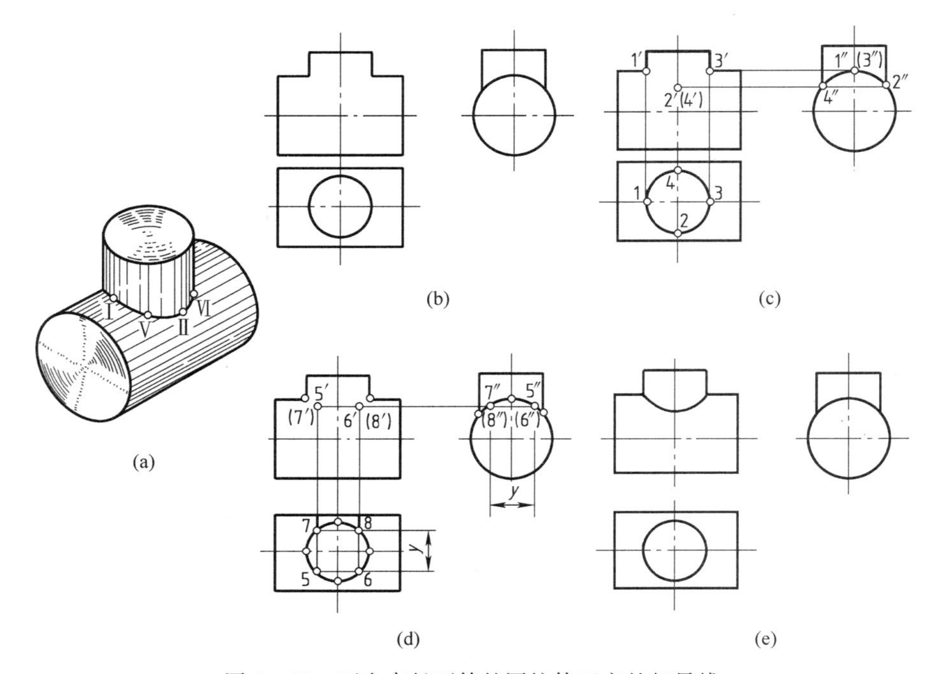

图4-40 两个直径不等的圆柱体正交的相贯线

(a)轴测图 (b)题目 (c)求特殊位置点 (d)求一般位置点 (e)完成后的三视图

(c)将1′、5′、2′、6′、3′各点光滑连接,即得相贯线的正面投影。因相贯体前后对称,故相贯线正面投影的前半部分和后半部分重合,见图4-40(e)。

2)用辅助平面法求相贯线。

例4-17 求圆台与圆柱体正交相贯线的投影,见图4-41。

a. 分析。圆台与圆柱正交,其相贯线为封闭的空间曲线。由于圆柱的轴线垂直于侧面,因此,圆柱与圆台相贯线的侧面投影积聚在它们相交部分的圆周上。需求出相贯线的正面投影和水平投影,见图4-41(b)。

b. 作图。

(a)求特殊位置点。依据相贯线最高点(最左、最右点)Ⅰ、Ⅴ和最低点Ⅲ、Ⅶ(最前、最后点)的侧面投影1″、(5″)、3″、7″可直接求出正面投影1′、5′、3′、(7′)、水平投影1、5、3、7,见图4-41(b)。

(b)求一般位置点。用辅助水平面 P 求一般位置点Ⅳ、Ⅵ、Ⅱ、Ⅷ,辅助平面 P 与圆台相交截交线为一个圆,与圆柱相交截交线为两条直素线,圆与直素线的交点即为相贯线上的点,其水平投影为4、6、2、8,见图4-41(c)。依据它们和侧面投影(4″)、6″、2″、(8″),求得4′、6′、2′、8′。

(c)依次连接各同面投影各点,即为所求,见图 4-41(d)。

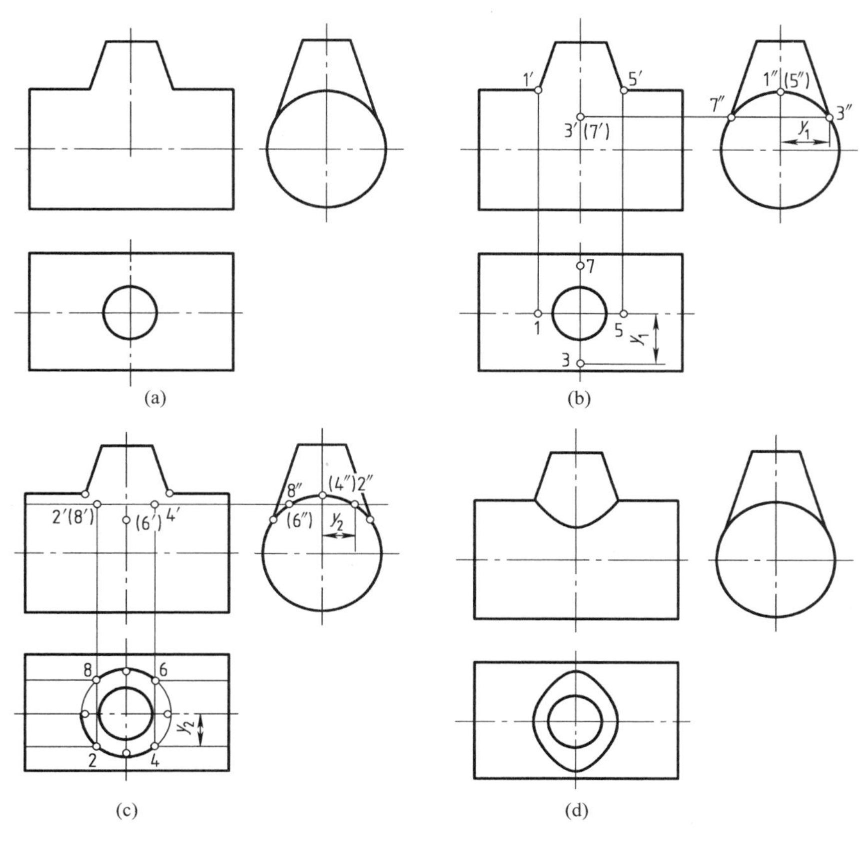

(a) (b) (c) (d)

图 4-41 圆台与圆柱正交的相贯线

(a)题目 (b)求特殊位置点 (c)求一般位置点 (d)完成后的三视图

(2)相贯线的特殊状况

两曲面立体相交,其相贯线一般为封闭的空间曲线,在特殊情况下为平面曲线或直线。相贯线为直线的情况有以下几种。

1)轴心线平行的两圆柱体相交,其相贯线为直线,见图 4-42(a)。

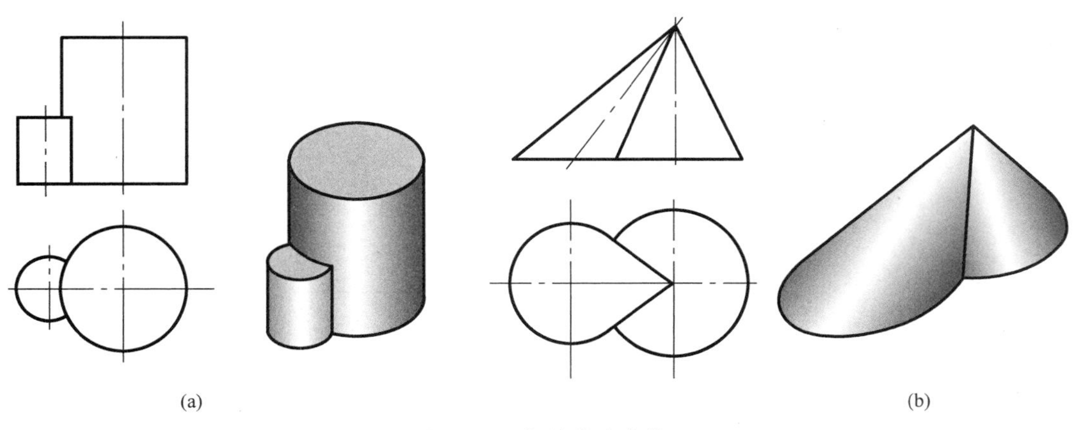
(a) (b)

图 4-42 相贯线为直线

2）两共顶的圆锥体相交，相贯线也为直线，见图 4－42（b）。

3）共轴回转体的相贯线是垂直于回转体轴线的圆，当轴线平行于某投影面时，相贯线在该投影面上的投影积聚为垂直于轴线的直线，见图 4－43。

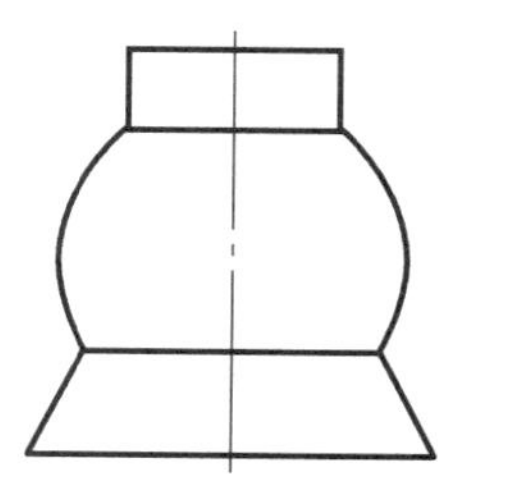
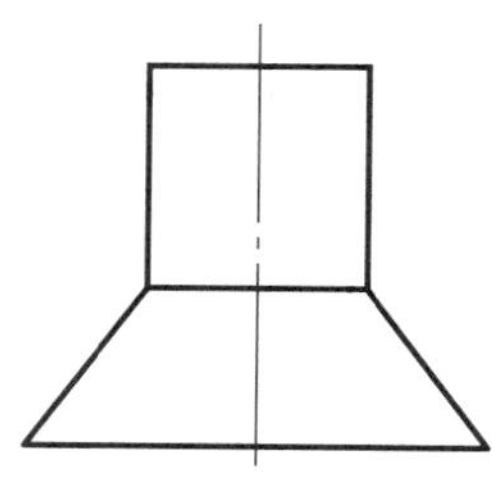
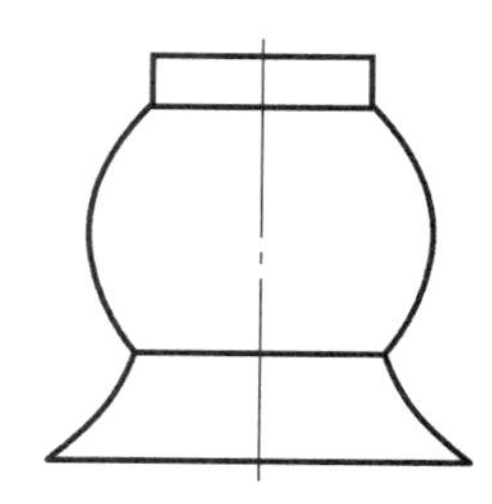

图 4－43　相贯线为圆

4）两二次曲面相交，若它们公切于某球体时，则相贯线为椭圆，在平行于它们共同轴线的投影面上的投影积聚为斜线，见图 4－44。

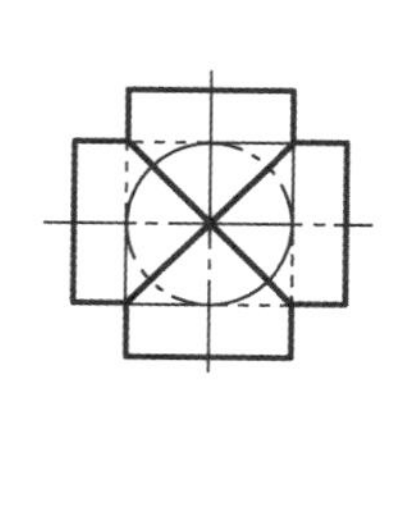
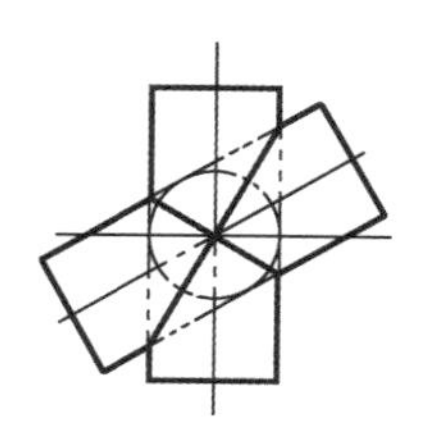
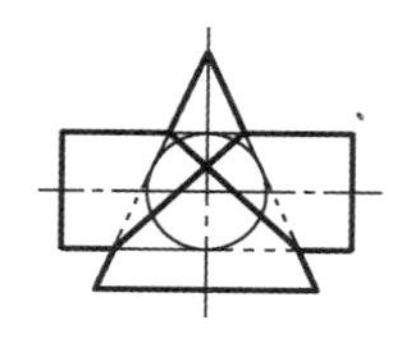
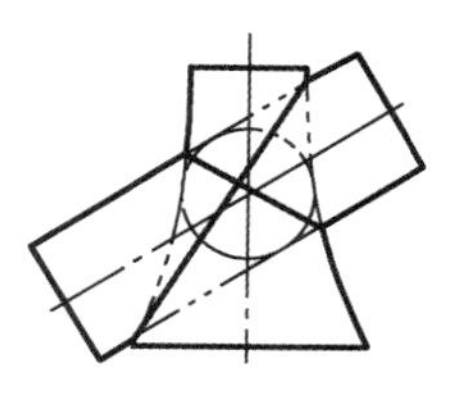
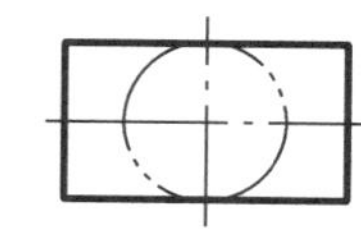
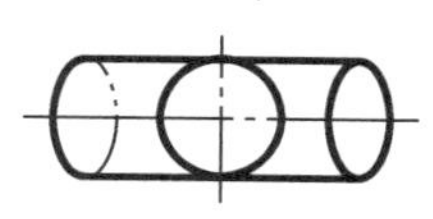
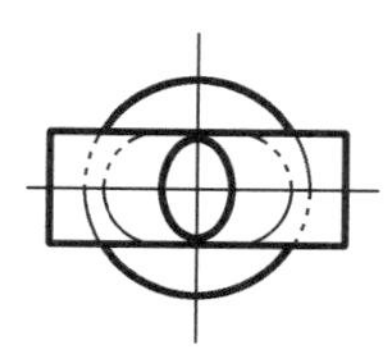
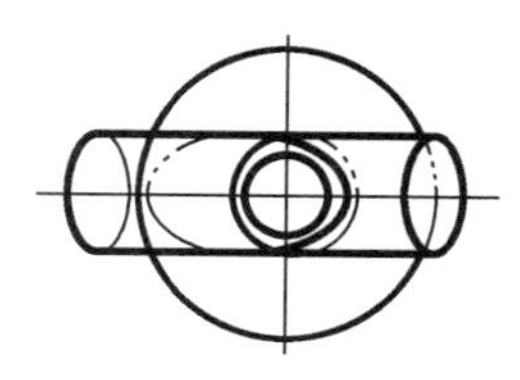

图 4－44　相贯线为椭圆

（3）相贯线近似画法

相贯立体的形状、大小和位置确定了，相贯线的形状也就"被"确定了，它画得准确与否对零件的表达并没有直接影响。因此，画图时常采用近似画法。

a. 两圆柱正交相贯线的近似画法。两圆柱正交，并且其直径相差较大时的近似画法是：用大圆柱的半径作圆弧来代替相贯线，具体画法见图 4－45。两圆柱的直径相近时，不宜采用此画法。

b. 求比较复杂的相贯线时，求出全部特殊位置点后，视具体状况可用非圆曲线或圆弧连接。

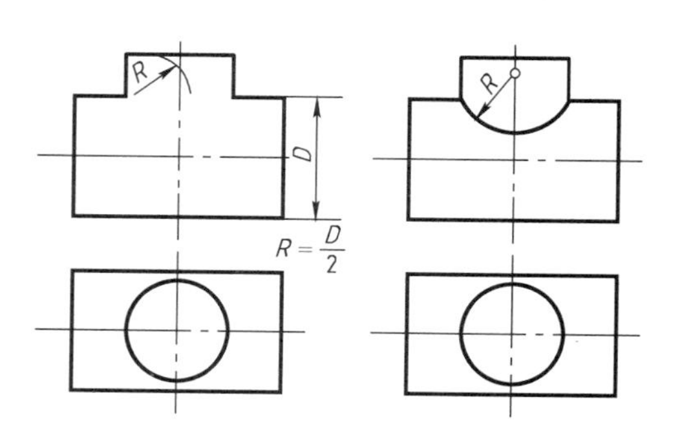

图 4－45　两不同直径圆柱正交相贯线的简化画法

例 4－18　求两圆柱体偏交（垂直交叉）相贯线的投影，见图 4－46。

a. 分析。两圆柱轴线垂直交叉，其相贯线为封闭的空间曲线。由于两圆柱轴线分别垂直于水平面和侧面，因此，相贯线的水平投影积聚在小圆柱体水平投影的圆周上，相贯线的侧面投影积聚在大、小圆柱侧面投影的相关部分圆周上，所以只需求出相贯线的正面投影。

b. 作图。

(a)求特殊位置点。最前点的正面投影1′，最后点(6′)、最左点2′和最右点3′可根据侧面投影1″、6″、2″、(3″)直接求出。最高点的正面投影(4′)和(5′)可根据水平投影4、5和侧面投影4″、(5″)直接求出。

(b)求一般位置点。在相贯线的水平投影上找出7、8，根据7、8可以直接求出7″、(8″)，再按点的投影规律求出正面投影点7′、8′。

(c)判断可见性。2′和3′是正面投影的可见与不可见的分界点。光滑连接同面投影各点，将2′、7′、1′、8′、3′各点以粗实线相连；3′(5′)、(6′)、(4′)、2′以虚线相连，即为相贯线的正面投影。

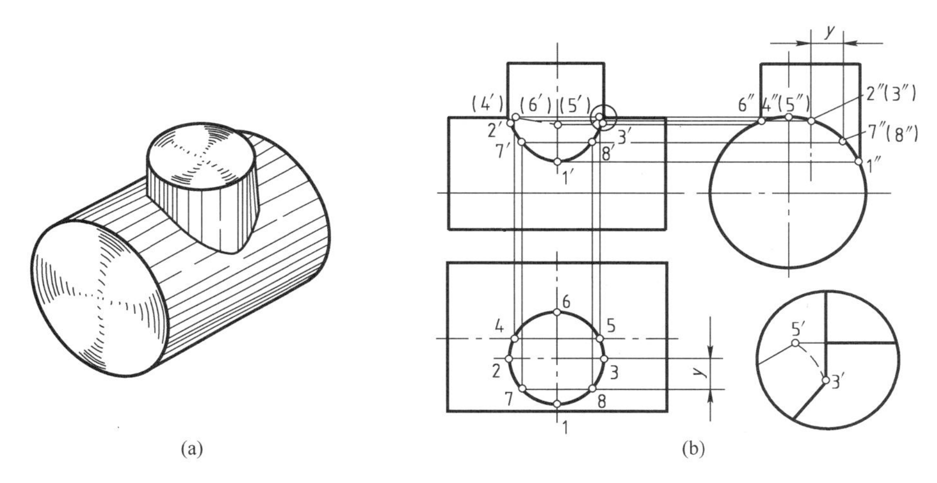

图4－46　两圆柱体偏交的相贯线

(a)轴测图　(b)三视图

例4－19　两圆柱体斜交，求相贯线的正面投影和水平投影，见图4－47。

a. 分析。大圆柱体的轴线垂直于侧面，相贯线的侧面投影积聚在大、小圆柱侧面投影相关联的一段圆弧上。要求的是相关线的正面投影和水平投影。它们的相贯线是一条封闭的空间曲线。

b. 作图。

(a)求特殊位置点。点Ⅰ、Ⅴ分别是相贯线的最左点、最右点，它们的三面投影可以直接求得，点Ⅲ、Ⅲ1分别为相贯线的最前点和最后点，可根据3″、3_1″直接求得3′、($3_1'$)。然后求3、3_1。

(b)求一般位置点。作辅助平面P，它与小圆柱相交，得过A、B两点的两条直素线，和大圆柱相交也得两条直素线，大、小圆柱的直素线的交点即为相贯线上的两点Ⅱ、Ⅳ，求出它们的水平投影2、4和正面投影2′、4′，用同样方法可求出许多这样的点。

(c)依次光滑连接1、2、3、4、5、4_1、3_1、2_1、1和1′、2′、3′、4′、5′即为所求。

组合体有时也会出现多体相贯的状况，此时的相贯线稍复杂一些，但分析起来，仍可把它们看成基本体与基本体相贯，求相贯线时只要分别求出它们各自两体的相贯线，然后将其光滑连接，即为所求。

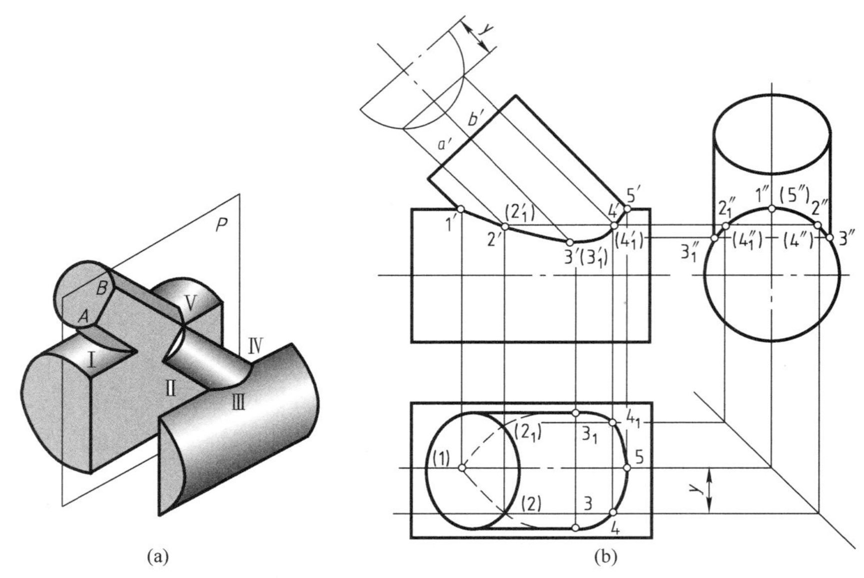

(a) (b)

图 4 – 47 两圆柱体斜交的相贯线

(a)轴测图 (b)三视图

例 4 – 20 求三个基本体相交的相贯线，见图 4 – 48(a)。

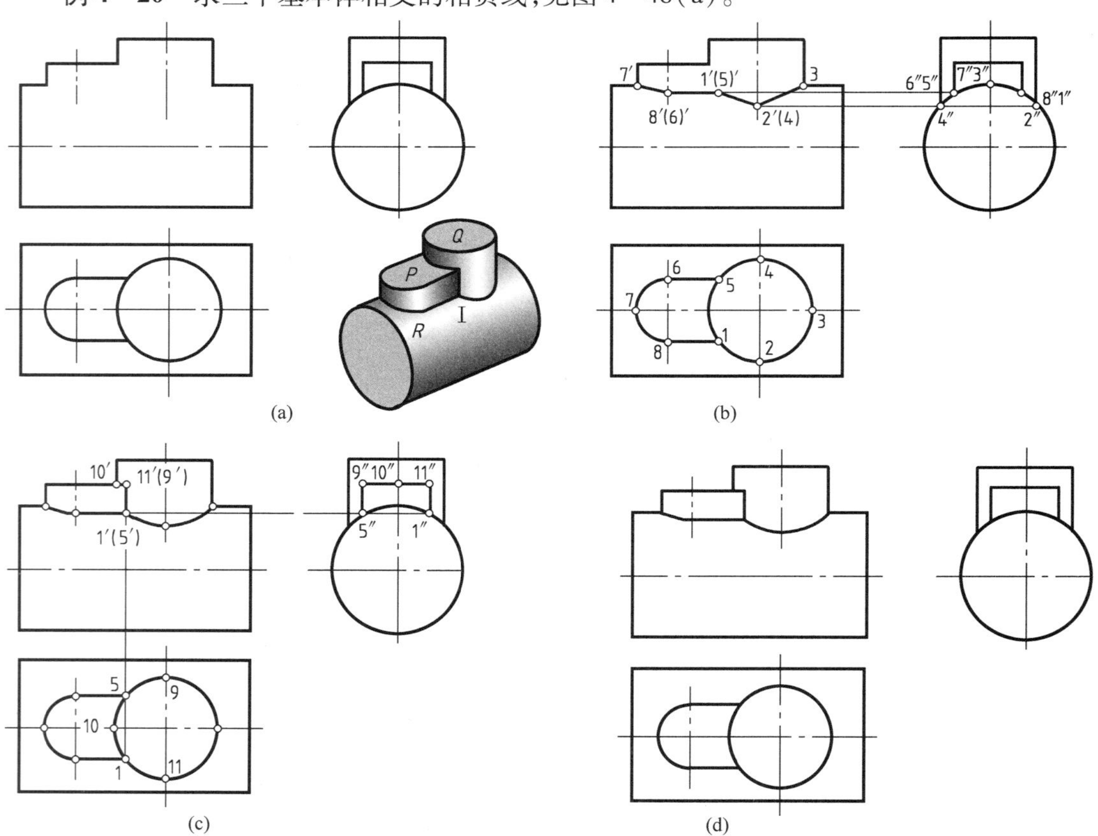

(a) (b) (c) (d)

图 4 – 48 三体相贯的相贯线

a. 分析。由图 4 – 48(a)可以看出，该立体由 *P*、*Q*、*R* 三部分组成。*P* 与 *Q* 的侧面，垂直

于水平面，相贯线的水平投影有积聚性。圆柱体 R 的轴心线垂直于侧面，相贯线的侧面投影也有积聚性。分别求出 P 与 R、Q 与 R、P 与 Q 的表面交线。P 与 R 相交，P 的平面部分与 R 相交，产生Ⅰ Ⅷ Ⅴ Ⅵ两条直素线，半圆柱面与 R 相交，产生相贯线Ⅵ Ⅶ Ⅷ，Q 与 R 相交，产生了相贯线Ⅰ Ⅱ Ⅲ Ⅳ。

b. 作图。

如图 4－48(b)，分别求出 Q 与 R 两立体表面和 P 与 R 两立体表面以及 P 与 Q 的交线即可，见图4－48(c)。求出 P 与 Q 两立体表面的交线，其中，P 的两侧面与 Q 表面的圆柱面交线为截交线，形状为直线，P 的顶面与 Q 的交线为一段圆弧。Ⅰ、Ⅴ两点同时位于 P、Q、R 三个立体的表面上，结果见图 4－48(d)。

例 4－21 补画图 4－49 中的缺线。

a. 分析。图示立体的形状是与球心共轴、位于球体两侧的两个圆柱体，并且它们的直径相等。

由图可知左端的圆柱体上有一圆孔，球体上也有一圆孔；右端圆柱体上有一正方形孔，且两圆孔的直径与方孔的边长相等。圆孔与圆柱相交、圆孔与球体相交都产生了相贯线；圆柱与方孔相交，产生了截交线。左侧圆柱上还有一个键槽，它的两端是半圆孔，与圆柱相交产生相贯线，中间部分是平面，与圆柱体相交产生的是截交线。球与其两端圆柱同轴，它们之间，产生的相贯线是圆。

b. 作图。根据以上分析和已学过的知识，可以补出图 4－49(a)所示的缺线，见图4－49(b)。

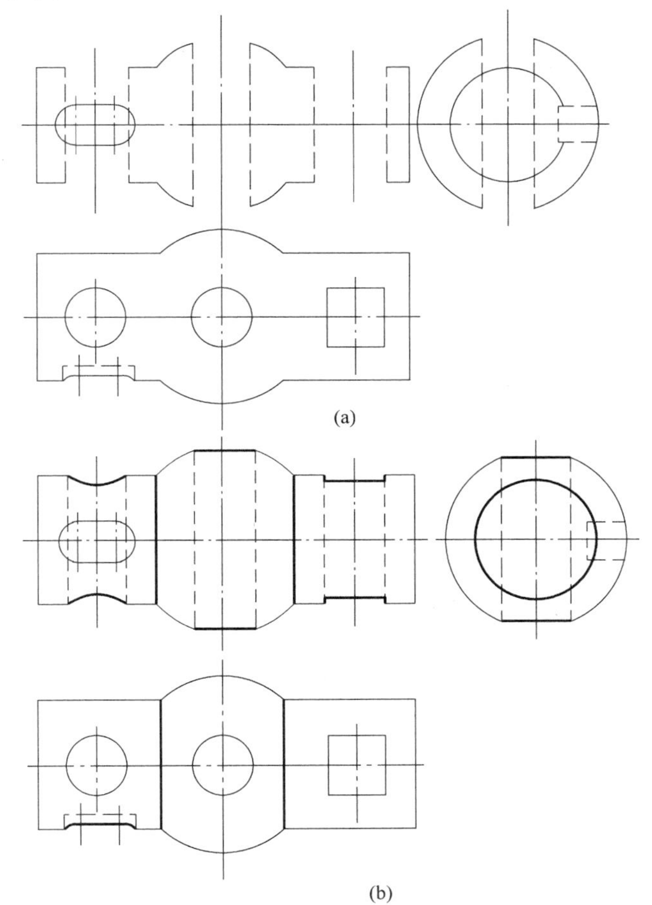

图 4－49　补画视图中的缺线

(a)题目　(b) 答案

(4)相贯线的性质

由于相交立体的形状、大小、位置不同，相贯线的形状亦随之不同，一般状况下它是封闭的空间曲线，在特殊状况下是椭圆(例如两直径相等的圆柱正交)、圆(例如共轴曲面立体相交)、或直线(例如圆柱体轴线平行相交)；相贯线是相交立体的共有线、分界线，相贯线上的点，也是相交立体的共有点。

(5)过渡线

铸件和锻件，由于工艺方面的原因，在表面与表面相交处往往以圆弧连接。由于圆角的存在，使零件表面的交线看起来不明显，但为了使看图容易区分形体，仍画出理论上的相贯线，这种线叫过渡线，用细实线画出，见图 4－50。

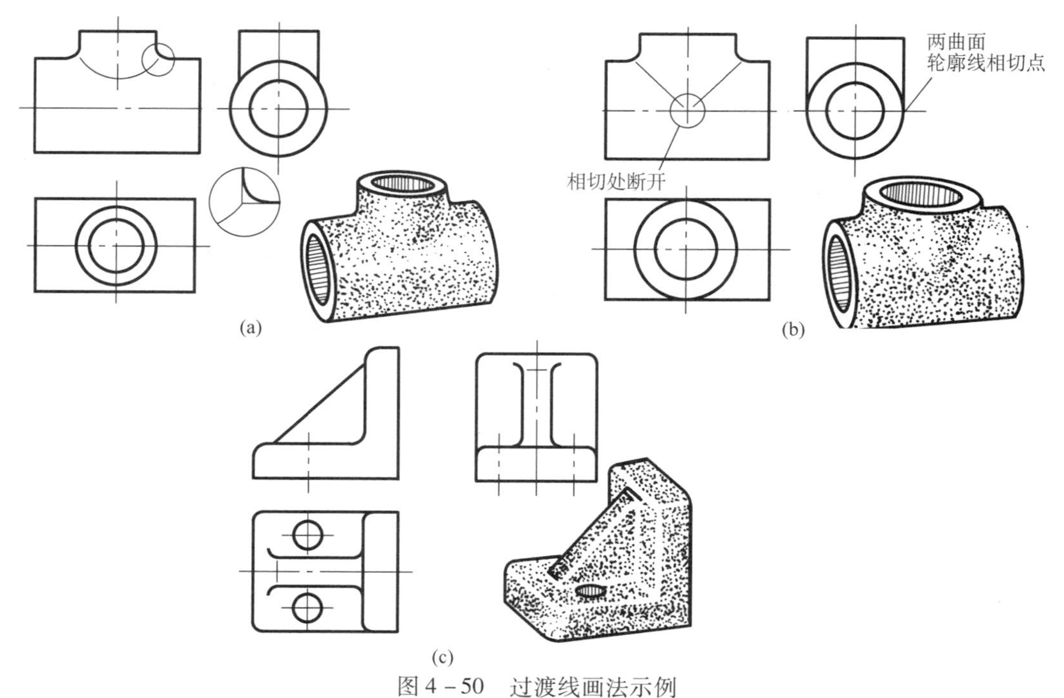

图 4-50　过渡线画法示例

(a)直径不等圆柱体相交　(b)直径相等圆柱体相交　(c)直角架

2. 叠加式组合体的画法

叠加式组合体画法见图 4-51。

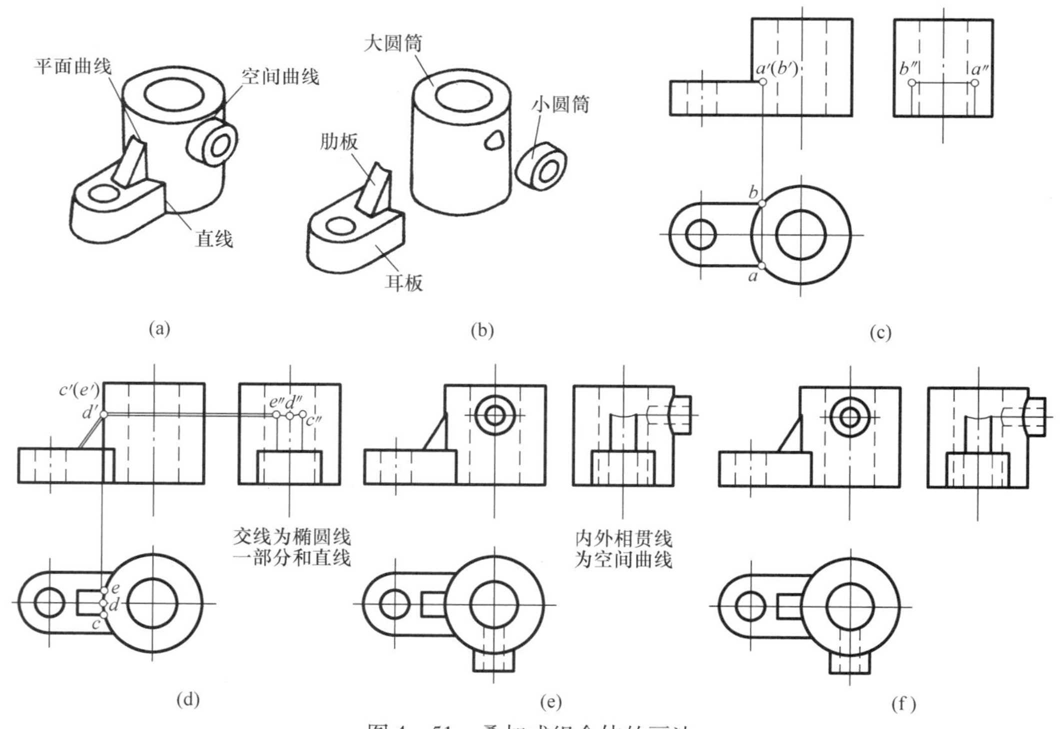

图 4-51　叠加式组合体的画法

(a)机座　(b)机座形体分析　(c)耳板与圆筒相交时的画法　(d)肋板与圆筒相交时的画法
(e)两圆筒正交时的画法　(f)完整的机座三视图

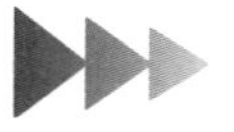

4.2.3 综合式组合体的三视图

根据机械零件、模型或它的轴测图见图 4 - 52 画组合体的视图时，一般按照下列步骤进行。

1. 分析形体

首先要分析组合体是由哪几部分组成，它们有什么特征(形状特征、位置特征)，各部分之间的相对位置如何，它们之间是怎样连接的，为组合体的画图打下基础。

如图 4 - 52 所示的轴承座，它由圆筒、底板、支撑板和肋板组成，是一个左右对称的组合体。圆筒支于支撑板上，圆筒后面较支撑板后面略有突出；支撑板支于底板上，两者后面平齐。支撑板左、右两侧面与圆筒外圆面相切。肋板两侧面分别与圆筒、底板相交。

分析形体是为了画图方便假想将零件分开的，实际上组合体是一个整体，切勿认为它像积木一样是拼凑起来的。

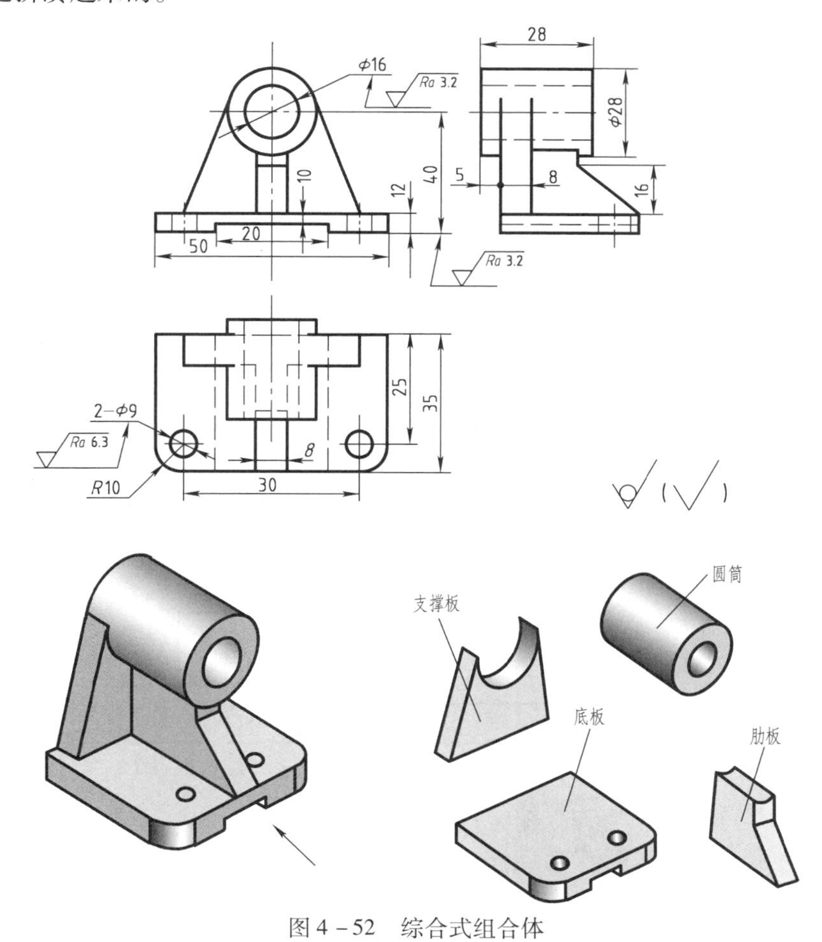

图 4 - 52　综合式组合体

2. 选择视图

首先，确定主视图的投影方向。通常要求主视图能较多地反映其组成组合体各部分的相对位置，表达出组合体的形状特征和位置特征，并使组合体主要表面平行于投影面，以使投影能表达组合体的实形。对于图 4 - 52 所示的轴承座而言，从图示箭头方向看的主视图可以基本满足上述要求。

主视图确定以后其他视图也就随之确定了。对底板来说,需要用俯视图来表达它的主要形状和两孔的相对位置;对肋板来说,则需要用左视图表达它的基本形状。因此,选择主、俯、左三个视图是必要的。

3. 选比例、定图幅

视图确定以后,便要根据立体的大小选择比例和图幅。轴承座选用1:1的比例,图幅则根据视图所需要的面积选择,选择时要留出标注尺寸、画标题栏及书写技术要求的位置。

4. 布置视图

整个布局要匀称、居中,不要偏置。轴承座的布图见图4-53(a)所示。

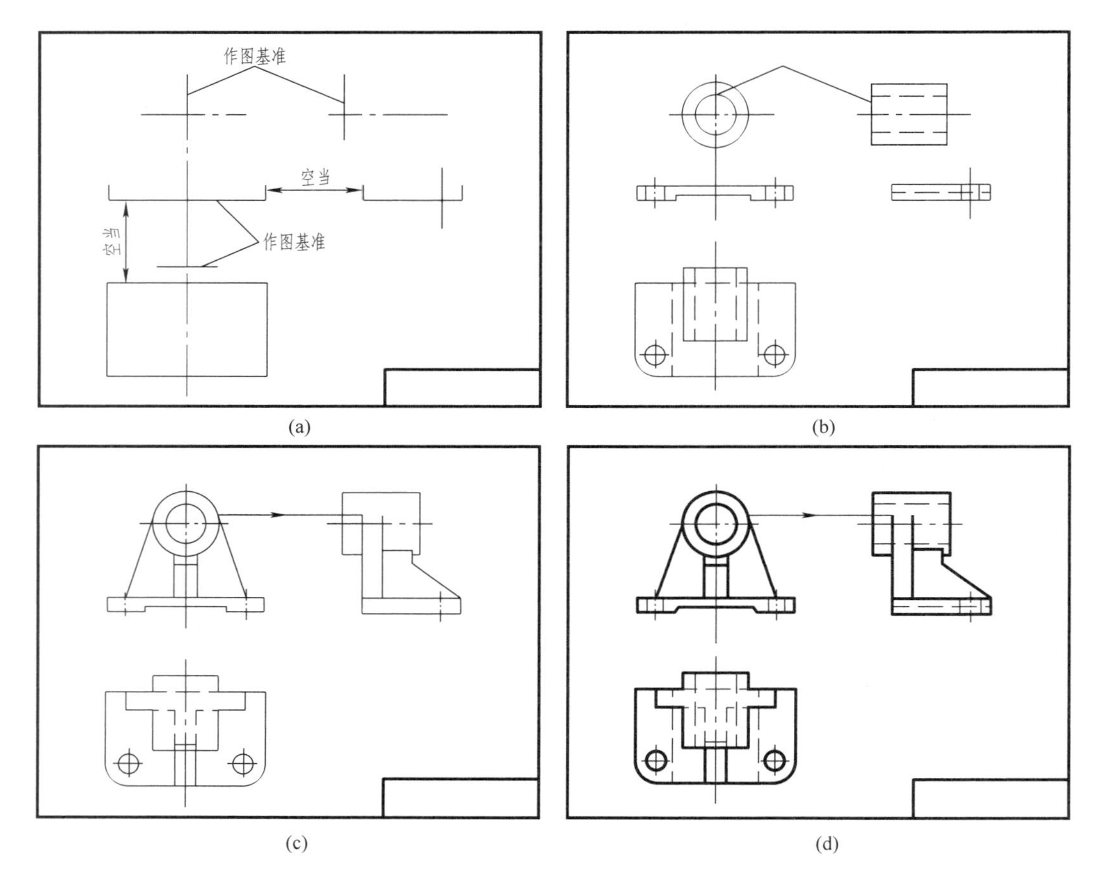

图4-53　综合式组合体的画图方法

(a)定基准　(b)画圆筒、底板　(c)画支撑板　(d)画肋板

5. 画底稿

先画视图的对称中心线、回转轴线和基准线(如底板底面)等。画图时要先画大的、主要的部分,后画小的、次要的部分。对轴承座而言,先画圆筒、底板主要部分,后画支撑板、肋板等次要部分,最后完成细节和补画必要的虚线。画图步骤如图4-53(b)、(c)、(d)所示。

画图时要注意形体间的相互位置,例如,图示立体在长度方向具有公共对称面;支撑板和底板的后面共面;在高度方向上,底板、支撑板和圆筒依次叠加;底板和肋板相交,肋板和圆筒相交等。

支撑板左右侧面和圆筒面相切。画支撑板的水平投影和侧面投影时,要特别注意和正面投影保持正确的投影关系并注意切线在侧面、水平面的投影是否应该画出,还要注意肋板和圆筒交线在左视图投影位置的确定。

切勿画完一个视图后再画另一个视图,这样不仅效率低,而且易出错;,而应将几个视图配合起来一起画。特别是画相贯线、截交线更应如此。这样比较容易保证视图间正确的对应关系和提高画图效率。

6. 检查描深

检查底稿,改正错误、填补遗漏、擦去多余线条后描深。此时要注意保持同类线型的一致性。

4.2.4 组合体的尺寸标注

组合体的尺寸标注一般宜在形体分析的基础上进行,以便确定单个形体所需的定形尺寸和定位尺寸。至于总体尺寸,有时要直接标注,有时则是间接标注。

1. 组合体的尺寸基准

对于有对称平面或对称轴心线的立体而言,基准就是它们,如果立体没有上述几何特征,那就要另选合适的几何要素作基准了。

组合体上的底面、对称面、重要端面、轴心线等几何元素常常被选为尺寸基准。

2. 定位尺寸的标注

组合体在长度、宽度和高度三个方向所选定的尺寸基准中,每个方向可以直接从基准标注一个定位尺寸,或者间接标注一个定位尺寸,即仅标注该立体的一个定位尺寸,例如图4-54(b)所示圆筒轴线在高度方向和宽度方向的定位尺寸都是从尺寸基准直接标注的。

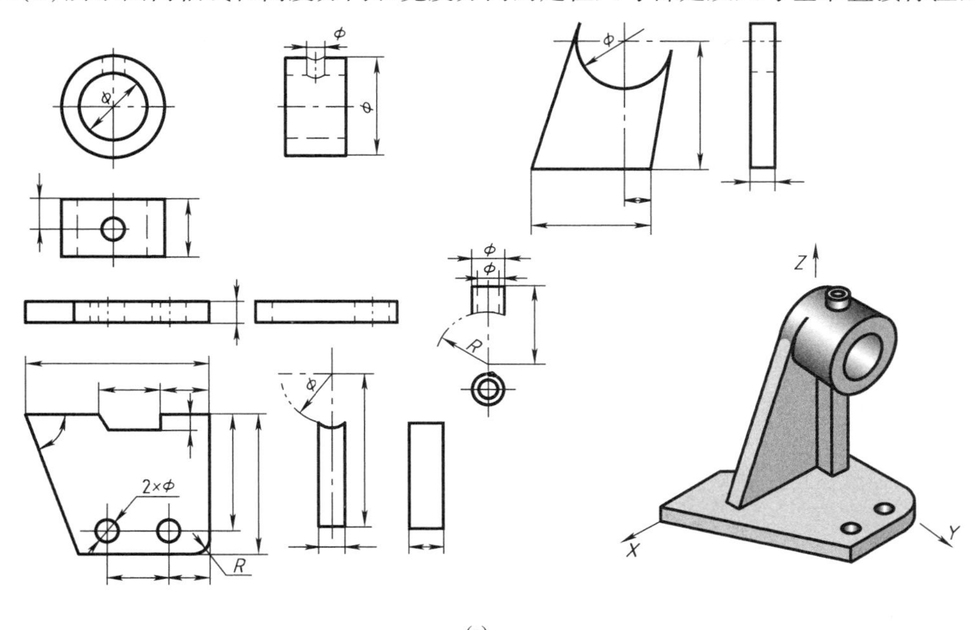

(a)

图4-54 组合体尺寸标注

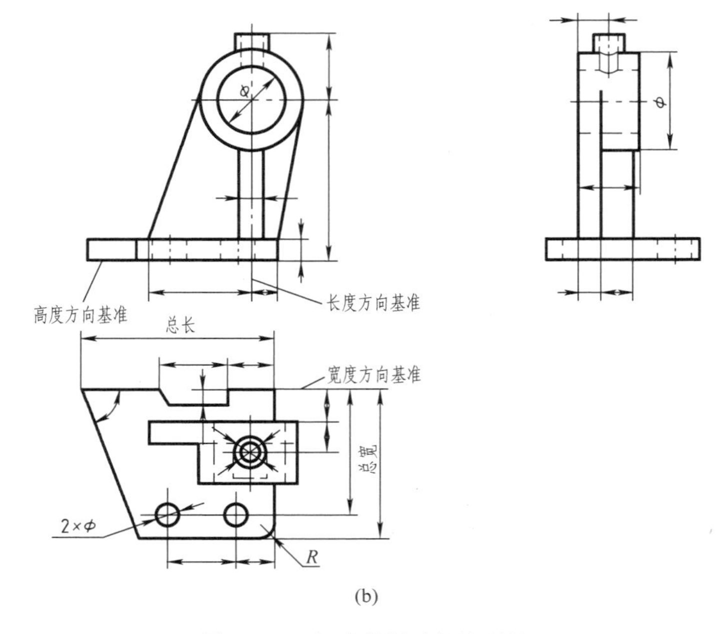

(b)

图 4－54　组合体尺寸标注（续）

（a）各部分的定形尺寸　（b）组合体的尺寸

定位尺寸的标注有特殊情况，形体之间的定位尺寸如有下列情况之一时，一般不必单独标注。

1）共轴的多个回转体，其径向定位尺寸为零，如图 4－55（a）所示。

2）形体间某个方向对齐，该向的定位尺寸为零，如图 4－55（b）所示。

3）形体之间某个方向的定位尺寸和某个形状在同向的定形尺寸重合，如图 4－55（c）中圆筒在高度方向的定位尺寸即与底板的高度尺寸重合。

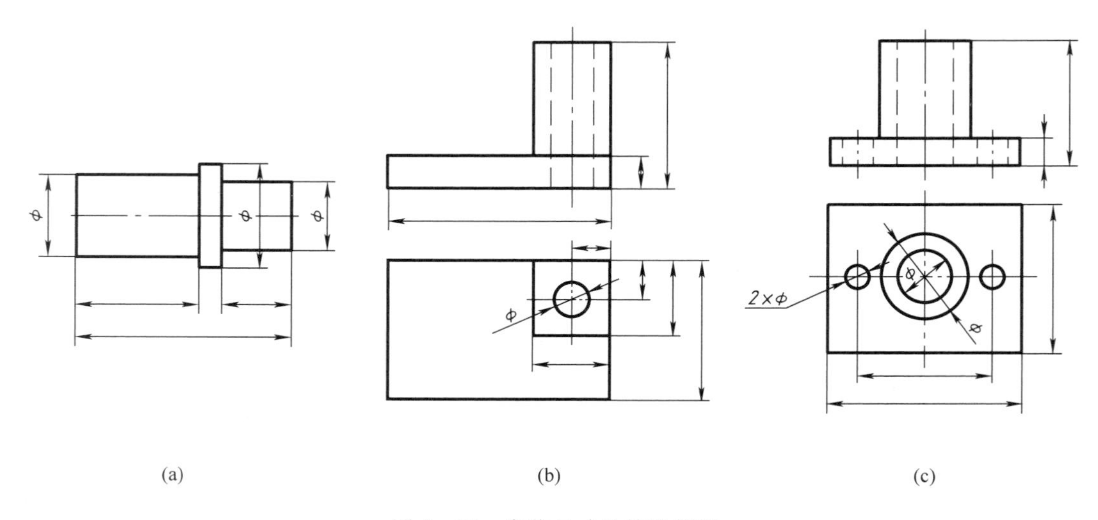

(a)　(b)　(c)

图 4－55　定位尺寸的特殊状况

3. 总体尺寸的标注

总体尺寸有时要直接注出，如图 4－55(a) 中的总长和图 4－55(c) 中的总高。但以下两种情况可以不单独标注。

(1) 某个方向的总体尺寸和某个形体同向的定形尺寸重合，如图 4－55(a) 中的长度方向和宽度方向。

(2) 回转面为某个方向的端部轮廓时，一般不标注该方向的总体尺寸，如图 4－56 所示。

4. 截交体、相贯体的尺寸标注

截交体一般只标注基本体的定形尺寸和截平面的定位尺寸，而不允许直接标注截交线的尺寸，见图 4－57。

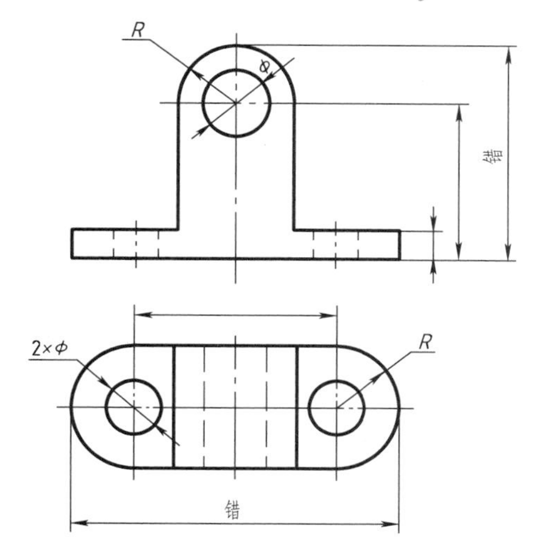

图 4－56 回转面为端部轮廓时不注总体尺寸

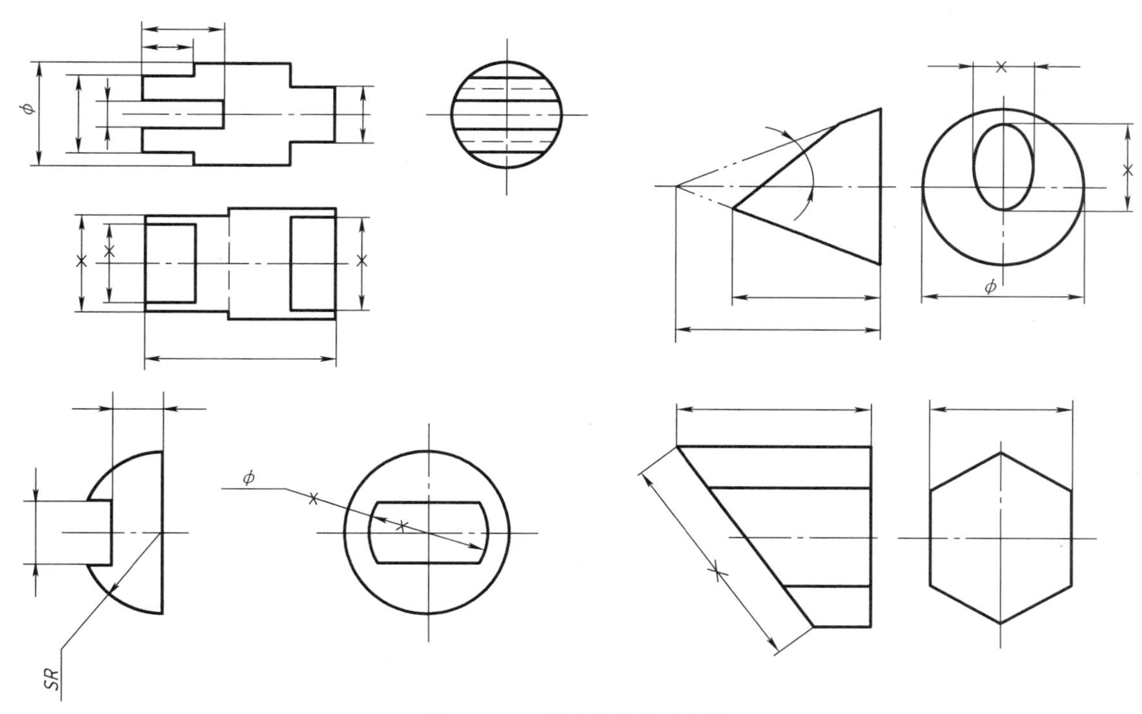

图 4－57 截交体的尺寸标注

两曲面立体相交时，要标注两立体的定形尺寸和相对位置尺寸，而不允许直接标注相贯线的尺寸，见图 4－58。

截交体、相贯体的尺寸标注可以概括为：只标注产生截交线、相贯线的原因尺寸，不允许直接标注截交线、相贯线的尺寸。

4.2.5 组合体的读图方法

读图是画图的逆过程，画图是利用正投影规律将空间立体画成视图，以表达立体的形状，画图是由空间到平面，由三维到二维；读图则是由平面回到空间，由二维到三维。

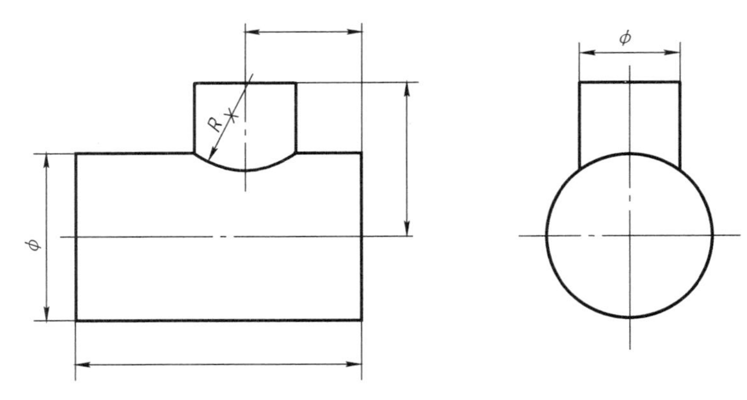

图 4－58　相贯体的尺寸标注

1. 叠加式组合体的读图方法

例 4－22　读轴承座的三视图，见图 4－59。

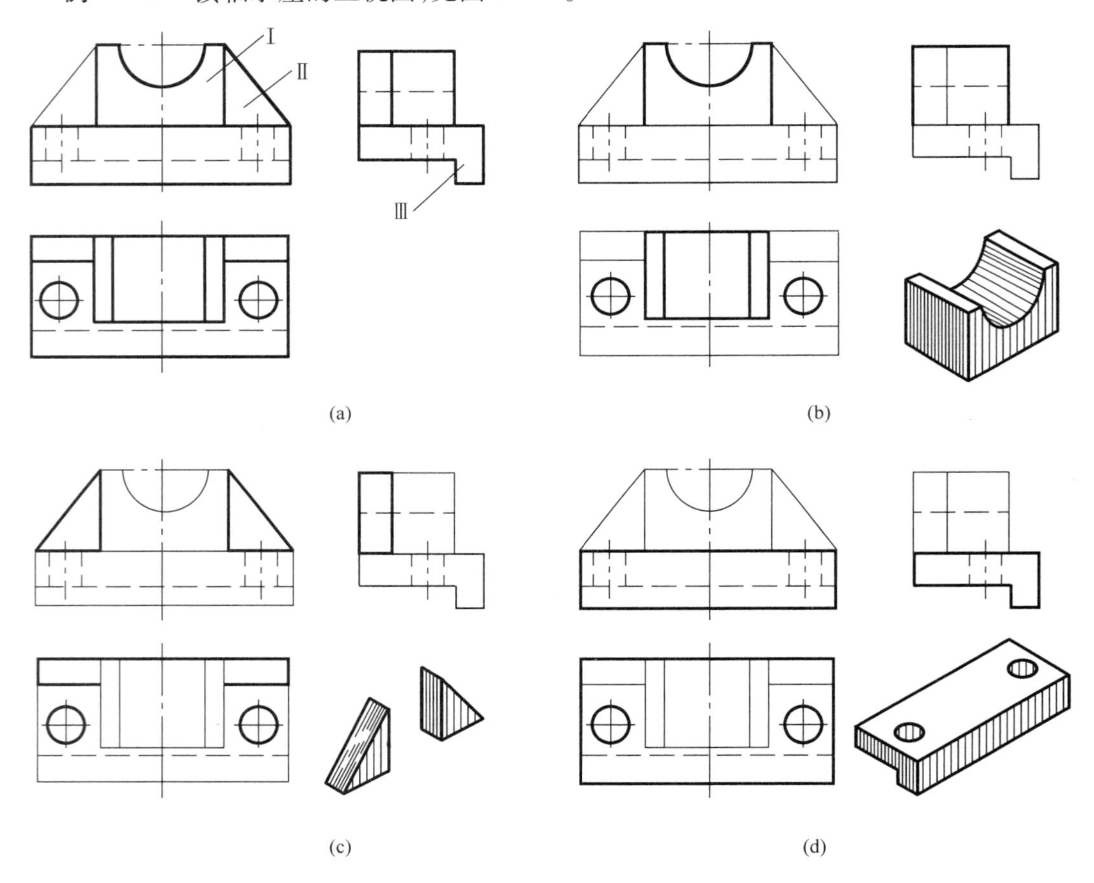

图 4－59　轴承座的形体分析

(a)三视图　(b)轴承座的三视图　(c)肋板的三视图　(d)支撑板的三视图

(1)首先把立体合理地分成几部分

根据轴承座的三视图所反映出的形状，将其分成轴承Ⅰ、肋板Ⅱ和支撑板Ⅲ，见图

4－59(a)。

(2)认识视图抓特征

特征视图包括形状特征视图和位置特征视图。

1)形状特征视图。图4－60(a)所示的三视图,如果仅看主视图、左视图就不能确定它的形状,如果看了主视图、俯视图就能够确定,俯视图即为它的形状特征视图。请读者自己找出图4－60(b)、(c)所示形状的特征视图。

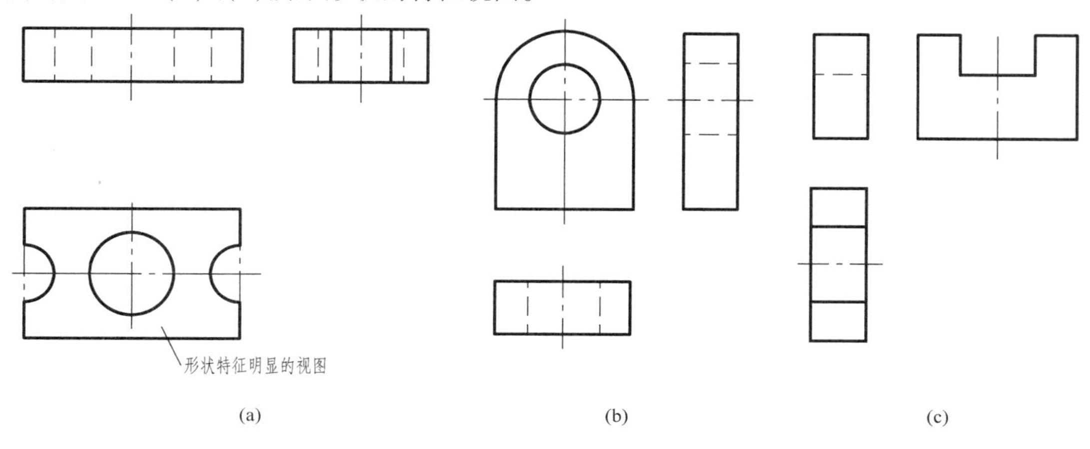

图4－60 形状特征视图

2)位置特征视图。见图4－61(a),如果只看主、俯视图,立体上Ⅰ、Ⅱ两处形体哪处凸出、哪处是空的就不能确定。因为,这两个图既可以表示图4－61(b)的形状,也可以表示图4－61(c)的形状。但如果将主、左视图配合起来看,则不仅清楚地表示了立体的形状,而且Ⅰ、Ⅱ两处前者凸出,后者是空槽的状况也确定了,只能是图4－61(c)所示的状况。显然,左视图是反映该立体各组成部分间相对位置特征的视图。

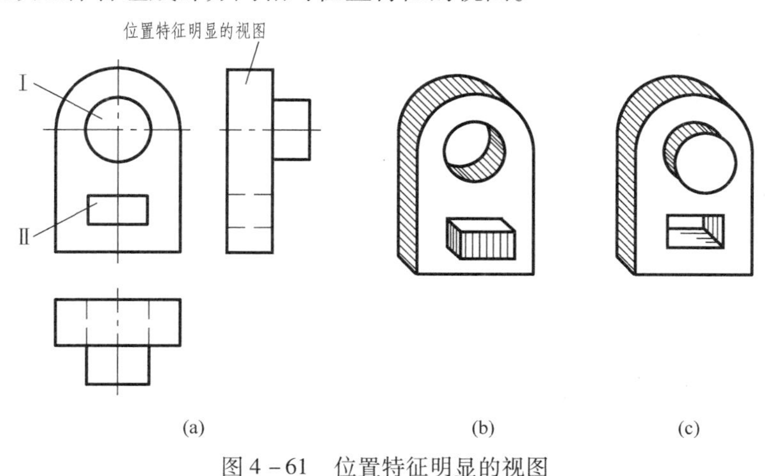

图4－61 位置特征明显的视图

这里要特别注意,立体上每一组成部分的形状、位置特征,并非都全部集中在某一个视图上。如图4－62所示,形体Ⅰ的形状特征及Ⅰ、Ⅱ两形体间的位置特征反映在主视图上,而形体Ⅲ的形状特征及Ⅱ、Ⅲ两形体间的位置特征则反映在左视图上。因此,在寻找特征性视图时,不要只关注某一个视图,而是不论哪个视图,只要其形状、位置特征明显,就应从那个视图入手，把立体的该部分很快地“分离”出来，以提高读图的速度。

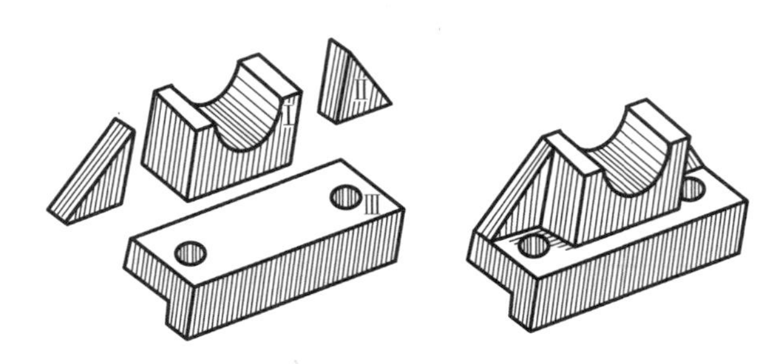

图 4－62　立体各组成部分特征明显的视图

(3)分析视图对投影

见图 4－59，首先找出形体Ⅰ的特征性视图，即主视图，然后用对线条、找投影的方法，找出其在俯视图、左视图的投影，想象出它的空间形状，见图 4－59(b)；再用同样方法找出形体Ⅱ的特征性视图主视图，并找出其在俯视图和左视图的投影，想象出它的空间形状，见图 4－59(c)；最后找出形体Ⅲ的特征性视图左视图，用对线条、找投影的方法找出其在主视图、俯视图上的投影，想象出空间形状，见图 4－59(d)。

(4)综合起来想整体

轴承座的位置特征从主、俯两个视图上可以清楚地表示出来。上部是挖去一个半圆槽的长方体Ⅰ叠加在底板Ⅲ的上面，位置在中间靠后，它的后面与底板后面平齐；三棱柱肋板Ⅱ对称配置于长方体的左、右两侧，且与其相接，后面平齐；底板Ⅲ是前面带直角有弯边的四方形，上面有两个对称的小通孔，见图 4－63。

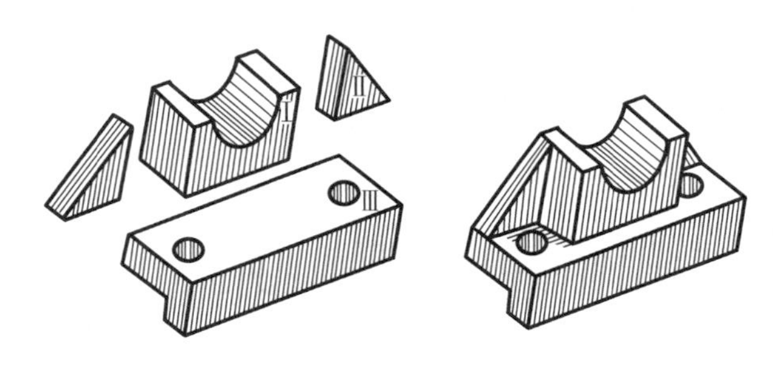

图 4－63　轴承座及其分离立体的轴测图及三视图

2. 切割式组合体的读图方法

例 4－23　读压块的三视图，见图 4－64。

(1)认识视图抓特征

这里所说的抓特征，是指抓立体上各被切表面的空间位置的特征。从主视图看，压块左上方被一个垂直于 V 面的平面所切；从俯视图左部看，它被两个垂直于 H 面的平面所切；从左视图看，压块的前面和后面各被切去一块，它们分别被用平行于 H 面、平行于 V 面的平面所切。

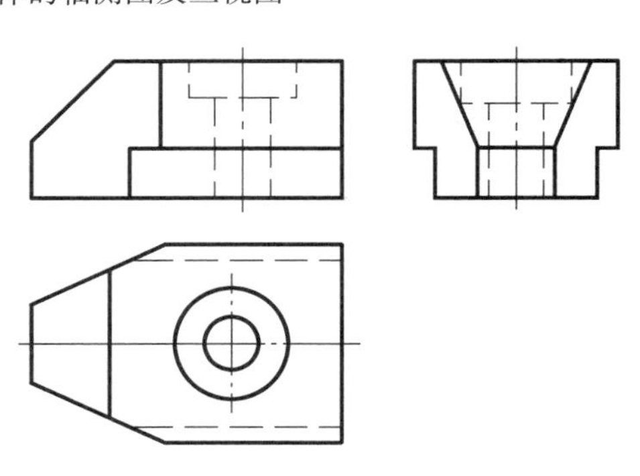
图 4－64　压块的三视图

在压块的上方有一个阶梯孔。总之，压块的基本形状是个长方体，它的形状是由七个平面被切割后，再挖除一个阶梯孔后形成的。

（2）分析视图对投影

即在读图时采用“对线条，找投影”的方法，确定切割立体各表面的位置、形状，据此想象出立体空间形状。当被切面垂直于某一投影面时，一般应先从该平面投影积聚为斜线的视图出发，再从其他视图上找出其对应的“线框”，进而弄清其形状和位置。

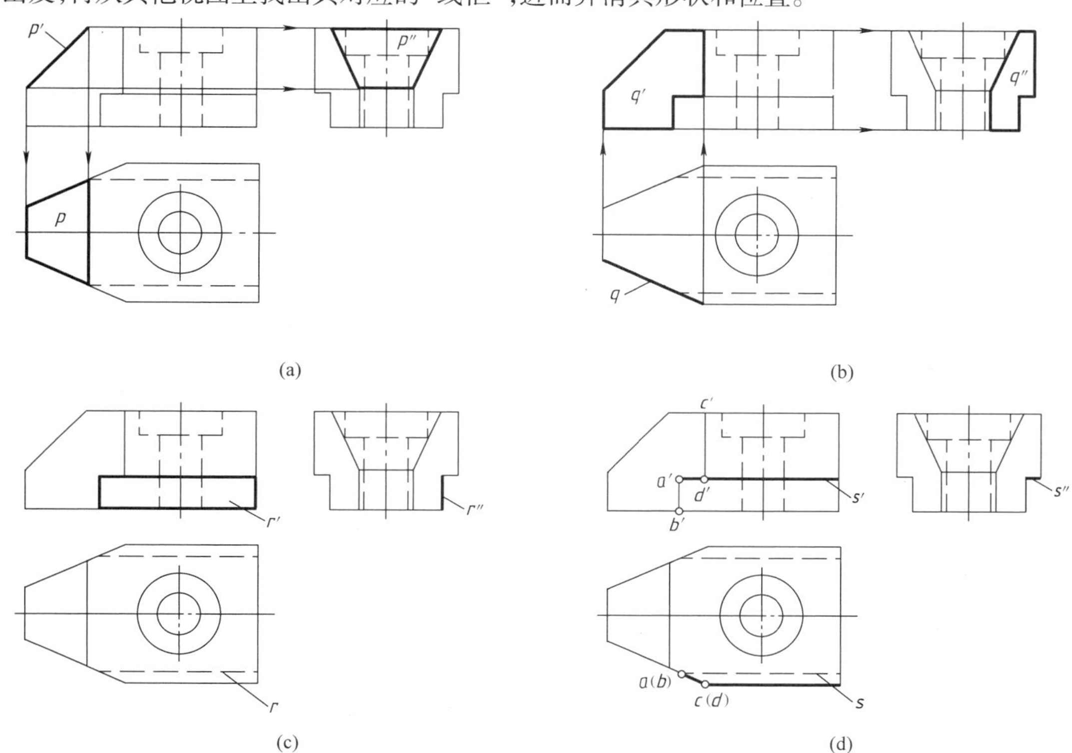

图 4－65　压块的读图方法

对压块而言，应先从主视图中的斜线出发，在俯视图和左视图中找出与它所对应的梯形线框，可以确定它是一个垂直于 V 面、倾斜于 H 面和 W 面的平面；再从俯视图中的斜线出发，在主、左视图上分别找出与它对应的投影 q'、q''，是缩小了的七边形，因而可知 q 面是垂直于水平面而倾斜于正面与侧面的七边形，见图 4－65（b）。

当被切面平行于某一面投影面时，一般也应先从该平面投影积聚成平直线的视图出发，然后在其他两视图上找出对应的投影，一个是平直虚线，一个是反映该平面实形的封闭线框。压块前下方和后下方各被切除一块，见图 4－65（d）。

（3）线、面分析攻难点

有些比较难读懂的图，要用线、面分析法解决。如图 4－66 所示的三视图中的三角形 ABC 比较难懂，若用线面分析法就比较容易读懂。将各点标注字母（如图中的 a、a'、a''；b、b'、b''；c、c'、c''），两点确定一条线，然后用“对线条，找投影”的方法确定每条线的空间位置，再确定平面的空间位置。可知 AB、BC、AC 都是平行于某一投影面的直线，由它们围成的三角形 ABC 和三个投影面倾斜。

(4)综合起来想整体

在读懂压块各表面的空间位置与形状后,还必须根据视图搞清面与面间的相对位置,进而综合想象出压块的整体形状。图 4－67 是压块的立体图,对照一下,与你的分析及想象是否一致。

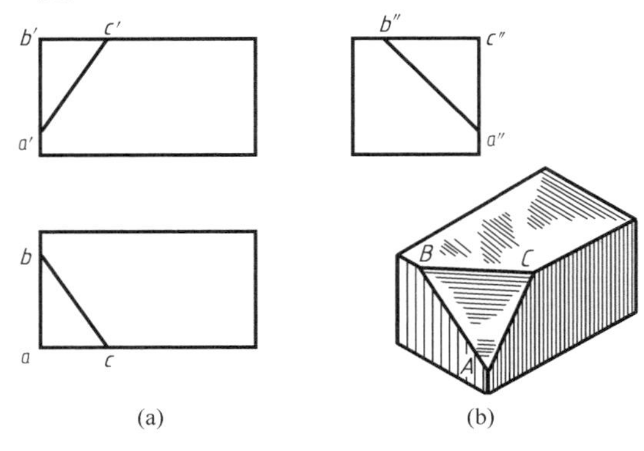

(a) (b)

图 4－66 用线、面分析法读图

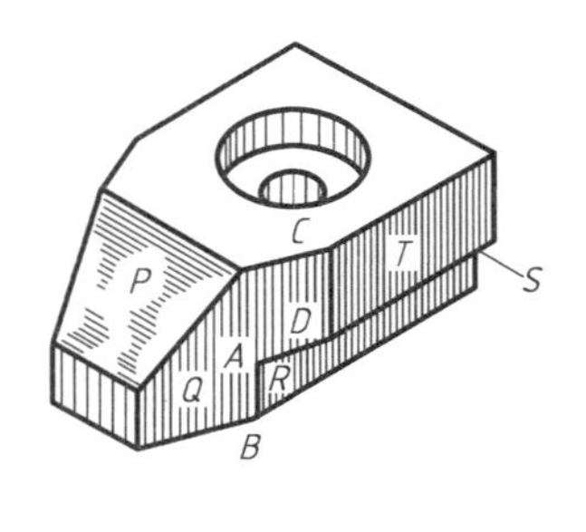

图 4－67 压块轴测图

应当指出,在上述读图过程中,没有利用尺寸来帮忙。视图中标注的尺寸往往能帮助我们分析立体的形状。

【综合举例】 下面所选的例题,只作简述,读者可自行详细分析。

例 4－24 读支座的三视图,见图 4－68(a)。

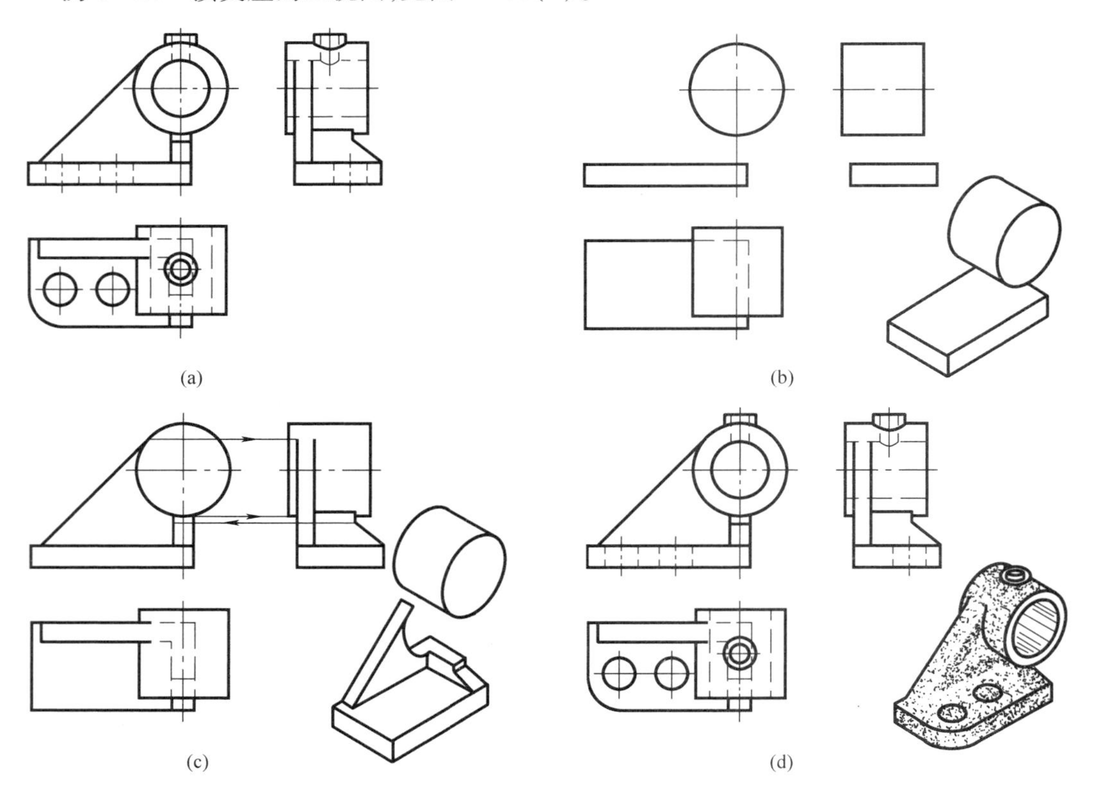

(a) (b) (c) (d)

图 4－68 读支座的三视图

分析:通过对支座三视图的形体分析,可知支座由底板、圆筒、支撑板和肋板叠加而成,见图4－68(b)、(c)。它们的相对位置在主、左两视图上反映得很清楚。支撑板和圆筒相切,肋板分别和底板、圆筒相交。读图时,应该注意相切处、相交处的投影,底板的结构在俯视图上反映得很清楚,最后综合起来就会想象出图4－68(d)所示的形状了。

例4－25 读支架的三视图,见图4－69。读图步骤见图4－69(b)、(c)、(d)。

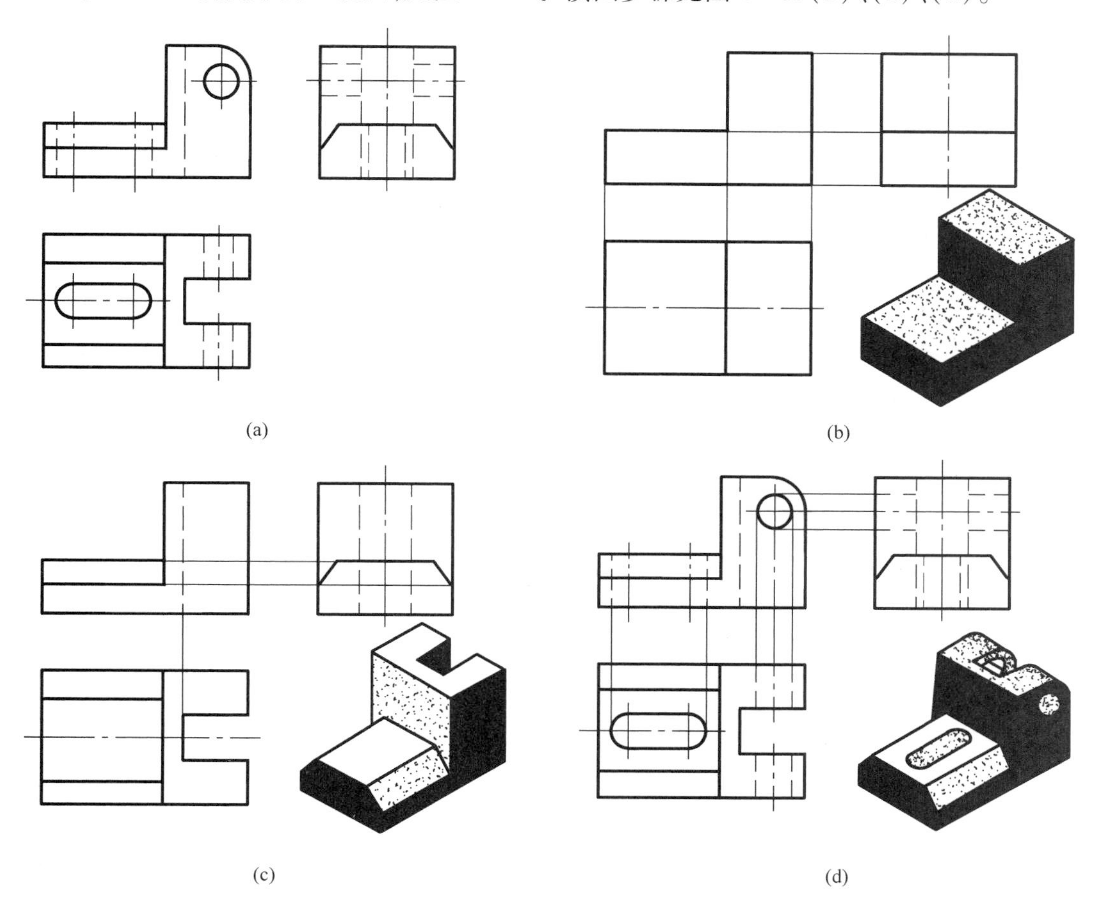

图4－69 读支架的三视图

例4－26 由三视图寻找对应的轴测图,见图4－70。把答案填写到圆圈内。

例4－27 已知主、俯视图补画左视图,见图4－71。

分析:根据已知的两视图,用形体分析法,可将其分解为1′、2′、3′三个形体,见图4－69(b)。然后逐个补画出每个形体的左视图:画底板1′,见图(b);画竖板2′,见图(c);半圆头棱柱体3′,见图(d);挖个长方凹槽,见图(e);挖个通孔,见图(f)。补图时,必须分清各形体间的相对位置,应用"三等"投影关系作图。最后经仔细检查,确认无误后按线型标准描深。

例4－28 已知主、俯视图,补画左视图,见图4－72。

分析:根据主、俯视图的外形线框均为长方形,可判断出此立体的基本体为长方体。从主视图中的线框1′和2′出发,在俯视图中找不出和它们对应的"线框",因此可以判定Ⅰ、Ⅱ面是正平面。那么,究竟哪个面在前、哪个面在后呢?前、后位置在俯视图上可以判断出来。

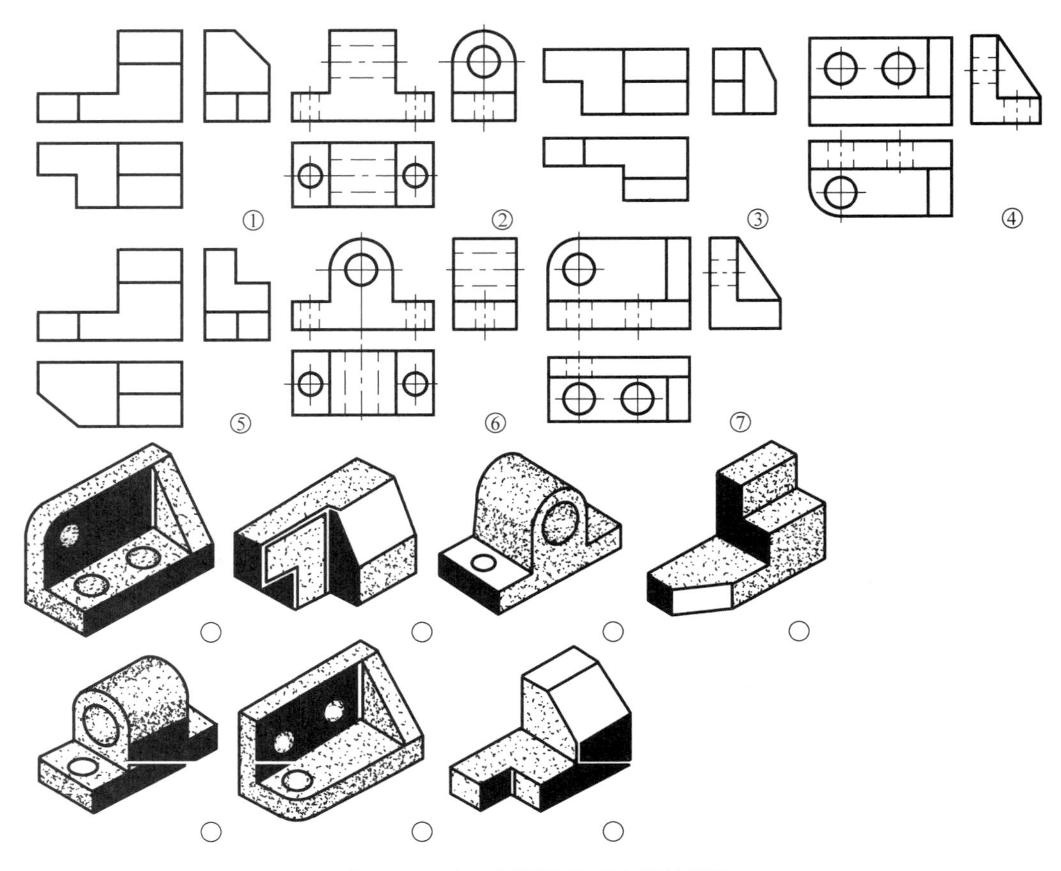

图 4－70　由三视图寻找对应的轴测图

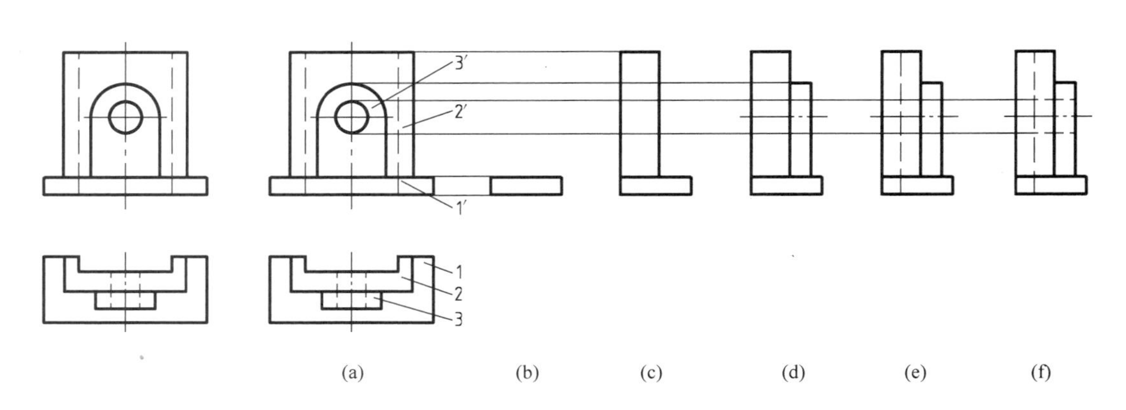

图 4－71　已知两面视图补画第三面视图

俯视图也有两个线框,分别表示上、下两个不同位置平面的投影。

假设Ⅰ面在前、Ⅱ面在后;Ⅰ面在上(凸出),Ⅱ面在下(凹下),俯视图的形状见图 4－72(b),如果如此,那么俯视图中的直线 2 该是虚线,这与已知条件不符合。

再假设Ⅰ面在后、Ⅱ面在前;Ⅰ面凹下,Ⅱ面凸起,其形状见图 4－72(a),这种假设符合已知条件。通过分析,想出了立体的正确形状,然后应用“三等”关系补画左视图,如图 4－72(c)所示。

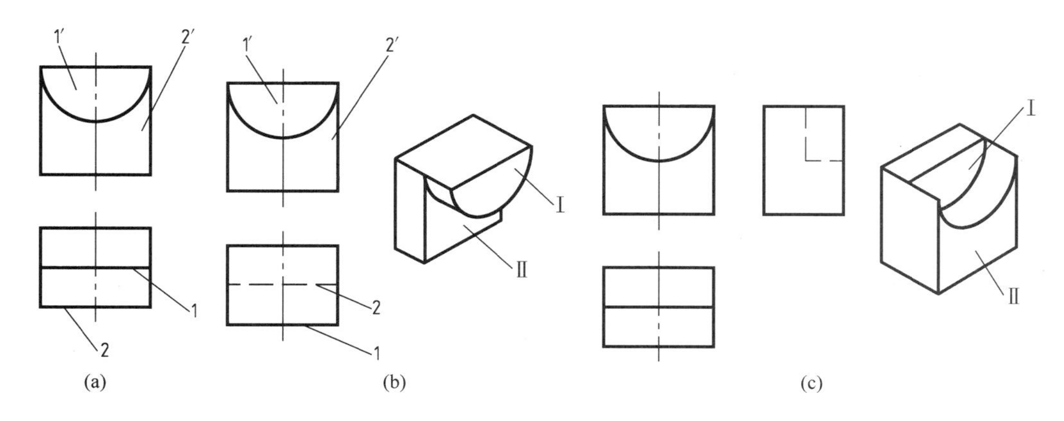

图 4－72 补画左视图

例 4－29 补画视图中的缺线，见图 4－73。补画过程见图 4－73(b)、(c)、(d)。

补缺线是练习读图的有效方法，它是利用“形体分析法”、“线面分析法”读懂立体的形状，把视图中漏画的线条补画出来的方法。当然，在许多情况下亦可“边补边想，边想边补”，以至补画出正确的视图。

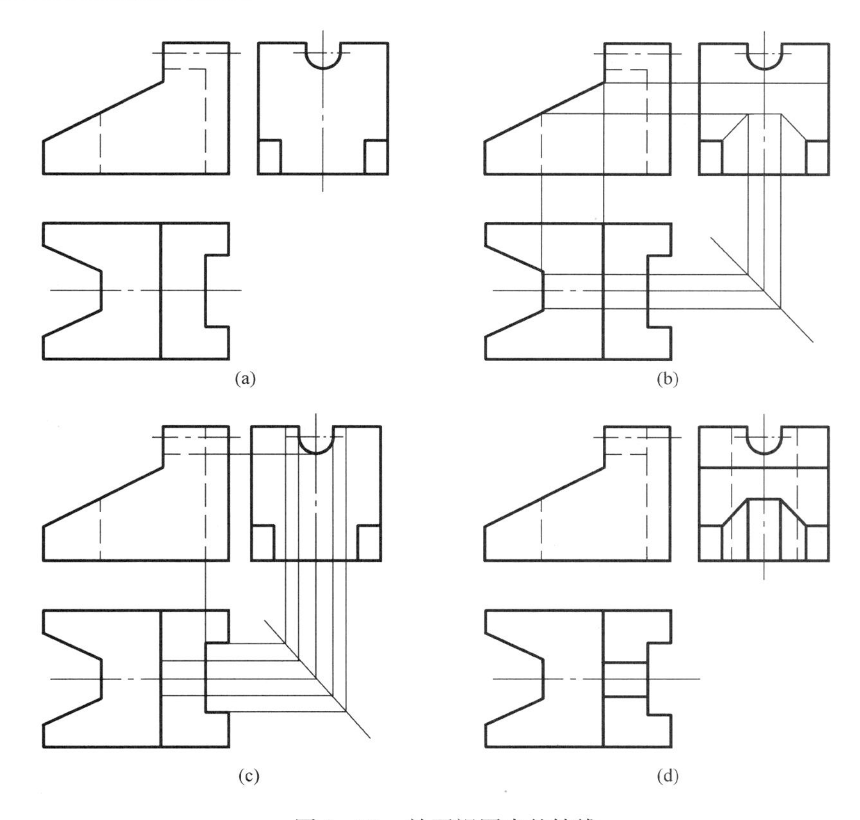

图 4－73 补画视图中的缺线

参加生产实践，并注意在实践中多观察、多分析零件，是提高画图、读图能力的有效途径。有时在看某图样时，往往产生似曾相识的感觉，这就是你曾看到过的零件在脑海里的反映。脑海里“装”的零件越多，一般来说就越能增强空间思维和想象能力。零件上的倒角、退刀槽等结构，都是很常见的，一看便知，就用不着再作投影分析了，见图4－74。

通过作业练习，逐步做到熟练掌握用形体分析法读组合体的视图，遇到难读懂的部分时可应用线、面分析法攻难点。

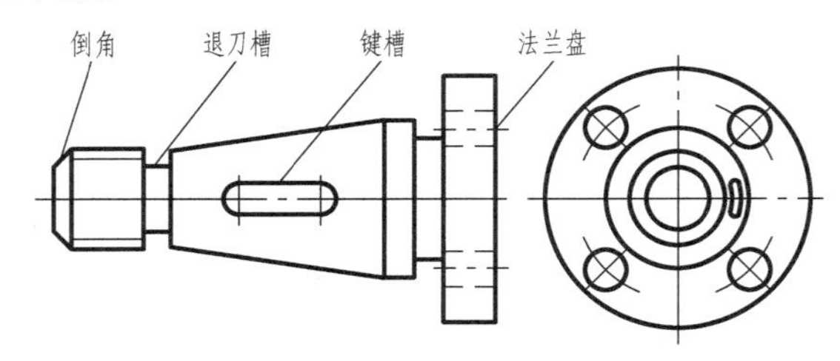

图4－74　零件上的常见结构

模块五　零件的视图表达方法

学习目标

1. 牢固掌握零件的外部形状、内部形状、断面形状和其他各种表达方法；
2. 能合理选择、应用零件的各种表达方法；
3. 掌握第一角投影和第三角投影的关系，并能完成它们之间的相互转换；
4. 通过本模块的学习，让学生理解“一把钥匙开一把锁”的道理。

教学提示

1. 地位作用　要想正确表达零件的形状，就必须掌握零件的视图表达方法，并能根据零件的具体形状，合理地选择、应用这些方法，其地位之重要性可想而知。

2. 物资材料　全剖视、半剖视、局部剖视、零件的断面以及其他表达方法的模型、相关课件。

3. 教法提示　学习上述表达方法时不要机械介绍，而要以实际零件需要的表达为导向，牵引出各种表达方法，即让学生带着问题学习。

零件形状的表达方法包括：

外部形状的表达方法——六面基本视图、向视图、斜视图、局部视图；

内部形状的表达方法——剖视图，包括全剖视图、半剖视图、局部剖视图；

断面形状的表达方法——断面图，包括移出断面和重合断面。

此外还有简化画法、局部放大和规定画法等。

5.1　零件外部形状的表达方法

5.1.1　六面基本视图与向视图

1. 六面基本视图

形状简单的零件，一般有两个或三个视图就能清楚地表达出它的形状，如果标注尺寸，有些零件甚至用一个视图就可以表达清楚了，例如圆柱体、圆锥体等。形状复杂的零件，如果用三个视图仍不能得到完整、清楚的表达时（即零件形状用实线表达，尽量不要出现虚线），可以用四面、五面、甚至六面基本视图来表达。

（1）六面基本视图的形成

当零件形状比较复杂时，可根据需要，在三面投影体系的基础上，再增设三个互相垂直的投影面，形成六个基本投影面，这六个面好似一个透明的“箱子”的六面。画图时，将零件放入“箱”中，如图 5－1 所示，画出零件在六个基本投影面上的投影，得到的六面视图就叫六面基本视图。

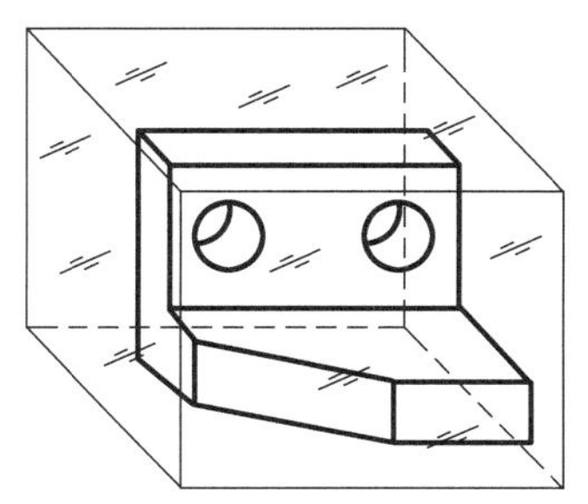
图 5－1　零件在“箱”中

（2）六面基本视图的展开

展开时主视图所在的投影面（V 面）保持不动，其他投影面如图 5－2所示那样旋转到与 V 面共面。六个基本视图中，除了已学习过的主、俯、左三个视图外，新增加了右视图（从立体右方向左方投射）、仰视图（从立体下方向上方投射）、后视图（从立体后方向前方投射）。

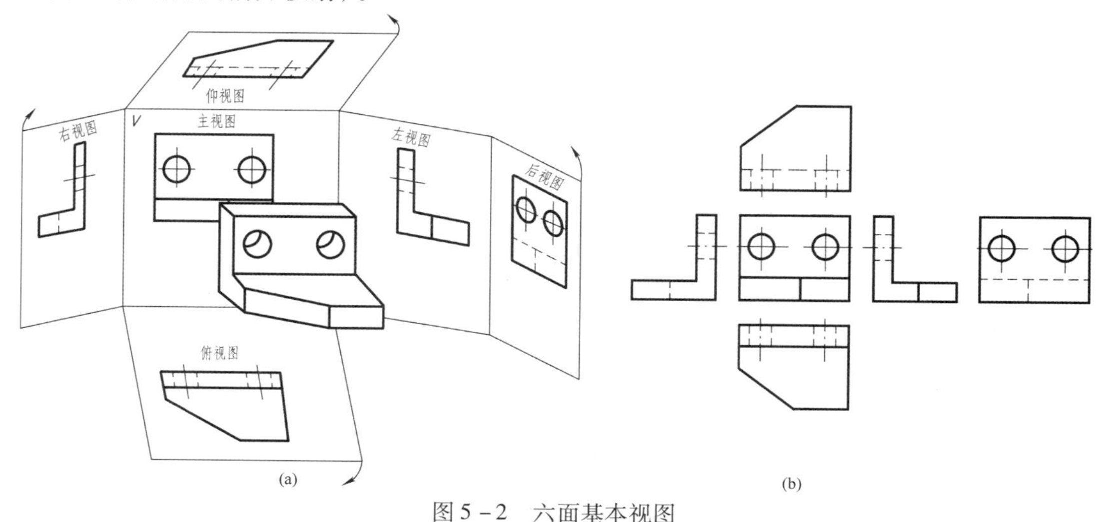

图 5－2　六面基本视图

（a）六面基本视图的展开　（b）六面基本视图的位置关系

例 5－1　分析图 5－3 所示零件需要几个基本视图表达。

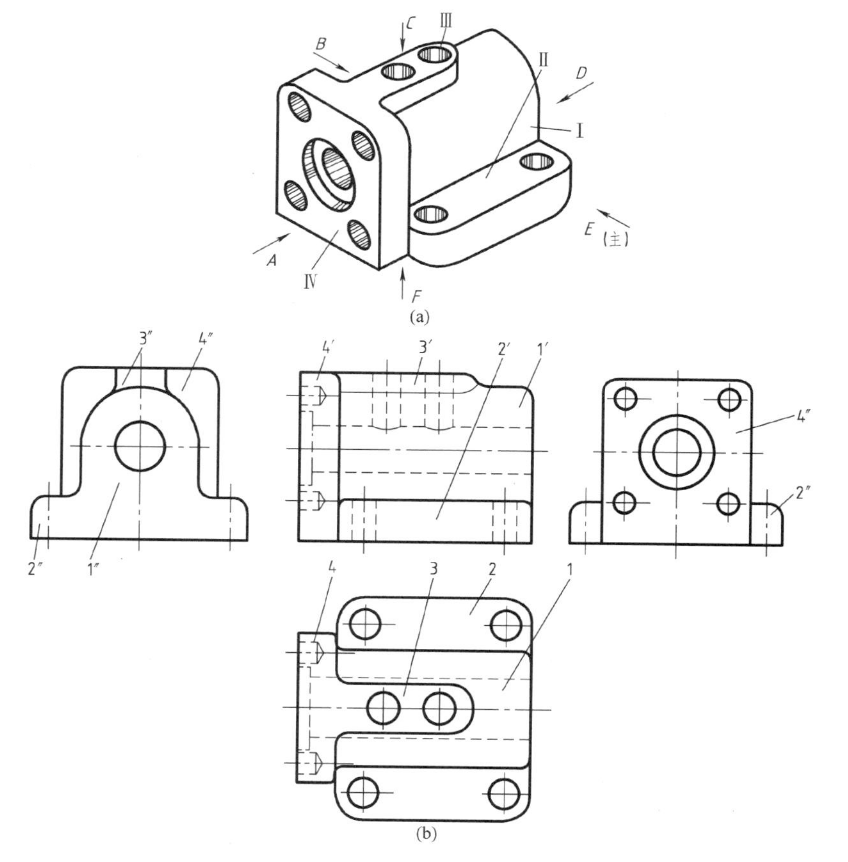

图 5－3　视图数量与其结构形状的关系

分析形体，确定视图数量。该零件由四部分组成：Ⅰ—壳体，上圆下方；Ⅱ—底板，由前后两块带有圆角的长方体组成，其上各有两个通孔；Ⅲ—凸台，U字形，其上有两个与壳体内孔相通的小孔；Ⅳ—正方板，其上有四个不通孔。E 向是主视图的投影方向，因为主视图表达了零件的形状与位置特征。俯视图和左视图是必须具备的，没有右视图，零件的形状虽然能完整地表达出来，但左视图上要增添许多虚线，造成视图不清晰，画图读图都比较麻烦，所以要用右视图（D 向视图）表达壳体右面的形状。即该零件需用主、俯、左、右四个基本视图表达。

例5－2 分析图5－4所示零件需要几个基本视图表达。

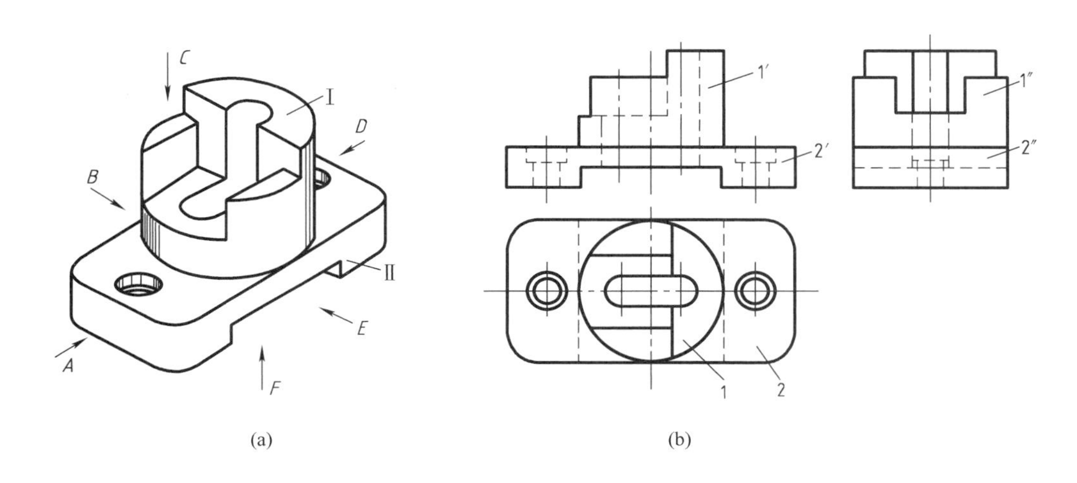

(a) (b)

图5－4 视图数量与机件结构

分析形体，它由两部分叠加而成：Ⅰ—圆柱体，其上有一个上下通透的“腰形”孔，从圆柱体的上面起，在一个较小的高度上除掉其1/2，形成了台阶，还在其上挖出一个较深的槽；Ⅱ—底板，它的形状是四角都是圆角的长方体，中间挖一个通槽，左、右各有一个沉孔。选 E 向作为主视图的投影方向，俯视图是必要的，为了清晰地表达出台阶和槽的形状和位置，添加了一个左视图。即该零件需用主、俯、左三个基本视图表达，见图5－4。

2. 向视图

(1)概念

基本视图自由排列时就叫向视图。图5－5中的(c)、(d)、(e)、(f)、(g)所示的视图都是向视图。

(2)标注

在向视图上方用大写拉丁字母表示向视图的名称，例如 A、B 等，并在相应视图的附近用带箭头的大写字母指明投射方向。在图5－5中，图(a)是零件的立体图，图(b)是该零件的主视图，此图不需要标注，在主视图四周标注有带箭头的字母，表示各个向视图的投影方向和名称。向视图 A 是俯视图，向视图 B 是仰视图，向视图 C 是左视图，而视图 D 是右视图，向视图 E 是后视图。

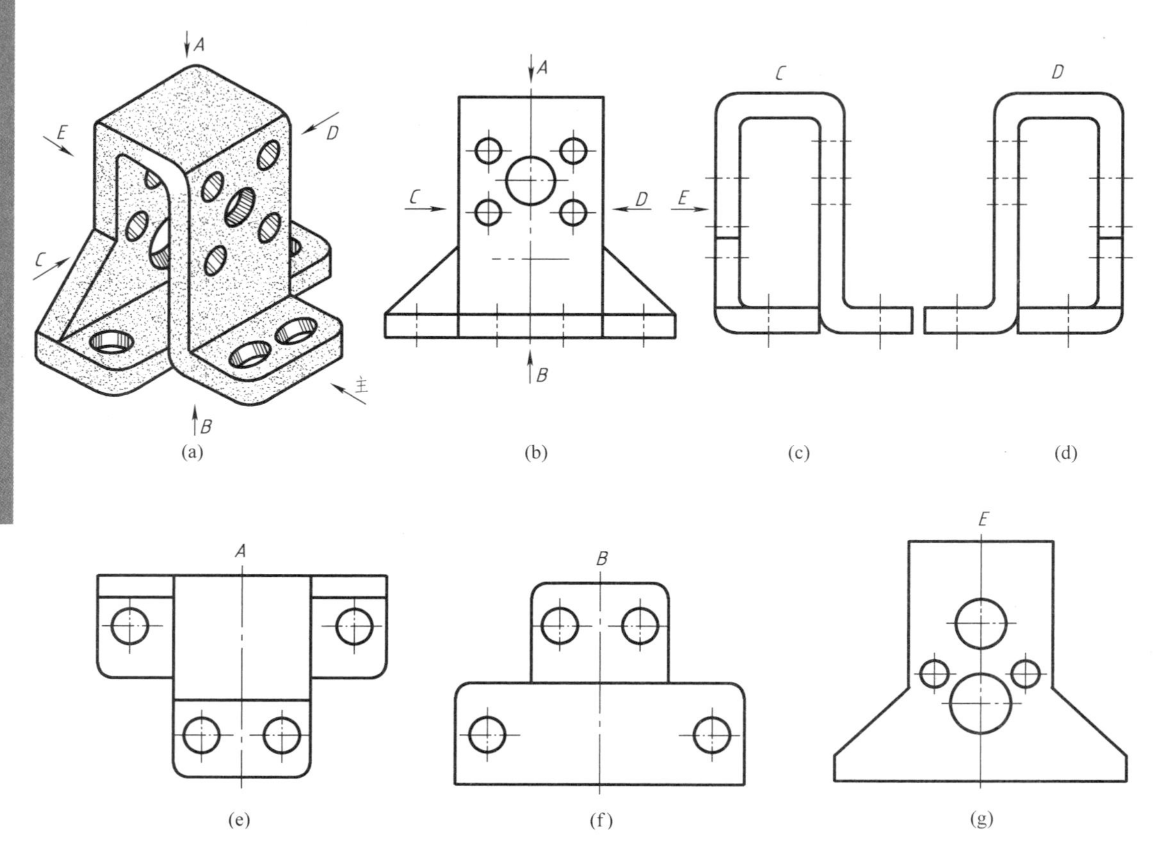

图 5-5　向视图及其标注

5.1.2　斜视图、局部视图

1. 斜视图

(1)概念

如果零件的某一部分与基本投影面倾斜,那么,该零件的这一部分在基本投影面上的投影就不能表达它的实形,这样既不能在该图上标注尺寸,也给画图和读图带来了诸多不便。例如图 5-6 所示摇杆左半部分的状况就是如此。这时可增设一辅助投影面,新设立的辅助投影面要与零件倾斜部分的主要轮廓或轴线平行(图 5-6 中的辅助投影面与摇杆左侧圆筒的端面平行),并垂直于某一基本投影面,然后将零件的倾斜部分投射到辅助投影面上,在辅助投影面上的视图叫斜视图,图 5-6 中的 A 向视图就是斜视图。

(2)画斜视图时的注意事项

1)标注。在斜视图的上方要用大写字母表示斜视图的名称,在适当位置用带箭头的大写字母指明投影方向。不管斜视图如何排列,字母一律水平书写。

2)视图位置。斜视图最好按投影关系配置,如图 5-6 中的斜视图 A;也允许将其转正后平移到图纸的合适位置,如图 5-6 转正后的斜视图 A,转正后的斜视图上方除标注相应大写拉丁字母外还要画旋转符号。

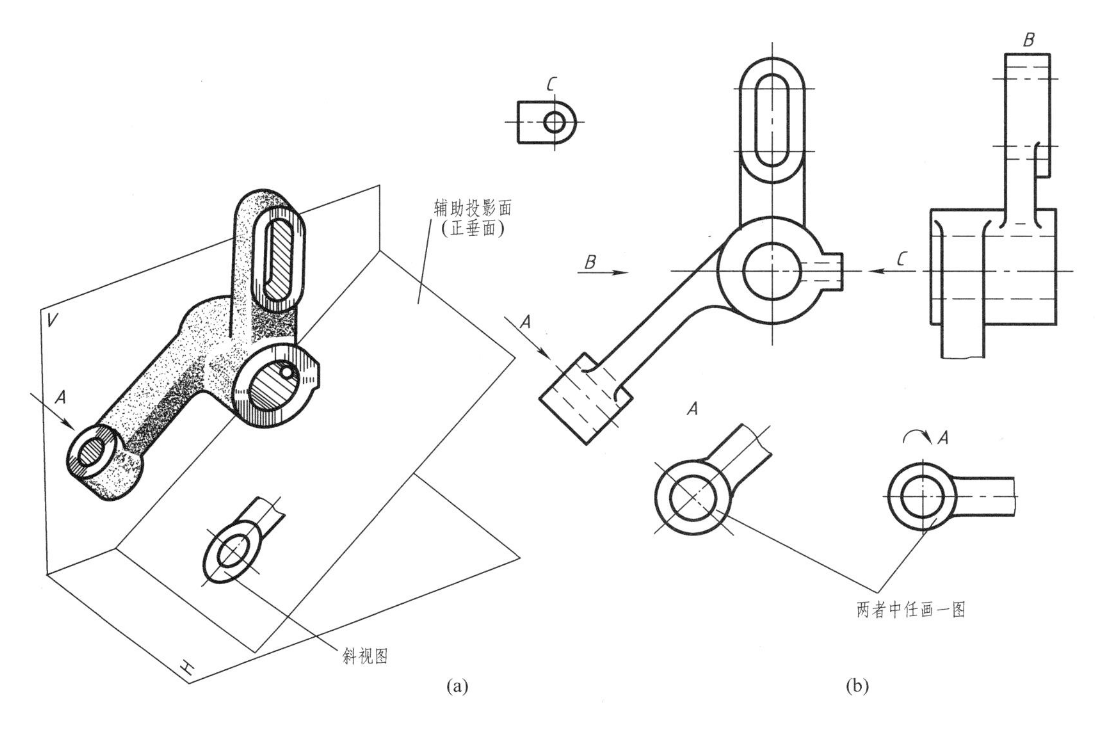

图 5－6　摇杆的斜视图和局部视图

3)省略。斜视图只要求画出零件倾斜部分的形状结构,对超出表达意图范围的部分可用波浪线或双折线将其省略,如图 5－6 中的斜视图 A。如果斜视图所表达的结构要素具有封闭的外形轮廓,可省略波浪线或双折线,如图 5－7 中的斜视图 C。

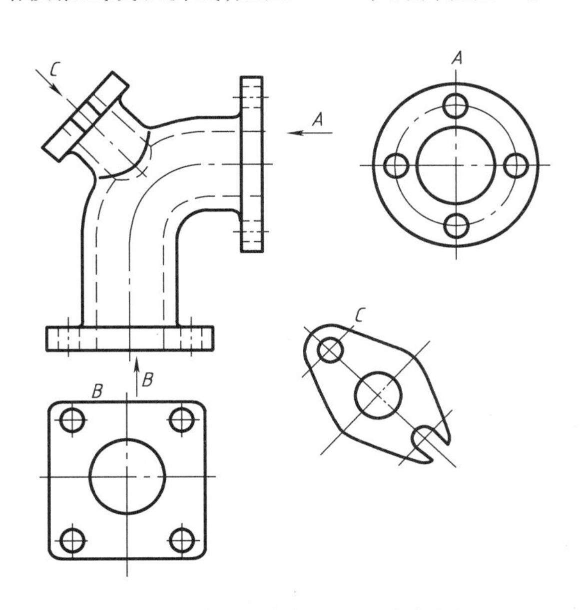

图 5－7　弯头的斜视图和局部视图

2. 局部视图

(1)概念

将零件的某一部分投射到某一基本投影面上而得到的视图叫局部视图。它是基本视图的一部分。其目的是为了简洁、清晰地表达零件在已有基本视图上没有表达清楚的那部分结构。例如图5-8所示的零件，当有了主视图和俯视图之后，仅有右上角的槽和左面腰形法兰盘的形状没有表达出来，为表达它们，当然可以分别用右视图和左视图，但其他部分就重复表达了，而且重点不突出。

(2)局部视图的标注

局部视图上方要用大写字母标注它的名称；在相应视图附近要用带箭头的大写指明投影方向，见图5-8的A向视图，箭头指向要垂直于表达部位基本投影面。当局部视图按投影关系关系配置、中间又没有其他视图隔开时可不加标注，见图5-8中腰形法兰盘的局部视图。

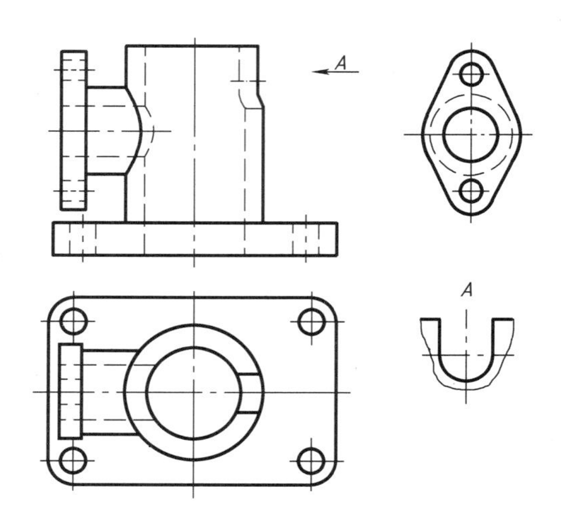

图5-8　局部视图

(3)省略

局部视图是为了表达零件在基本视图中没有表达清楚的局部结构形状而设立的，对于超出表达意图范围的部分可用波浪线或双折线省略，见图5-8中的A向局部视图。如果局部视图所表达的局部结构具有封闭的轮廓，可省略波浪线或双折线，见图5-8中右上角的局部视图。

5.2　零件内部形状的表达方法

5.2.1　剖视图的基本知识

1. 概念

当需要表达零件的内部形状时，(内部虚线使断层不清晰)假想用剖切平面将零件剖开，拿走前面部分，画出留下部分的投影，并在切口上画出剖面符号，这样的视图叫剖视图。

2. 形成

如图5－9(b)所示的零件,由于它的主视图上有许多虚线,所以要采用剖视图表示,剖视图是怎样形成的呢?

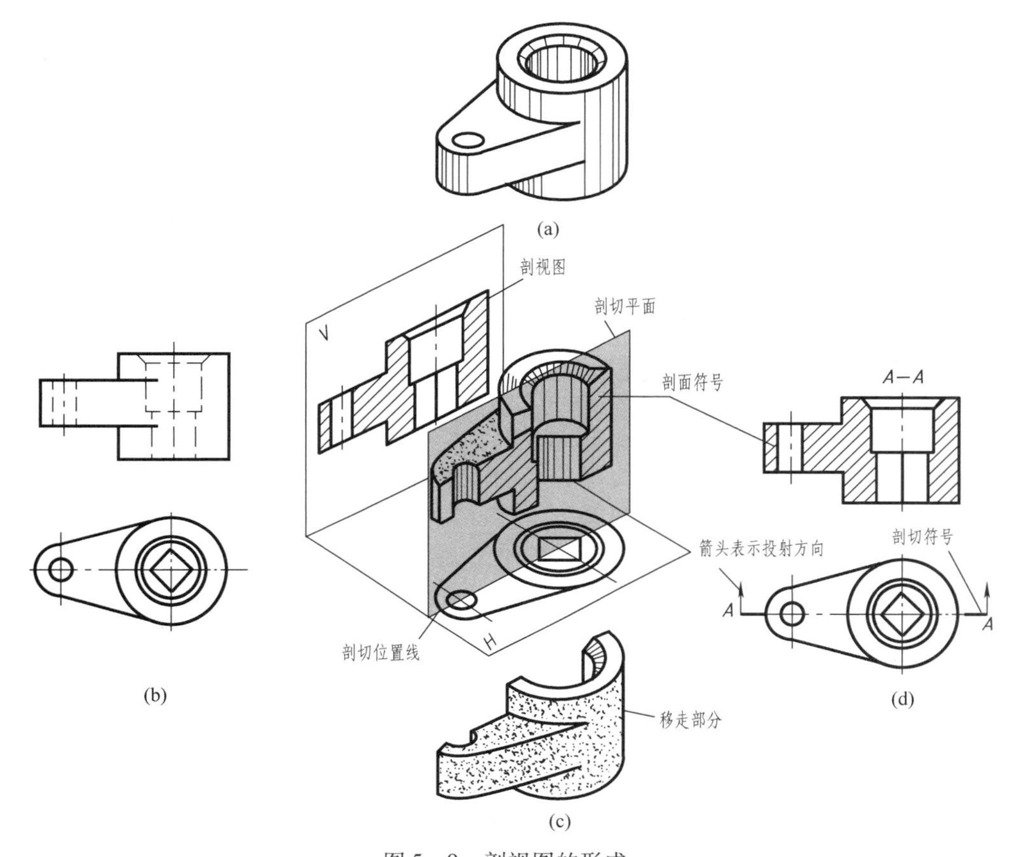

图5－9　剖视图的形成

(a)立体图　(b)视图　(c)剖视图的形成　(d)剖视图

首先用剖切平面假想将零件剖开;然后移走观察者与剖切平面之间的部分,见图5－9(c);画出留下部分的投影,并在切口上画出剖面符号,见图5－9(d)。最后标注剖切符号(剖面符号与剖切符号仅一字之差,不能混淆)。画剖视图的方法可以归为"剖、移、画、标"四个字。

3. 剖面符号

剖面符号见表5－1。

4. 剖视图的标注

剖视图的标注包括以下内容。

1)剖切位置:用短的、加粗的粗实线表示,它不准与轮廓线相交,并在起讫和转折处写出表示剖视图名称的大写字母,并在相应剖视图的上方标出"$X-X$"字样。

2)投射方向:在剖切位置线的两端,用箭头表示投射方向;

3)简化标注:当剖视图按照投影关系配置时,允许省略箭头;当剖切平面通过零件的对称平面、剖视图的位置又按照投影关系配置时,可省略标注。

表 5－1 各种材料的剖面符号

材料	剖面符号	材料	剖面符号
金属材料（已有规定剖面符号者除外）		木质胶合板（不分层数）	
线圈绕组元件		基础周围的泥土	
转子、电枢、变压器、电抗器等的叠钢片		混凝土	
非金属材料（已有规定剖面符号者除外）		钢筋混凝土	
型砂、填砂、粉末冶金、砂轮、陶瓷刀片、硬质合金刀片等		砖	
玻璃及供观察用的其他透明材料		格网（筛网、过滤网等）	
木材 纵剖面		液体	
木材 横剖面			

4）剖面线：在机械图样中，零件使用最多的金属材料用互相平行的细实线表示，这种剖面符号通常称为剖面线。剖面线应以适当角度绘制，一般与主要轮廓或剖面区域的对称线成 45°角，见图 5－10 所示。

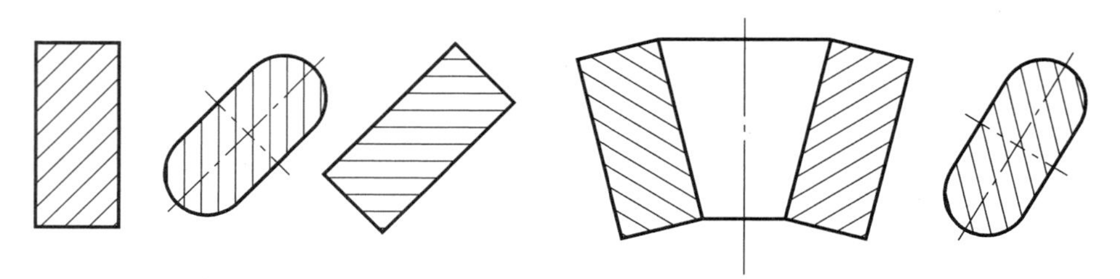

图 5－10 剖面线的画法

5.2.2 剖视图的分类及应用

1. 全剖视图

当零件的外形比较简单,内部形状比较复杂时,假想用剖切平面将零件全部剖开,画出的剖视图叫全剖视图,见图 5-11。

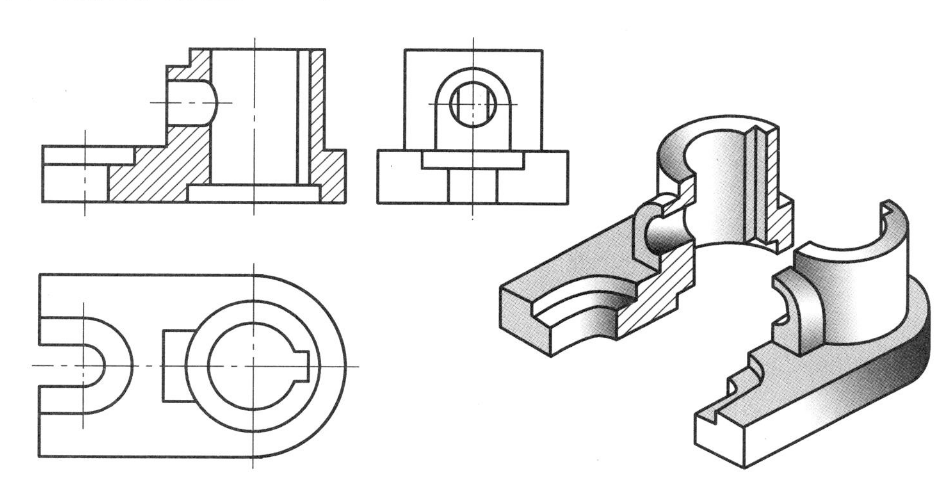

图 5-11 全剖视图

2. 半剖视图

当零件具有对称平面时,在与对称平面相垂直的投影面上得到的图形可以以中心线为界,一半画成视图,另一半画成剖视图,这种图形叫半剖视图。它是兼顾表达零件内、外形状的一种好方法,见图 5-12。半剖视图用于表达具有对称中心线、对称平面的零件。

画半剖视图时,应注意要以下几点。

1)零件形状对称时,才可以选择半剖视的表达方法,但零件形状基本对称,不对称部分在其他视图上已表达清楚时,也可以采用半剖视的表达方法,见图 5-12(c)。

2)在表达外形的半个视图中,一般不画虚线。

3)视图和剖视图以点画线为界限,如零件的轮廓线恰与中心线重合,不允许采用半剖视,此时宜选择局部剖视的表达方法,见图 5-13(b)。

3. 局部剖视图

当零件的局部内形需要表达时,假想用剖切平面将零件的这一部分剖开,得到的剖视图叫局部剖视图。它是一种灵活表达零件内部形状的方法。局部剖视图与视图以波浪线为界线,见图 5-13。

画局部剖视图时,应注意以下两点。

1)局部剖视图与视图,以波浪线或双折线为界限,波浪线不准画到视图轮廓线之外,不准与零件的轮廓线重合,不准穿空而过。

2)一个视图中局部剖视图的数量不宜过多,否则,图面就会显得零乱、破碎。

选择剖视图的原则是:外形简单宜全剖,对称视图可半剖,局部剖视很灵活,如果需要就可剖。

4. 画剖视图的注意事项

1)剖视图是一种假想的表达方法,并非真的把零件剖开,因此,除剖视图外,其他视图

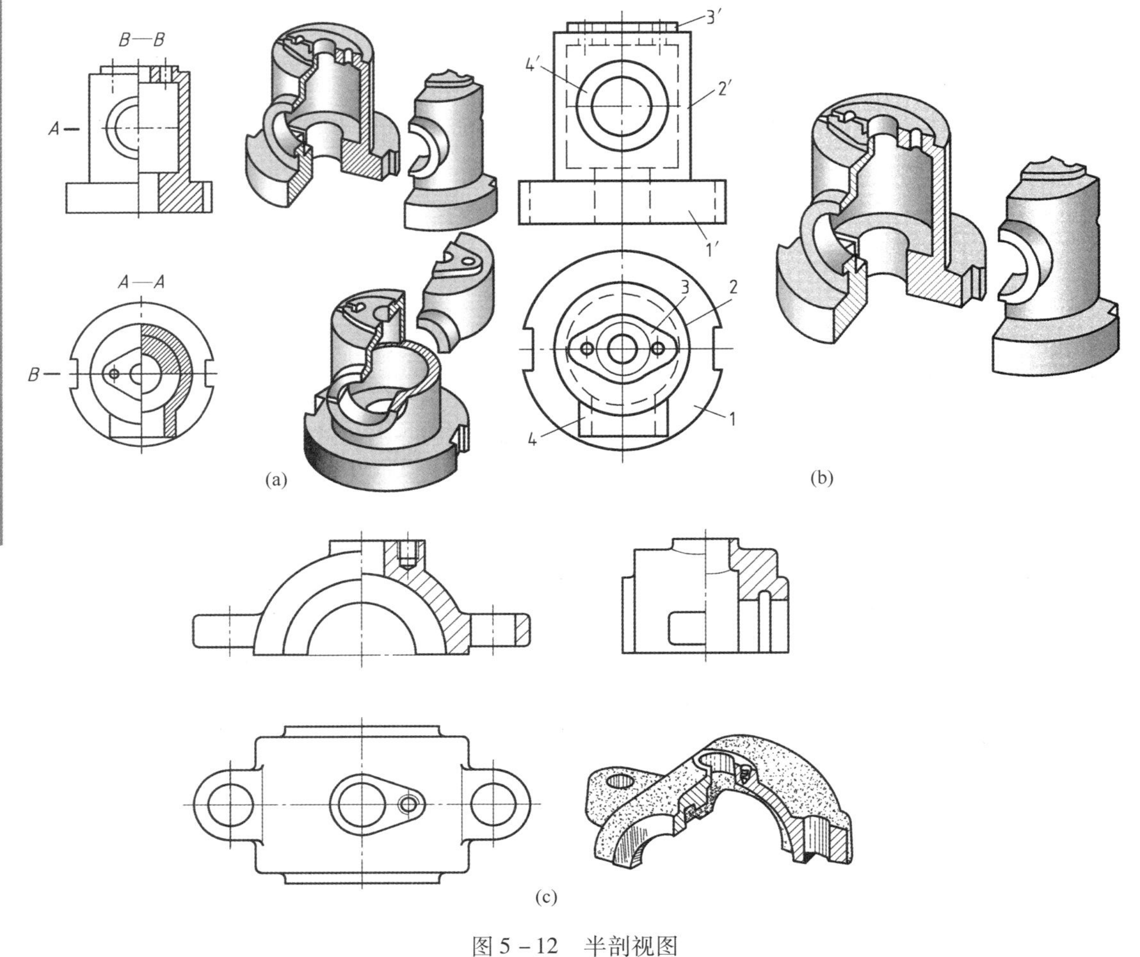

图 5 – 12　半剖视图

(a)用半剖视图表达对称的零件　(b)视图　(c)用半剖视图表达基本对称的零件

仍按完整零件的投影画出。

2)为使剖视图能表达零件内部的实形,剖切平面要通过零件的对称平面或轴心线,并与基本投影面平行。

3)剖视图上一般不画虚线,但若能使图形变得更简洁、更清晰或能省略视图时仍可用虚线表达。

4)零件剖开后,凡是看得见的轮廓都要画出轮廓线,不能遗漏,以免画错,见图 5 – 14。

5.2.3　剖切面的种类

由于零件内部形状的分布状况不同,因而采用的剖切平面也应随之改变,剖切平面可以是单一的,也可以是几个相互平行的,还可以是相交的或是复合的。

1. 单一剖切平面

仅用一个剖切平面,将零件剖开画出的剖视图,图 5 – 15 所示的零件,由于其内部结构是倾斜的,为了表达其真实形状,所以采用和任何一个基本投影面都不平行,但却平行于零件剖开部分的内部结构,并且和某一基本投影面垂直的平面作投影面,将零件倾斜部分剖开后投射到新设立的投影面上而得到的剖视图称为斜剖视图,见图 5 – 15(d)。

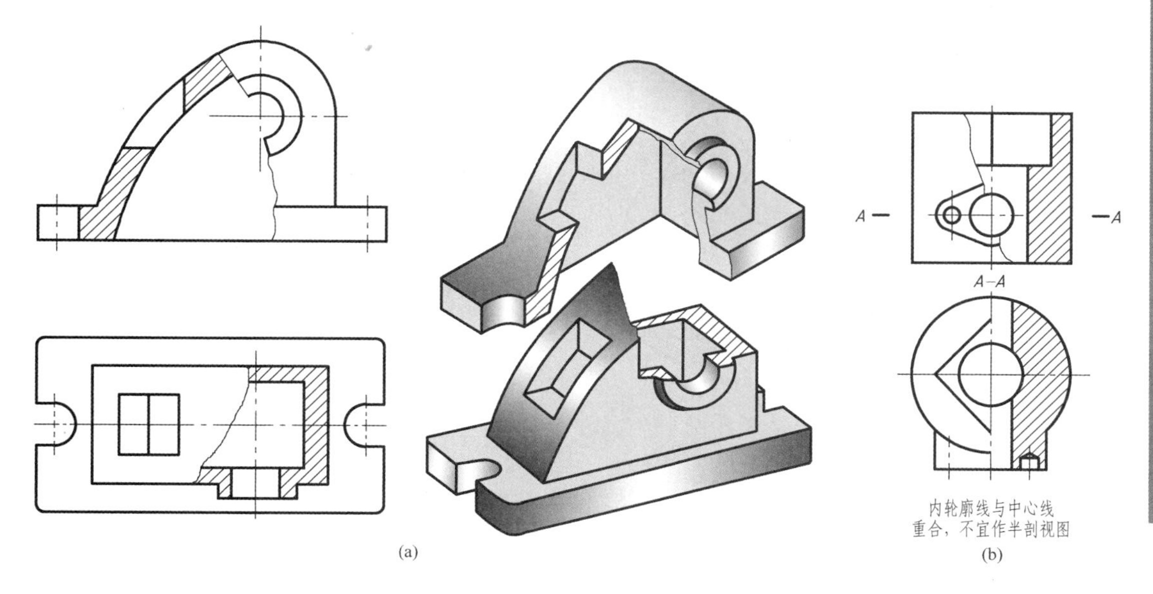

(a)
(b)

图 5-13 局部剖视图
(a)局部剖视图 (b)不宜作半剖视的视图

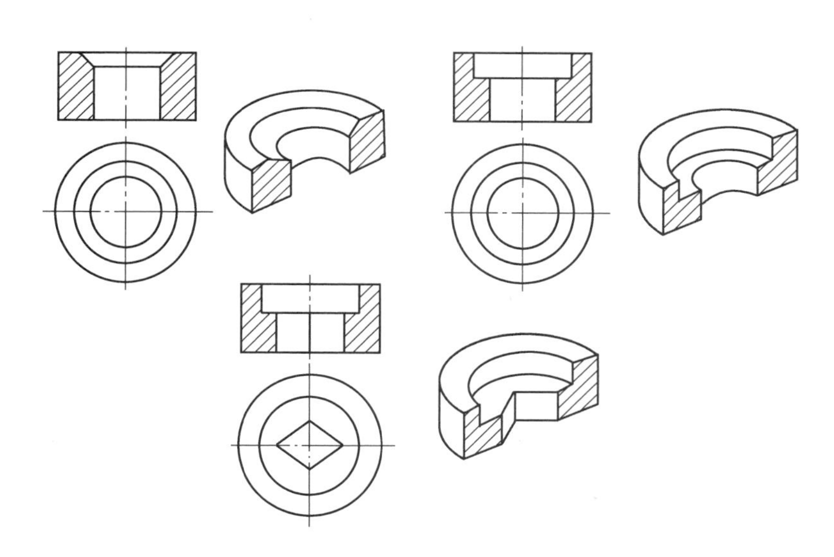

图 5-14 剖视图的轮廓线

斜剖视图的位置可按投影关系配置；也可以画在其他合适的位置；还可以转正画出，但要在转正后的视图上方标注旋转符号和“*X*-*X*”。见图 5-15(e)。

2. 几个相互平行的剖切平面

如果零件上的内部形状较复杂，并且不分布在同一平面上时，可用一组相互平行的剖切平面将其剖开，这样就可以在同一个剖视图上表达出几个相互平行的剖切平面剖切到的内部结构，这种用一组相互平行的剖切平面剖开零件得到的剖视图称为阶梯剖视，见图5-16。

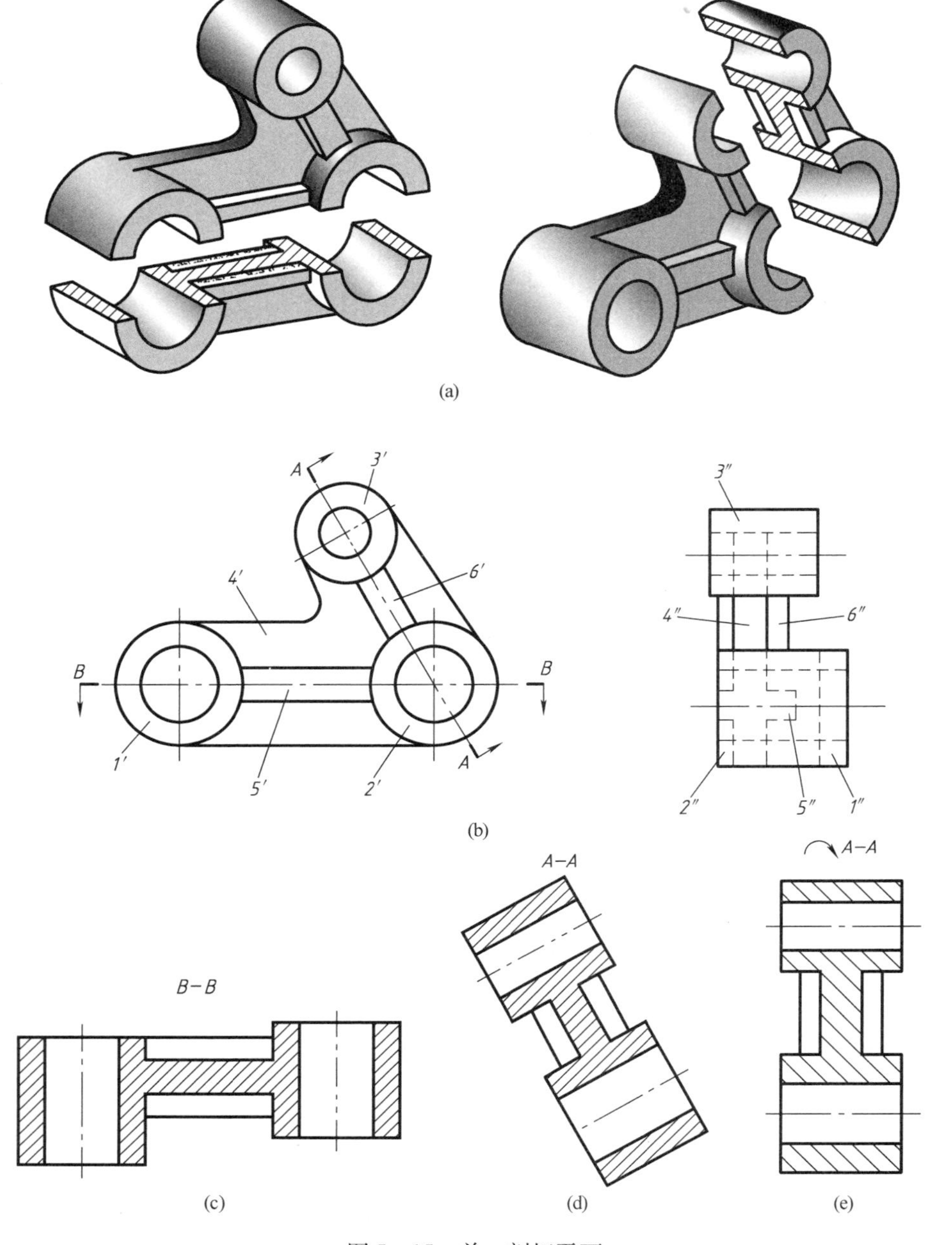

图 5－15　单一剖切平面

（a）轴测图　（b）三视图　（c）俯视全剖图　（d）斜剖视图　（e）斜剖旋转图

画阶梯剖视图时，应注意以下几个问题。

1）阶梯剖视图上转折处的轮廓线的投影不准画出，见图 5－16。

2）剖切平面的转折处，不准与零件的轮廓线重合；剖视图上不允许出现不完整的结构要素，只有不同的孔、槽具有公共的对称中心线时，才允许以中心线为界，两种结构各画一半，见图 5－16（b）。

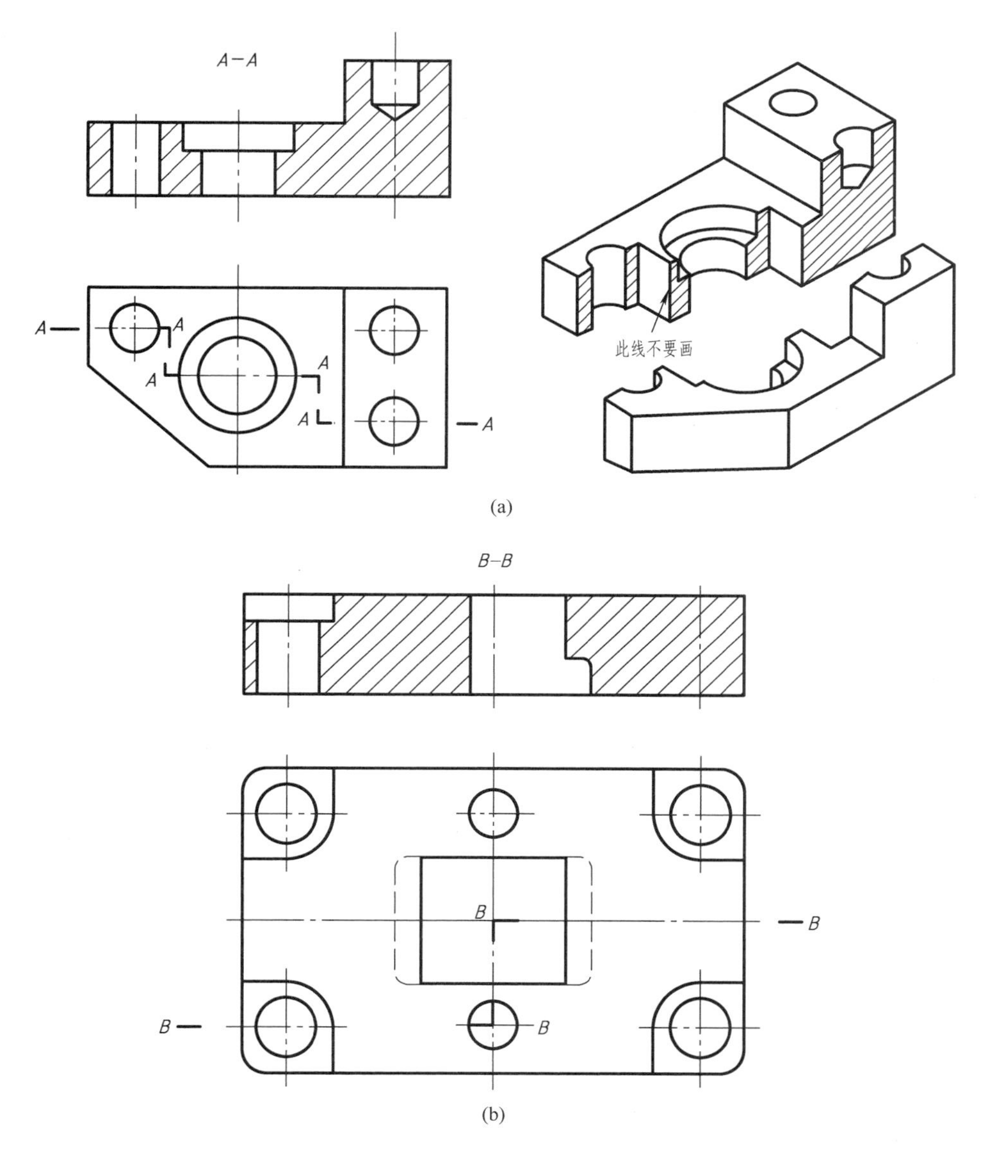

(a)

(b)

图 5－16 一组相互平行的剖切平面

(a)阶梯剖视图 (b)结构对称的阶梯剖视图

3. 几个相交的剖切平面

有些零件的内部结构比较复杂并且不分布在同一平面上,而且有共同的回转轴线时,可用几个相交的剖切平面把零件剖开,将倾斜剖切平面剖开的部分绕轴线旋转到与基本投影面平行位置后进行投射,这样得到的剖视图叫旋转剖视,见图 5－17。应该注意的是:凡是未被剖切平面剖到的结构,要按原位置投射画出它们的视图。

4. 复合剖切平面

用几个剖切平面组合起来,剖开零件画出的剖视图叫复合剖视图,见图 5－18(a)。当复合剖视图需采用展开画图时,要在剖视图的上方标注“*X*－*X* 展开”字样,见图5－18(b)。

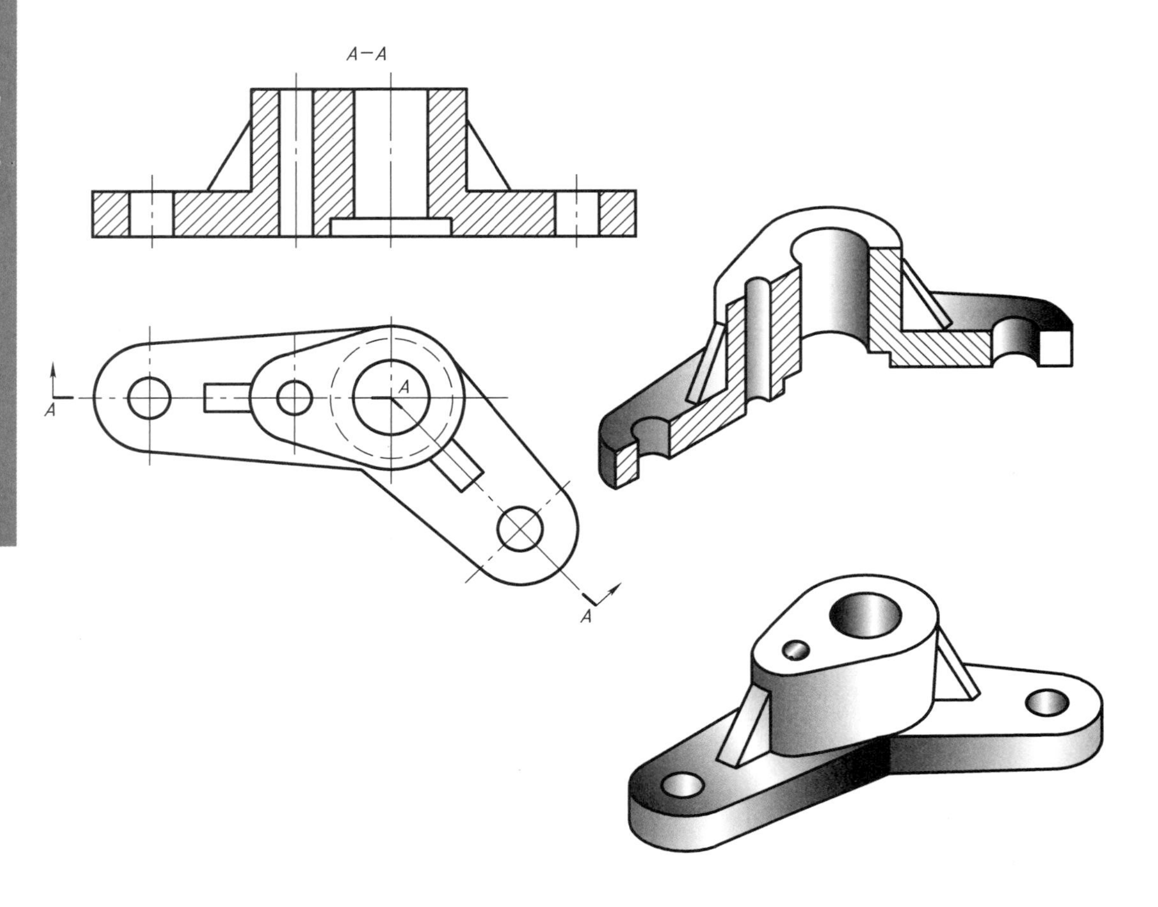

图 5－17　相交的剖切平面旋转剖

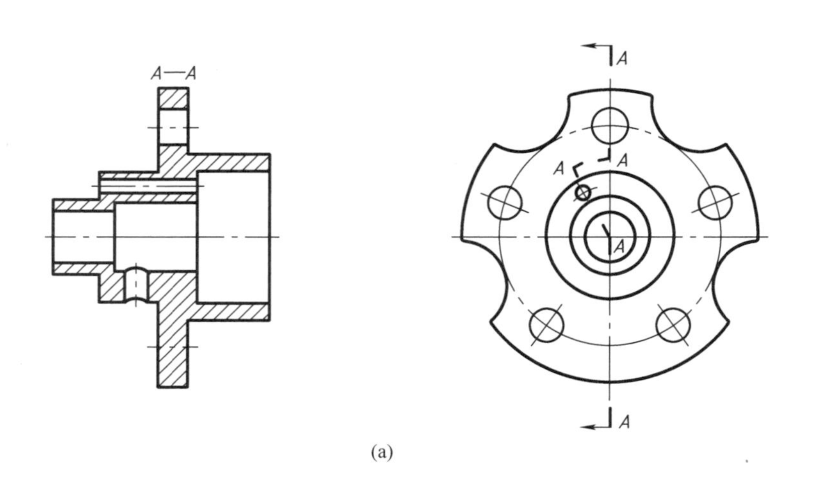

(a)

图 5－18　复合剖视图

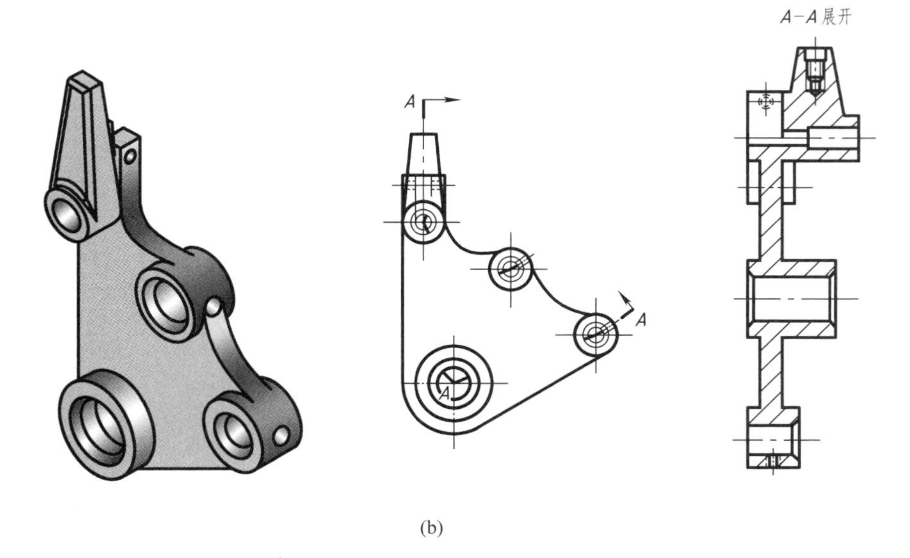

(b)

图5－18 复合剖视图(续)
(b)复合剖视图 (b)展开的剖视图

5. 剖中剖

零件经剖切后如仍有内部形状需要表达,又不宜采用其他剖切方法时,允许在剖视图中再作一次局部剖视,俗称“剖中剖”。选用这种剖视图时,要用波浪线表示剖切范围;剖面线的方向、间隔与原剖视图相同,但要相互错开;用指引线标注其名称,在相应视图处标注剖切位置和投射方向,见图5－19。

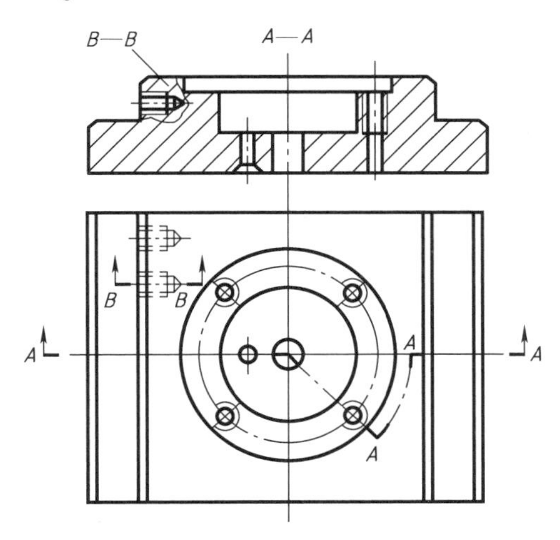

图5－19 剖中剖

5.3 零件断面形状的表达方法

1. 断面图的概念

假想用剖切平面将零件剖开,仅画出剖切面处的投影,并在剖切面上画上剖面符号的图

形叫断面图，见图5－20。

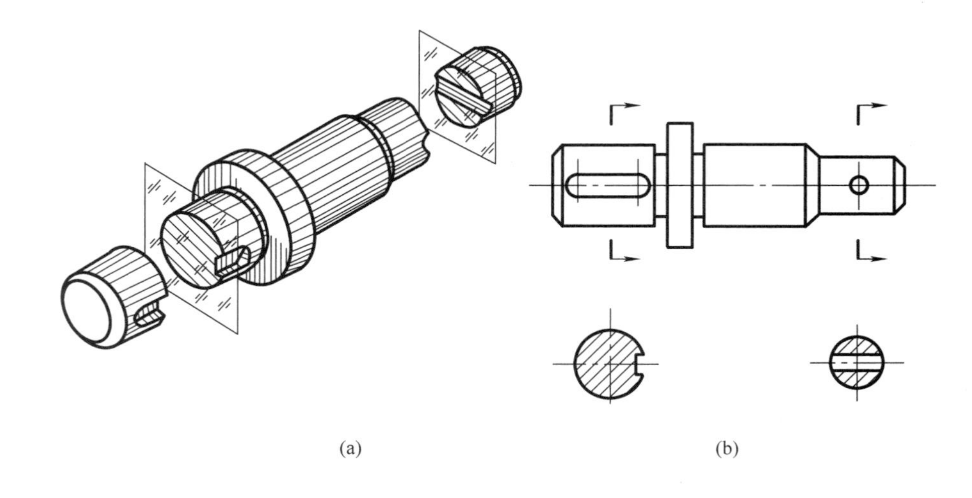

图5－20　断面图

2. 断面图的种类

断面图分为移出断面图和重合断面图两种。

（1）移出断面图

画在视图轮廓线之外的断面图，见图5－21。

画移出断面图时要注意以下几点：

1）移出断面图用粗实线绘制，并尽量配置在剖切位置线的延长线上，见图5－20，也可以画到其他位置上；

2）当剖切平面通过回转体上的孔或凹坑的中心线时，这些结构应按剖视图绘制，见图5－22（a）；

3）当剖切平面通过非回转面，导致出现完全分离的两部分断面时，也按剖视图绘制，见图5－22（b）；

4）为了得到断面图的实形，剖切平面要和被剖切部分主要轮廓线垂直，由两个或多个相交剖切平面剖得的移出断面，中间应断开绘制，见图5－23。

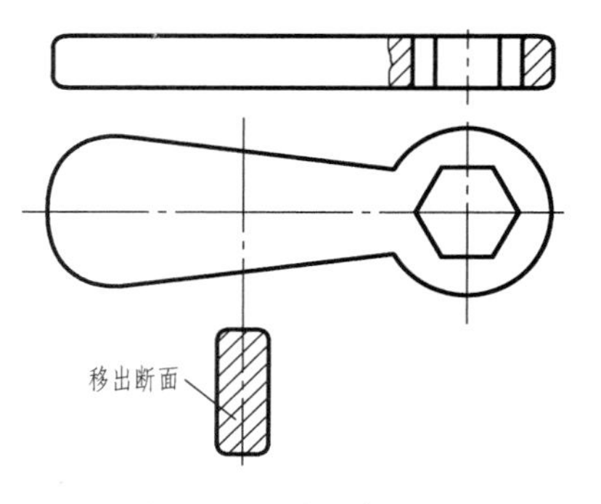

图5－21　移出断面图

（2）重合断面图

画在视图轮廓线范围内的断面图，叫重合断面图。重合断面的轮廓线用细实线绘制。画重合断面图时要注意，当视图中的轮廓线与重合断面的轮廓线重合时，视图中的轮廓线不受影响，不准间断，见图5－24。

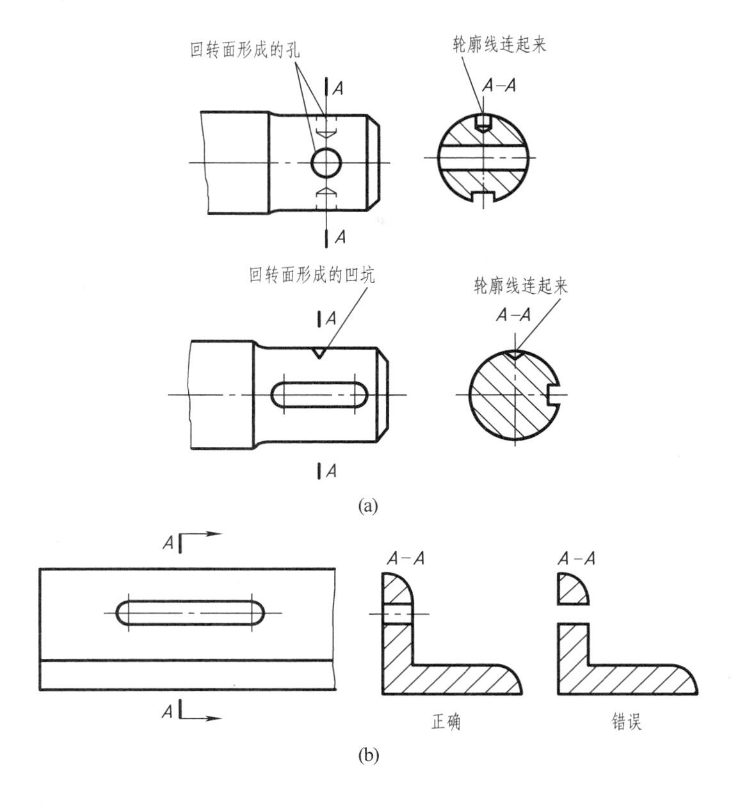

图 5－22　剖切平面通过回转体轴线和非回转体

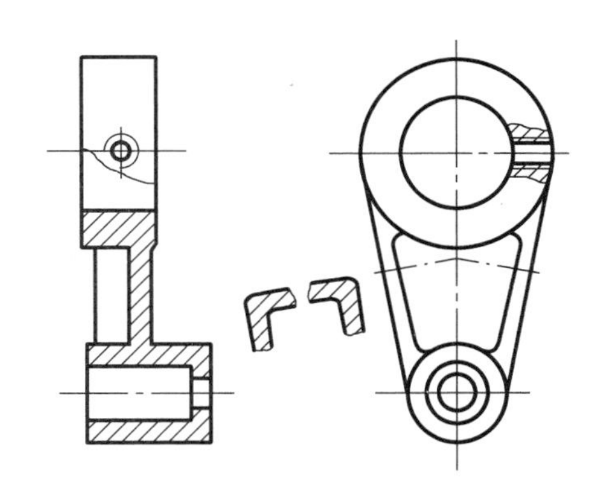

图 5－23　剖切平面应和零件的主要轮廓线垂直

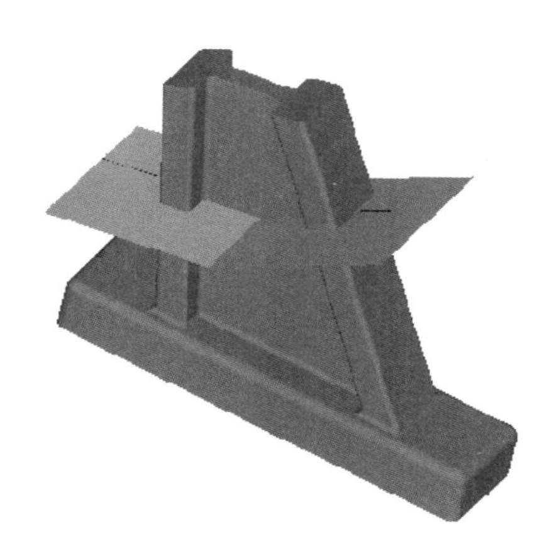

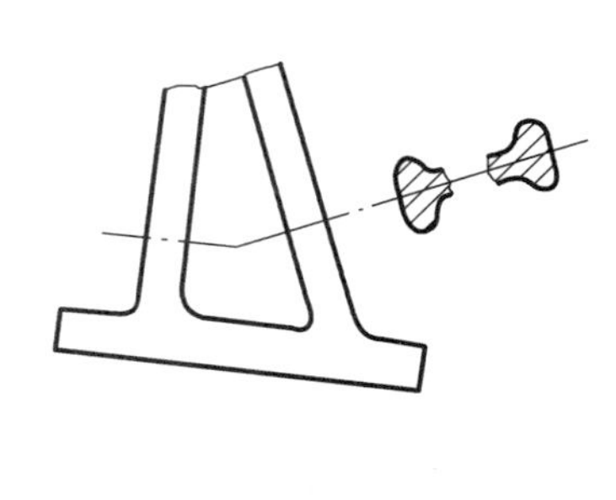

图 5－23　剖切平面应和零件的主要轮廓线垂直(续)

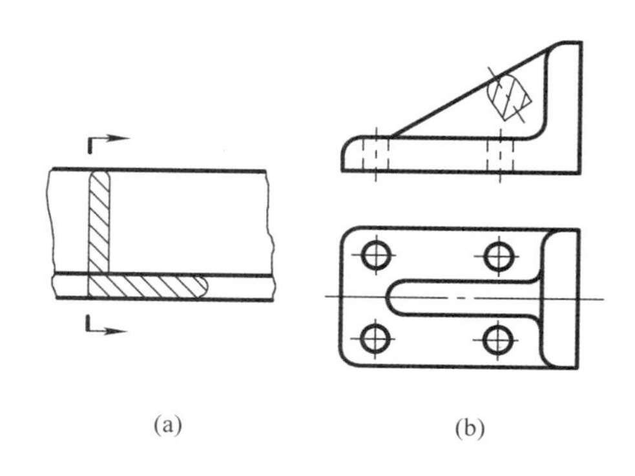

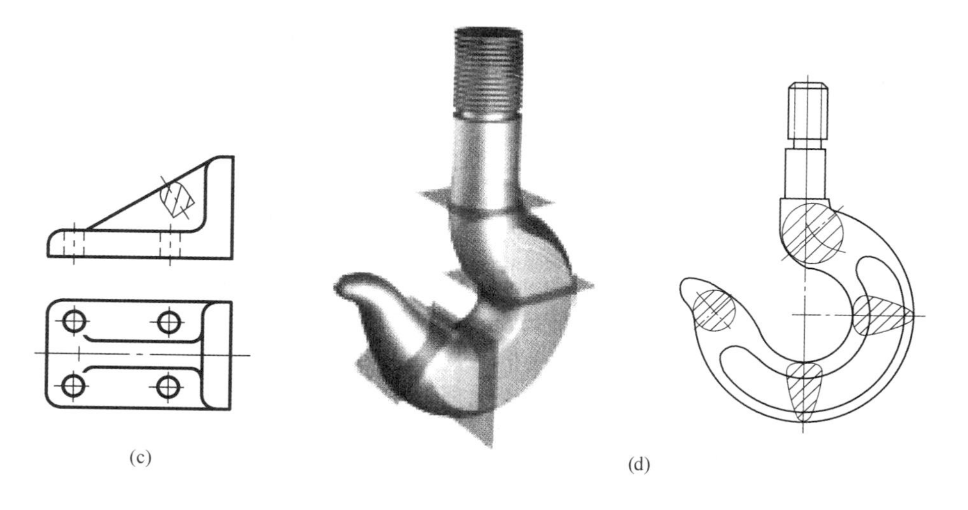

(a)　(b)

(c)　(d)

图 5－24　重合断面图

3. 断面图的标注

移出断面图一般要用剖切符号表示剖切位置,用箭头指明投射方向,用字母表示断面图的名称,并在断面图的上方标注出“X—X”,见表 5－2。对称重合断面,可以省略标注;不对称的要标注剖切位置和投影方向。

表 5-2 断面图的标注

断面位置	断面形状对称	断面形状不对称
在剖切线的延长线上	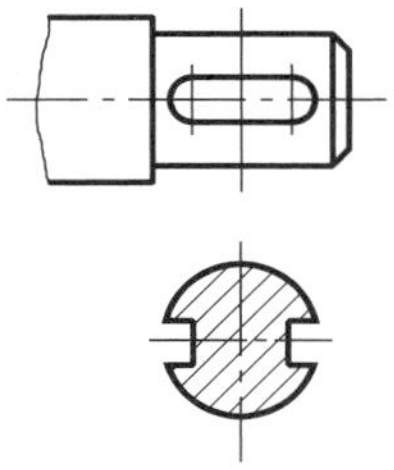	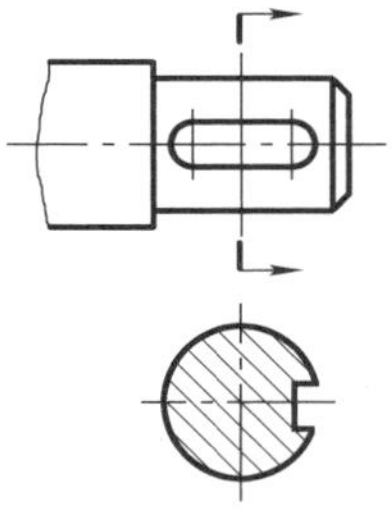
按投影关系配置	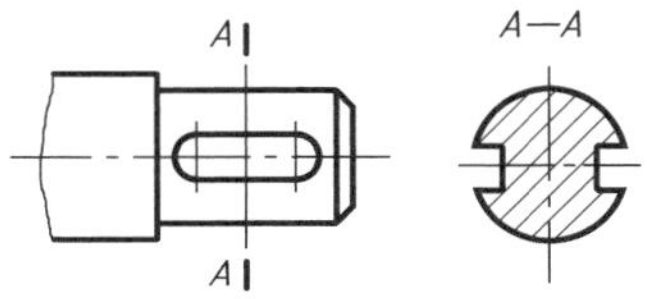 A A A—A	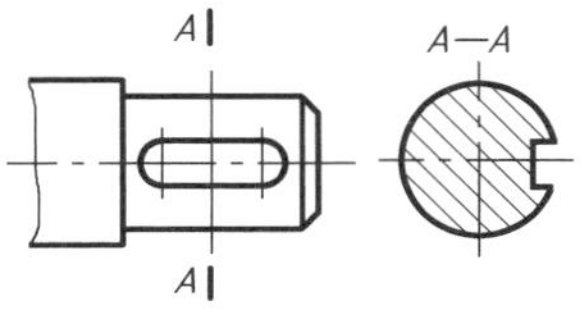 A A A—A
在其他位置	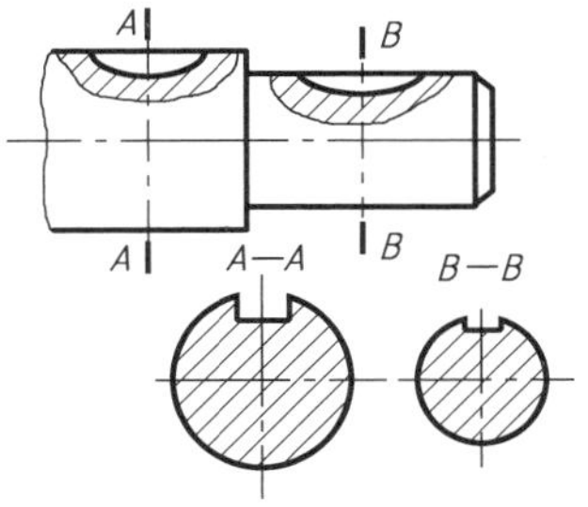 A A B B A—A B—B	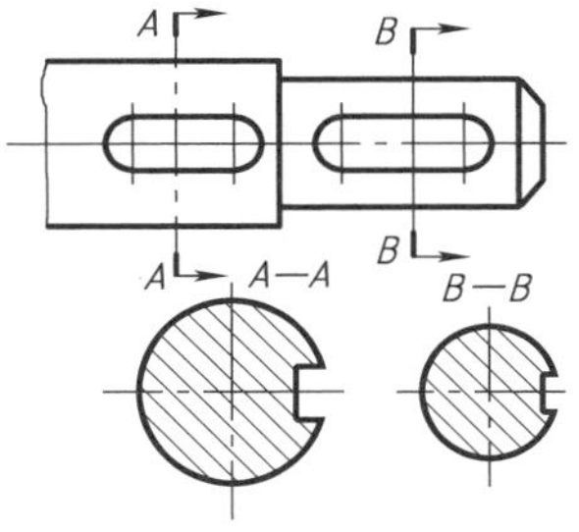 A A B B A—A B—B

5.4 零件的其他表示方法

5.4.1 简化画法

1)回转体上均匀分布的肋、轮辐或孔等结构,不管其结构是否平行于投影面,在投影为非圆视图中的肋、轮辐或孔均按旋转到与该投影面平行位置进行投射,不管孔是否被剖到,都要按最少剖到一个画出,其余的孔的位置用中心线表示,肋、轮辐按不剖切绘制,见图5-25。

2)相同结构的简化画法。零件上按规律分布的相同结构(如齿、槽、孔等),图中只需要画出几个完整的该类结构,其余部分用细实线标明该类结构的中心位置或范围,写出总数即可,见图5-26。

3)较小结构的简化画法,见表5-3。

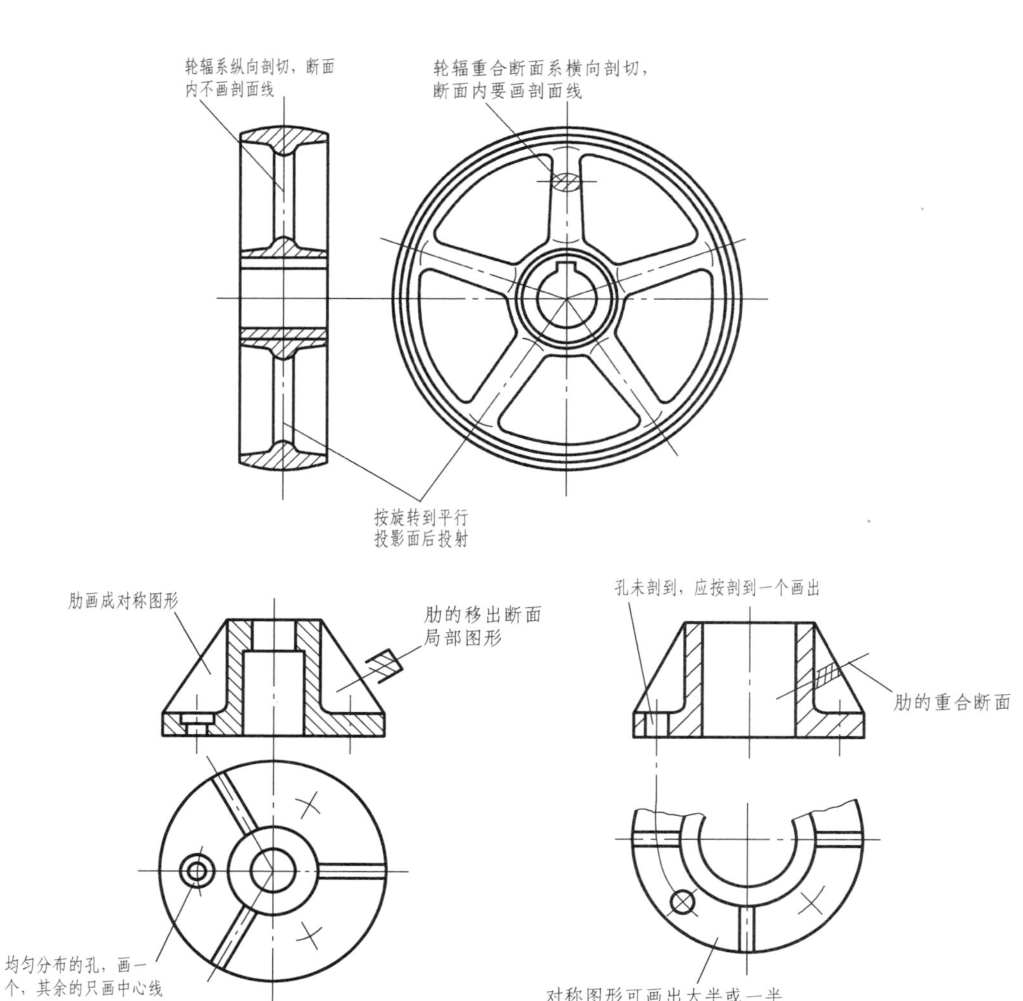

图 5－25　回转体上均匀分布的轮辐、肋、孔的简化画法

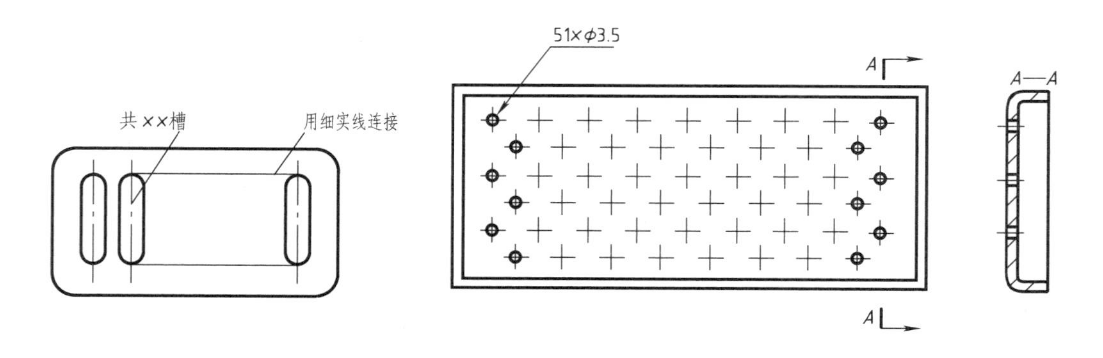

图 5－26　相同结构的简化画法

表 5-3 较小结构的简化画法

简化前的图形	简化后的图形	说明
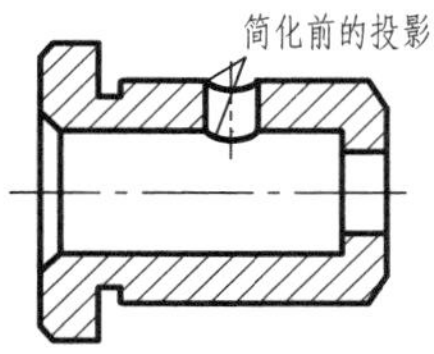 简化前的投影	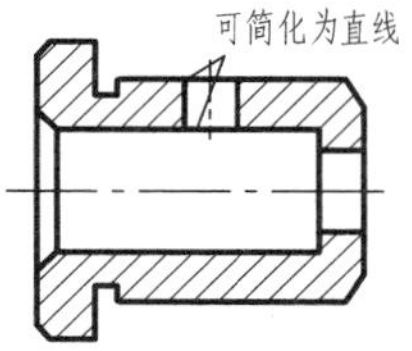 可简化为直线	在不致引起误解时，允许将相贯线简化为直线
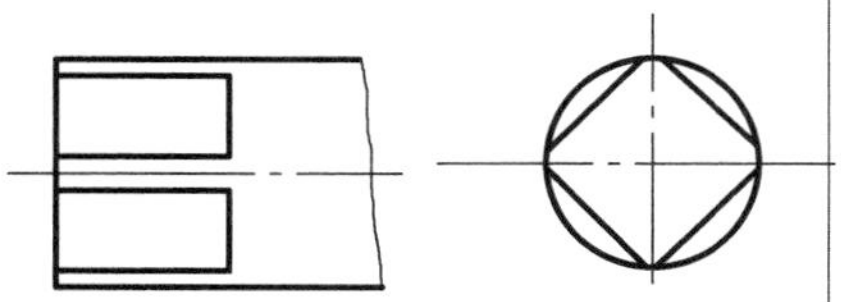	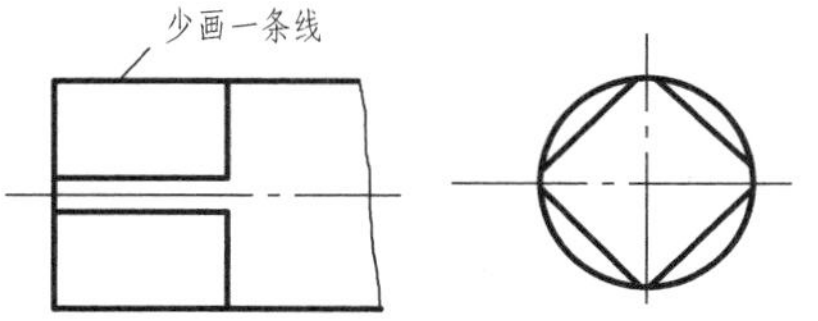 少画一条线	在一个图形中(例如左视图)已表达清楚，在另外的图形中(例如主视图)允许简化
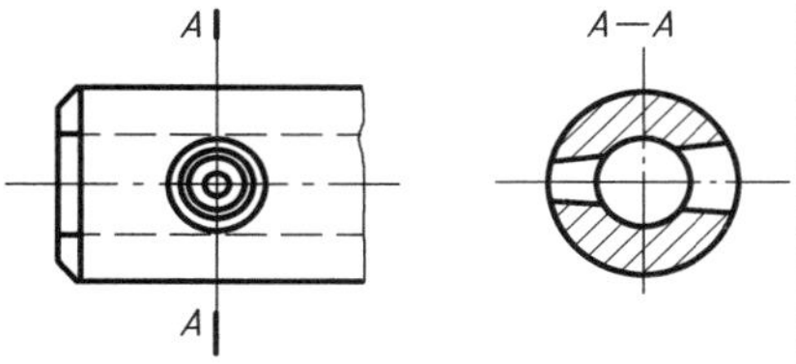 A A—A A	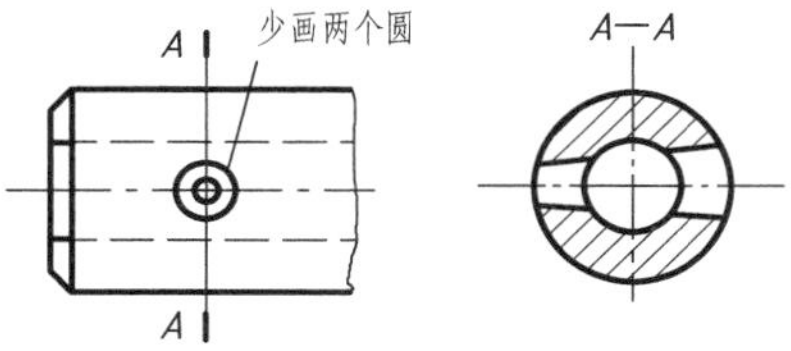 A A—A 少画两个圆 A	两个锥孔，在主视图中应画同心近似圆四个，但因 A-A 剖视中已将锥孔显示清楚，故可简化为两个圆(分别为两孔的小端圆)
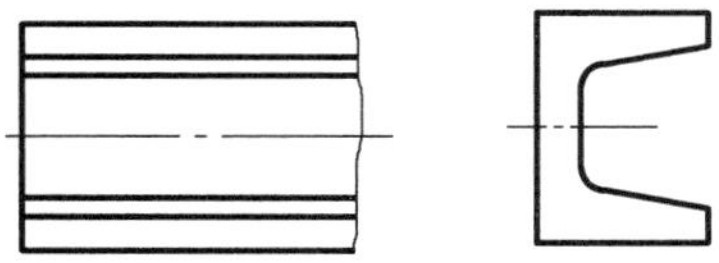	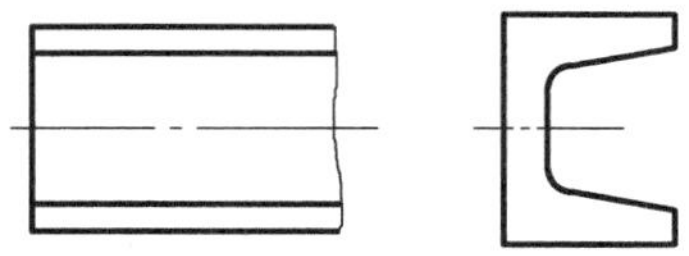	在主视图中只画带斜度结构的小端轮廓线
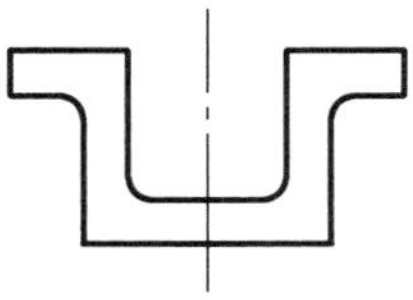	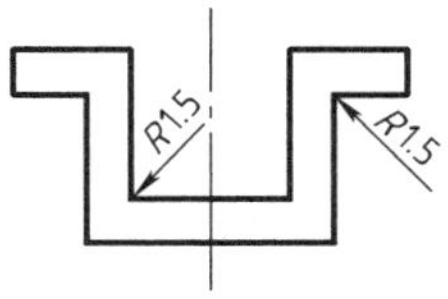 R1.5 R1.5	允许将小圆角省略，但要注明圆角半径尺寸
	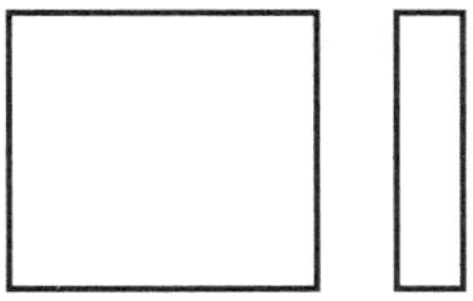 锐边倒圆 R0.5	允许将倒圆省略，但要加以说明
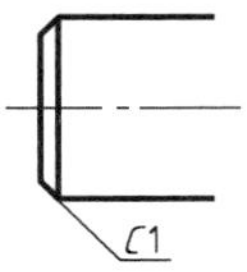 C1	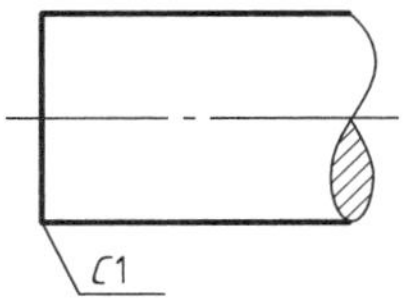 C1	允许将小倒角省略，但要注明倒角尺寸。C1 即表示 1×45°：1——轴向尺寸为 1mm，45°——与轴线成 45°角

4）对称零件的简化画法。在不致引起误解的情况下，对称零件的视图可只画大半（图5－27（a）），也可画一半（5－27（b））或四分之一（图5－27（c））。如果是后两种状况时要在对称中心线两端各画两条与中心线垂直的细实线，见图5－27（b）、图5－27（c）。

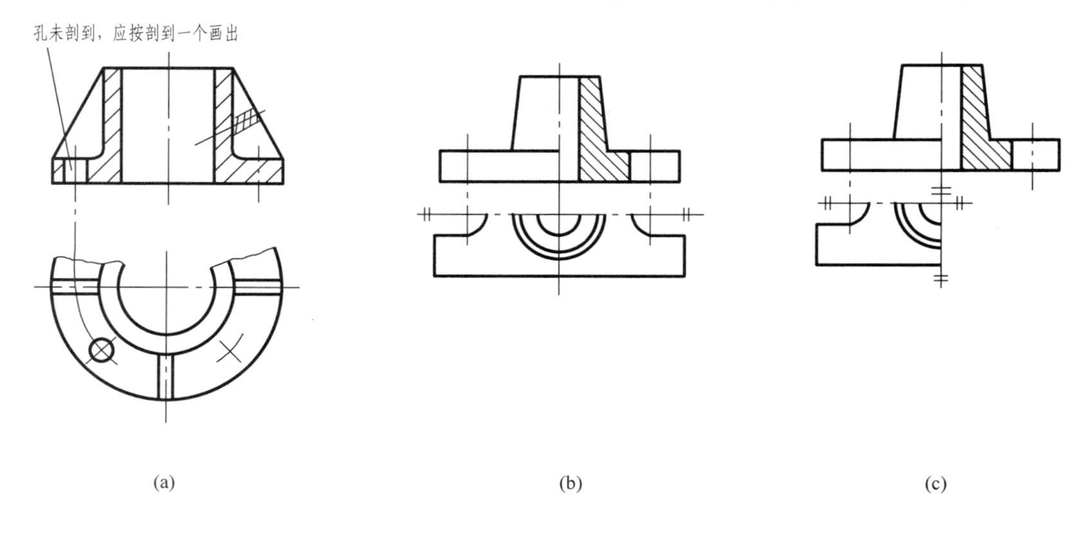

图5－27　对称机件的简化画法
（a）大于一半　（b）等于一半　（c）1/4

5）移出断面的简化画法。在不致引起误解时，零件的移出断面允许省略剖面符号，但剖切符号、箭头和字母等仍要按规定标出，如图5－28所示。

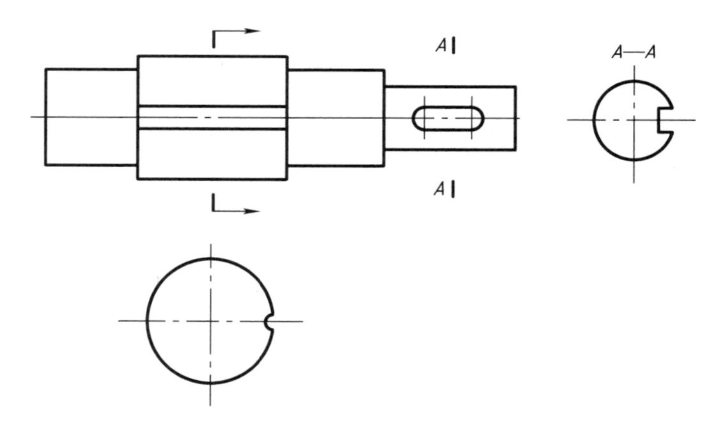

图5－28　移出断面图的简化画法

6）某些结构的示意画法。网状物、编织物或零件上的滚花，可在其轮廓线内用细实线示意地画出一小部分，并表明其结构要素的要求，见图5－29。

7）均匀分布的孔的简化画法见图5－30。

8）平面符号。当图形不能充分表达平面时，可用平面符号表示，平面符号是在平面图形内画两条相交的细实线，如图5－31所示。

9）键槽的表示。轴上键槽的表示法见图5－32（a），孔中键槽的表示法见图5－32（b）。

10）断开画法。当机件较长，其长度方向的断面形状相同或有规律地变化时，可采用断

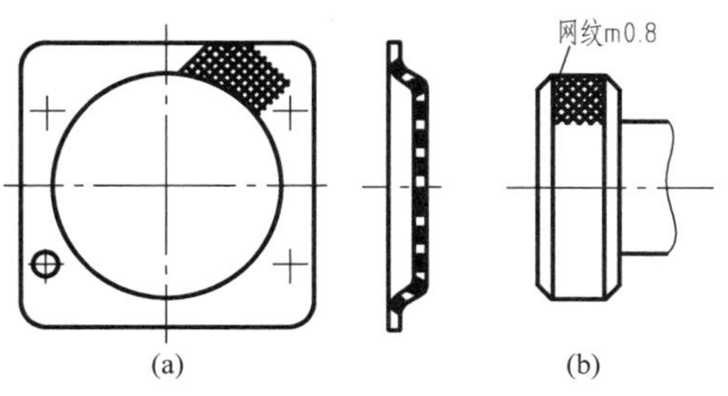

图 5－29　网状物、编织物、滚花的示意画法

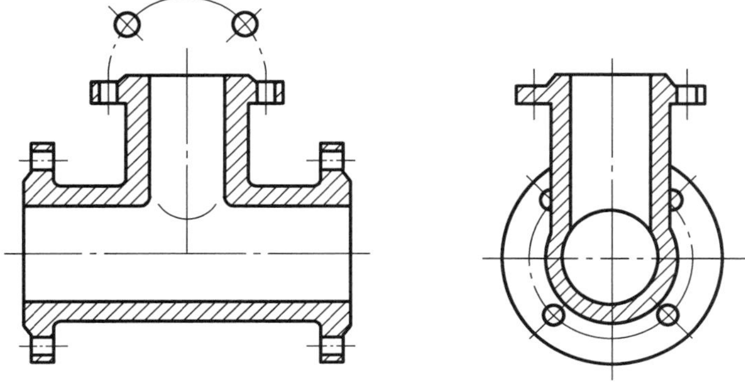

图 5－30　均匀分布的孔的简化画法

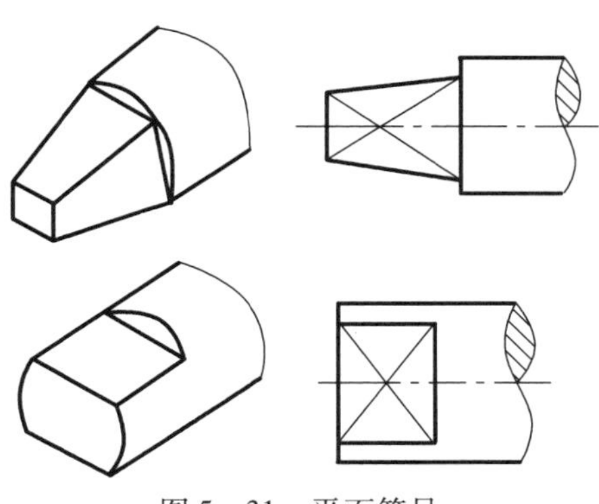

图 5－31　平面符号

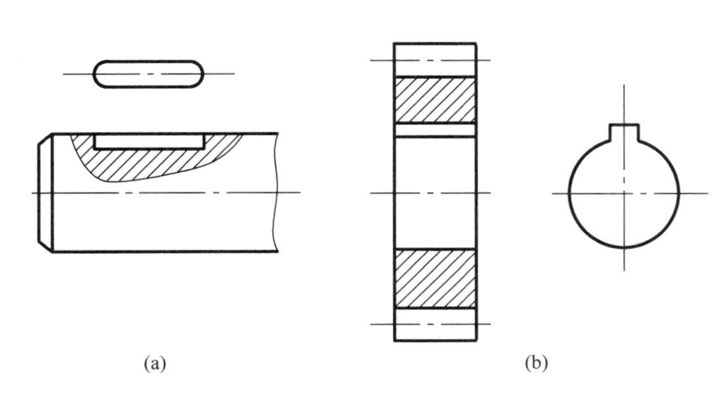

图 5－32　键槽的表示

开画法，但应按机件设计长度标注尺寸，见图 5－33。

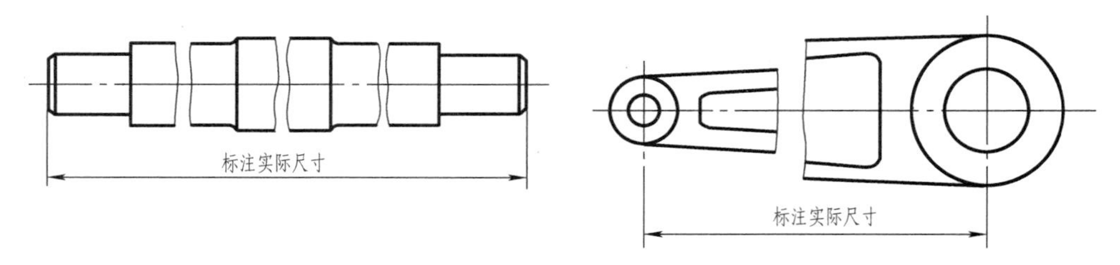

图 5－33　断开画法

不同材料、不同断面形状的机件断开处边界线的画法见表 5－4。

表 5－4　机件断开处边界线的画法

材料	边界线画法	
木材	棱柱体	3~5
金属	棱柱体	
	实心圆柱体	
	空心圆柱体	
	圆锥体	

5.4.2　局部放大图

当机件的某些局部结构较小，在原定比例的图形中不易表达清楚或不便标注尺寸时，可将此局部结构用大于原图形所采用的比例单独画出，这种图形称为局部放大图，此时，原视图中该部分结构可简化表示。见图 5－34。

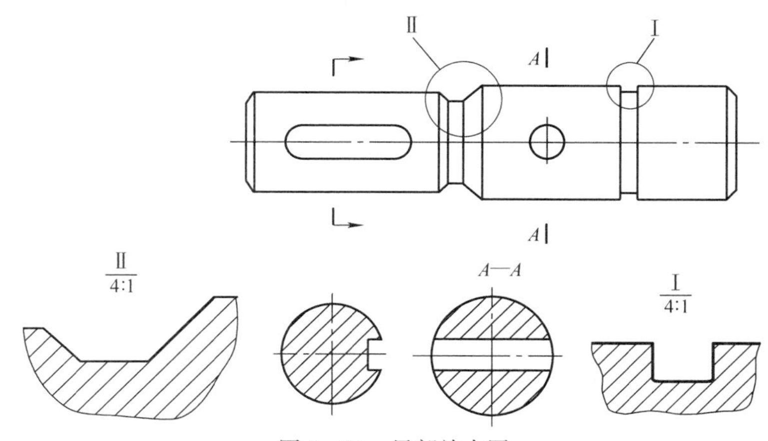

图 5－34　局部放大图

1. 局部放大图的画法和配置

局部放大图可画成视图、剖视图、断面图，它与被放大部分的表达方式无关；局部放大图应尽量配置在被放大部位的附近。

画局部放大图要注意两点。

1）局部放大图的比例是指放大图与机件的对应要素之间的线性尺寸比，与被放大部位的原图所采用的比例无关。

2）局部放大图采用剖视图和断面图时，其图形按比例放大，断面区域中剖面线的间距必须与原图保持一致。

2. 局部放大图的标注

1）一般应用细实线圈出被放大的部位，见图 5－35。

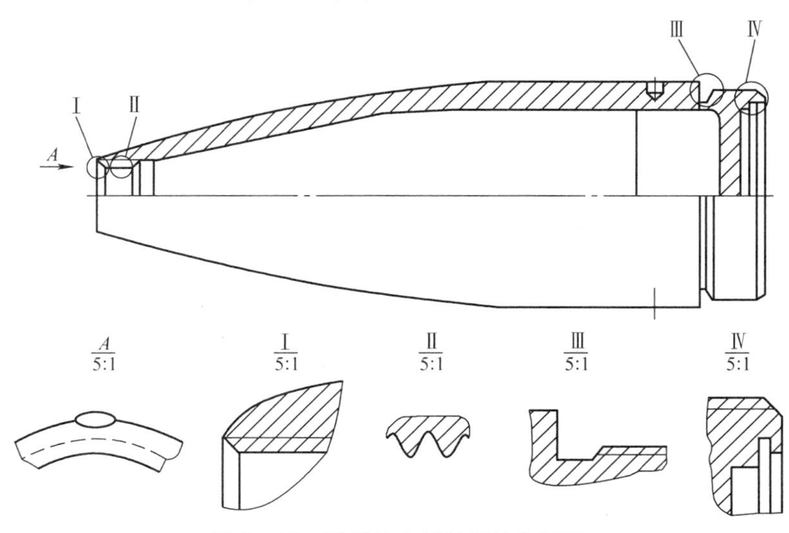

图 5－35　局部放大图的画法和配置

2）当同一零件上有几个被放大的部分时，必须用罗马数字依次标明被放大的部位，并在局部放大图的上方标注出相应的罗马数字和所采用的比例，见图 5－35。

3）当零件上被放大的部位仅一个时，在局部放大图的上方只需注明所采用的比例。

5.5 第三角投影简介

三面投影体系分 8 个分角，见图 5－36。我国采用的是第一角投影，英、美、日等一些国家采用的是第三角投影，为了和这些国家进行贸易和技术交流，所以要了解第三角投影的一些基本原理和基本知识。

所谓第三角投影，即将立体放在第三分角，向各个投影面进行投影，这时投影面处于观察者与立体之间，见图 5－37（a），假设投影面是透明的，由前向后看，得到的投影叫主视图；由上向下看，得到的投影叫俯视图；由右向左看，得到的投影叫右视图。然后将 H 面和 W 面按图示方向旋转到与 V 面重合。旋转到同一平面后的三视图位置见图 5－37（b）。

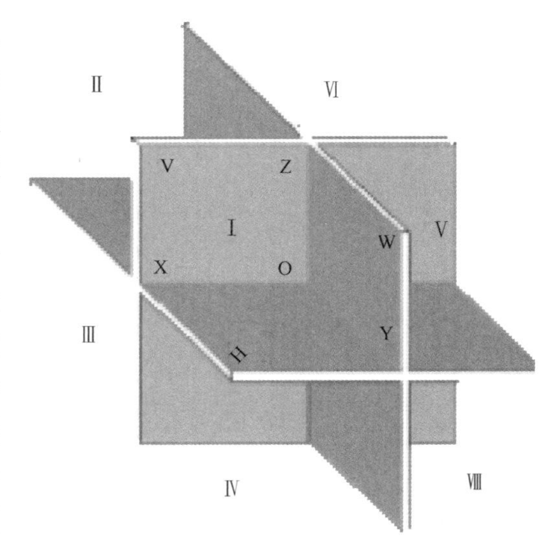

图 5－36　三面投影体系的 8 个分角

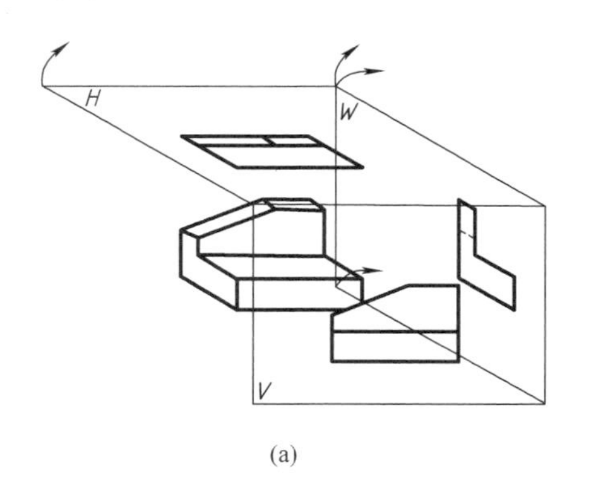

(a)

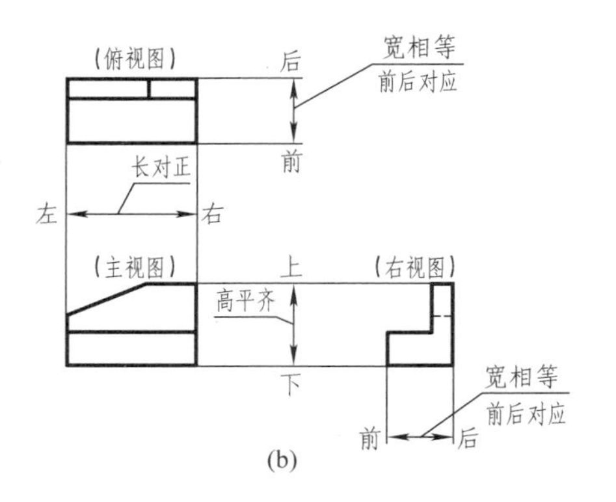

(b)

图 5－37　第三角投影

（a）形成过程　（b）三视图及其特征

第三角投影中，同样有 6 个基本投影面，可以得到 6 个基本视图，它们的名称与第一角投影 6 个基本视图名称完全一样。但由于在投影过程中，观察者、投影面和立体之间的位置不同，因此，展开到同一投影面上后，各视图的位置也就不同，这是两种投影的主要区别，而两者的功能确是相同的。6 个基本视图的位置见图 5－38（b）。

图 5－39（a）是第三角画法的识别符号，当采用第一角画法时，一般不画识别符号，必要时可采用 5－39（b）所示的识别符号。

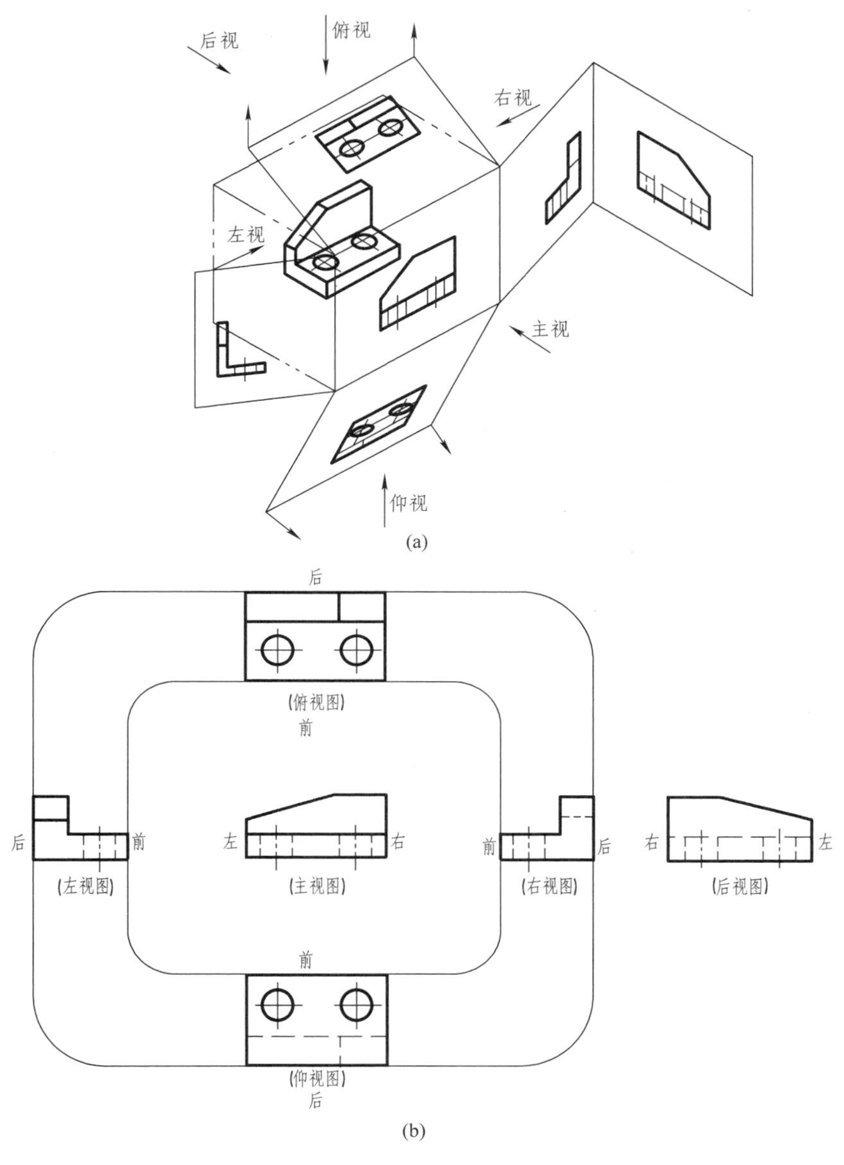

图 5-38 第三角投影的展开和基本视图的位置
(a)展开 (b)基本视图的位置

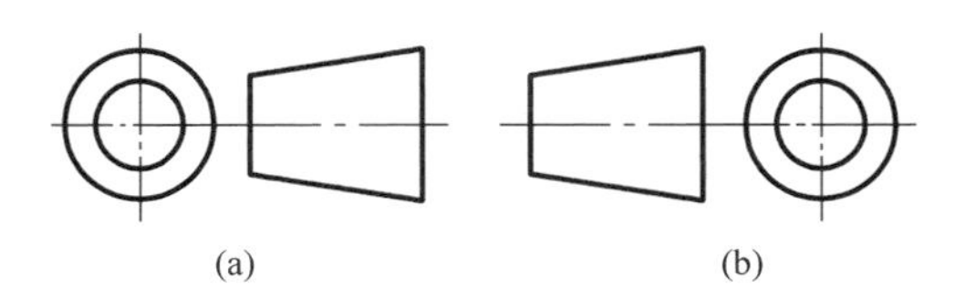

图 5-39 投影识别符号
(a)第三角画法识别符号 (b)第一角画法识别符号

模块六　标准件与常用件

学习目标

1. 熟练掌握螺纹与螺纹紧固件、齿轮、弹簧、键连接和滚动轴承的规定画法、简化画法，并了解它们的用途；

2. 理解为什么对标准件和常用件要规定用规定画法和简化画法。

教学提示

1. 地位作用　该模块主要讲述标准件和常用件的规定画法，地位比较重要。

2. 物资材料　多种螺母、垫圈，螺栓、螺钉、双头螺柱，各种圆柱齿轮，圆锥齿轮、蜗轮蜗杆，多种弹簧、滚动轴承的实物。

3. 教法提示　宜带着问题进行该模块教学，例如两块薄板怎样连接，引出螺栓连接，一块薄板和机体（或厚板）怎样连接，引出螺钉和双头螺柱连接；齿轮怎样和轴连接，引出键连接；若按弹簧、滚动轴承的真实投影画图，比较麻烦，而且没有必要，引出弹簧和滚动轴承的规定画法以及滚动轴承的表示方法。

6.1　螺纹和螺纹紧固件

1. 螺纹的基本知识

螺纹是螺钉、螺栓、螺柱、螺母等零件上直接起连接作用的结构要素，丝杠上的螺纹则是起传动作用的结构要素。螺纹是按照螺旋线形成的原理加工而成的。在圆柱（或圆锥）外表面上加工出的螺纹叫外螺纹，或叫阳螺纹，例如螺钉上的螺纹；在圆孔（或圆锥孔）内表面上加工出的螺纹叫内螺纹，或叫阴螺纹，例如螺母上的螺纹。

（1）螺纹的形成

在圆柱表面或圆锥表面上，沿着螺旋线形成的、具有相同剖面的连续凸起和沟槽，称为螺纹。在圆柱面上形成的螺纹为圆柱螺纹，在圆锥面上形成的螺纹为圆锥螺纹。在零件外表面上加工出的螺纹称为外螺纹，在零件内表面上加工出的螺纹称为内螺纹。

生产中，螺纹的加工方法很多，可以采用车床加工内、外螺纹；螺纹直径较小时，外螺纹可用板牙，内螺纹可用丝锥加工制造，如图 6－1 所示。在箱体、底座等零件上加工内螺纹（螺孔）时，一般先用钻头钻孔，再用丝锥攻出螺纹。

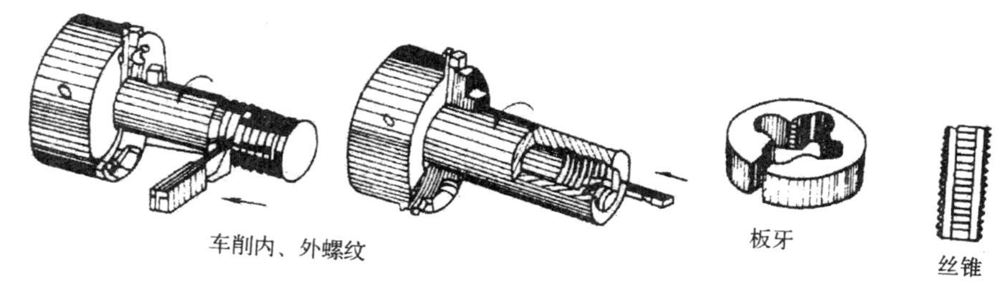

图 6－1　螺纹的加工方法

(2)螺纹的五要素

螺纹由牙型、直径、螺距(或导程)、线数和旋向五要素构成。

1)牙型。在通过螺纹轴线的剖面上,螺纹的轮廓形状,叫螺纹的牙型。常用螺纹的牙型、代号及其用途见表6-1。

表6-1 常用螺纹的牙型及用途

螺纹分类		螺纹特征代号	外形图	牙型	图标号	用途及说明
连接螺纹	普通螺纹	M		60°	GB/T 192—2003	粗牙螺纹用于一般机件的连接,细牙螺纹用于薄壁零件的防松与密封
	55°非密封管螺纹	G		55°	GB/T 7307—2001	用于管路零件的连接
	55°密封管螺纹	Rc R1 R2 Rp			GB/T 7306—2000	用于机器上燃料管、油管、水管、气管的连接,也用于各种堵塞
传动螺纹	梯形螺纹	Tr	30°	30°	GB/T 5796—2005	用于传递双向运动和动力(轴向力)的场合,如车床的丝杠等
	锯齿形螺纹	B	30° 3°	3° 30°	GB/T 13576—1992	用于传递单向动力(轴向力)的场合,如虎钳、千斤顶的丝杠等
	矩形螺纹					非标准螺纹,多用于虎钳、千斤顶、螺旋压力机

2)直径。螺纹的直径包括四个,见图6-2(a)。

a. 公称直径:代表螺纹尺寸的直径,例如M10,其公称直径为10 mm。

b. 大径(d、D):与外螺纹牙顶或内螺纹牙底相重合的圆柱面的直径。

c. 小径(d_1、D_1):与外螺纹牙底或内螺纹牙顶相重合的圆柱面的直径。

d. 中径(d_2、D_2):它是一个假想圆的圆柱面直径,该圆柱面的母线通过牙型上沟槽宽度和凸起宽度相等处。

3)线数(n)。螺纹的螺旋线数目,仅沿一条螺旋线形成的螺纹叫单线螺纹,沿两条或两条以上并在轴向等距分布的螺旋线所形成的螺纹叫多线螺纹。

4)螺距和导程。

a. 螺距(P):相邻两牙在中径线上对应两点之间的轴向距离,见图6-2(b)

b. 导程(P_h):同一条螺旋线上的相邻两牙在中经线上对应两点之间的轴向距离。

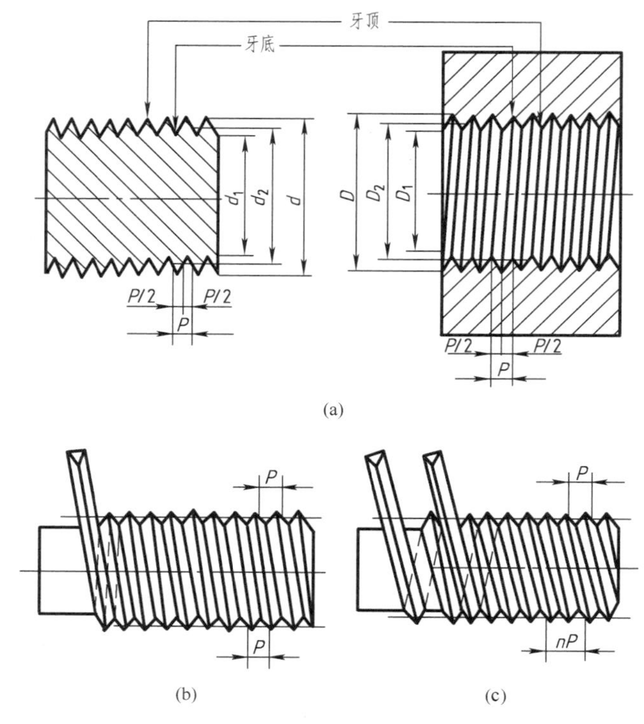

图 6－2　螺纹的线数

(a)螺纹各部分的名称　(b)单线螺纹　(c)双线螺纹

$P_h = nP$，即对于单线螺纹，导程＝螺距；对于多线螺纹，导程＝线数×螺距，见图 6－2(c)。

5)旋向。螺纹有右旋和左旋之分。旋向的判定，可依照图 6－3 所示方法进行：伸出并展平右手，将其置于螺纹后面，手心对着自己，四指的指向与轴线方向一致，若前面可见的螺旋线的倾斜方向与右手拇指指向一致，则为右旋螺纹，否则，则为左旋螺纹。

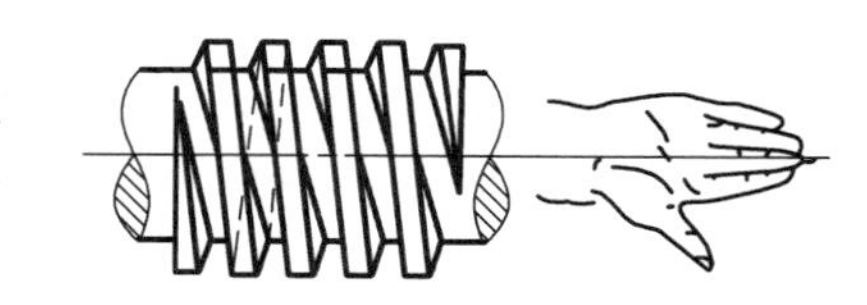

图 6－3　螺纹旋向的判断

以上各要素中，改变其中任何一项，都会得到不同规格的螺纹。国家标准规定了标准牙型、直径和螺距。凡是牙型、直径和螺距都符合国家标准规定的螺纹，叫标准螺纹；若牙型符合国标规定，直径或螺距不符合国家标准规定的螺纹，叫特殊螺纹；牙型不符合国标的螺纹，叫非标准螺纹，如矩形螺纹。

2. 螺纹的规定画法

螺纹的真实投影比较复杂，而且它的使用频率又非常高，为提高画图、读图的效率，所以国家标准对螺纹的画法作出规定。

(1)外螺纹的规定画法

外螺纹的牙顶用粗实线表示，牙底用细实线表示。在投影为非圆的视图上，牙底的细实线要画入倒角，螺纹终止线用粗实线表示。在比例画法中，螺纹小径可按大径的 0.85 倍绘制。螺尾部分一般不必画出，当需要表示时，该部分用与轴线呈 30°夹角的细实线画出。在反映圆的视图上，小径用大约 3/4 圈的细实线圆弧表示，倒角圆不画，如图 6－4所示。

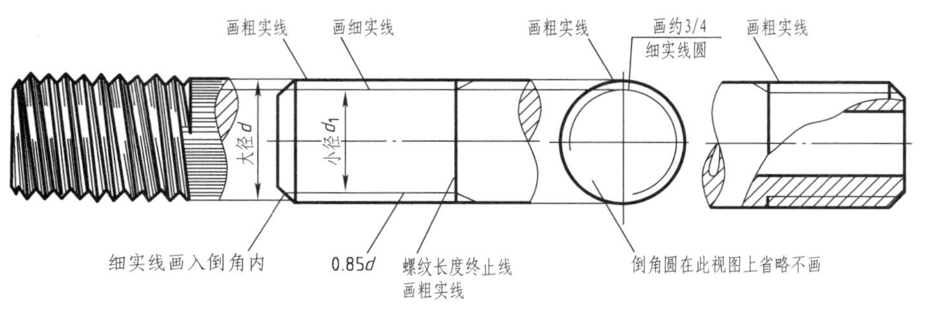

图 6－4　外螺纹的规定画法

(2) 内螺纹的规定画法

在投影为非圆的视图中，当采用剖视图时，内螺纹的牙顶用粗实线表示，牙底用细实线表示；采用比例画法时，小径可按大径的 0.85 倍绘制，剖面线应画到粗实线处，螺纹终止线用粗实线绘制。若为盲孔，采用比例画法时，螺纹终止线到孔的末端的距离可按 0.5 倍大径绘制。在投影为圆的视图中，大径用约 3/4 圈的细实线圆弧绘制，倒角圆不画。

当螺纹的投影不可见时，所有图线均画成细虚线，如图 6－5 所示。

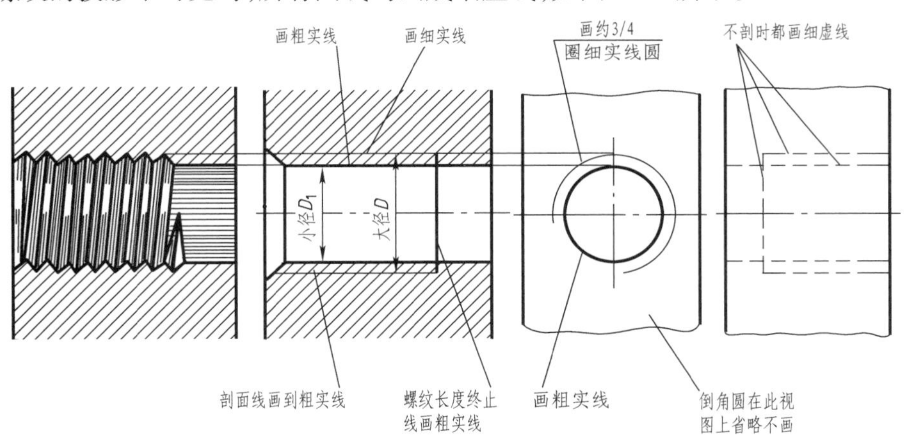

图 6－5　内螺纹的规定画法

(3) 内外螺纹的旋合画法

在剖视图中，内、外螺纹的旋合部分要按外螺纹的规定画法绘制，其余不重合部分则按各自原有的画法绘制。必须注意，表示内螺纹大径的细实线和表示小径的粗实线，以及表示外螺纹大径的粗实线和表示小径的细实线要分别对齐。在剖切平面通过螺纹轴线的剖视图中，实心螺杆按不剖切绘制，如图 6－6 所示。

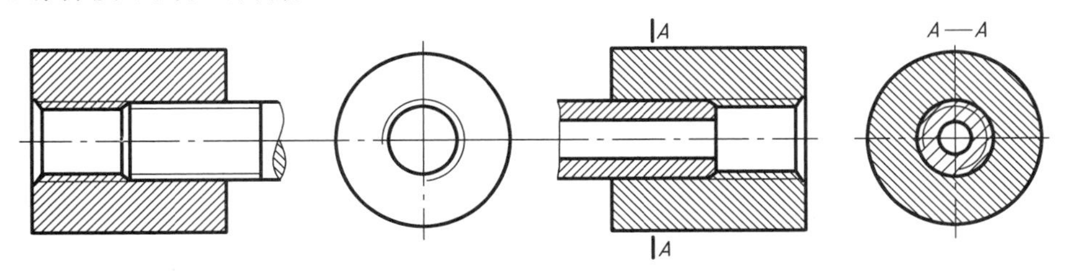

图 6－6　内、外螺纹的旋合画法

螺纹的规定画法是：表示螺纹两条线，用手来摸可分辨，摸得着的粗实线，摸不着的细实线。

(4)牙型表示法

螺纹牙型一般不在视图中表示，当需要表示螺纹牙型时，可按图6－7的形式绘制。

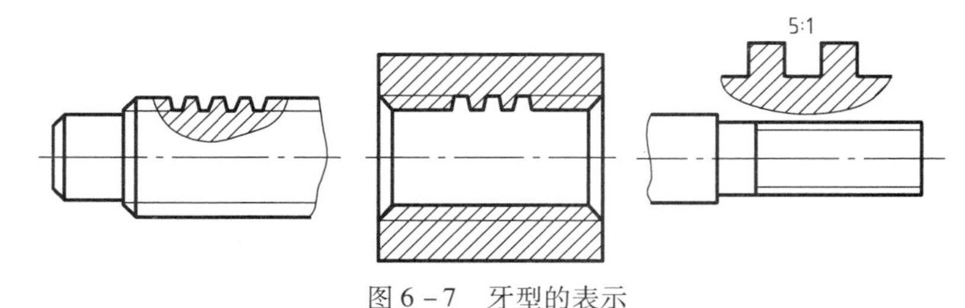

图6－7　牙型的表示

3. 螺纹的标注

由螺纹的规定画法可知，其画法不能表示出它的相关要素，所以要用标注说明。

螺纹的标注包括标记、长度、工艺结构、尺寸和螺纹的要素、精度等级。不同种类螺纹的标注形式也不同。

(1)普通螺纹

普通螺纹标注的规定如下：

螺纹特征代号—尺寸代号—公差带代号—旋合长度代号—旋向代号

在图样上，上述内容标注在螺纹大径的尺寸处。

普通特征螺纹代号为“M”；单线普通螺纹的尺寸代号用“公称直径×螺距”表示，粗牙普通螺纹可省略螺距的标注。当螺纹为左旋时，要加注“LH”，右旋不标注。

螺纹公差带代号包含“中径公差带代号”和“顶径公差带代号”两项。公差带代号是由“公差等级数字”和基本偏差代号(用字母表示)组合而成。外螺纹的基本偏差代号用小写字母表示，内螺纹用大写字母表示。若中径与顶径的公差带相同，则只标注一个代号。

螺纹的公差等级见表6－2，螺纹的基本偏差见表6－3。

表6－2　螺纹的公差等级

螺纹类别	直径	规定的公差等级	选用说明
内螺纹	顶径(小径)	4、5、6、7、8	公差等级6级为基本级，适用于中等正常结合情况； 3、4、5为精密级，用于精密结合或长度较短的情况； 7、8、9为粗糙级，用于粗糙结合或加长情况
	中径		
外螺纹	顶径(大径)	4、6、8	
	中径	3、4、5、6、7、8、9	

表6－3　螺纹的基本偏差

螺纹类别	基本偏差代号	选用说明
内螺纹	G、H	H:适用于一般用途和薄镀层螺纹 G:适用于厚镀层和特种用途螺纹
外螺纹	e、f、g、h	h:适用于一般用途和极小间隙螺纹 g:适用于薄镀层螺纹 f:适用于较厚镀层螺纹(螺距 $P \geq 0.35$) e:适用于厚镀层螺纹(螺距 $P \geq 0.5$)

螺纹旋合长度是指内、外螺纹旋合在一起的有效长度，分短、中、长三种，分别用S、N、L表示。在一般情况下，如为中等旋合长度时，规定不加标注。若为短、长旋合长度时，在螺纹公差带代号之后加注旋合长度代号“S”或“L”。

(2)梯形螺纹

梯形螺纹的标注规定如下：

螺纹特征代号—尺寸代号—中径公差带代号—旋合长度代号

梯形螺纹牙型代号为“Tr”，尺寸规格用“公称直径×导程(螺距)”表示，即单线螺纹为“公称直径×螺距”；多线螺纹为“公称直径×导程(螺距)”。当螺纹为左旋时，需在尺寸规格之后加注“LH”，为右旋时，不必标注。梯形螺纹的旋合长度分为中(N)、长(L)两种，中等旋合长度(N)不标注。

(3)锯齿形螺纹

锯齿形螺纹的标注规定如下：

螺纹特征代号—尺寸代号—精度等级—旋向

锯齿形螺纹代号为“B”，尺寸代号为“公称直径×导程(螺距)”，即单线螺纹为“公称直径×螺距”；多线螺纹为“公称直径×导程(螺距)”。锯齿形螺纹的精度等级只标注中径公差代号，标注方法与普通螺纹相同。当螺纹为左旋时，需在尺寸规格之后加注“LH”；右旋不需注写。

普通螺纹、梯形螺纹和锯齿形螺纹的标注示例，见表6-4。

表6-4 普通螺纹、梯形螺纹、锯齿形螺纹的标注示例

螺纹类别	螺纹代号	标注示例	标注说明
普通螺纹	M	M16—6H	粗牙：16—公称直径；6H—内螺纹中径和顶径公差带代号
		M16×1.5-5g6g-S-LH	细牙：16—公称直径；1.5—螺距；5g—外螺纹中径公差带代号；6g—外螺纹顶径公差带代号；S—旋合长度为“短”；LH—左旋
		M16-6g6g	粗牙：16—公称直径；6g—外螺纹中径、顶径公差带代号
		M20×2-6H/5g6g	细牙：20—公称直径；2—螺距；6H—内螺纹中径和顶径公差带代号；5g—外螺纹中径公差带代号；6g—外螺纹顶径公差带代号，这是内外螺纹旋合在一起的标注
梯形螺纹	Tr	Tr40×14(*P*7)LH-7e-L	40—公称直径；14—导程；7—螺距(由此可推知 $n=2$)；LH—左旋；7e—外螺纹中径公差带代号；L—旋合长度为“长”
锯齿形螺纹	B	B40×7-8c	40—公称直径；7—螺距；8c—外螺纹中径公差带代号

(4)管螺纹

管螺纹的标注规定如下：

螺纹特征代号—尺寸代号—公差带代号或公差等级—旋向

55°非密封管螺纹特征代号为G，55°密封管螺纹特征代号用Rp、Rc、R1、R2表示，它们分别表示55°密封圆柱内螺纹、55°密封圆锥内螺纹、55°密封与圆柱内螺纹配合的圆锥外螺纹、55°密封与圆锥内螺纹配合的圆锥外螺纹。

管螺纹标注示例见表6－5。

表6－5　管螺纹的标注示例

螺纹种类	标注内容		图　例	说　明
55°非密封管螺纹	内螺纹	G1	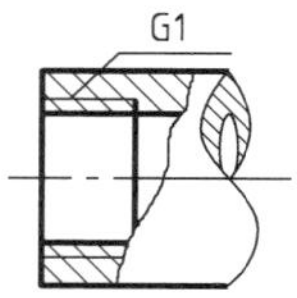	G—55°非密封管螺纹；1—尺寸代号；A—外螺纹公差等级代号
	外螺纹	G1A	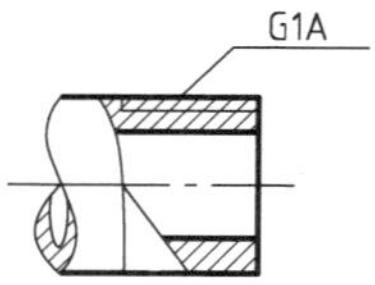	
55°密封管螺纹	圆柱内螺纹	Rp1	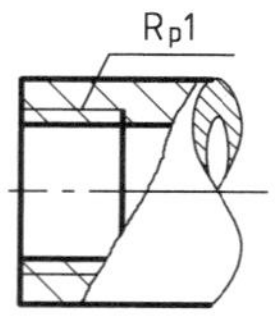	Rp—55°密封圆柱内螺纹；1—尺寸代号
	圆锥内螺纹	Rc1/2	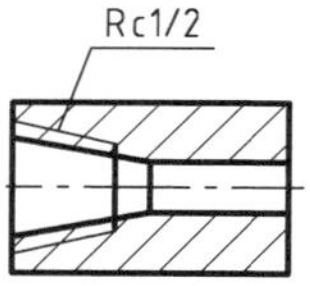	Rc—55°密封圆锥内螺纹；1/2—尺寸代号
	圆锥外螺纹	R1 1/2	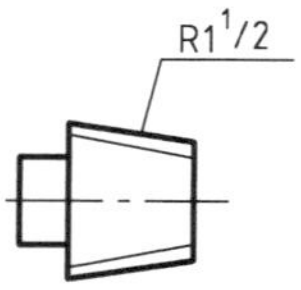	R_1—55°密封与圆柱内螺纹配合的圆锥外螺纹；1/2—尺寸代号

(5)特殊螺纹与非标准螺纹的标注

牙型符合国标，直径或螺距不符合国标规定的螺纹，应在螺纹代号前加注“特”，并标注出直径和螺距，如图6－8所示。

对于非标准牙型的螺纹，在螺纹的牙型图上要标注牙型的尺寸，如图6－9所示。

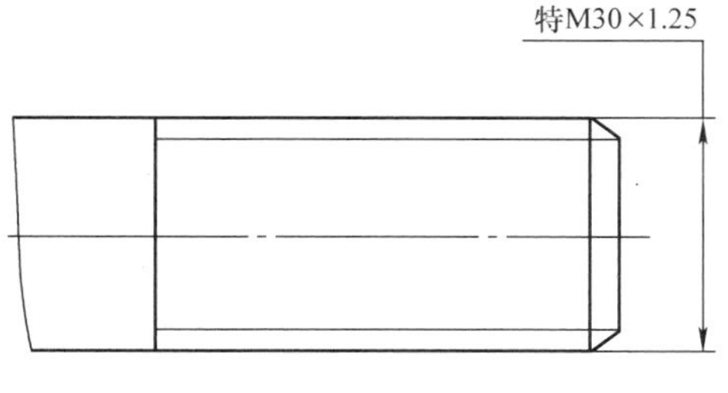

图 6－8 特殊螺纹的标注

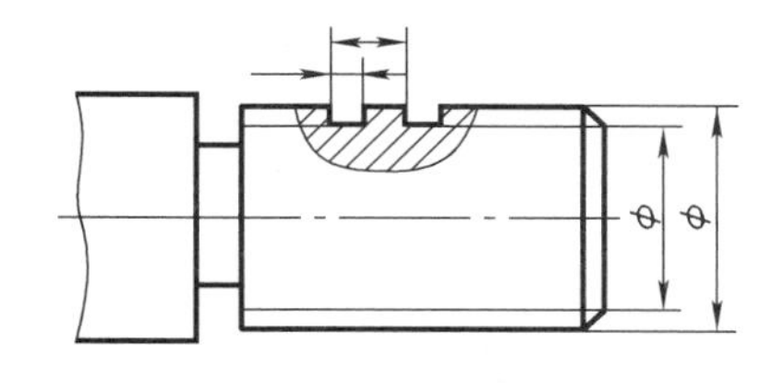

图 6－9 非标准螺纹的标注

4. 螺纹紧固件的规定画法

(1)基本规定

1)当剖切平面通过螺栓、双头螺柱、螺钉、螺母、垫圈等标准件的中心线时,这些零件均按不剖切处理;

2)在剖视图中,两相邻零件的剖面线方向相反,或间距不等,但同一零件在各个剖视图中,剖面线的方向要一致,间距要基本相等;

3)两零件的接触面要画一条线,非接触面要画两条线。

(2)螺纹紧固件的连接画法

1)螺栓连接。螺栓用来连接两个厚度不太大并允许钻通孔的零件。使用时,先将螺栓杆穿过两个钻有通孔的零件,然后套上垫圈,最后套上螺母旋紧即可。为了方便画图,提高画图效率,螺纹紧固件各部分尺寸均根据其公称直径(d)按规定的比例计算确定,并不要求查出它们的实际尺寸,见图 6－10。

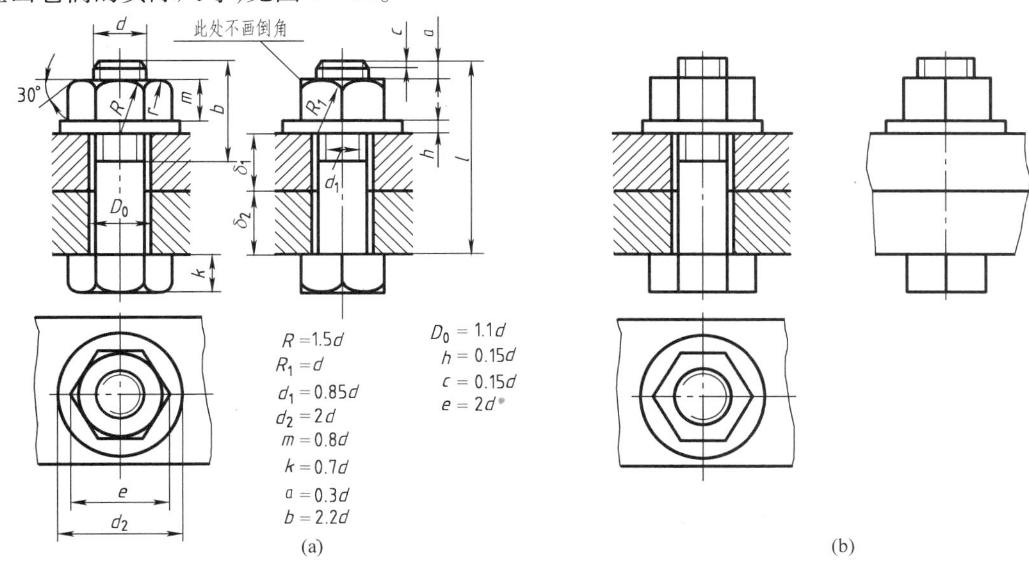

图 6－10 螺栓连接的比例画法和简化画法

(a)比例画法 (b)简化画法

2)双头螺柱连接。当两个被连接件之一较厚不宜钻通孔,或是不宜经常拆卸,或是大而重要的零件时,用双头螺柱连接。使用时,将螺柱旋入端(旋入螺孔的一端称旋入端,另一端称紧固端)旋入较厚的零件的螺孔至极限位置为止,另一端穿过较薄零件上的光孔,再套垫圈,最后在螺柱紧固端旋上螺母并拧紧,见图 6－11 所示。画图时,双头螺柱旋入端的

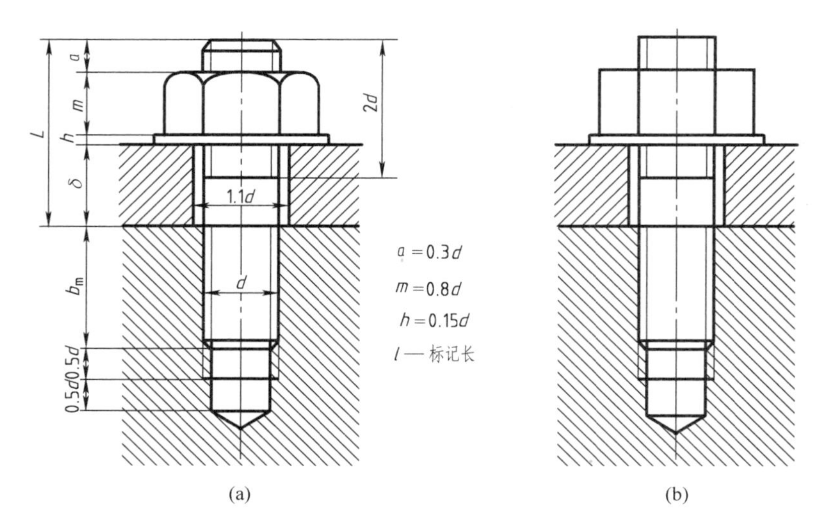

图 6－11　双头螺柱连接的画法

(a)比例画法　(b)近似画法

螺纹截止线要和螺孔端面平齐。双头螺柱旋入端的长度和被旋入的工件材料有关。

青铜	$b_m = d$;
铸铁	$b_m = 1.25 \sim 1.5\ d$;
铝合金	$b_m = 2d$。

式中　b_m——双头螺柱旋入端长度。

3)螺钉连接。螺钉连接用于连接两零件之一较薄、另一较厚且受力不大的场合。它的特点是不用螺母,依靠螺钉旋紧后实现连接,见图 6－12。

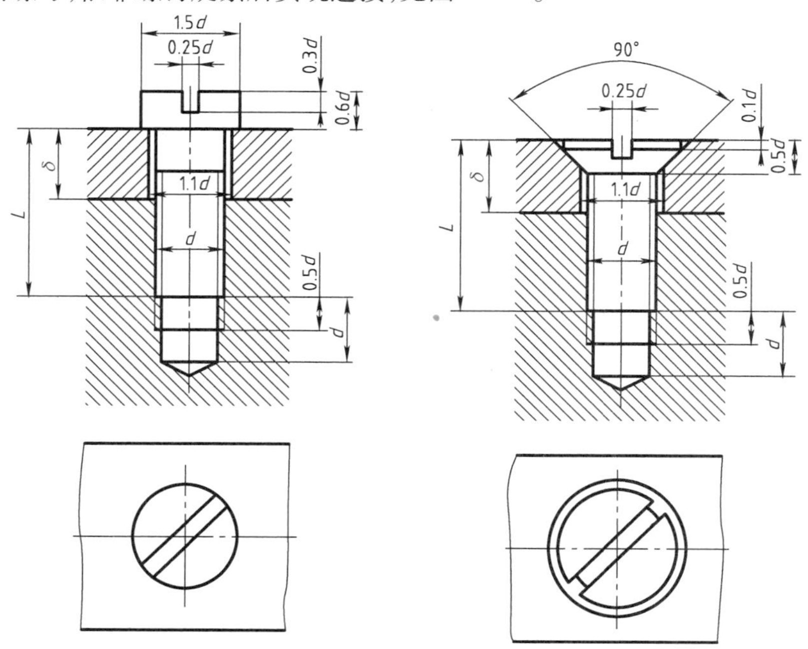

图 6－12　螺钉连接的比例画法与简化画法

画图时应注意螺钉上的螺纹截止线应画到螺孔顶面以上；在投影为圆的视图中，螺钉的一字槽画成和中心线倾斜45°角。

6.2 齿轮的基本知识和规定画法

1. 齿轮的基本知识

齿轮传动应用极为广泛，其功能是传递运动和动力、改变转速和转向、把旋转运动转变为平移运动，或者相反，把平移运动转变为旋转运动。齿轮传动中两轴的相对位置有以下三种状况：

1）两轴平行，用圆柱齿轮（包括圆柱直齿轮、圆柱斜齿轮、圆柱人字齿轮）传动实现，见图6－13（a）。

2）两轴相交，用圆锥齿轮传动实现，见图6－13（b）。

3）两轴交叉，用蜗轮蜗杆传动实现，见图6－13（c）。

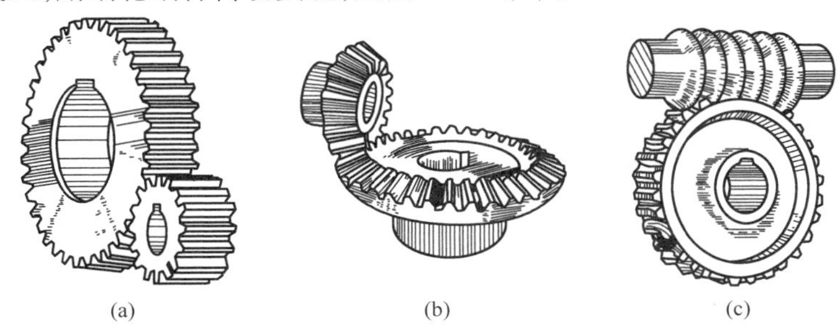

图6－13 齿轮传动

（a）两轴平行 （b）两轴相交 （c）两轴交叉

2. 圆柱直齿轮各部分名称与代号

圆柱直齿轮各部分名称与代号见图6-14。

1）轮齿：齿轮上的齿叫轮齿。

2）齿顶圆直径 d_a：轮齿顶部所在的圆。

3）齿根圆直径 d_f：轮齿根部所在的圆。

4）齿厚 s：同一个轮齿、左右两侧沿圆周方向的弧线长度。在不同圆上有不同的齿厚，齿顶圆上的齿厚小，齿根圆上的齿厚大。

5）齿槽宽 e：相邻两齿左右两侧沿圆周方向的弧线长度。在不同的圆上有不同的齿槽宽，齿顶圆上齿槽宽大，齿根圆上齿槽宽小。

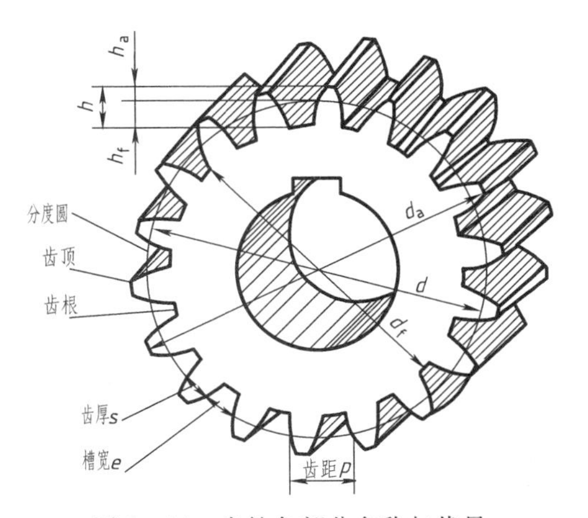

图6－14 齿轮各部分名称与代号

6）齿距 p：相邻两齿对应两点之间沿圆周方向的弧线长度。在不同圆上有不同的齿距，齿顶圆上齿距大，齿根圆上齿距小；规定以分度圆上的齿厚 s、齿槽宽 e、齿距 p 为齿轮的标准齿厚、齿槽宽和齿距。它们之间的关系为 $p=s+e$。

7）分度圆直径 d：由于轮齿是连续的，所以在齿顶圆和齿根圆之间肯定存在一个圆，它的齿厚等于齿槽宽，这个圆叫分度圆；

8）模数 m：设齿轮的轮齿数为 z，则分度圆的展开长度等于 zp，分度圆的展开长度也等

于 πd，则 $\pi d = zp$，$d = \frac{p}{\pi}z$。

由于 π 是无理数，给设计计算带来诸多不便，所以，令 $p/\pi = m$，则 $d = mz$。

m 叫模数，它的单位是 mm。一对相互啮合的齿轮，其齿距 p 必须相等，即它们的模数必须相等。模数越大，齿距 p 就越大，轮齿厚度也就越大，承载能力就越大。不同模数的齿轮要用不同模数的齿轮刀具来加工制造。为便于设计、加工和降低刀具的储备成本，国家标准规定了渐开线齿轮模数的标准数值，见表 6－6。

表 6－6　渐开线圆柱齿轮的模数

第一系列	1　1.25　1.5　2　2.5　3　4　5　6　8　12　16　20　25　32　40　50
第二系列	1.75　2.25　2.75　(3.25)　3.5　(3.75)　4.5　5.5　(6.5)　7　9　(11)　14　18　22　28　36　45

注：优先选用第一系列，其次是第二系列，括号内的数值尽可能不用。

9）齿顶高 h_a：从齿顶圆到分度圆的径向距离。

10）齿根高 h_f：从分度圆到齿根圆的径向距离。

11）齿高 h：从齿顶圆到齿根圆的径向距离，$h = h_a + h_f$。

12）齿宽 b：沿齿轮轴线方向测量的齿轮的宽度。

13）压力角（齿形角）α：一对标准齿轮啮合时，在分度圆上，啮合点的法线方向与该点的瞬时速度方向间所夹的锐角。标准齿轮的压力角为 20°。

3. 标准直齿轮的尺寸计算

见表 6－7。

表 6－7　标准直齿圆柱直齿轮基本尺寸计算公式

基本参数：模数 m、齿数 z		
名称	符号	计算公式
齿距	p	$p = \pi m$
齿顶高	h_a	$h_a = m$
齿根高	h_f	$h_f = 1.25m$
齿高	h	$h = 2.25m$
分度圆直径	d	$d = mz$
齿顶圆直径	d_a	$d_a = m(z+2)$
齿根圆直径	d_f	$d_f = m(z-2.5)$
中心距	a	$a = m(z_1 + z_2)/2$

4. 单个直齿圆柱齿轮的规定画法

见图 6－15。

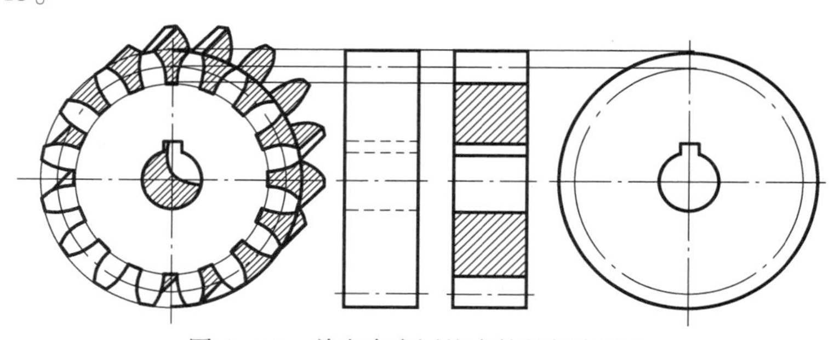

图 6－15　单个直齿圆柱齿轮的规定画法

齿顶圆和齿顶线用粗实线绘制;分度圆和分度线用细点画线绘制;齿根圆和齿根线用细实线绘制,也可省略不画;投影为非圆的视图,一般画成剖视图,轮齿一般按不剖处理,齿根线用粗实线绘制。

5. 圆柱齿轮的啮合画法

圆柱齿轮啮合时啮合区按以下规定画法,其余仍按单个齿轮画,见图 6-16。

在投影为圆的视图中,两分度圆相切,啮合区的齿顶圆画粗实线(见图 6-16(a))或省略不画(见图 6-16(b));

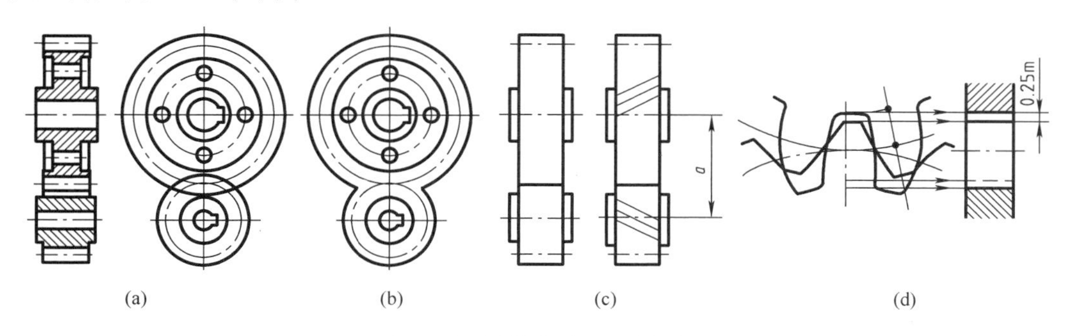

图 6-16 圆柱齿轮的啮合画法

在投影为非圆的剖视图中,两分度线重合,画细点画线,通常把从动齿轮的齿顶线画虚线,主动齿轮的齿顶线画粗实线,齿根线画粗实线(见图 6-16(d))。

6.3 弹簧的基本知识及其规定画法

1. 弹簧的基本知识

弹簧是依靠弹性变形(在外力的作用下零件产生变形,外力去除后,零件又恢复到原来的状态的变形)工作的弹性零件。在外载荷作用下,能产生较大的弹性变形,并吸收一定的能量,当外载荷卸除后,它迅速地恢复至原来的形状和大小,并释放出吸收到的能量,它广泛地应用于多种机械中。

弹簧具有控制运动(如凸轮机构、离合器及各种调速器中的弹簧)、缓冲吸振(如电梯、车辆中的弹簧)、储存能量(如机械式钟表、仪器、夹具中的弹簧)、测力(如弹簧秤、测力器中的弹簧)、保持零件之间接触(如簧片触点、电源插座中的插套)的功能。

按承受载荷性质不同,弹簧分为拉伸弹簧、压缩弹簧、扭转弹簧和弯曲弹簧。按弹簧的形状不同,弹簧分为螺旋弹簧、蝶形弹簧、平面蜗卷弹簧(盘簧)、片弹簧和板弹簧,见表 6-8。

多数弹簧是螺旋形的,其基本形状为空间螺旋线,真实投影比较复杂,为此,国家标准规定了螺旋弹簧的规定画法。螺旋弹簧用弹簧钢丝卷制而成,弹簧钢丝的材料有 65Mn、60Si2Mn、50CrVA 和不锈钢丝 1Cr18Ni9 等。

2. 圆柱螺旋弹簧的参数

圆柱螺旋弹簧的参数见图 6-17。

1)簧丝直径 d:制造弹簧用的钢丝直径。

2)弹簧外径 D:弹簧的最大直径。

3)弹簧内径 D_1:弹簧的最小直径。

表 6-8　弹簧的基本类型

	拉　伸	压　缩	扭　转	弯　曲
螺旋形	圆柱螺旋拉伸弹簧	圆柱螺旋压缩弹簧(左) 圆柱螺旋压缩弹簧(右)	圆柱螺旋扭转弹簧	
其他形		环形弹簧　碟形弹簧	卷簧	板簧

4)弹簧中径 D_2:弹簧的平均直径。

$$D_2 = \frac{D + D_1}{2} = D_1 + d = D - d$$

5)节距 p:除支承圈外,相邻两圈的轴向距离。

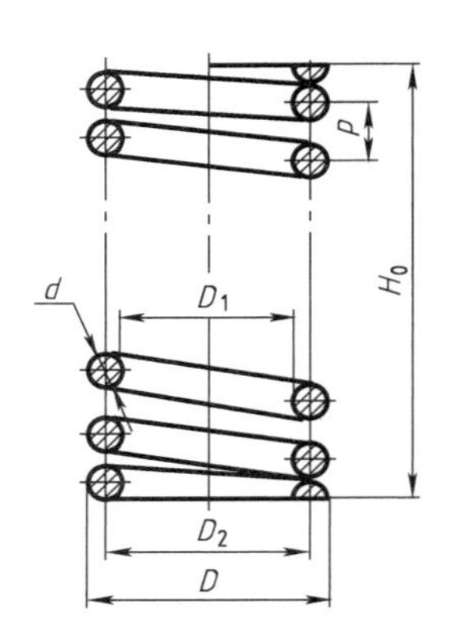

图 6-17　圆柱螺旋弹簧的参数

6)有效圈数 n、支承圈数 n_2、总圈数 n_1:为了使压缩弹簧工作时受力均匀,增加弹簧的平稳性,把弹簧两端并紧,且将端面磨平,磨平部分起支承作用,称为支承圈。支承圈有 1.5 圈、2 圈及 2.5 圈三种。大多数的支承圈是 2.5 圈,其余各圈都参加工作,并保持相等的节距。参加工作的圈数称为有效圈数,它是计算弹簧受力的主要依据。有效圈数和支承圈数之和称为总圈数,即

$$n_1 = n + n_2$$

7)自由高度(或长度)H_0:弹簧在不受外力作用时的高度称自由高度,即

$$H_0 = np + (n_2 - 0.5)d$$

3. 圆柱螺旋压缩弹簧的规定画法

圆柱螺旋压缩弹簧的规定画法见图 6-18。

1)螺旋弹簧均可画成右旋,但左旋螺旋弹簧,不论画成左旋或右旋,一律要标注旋向“左”字。

2)不论支承圈数多少,均可按支承圈数为 2.5 圈画图。必要时可按支承圈的实际情况画图。有效圈数在四圈以上的螺旋弹簧,中间部分可省略不画,并允许适当缩短图形的长度。

3)在平行于弹簧中心线方向的视图中,每圈的轮廓线画成直线。

已知螺旋压缩弹簧的参数 d、D、p、n 及 H_0 时，圆柱螺旋压缩弹簧的画法和步骤见图 6－18。

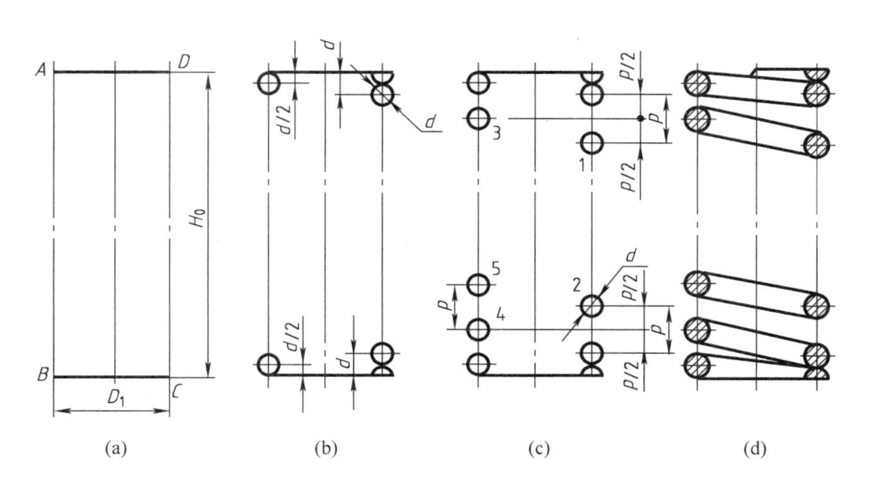

图 6－18　圆柱螺旋压缩弹簧的规定画法

4）在装配图中，螺旋弹簧被剖切时、簧丝直径小于 2 mm 的剖面可以涂黑表示，见图 6－19（b）；簧丝直径小于 1 mm 时，可采用示意画法表示，见图 6－19（c）。

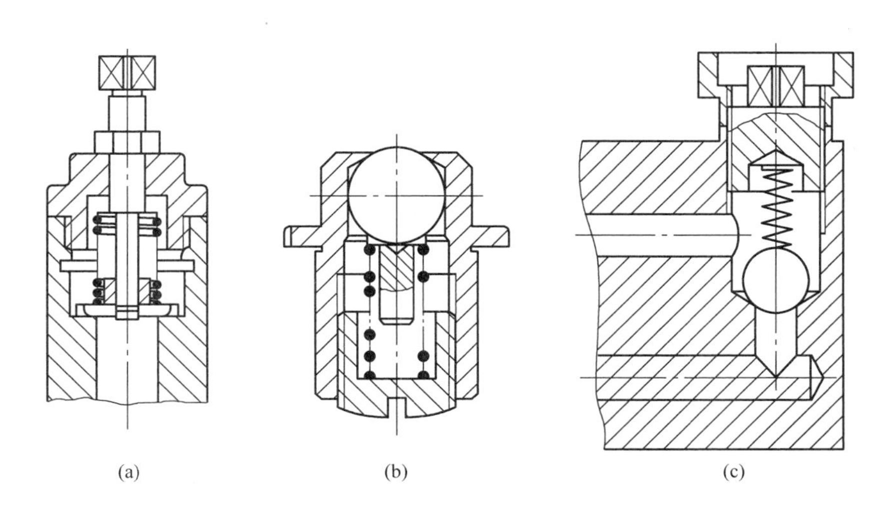

图 6－19　装配图中的弹簧表示法

4. 圆柱螺旋压缩弹簧的零件图

圆柱螺旋压缩弹簧的零件图一般用两个基本视图表达，轴线水平放置。在投影为非圆的视图的上方，一般要画出弹簧的特性曲线图，左（或右）视图，要标注弹簧端面磨平部分的圆周角，技术要求要说明弹簧的主要技术参数、热处理、表面处理和展开长度。见图 6－20。

螺旋弹簧零件图的技术要求一般包括：弹簧旋向、有效圈数和总圈数、工作极限压力、热处理和表面处理、簧丝展开长度等。

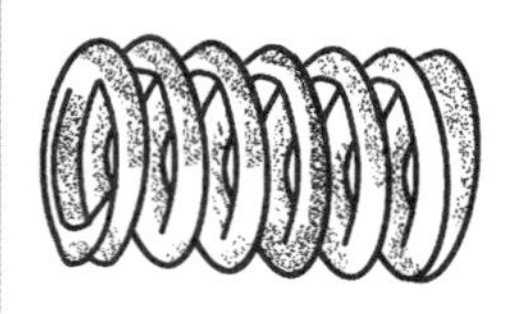

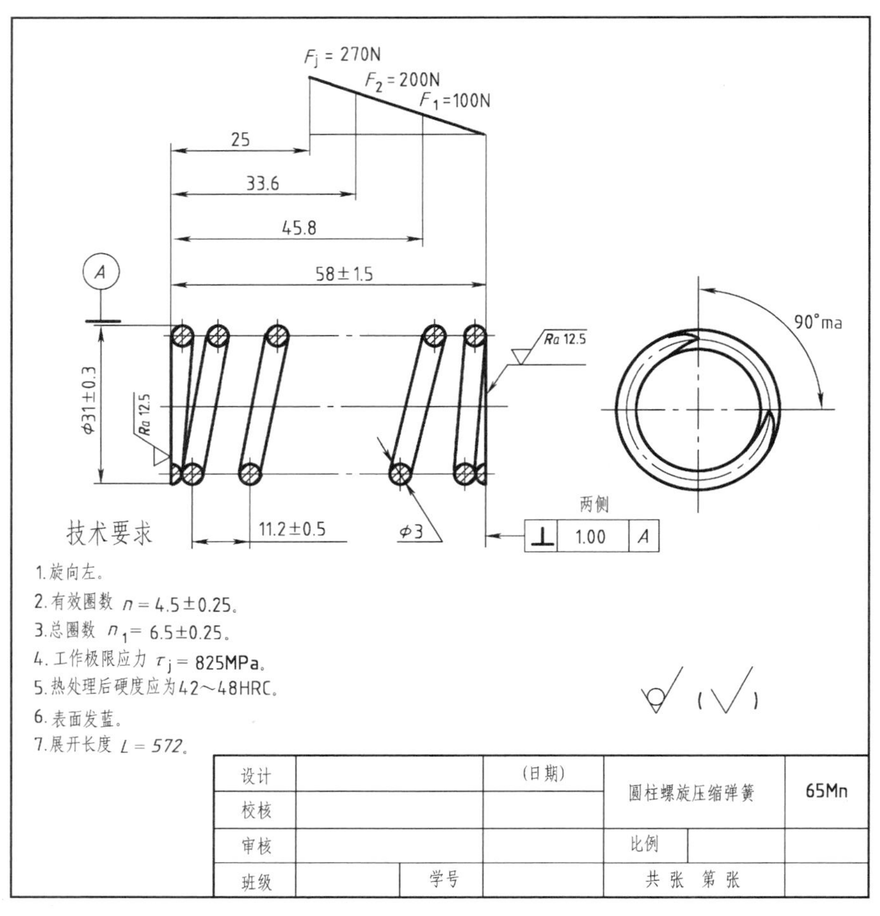

图 6－20　圆柱螺旋压缩弹簧的零件图

6.4　键连接

1. 键连接的功能和键的种类

键用来连接轴和轴上零件（如齿轮、带轮、链轮、凸轮等），用以传递运动和动力，常用的键有普通平键、半圆键、钩头楔键、花键等，见图 6－21。

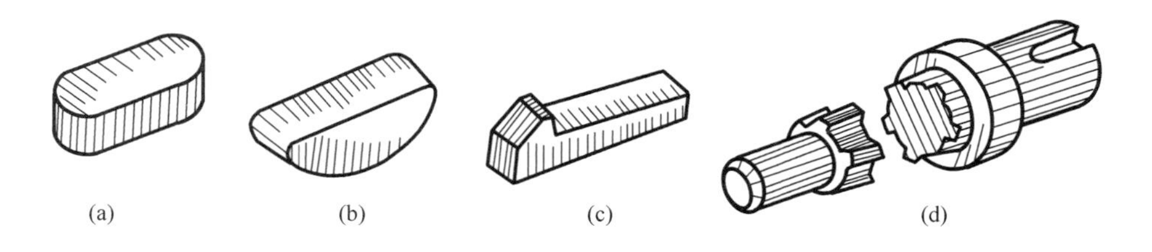

图 6－21　键

（a）普通平键　（b）半圆形键　（c）钩头楔键　（d）花键

普通平键按其两端形状分为圆头（A 型）、平头（B 型）、单圆头（C 型）三种形式，见图6－22。

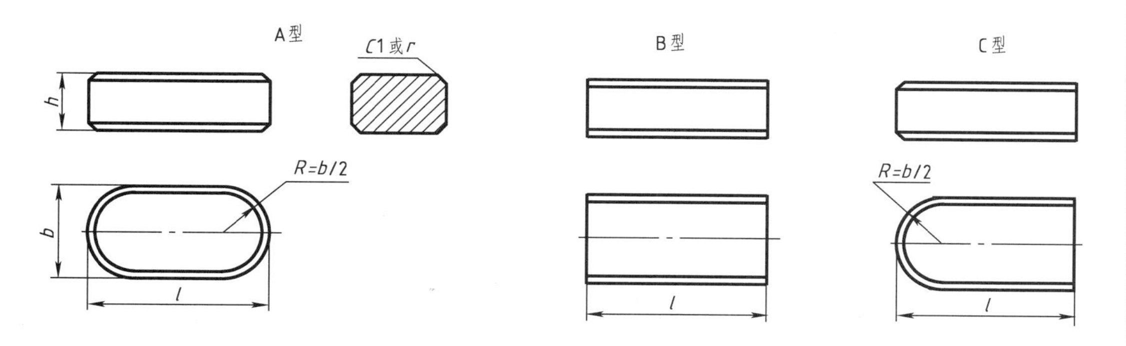

图 6－22　普通型平键

2. 键连接的形式

普通平键、半圆型键和钩头型楔键　它们的连接形式与标记识读，见表 6－9。

表 6－9　常用键的形式、标注和连接画法

名称	图　例	标 记 方 法	连 接 画 法
普通型平键		$b=10$、$h=8$、$L=28$ 的普通 A 型平键，其标注为： GB/T 1096　键　10×8×28 A 型的字母“A”可省略，B 型和 C 型的字母不能省	键和轮毂上键槽的两侧是工作面，没有间隙，顶部应有间隙，倒角不画，t_1、t_2 见附录
半圆形键		$b=6$、$h=10$、$D=25$ 的半圆键，其标注为： GB/T 1099.1　键　6×10×25	键和键槽的侧面是工作面，没有间隙，顶部应有间隙，键倒角不画
钩头楔键		$b=18$、$h=11$、$L=100$ 的钩头楔键，其标注为： GB/T 1565　键　18×100	键的顶面有斜度，它和键槽的底面是工作面，没有间隙，而两侧有间隙，键倒角不画

6.5 销连接

销的主要功能是连接、定位和保险。常用的销有圆柱销、圆锥销和开口销，前两种主要用于连接或定位，后一种用于保险。圆柱销依靠过渡配合固定在被连接件的孔中。圆锥销有1∶50的锥度，比圆柱销有可靠的定位。销连接的形式、标记和连接画法见表6－10。

表6－10 销连接的形式、标记和连接画法

名称	图　例	标记示例	连接画法
圆柱销	$d_{公差}$:m6　R≈d　≈15°　c　l　a　d	公称直径 $d=8$、公差带代号m6，公称长度 $L=20$，材料为钢，不经淬火，不经表面处理的圆柱销，其标记为 销　GB/T 119.1　8m6×20	
圆锥销	1∶50　R_1　R_2　d　a　l　a	公称直径 $d=10$、长度 $l=60$、材料为35钢、热处理硬度28～38HRC、表面氧化处理的A型圆锥销，标记为： 销　GB/T 117　10×60	
开口销	b　l　a　c　d	公称规格 $d=5$、长度 $l=50$、材料为低碳钢、不经表面处理的开口销，标记为： 销　GB/T 91　5×50	

6.6 滚动轴承及其画法

1. 滚动轴承的基本知识

滚动轴承是用来支撑轴的标准件，可以减少轴旋转时的摩擦。它由外（上）圈、内（下）圈、滚动体（形状有球体、圆柱体、圆锥体等）和保持架构成，见图6－23。

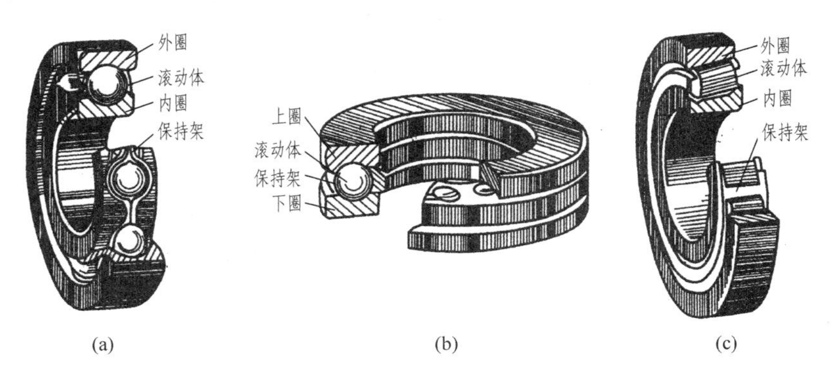

图6－23　滚动轴承的结构

2. 滚动轴承的分类

按滚动轴承的内部结构和受力方向不同,可以分为以下几种。

1)向心轴承:主要承受径向载荷。

2)推力轴承:只能承受轴向载荷。

3)向心推力轴承:能同时承受径向和轴向载荷。

3. 滚动轴承的画法

滚动轴承的画法有三种,即通用画法、特征画法和规定画法。前两种画法又称简化画法。各种画法示例见表6-11。

表6-11　常用滚动轴承表示法(GB/T 4459.7—1998)

名称、标准号和代号	主要尺寸数据	规定画法	特征画法	通用画法
推力型轴承 50000型	D d T	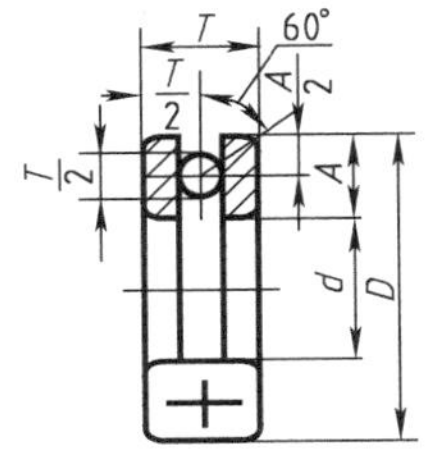	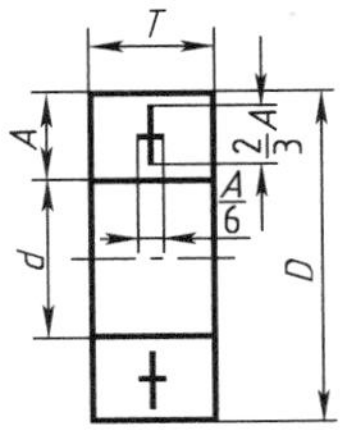	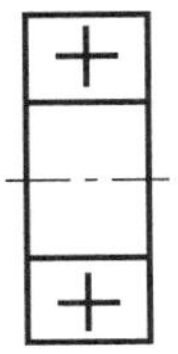
深沟型轴承 60000型	D d B	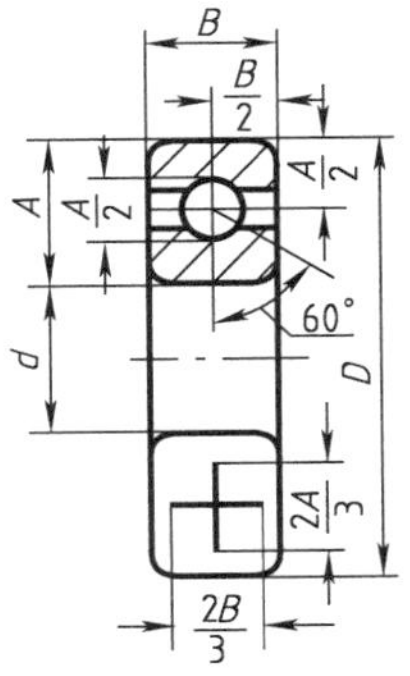	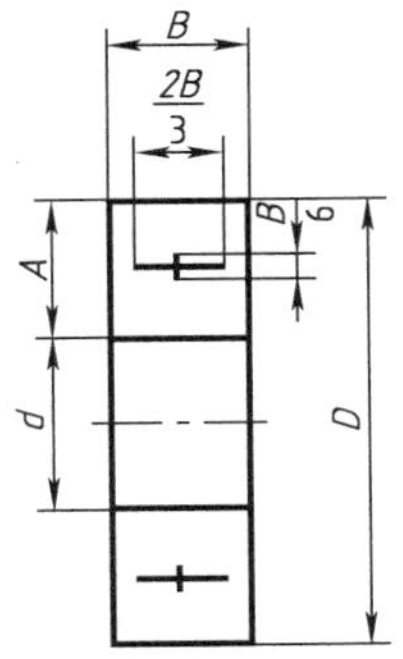	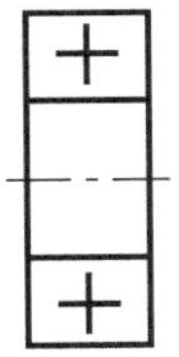
圆锥滚子轴承 30000型	D d B T C	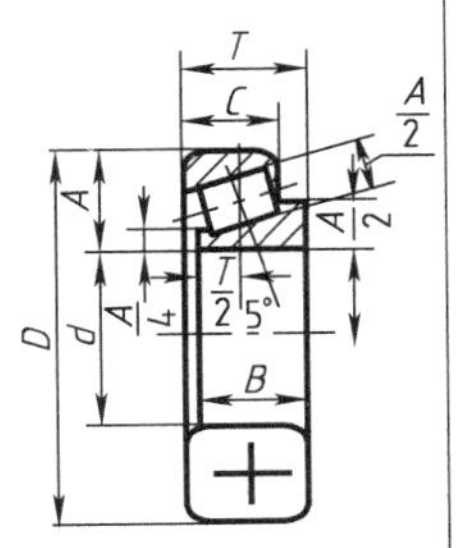	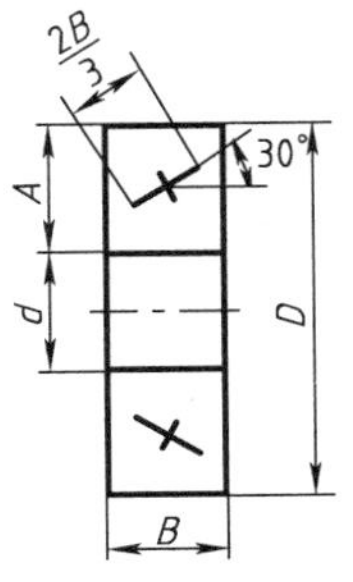	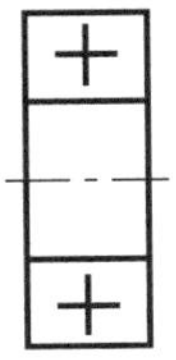

模块七　零　件　图

学习目标

1. 知道零件图的概念、作用和内容；

2. 掌握各类零件图的画法、读法，尤其要重点掌握零件图的读图方法，能读懂比较复杂的零件图；

3. 零件图的内容较多，涉及的知识面也较广，学习时要结合工作过程的需要，不仅要学习画图、读图，而且要和学习公差配合、技术测量、形位公差、表面结构、金属材料与热处理、机器制造工艺等有机地结合起来学习，借此培养学生全面分析和解决问题的能力。

教学提示

1. 地位作用　零件图是本课程的重点，地位重要。

2. 物资材料　各类零件的实物或模型，各类零件的课件。

3. 教法提示　该模块的内容实用性极强，因此，教学时一定要密切联系实际，最好用真实的零件进行教学。

4. 学法提示　要密切结合真实的零件进行学习，学习时要多想几个为什么，例如为什么用这样的视图来表达这个零件？如果让我来画这个零件的零件图，将怎样选择视图？怎样标注尺寸？怎样标注和写技术要求？读零件图时，不仅要读懂它的形状，而且要读懂各种技术要求，对于不懂的问题，要多问。

7.1　零件图的概念和分类

任何机器或部件都是由许多形态各异、尺寸不同的零件按设计要求装配而成的，见图 7-1。

任何一个零件出现质量问题都会直接影响机器或部件的性能和寿命。在生产过程中，直接指导加工制造和测量单个零件的图样称为零件工作图，简称零件图。零件图是表达零件结构、大小和技术要求的图样。

按照通用性零件分为三类。

(1)标准件

它们的结构形状、尺寸大小和技术要求在相关标准中都作了规定，例如螺纹紧固件(螺钉、螺栓、双头螺柱、螺母)、键、销、滚动轴承等。标准件由专门企业制造，设计时不必画它们的零件图，仅需在装配图中标注出它们的标准号和规格即可；使用时到市场上去购买。标准件广泛应用于许多机器、机构和生活当中。

(2)常用件

这类零件的部分尺寸、结构和技术要求已经标准化，例如齿轮、弹簧。设计时仅需要添加部分尺寸、改变部分结构，再画出它们的零件图。

(3)专用件

这类零件的结构形状、尺寸大小和技术要求要根据它们在机器或部件中的作用和工艺要求

来确定，仅能用于某一个(种、系列)部件或机器，例如轴、箱体、盖等。专用件按照其结构特点一般分为四类，即轴套类、轮盘类、一般类和箱体类。图 7 –2 是轴类零件，图7 –3是轮盘类零件，图 7 –4 是一般类零件，图 7 –5 是箱体类零件。

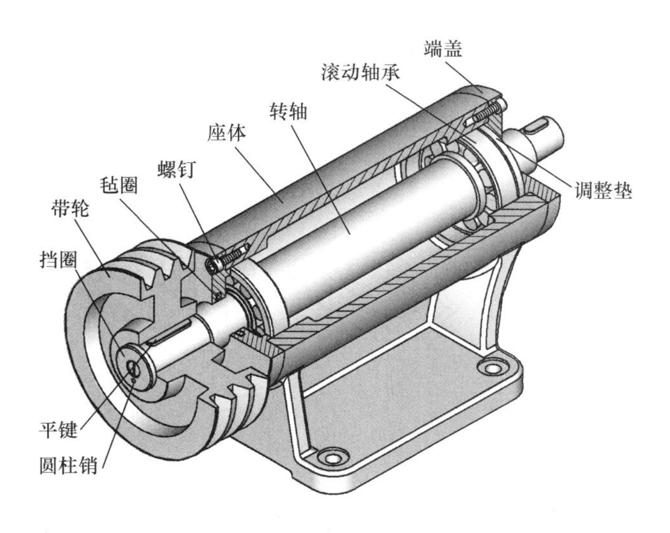

图 7 –1 部件轴测图

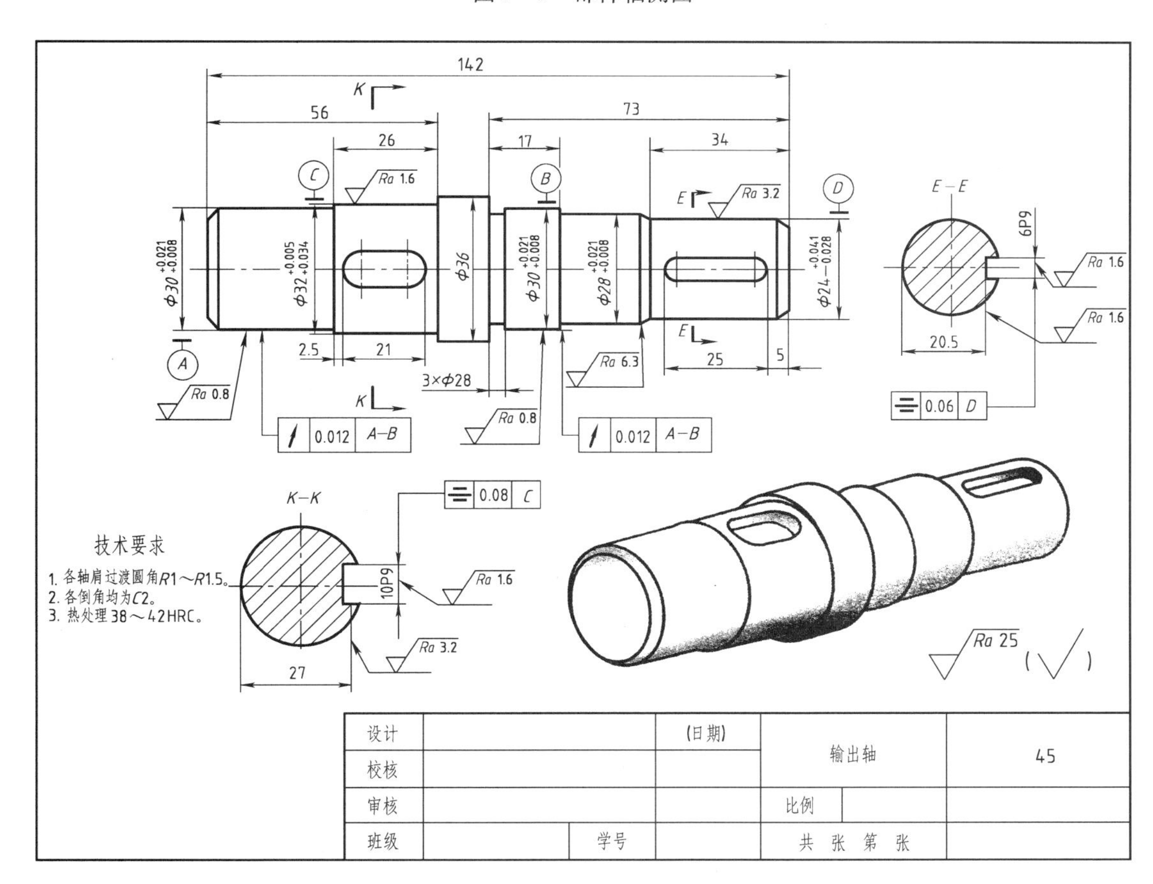

图 7 –2 输出轴零件图

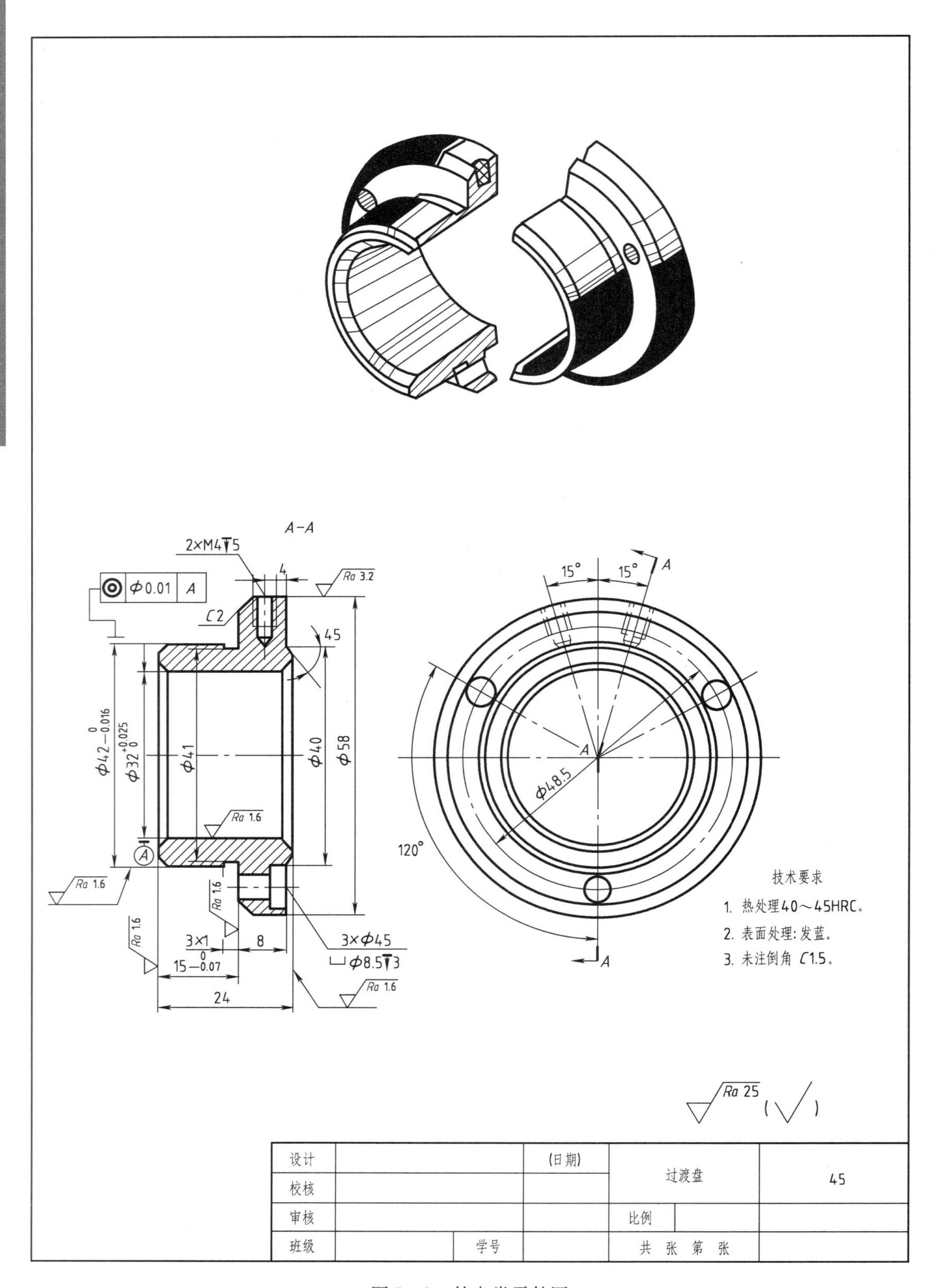
A-A
2×M4↧5
4
Ra 3.2
Φ0.01 A
C2
45
Φ42 0 -0.016
Φ32 +0.025 0
Φ41
Φ40
Φ58
Ra 1.6
A
Ra 1.6
Ra 1.6
Ra 1.6
3×1
8
15 0 -0.07
3×Φ45
⌴Φ8.5↧3
Ra 1.6
24
15°
15°
A
A
Φ48.5
120°
A
技术要求
1. 热处理40～45HRC。
2. 表面处理:发蓝。
3. 未注倒角 C1.5。
Ra 25
设计
(日期)
过渡盘
45
校核
审核
比例
班级
学号
共 张 第 张

图 7-3 轮盘类零件图

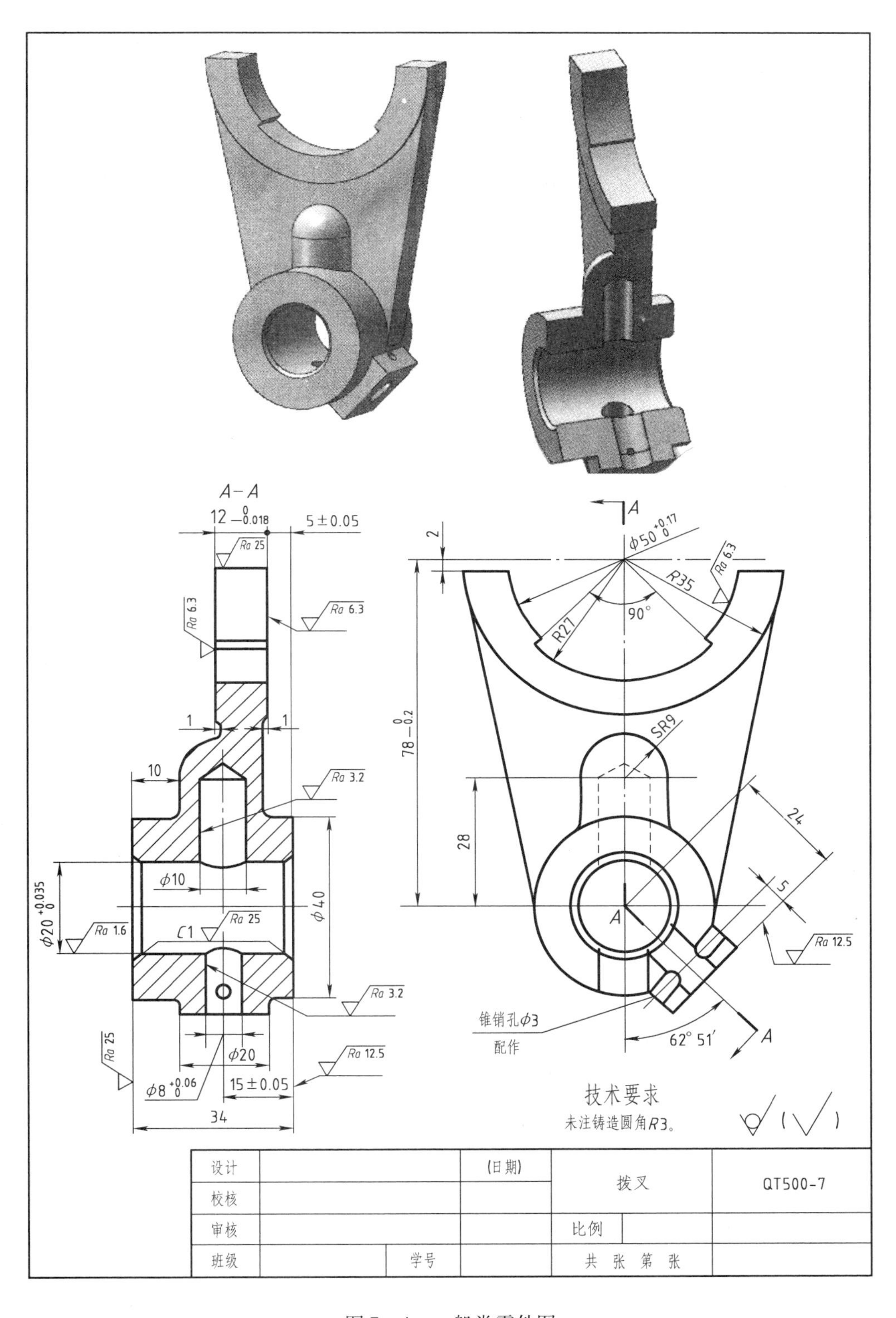
A－A
12 $_{-0.018}^{0}$
5±0.05
Ra 25
Ra 6.3
Ra 6.3
1
1
10
Ra 3.2
φ10
φ20 $^{+0.035}_{0}$
Ra 1.6
Ra 25
C1
φ40
Ra 3.2
Ra 25
φ8 $^{+0.06}_{0}$
φ20
15±0.05
Ra 12.5
34
A
φ50 $^{+0.17}_{0}$
2
Ra 6.3
R35
R27
90°
78 $_{-0.2}^{0}$
SR9
24
28
5
A
Ra 12.5
锥销孔φ3
配作
62° 51′
A
技术要求
未注铸造圆角R3。
设计
(日期)
拨叉
QT500-7
校核
审核
比例
班级
学号
共 张 第 张

图 7－4 一般类零件图

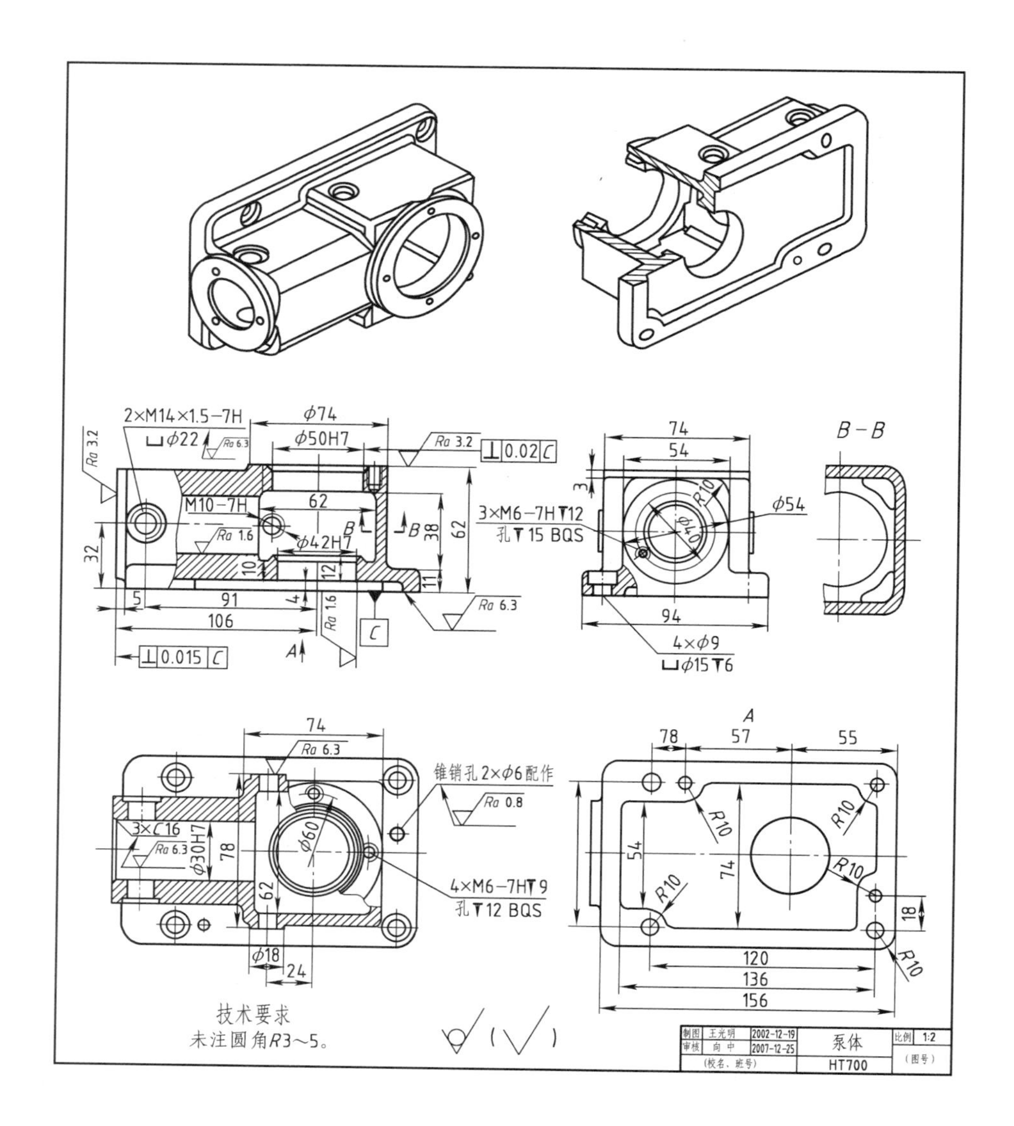

图 7-5　箱体类零件图

7.2　零件图的内容

7.2.1　零件图的视图表达

零件图的作用是正确、完整、清晰、简洁地表达零件的结构形状。零件外形表达方法有三视图、六基视图、斜视图、局部视图，内部形状表达方法有全剖视图(阶梯剖视图、旋转剖视图、斜剖视图、复合剖视图)、半剖视图、局部剖视图，断面表达方法有断面图，其他表达方法有简化画法、局部放大等。

零件图主视图的选择原则有如下几点。

1)轴套类零件：主视图一般是轴线水平放置，与零件的主要加工方向一致，方便读图和画图，见图 7-2。

2)轮盘类零件：主视图的中心线一般是水平放置，多画成全剖视图，其原因是与加工位置一致，方便读图，见图 7-3。

3）一般类零件：以叉架类零件为典型代表，还包括一些不便于归类的不规则零件，见图 7-3。由于这类零件的形状不规则，为简化视图，往往把最能表达零件形状特征或位置特征的方向作为主视图的投影方向，见图 7-4。

4）箱体类零件：以工作位置为主视图的投影方向，见图 7-5。

7.2.2 零件图的尺寸标注

尺寸标注的作用是反映零件各部分大小，尺寸标注由四部分内容组成：基准、定形尺寸、定位尺寸、总体尺寸。

要完整、正确、清晰、合理地标注出制造和检验的全部尺寸。完整是指标注的尺寸既不少，也不多。少了，没办法制造；多了（多的概念是指重复标注尺寸或标注了封闭链的尺寸，见图 7-6、图 7-7）造成尺寸链的混乱，尺寸公差无法保证，同样也无法制造；正确是指尺寸标注要符合 GB/T4458.4—2003、GB/T16675.2—1996 的规定；清晰是尺寸标注要便于读图、画图，有序美观；合理是指尺寸标注既要符合设计要求，又要符合工艺要求。

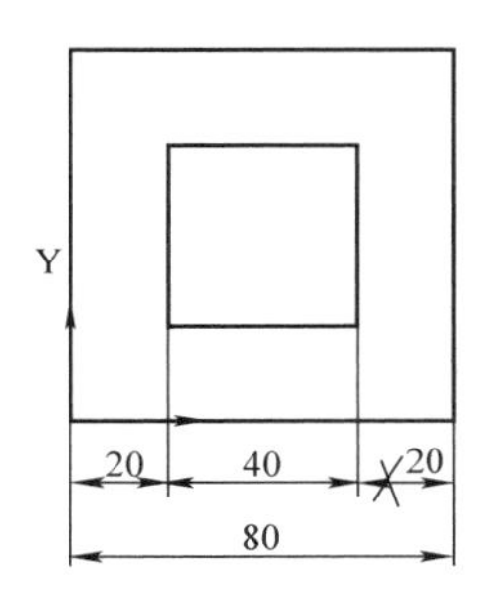

图 7-6 封闭的尺寸链一

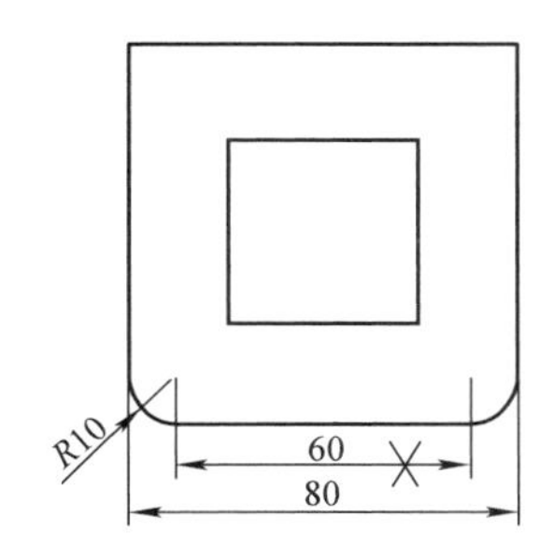

图 7-7 封闭的尺寸链二

1. 基准

用来确定零件图上几何要素间的几何关系所依据的那些点、线、面称为基准。基准可分为以下几种。

（1）设计基准

依据零件的功能要求而确定的基准称为设计基准。如图 7-8 所示输出轴的端面 Ⅰ 为轴向设计基准（长度方向），中心轴线为径向设计基准（高度与宽度方向）。

（2）工艺基准

制造、检验零件时所采用的基准称为工艺基准，见图 7-8、图 7-9。

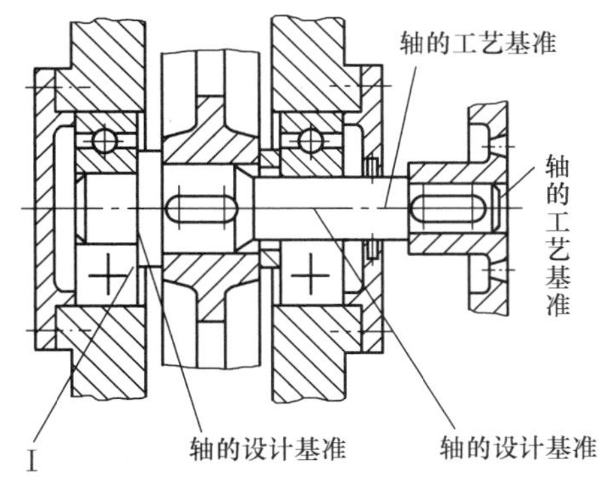

图 7-8 轴的设计基准与工艺基准

（3）主要基准和辅助基准

由于基准是标注尺寸的起点，所以在长、宽、高三个方向都应该有基准。确定零件上有功能要求尺寸的基准称为主要基准，一般是指设计基准，如图 7-8 所示输出轴的轴肩处左端面。为便于加工和测量而确定的基准叫辅助基准。主要基准与辅助基准之间要有尺寸联系，图 7-9 所示输出轴的尺寸 175 即是联系尺寸。

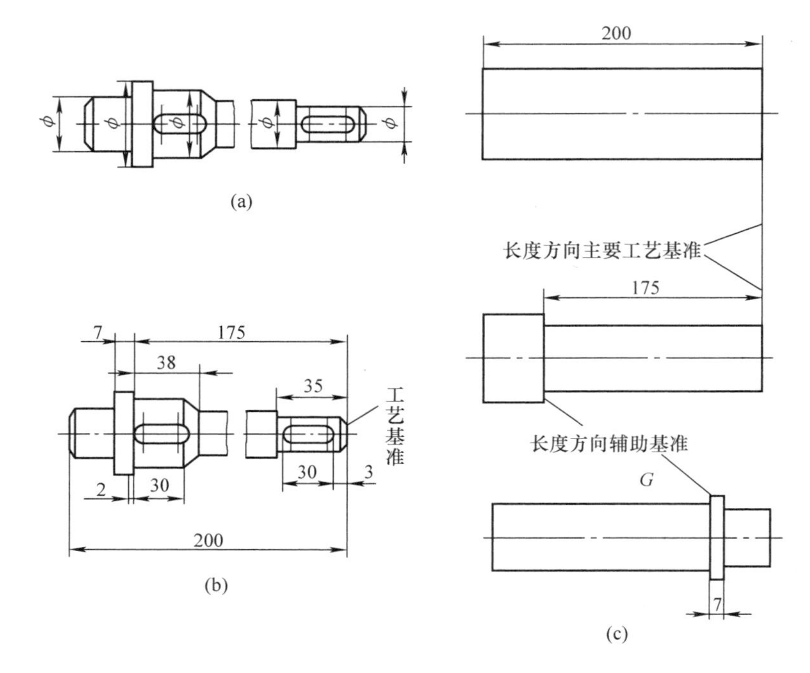

图 7－9　尺寸基准的选择

（a）按设计基准标注径向尺寸　（b）按设计基准标注轴向尺寸　（c）按加工要求选择尺寸基准

2. 基准的选择

是选择由设计基准标注尺寸，还是由工艺基准标注尺寸呢？选择由设计基准标注尺寸，其优点是尺寸标注反映了功能要求，能保障零件在机器中的工作性能；选择由工艺基准标注尺寸，其优点是便于加工和测量，显然，最好是使设计基准与工艺基准重合，这样既满足了设计要求又满足了工艺要求。如两者不能统一，则应优先保证设计要求。

图 7－9 所示为输出轴，选择轴心线为径向尺寸基准，右端面为长度方向的主要基准，G 面为辅助基准。

3. 尺寸标注的要求

（1）尺寸标注要符合设计要求

零件的主要尺寸应直接标注，主要尺寸是指影响机器或部件的使用性能和安装精度的尺寸，一般是指零件的规格性能尺寸、确定零件间相互位置的尺寸、有配合要求的尺寸、连接尺寸和安装尺寸等。主要尺寸通常标注有尺寸公差，如在图 7－10（a）中，两个内端面之间

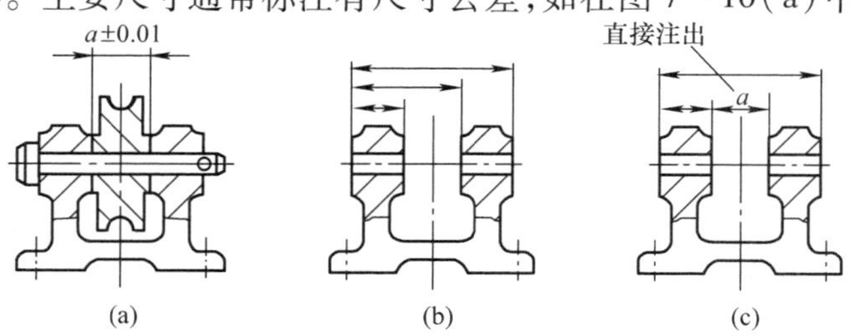

图 7－10　主要尺寸的确定与标注

（a）装配图　（b）不合理　（c）合理

的距离是影响滑轮与支架装配精度的尺寸，是主要尺寸，应当直接标注。

除主要尺寸外，其他尺寸一般为非主要尺寸，如外形轮廓尺寸、壁厚、退刀槽、越程槽、凸台、凹坑、倒角等尺寸。非主要尺寸一般不标注公差。

(2)尺寸标注应尽量符合工艺要求

按加工顺序标注尺寸 在满足零件设计要求的前提下，尽量按加工顺序标注尺寸，如图7－9所示输出轴的200、175、35等尺寸是按车削加工顺序安排的。

标注尺寸也要尽量方便测量，同一工序的加工尺寸应尽量集中标注在同一个视图上，如图7－9所示输出轴键槽的定形尺寸和定位尺寸就是集中标注的。

(3)避免出现封闭的尺寸链

一组首尾相连的链状尺寸称为尺寸链，见图7－11。组成尺寸链的各个尺寸称为尺寸链的环。从加工的角度来看，在一个尺寸链中，总有一个尺寸是在加工完其他尺寸后自然形成的尺寸，这个尺寸称为封闭环，其他尺寸称为组成环。显然，所有组成环的加工误差都累计到封闭环上。通常是将尺寸中最不重要的作为封闭环，如图7－11(b)所示。这样可以保证重要尺寸的加工精度，使零件符合设计和工艺要求。

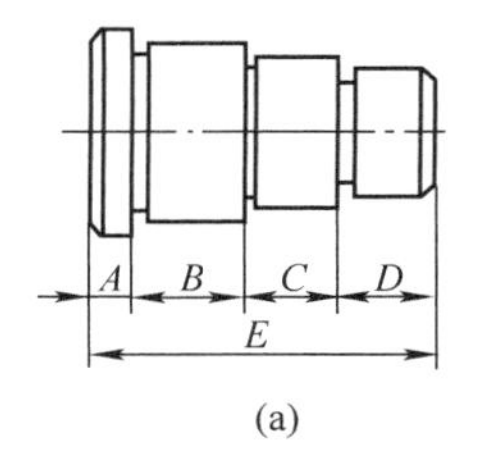

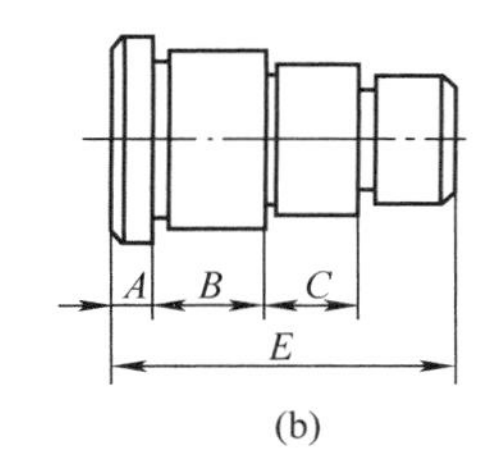

图7－11 尺寸链的封闭与开口

(a)错误 (b)正确

(4)加工面与非加工面的尺寸标注

加工面与非加工面应按两个系统分别标注尺寸，但每一个方向要有一个尺寸将它们联系起来。图7－12(a)所示的铸件，在高度方向上，全部非加工面用一个系列标注尺寸 a、b、c、d、e 标注，用尺寸 B 将该尺寸与底面(加工面)联系起来。这样标注的优点是能保持非加工面间的尺寸精度，并有利于保证底面的加工精度。图7－12(b)所示的尺寸标注不合理。

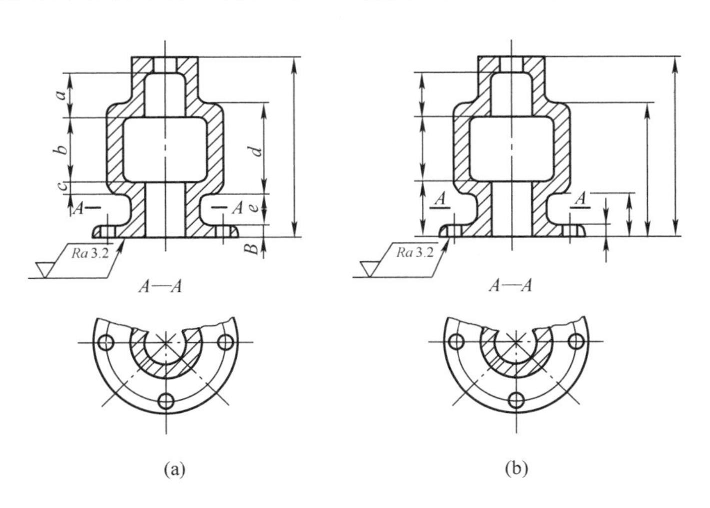

图7－12 非加工面与加工面的尺寸标注

(a)合理 (b)不合理

零件上常见结构的尺寸标注见表7－1。

表 7－1　常见结构尺寸标注

零件结构类型		标注方法	说明
螺孔	通孔	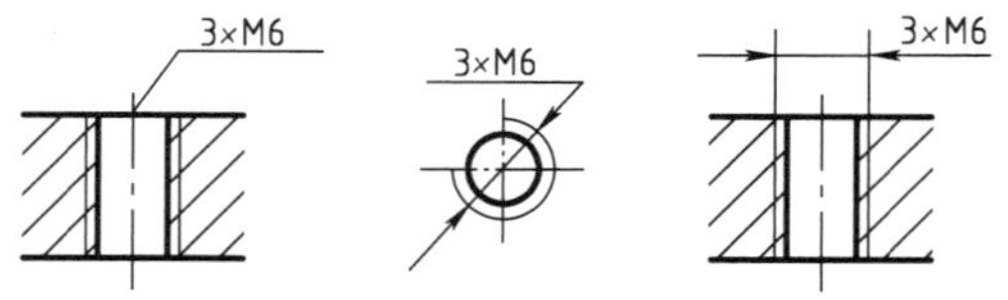 3×M6；3×M6；3×M6	3×M6 表示直径为6 mm均匀分布的三个螺孔。可以旁注,也可直接注出
	不通孔	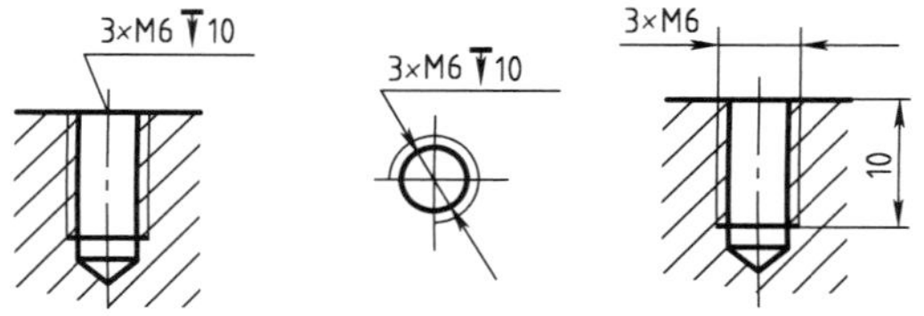 3×M6↧10；3×M6↧10；3×M6，10	螺孔深度可与螺孔直径连注,也可分开注出
		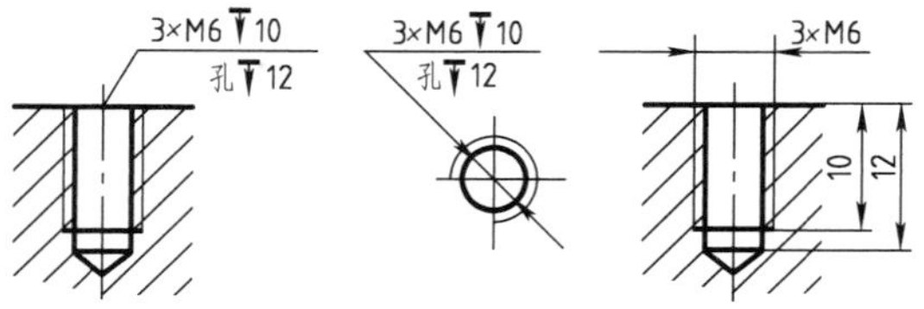 3×M6↧10 孔↧12；3×M6↧10 孔↧12；3×M6，10，12	需要注出孔深时,应明确标注孔深尺寸
光孔	一般孔	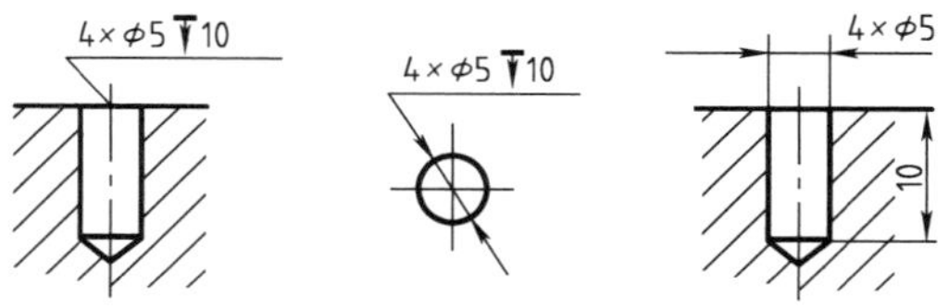 4×ϕ5↧10；4×ϕ5↧10；4×ϕ5，10	4×ϕ5 表示直径为5 mm均匀分布的四个光孔。孔深可与孔径连注,也可以分开注出
	精加工孔	4×$\phi5^{+0.012}_{0}$↧10 钻↧12；4×$\phi5^{+0.012}_{0}$↧10 钻↧12；4×$\phi5^{+0.012}_{0}$，10，22	光孔深为12 mm,钻孔后需精加工至$\phi5^{+0.012}_{0}$ mm,深度为10 mm
	锥销孔	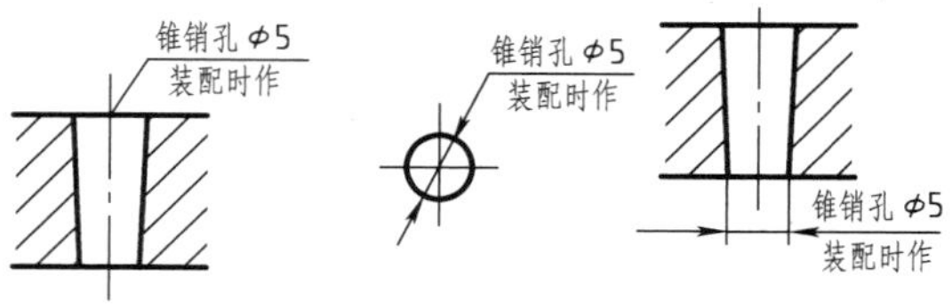 锥销孔ϕ5 装配时作；锥销孔ϕ5 装配时作；锥销孔ϕ5 装配时作	ϕ5 为与锥销孔相配的圆锥销小头直径。锥销孔通常是相邻两零件装在一起时加工的
圆角		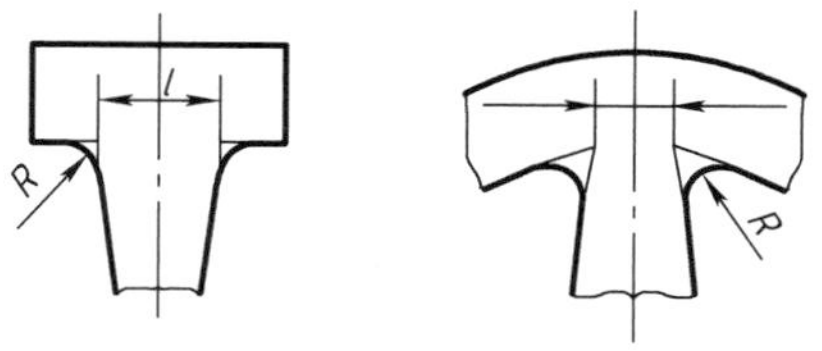 l，R；R	两斜面相交处具有圆角时,应注出无圆角时(用细实线在图中画出)的交点尺寸,并注上圆角半径 R

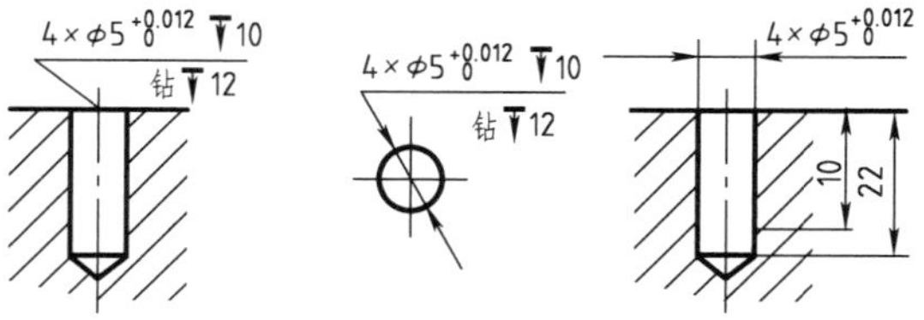

续表

零件结构类型	标注方法	说明
平面	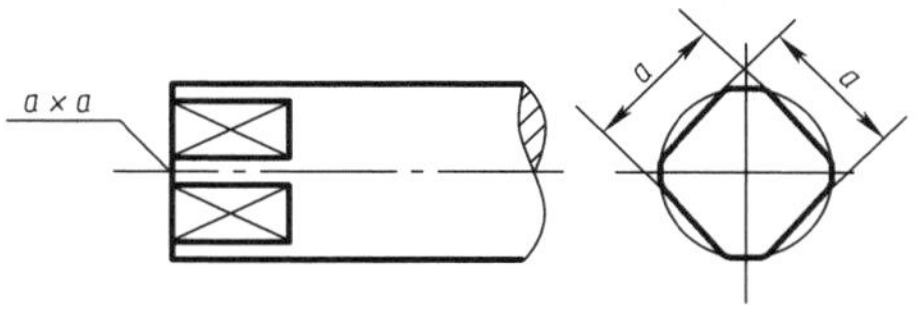 a×a a a	正方形的尺寸可用 $a \times a$（a 为正方形边长）表示，也可直接标注
滚花	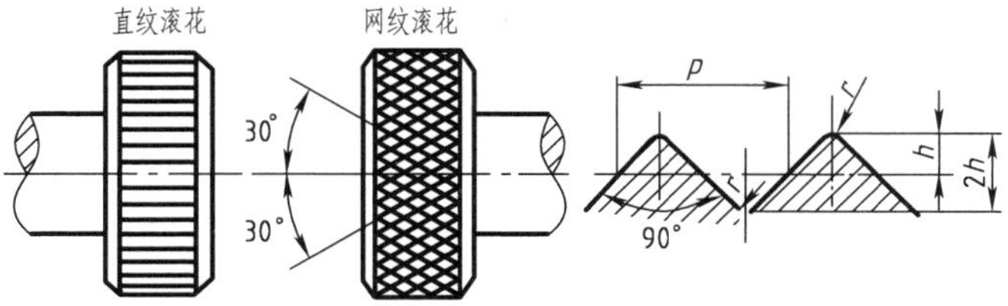 直纹滚花 网纹滚花 30° 30° p r h 2h 90°	滚花有直纹与网纹两种标注形式。滚花前的直径尺寸为 D；滚花后为 $D+\Delta$，Δ 为齿深，p 为齿的节距
中心孔	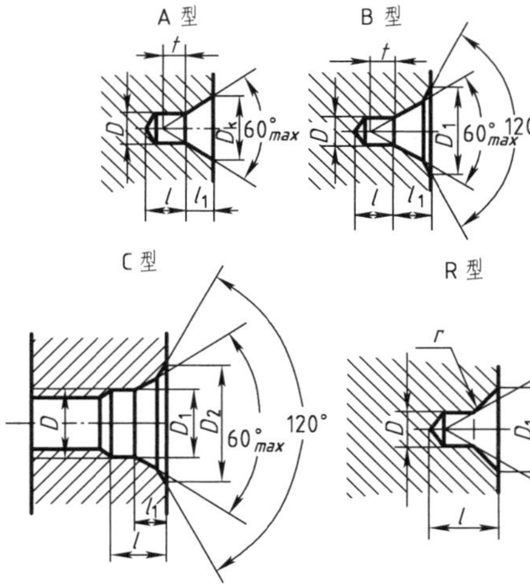 A型 B型 C型 R型 t D D_k D_1 D_2 $60°_{max}$ 120° 60° l l_1 r	对于重要的轴，须选定中心孔的尺寸和表面结构，并在零件图上画出。不要求保留中心孔的零件采用 A 型；要求保留中心孔的零件采用 B 型；为了将零件固定在轴上的中心孔采用 C 型
	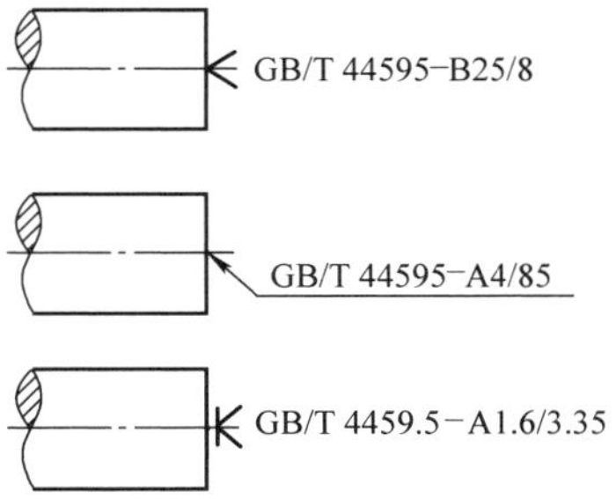 GB/T 44595-B25/8 GB/T 44595-A4/85 GB/T 4459.5-A1.6/3.35	左图表示 A 型中心孔，完工后在零件上不允许保留。

续表

零件结构类型		标 注 方 法	说　　明
孔	锥形沉孔	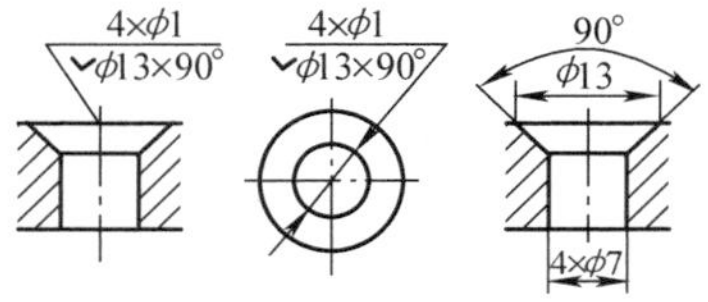	4 个 ϕ7 mm 带锥形埋头孔，锥孔口直径为 13 mm，锥面顶角为 90°的孔。
	柱形沉孔	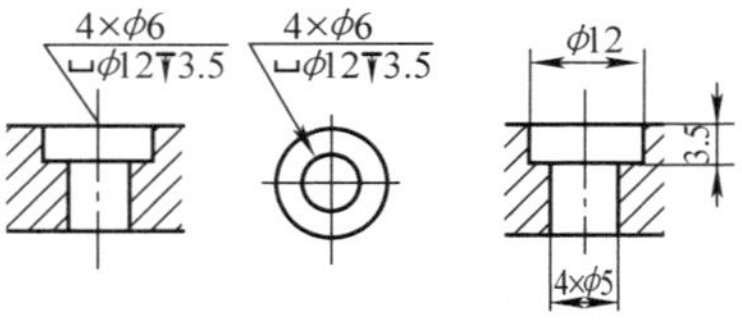	4 个 ϕ6 mm 带圆柱形沉头孔，沉孔直径 12 mm，深 3. 5 mm 的孔。
	锪平面	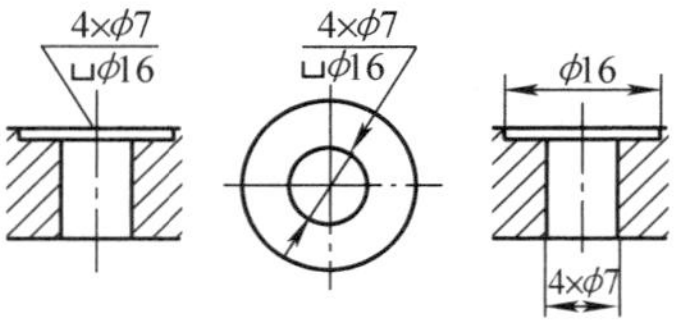	4 个 ϕ7 mm 带锪平孔，锪平孔直径为 16mm 的孔。锪平孔不需标注深度，一般锪平到不见毛面为止。
键槽	平键键槽	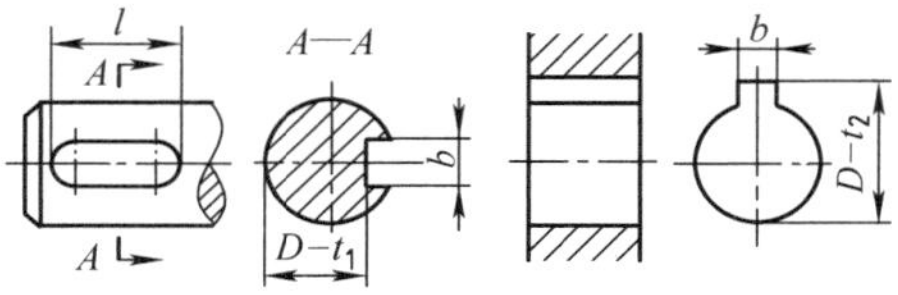	这样标注便于测量。 t_1、t_2 见附录
	半圆键键槽	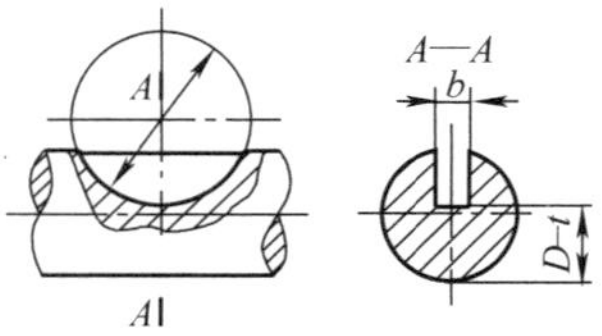	这样标注便于选择铣刀（铣刀直径为 ϕ）及测量。
	退刀槽越程槽	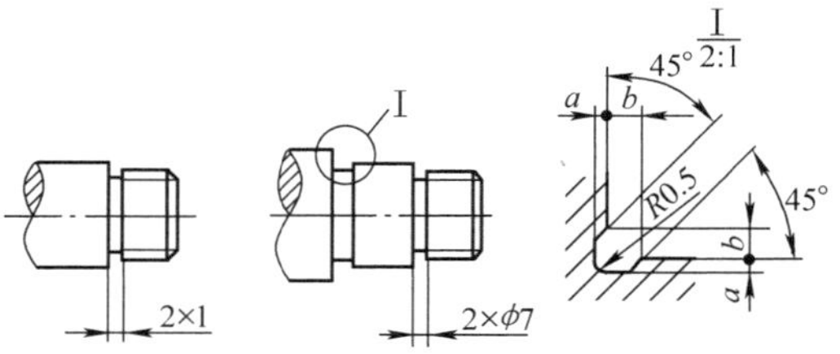	退刀槽一般可以按"槽宽 × 直径"或"槽宽 × 槽深"的形式标注，砂轮越程槽一般用局部放大图表示，尺寸从零件手册中查。
	倒角	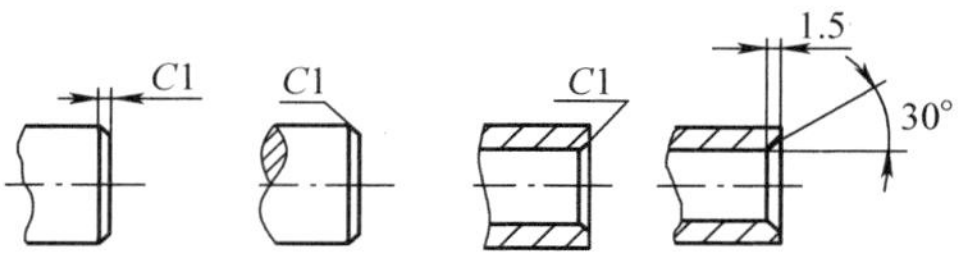	当倒角为 45°时，可以在倒角距离前加符号"C"，当倒角非 45°时，则分别标注。

7.2.3 零件图的技术要求

技术要求包括尺寸公差、形位公差、表面结构、热处理、表面处理和一些其他的要求。

设计零件时，还要根据零件的工作条件和性质，例如负荷的性质和大小，是否运动，运动速度的高低，环境温度的高低，是否有腐蚀介质等，机器或机构的工作条件和性质，例如运输机械、矿山机械、加工机械等，以此来确定零件的材料、表面结构、尺寸公差、形位公差、热处理、表面处理等。

1. 互换性、公差与配合

(1)互换性

孔与轴或类似孔与轴(例如键和键槽)是机器或机构中常见的配合形式。在这种配合中，孔与轴的基本尺寸相同，根据不同的使用要求，设计时往往使孔、轴的尺寸发生微量变化，以达到配合松紧程度不同的目的。另外，有相当一部分零件，要求它们在装配时不经挑选、无需修配、能任意调换，而且能装配在一起，并能达到预期的装配效果和使用性能，零件所具有的这种性能叫互换性。由于上述原因，零件的实际尺寸在加工时必须限制在一定的范围之内。

(2)公差

由于一些零件要求具有互换性，所以在加工时必须把它们的尺寸限制在一定的范围之内，即它们的尺寸有公差要求，所谓公差就是允许尺寸的变动量。图样上有些尺寸有公差要求，而有些尺寸没有。没有公差要求的尺寸称为自由公差。自由公差并非自由，而是指在普通工艺条件下即可达到它们所要求的尺寸精度。这些尺寸主要应用于非配合表面，它们的上、下偏差数值在 GB/T 1804—2000 中可以查到。公差等级共有 20 级，分别用 IT01、IT0、IT1、IT2……IT17、IT18 表示，IT01 最高，IT18 最低。自由公差等级一般为 IT12 ~ IT13。

尺寸公差的名词术语见图 7 - 13。

标准公差值见表 7 - 2。从表中可以看出，标准公差的数值与两个因素有关，即标准公差等级和尺寸分段。

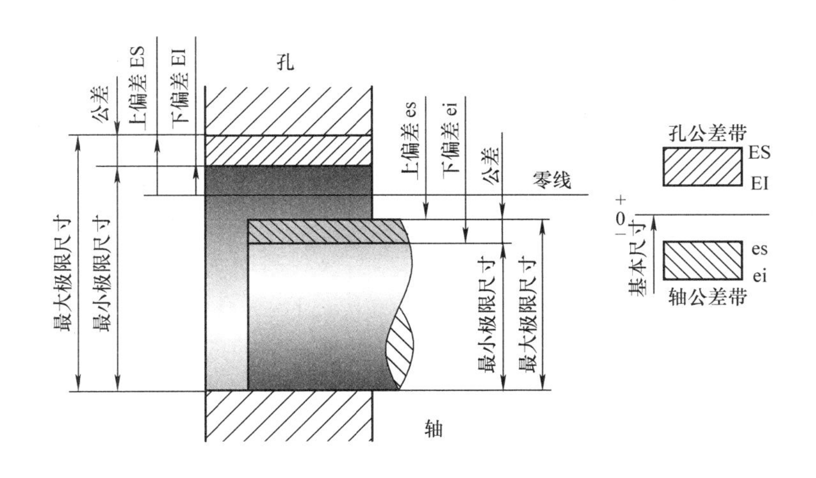

图 7 - 13　尺寸公差名词术语

表 7－2　标准公差值(基本尺寸大于 6～500 mm)

基本尺寸/mm	公　差　等　级/μm							
	IT5	IT6	IT7	IT8	IT9	IT10	IT11	IT12
>6～10	6	9	15	22	36	58	90	150
>10～18	8	11	18	27	43	70	110	180
>18～30	9	13	21	33	52	84	130	210
>30～50	11	16	25	39	62	100	160	250
>50～80	13	19	30	46	74	120	190	300
>80～120	15	22	35	54	87	140	220	350
>120～180	18	25	40	63	100	160	250	400
>180～250	20	29	46	72	115	185	290	460
>250～315	23	32	52	81	130	210	320	520
>315～400	25	36	57	89	140	230	360	570
>400～500	27	40	63	97	155	250	400	630

1)尺寸公差在图样上的标注分三种形式。

a. 图样上标注尺寸公差时,可以用基本尺寸和尺寸公差带代号表示,见图 7－14(a);

b. 图样上标注尺寸公差时,可以用基本尺寸和极限偏差值表示,见图 7－14(b);

c. 图样上标注尺寸公差时,可以用基本尺寸与公差带代号和极限偏差表示,见图 7－14(c)。

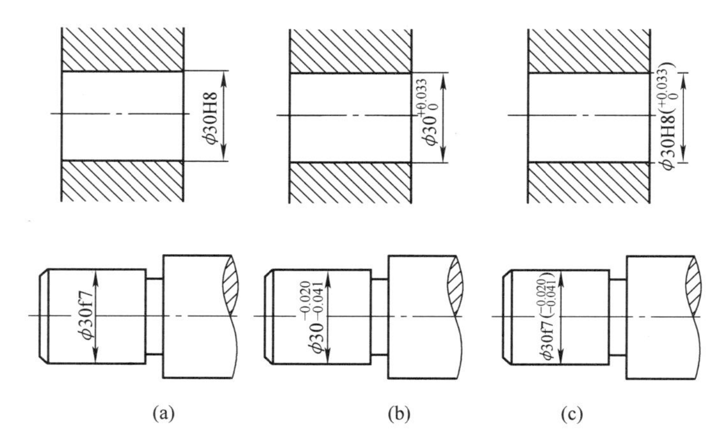

图 7－14　零件图中尺寸公差的标注

2)公差带代号。它由基本偏差代号和公差等级代号组成。大写字母表示孔的基本偏差代号,小写字母表示轴的基本偏差代号。例如 H7 、F8 为孔的公差带代号,h7、f8 为轴的公差带代号。孔、轴各有 28 种基本偏差代号组成,基本偏差的作用是用以确定公差带相对于零线的位置。

(3)配合

基本尺寸相同的、相互结合的孔和轴公差带之间的关系叫配合。配合有三种,分别是间隙配合、过渡配合和过盈配合。见图 7－15 孔、轴基本偏差系列。

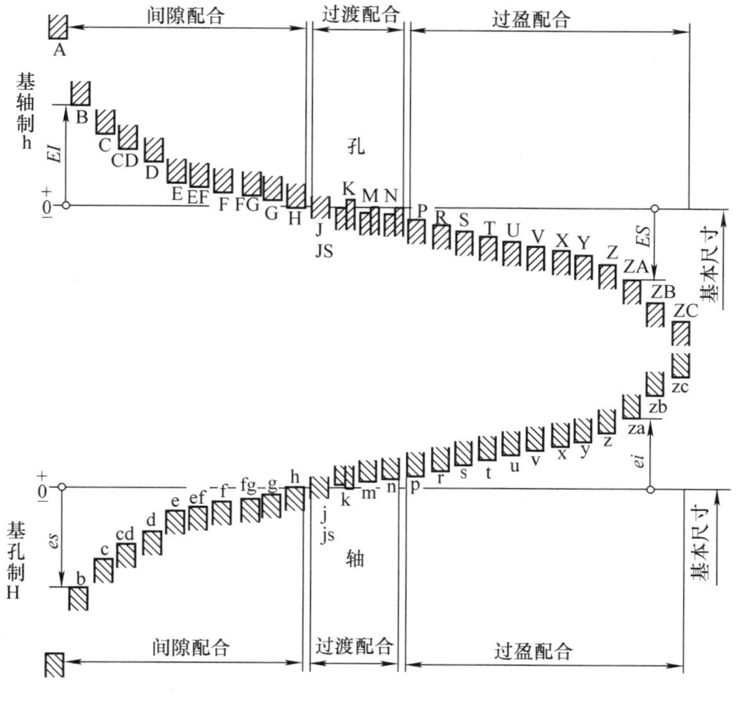

图 7－15　孔、轴基本偏差系列图

1）间隙配合。保证具有间隙（包括最小间隙等于零）的配合。从孔、轴公差带来看，孔的公差带在轴的公差带上方就形成间隙配合，见图 7－16（a）。

2）过盈配合。保证具有过盈的配合，称为过盈配合。从孔、轴公差带来看，孔的公差带在轴的公差带的下方，就形成过盈配合，见图 7－16（b）。

3）过渡配合。可能具有间隙，也可能具有过盈的配合。此时孔、轴公差带相互交叠，见图 7－16（c）。

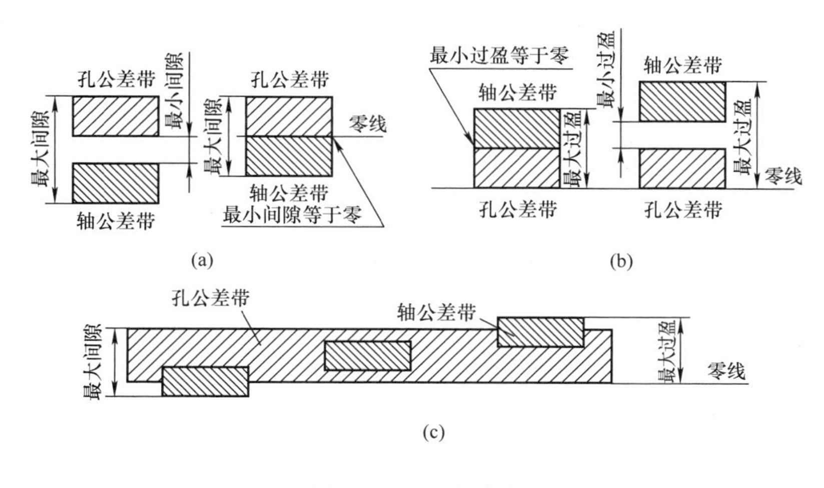

图 7－16　配合种类

(4)基准制

孔与轴配合有两种制度,即基孔制和基轴制。

1)基孔制。基本偏差为一定的孔的公差带与不同基本偏差的轴的公差带形成各种配合的一种制度,见图 7－17(a),基孔制的孔叫基准孔,代号 H。

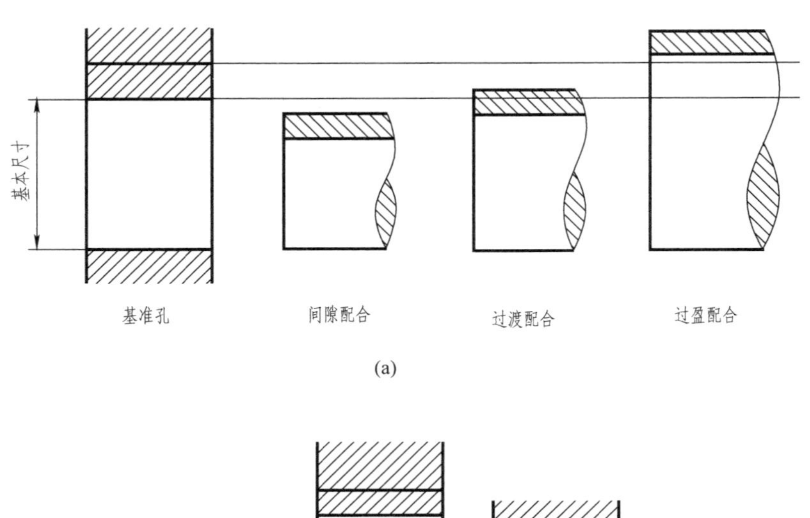

(a)

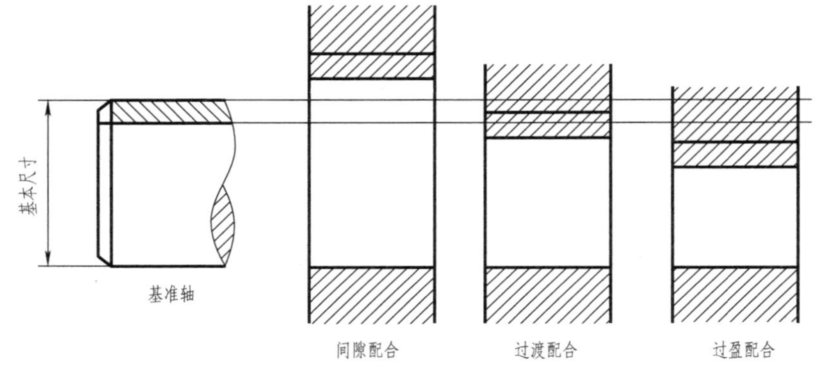

(b)

图 7－17　基孔制与基轴制

(a)基孔制　(b)基轴制

2)基轴制。基本偏差为一定的轴的公差带,与不同基本偏差的孔的公差带形成各种配合的一种制度,见图 1－17(b)。基轴制轴叫基准轴,代号 h。

在基孔制中,轴的基本偏差代号从 a～h 用于间隙配合;j～n 一般用于过渡配合;p～zc 一般用于过盈配合。

在基轴制中,孔的基本偏差代号从 A～H 用于间隙配合;J～zc 用于过渡或过盈配合。

推荐的基孔制、基轴制优先、常用配合分别见表 7－3、表 7－4。

2. 形位公差

(1)概念

加工后的零件,不仅存在尺寸误差,而且还存在几何形状和相对位置误差。形状公差是零件的实际形状对理想形状的允许变动量,见图 7-18(b);位置公差是零件的实际位置对理想位置的允许变动量,见图 7-18(c)。形状公差和位置公差简称为形位公差。

表 7－3 基孔制优先、常用配合

基准孔	轴																				
	a	b	c	d	e	f	g	h	js	k	m	n	p	r	s	t	u	v	x	y	z
	间隙配合								过渡配合			过盈配合									
H6						H6/f5	H6/g5	H6/h5	H6/js5	H6/n5	H6/p5	H6/r5	H6/s5	H6/t5							
H7						H7/f6	H7/g6▼	H7/h5▼	H7/js6	H7/k5	H7/m6	H7/n6▼	H7/p6▼	H7/r6	H7/s6▼	H7/t6	H7/u6▼	H7/v6	H7/x6	H7/y6	H7/z6
H8					H8/e7	H8/f7▼	H8/g7		H8/h7▼	H8/js7▼	H8/k7	H8/m7	H8/n7	H8/p7	H8/r7	H8/s7	H8/t7	H8/u7			
				H8/d8	H8/t8	H8/f8		H8/h8													
H9			H9/c9	H9/d9▼	H9/e9	H9/f9		H9/h9▼													
H10			H10/c10	H10/d10				H10/h10													
H11	H11/a11	H11/b11	H11/c11▼	H11/d11				H11/h11▼													
H12		H12/b12						H12/h12													

注:1. $\frac{H6}{n5}$、$\frac{H7}{p6}$在基本尺寸小于或等于 3 mm 和$\frac{H8}{t7}$在小于或等于 100 mm 时,为过渡配合。

2. 注有符号▼的配合为优先配合。

表 7－4 基轴制优先、常用配合

基准孔	孔																				
	A	B	C	D	E	F	G	H	JS	K	M	N	P	R	S	T	U	V	X	Y	Z
	间隙配合								过渡配合			过盈配合									
h5						F6/h5	G6/h5	H6/h5	JS6/h5	K6/h5	M6/h5	N6/h5	P6/h5	R6/h5	S6/h5	T6/h5					
h6						F7/h6	G7/h6▼	H7/h6▼	JS7/h6	K7/h6▼	M7/h6	N7/h6▼	P7/h6▼	R7/h6	S7/h6▼	T7/h6	U7/h6▼				
h7					E8/h8	F8/h7▼		H8/h7▼	JS8/h7	K8/h7	M8/h7	N7/h7									
h8				D8/h8	E8/h8	F8/h8		H8/h8													
h9				D9/h9▼	E9/h9	F9/h9		H9/h9▼													
h10				D10/h10				H10/h10													
h11	A11/h11	B11/h11	C11/h11▼	D11/h11				H11/h11▼													
h12		B12/h12						H12/h12													

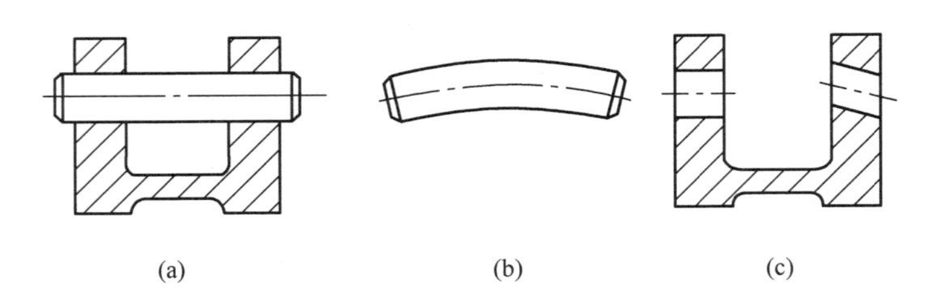

图 7－18
(a)正确装配　(b)形状误差　(c)位置误差

(2)形位公差的特征符号

形位公差的特征符号见表 7－5。

形位公差带的形状见图 7－19。

表 7－5　形位公差特征项目符号

公差		特征项目	符号	有或无基准要求
形状		直线度	⏤	无
		平面度	⏥	无
		圆度	○	无
		圆柱度	⌭	无
形状或位置		线轮廓度	⌒	有或无
		面轮廓度	⌓	有或无
位置	定向	平行度	//	有
		垂直度	⊥	有
		倾斜度	∠	有
	定位	位置度	⌖	有或无
		同轴(同心)度	◎	有
		对称度	⌯	有
	跳动	圆跳动	↗	有
		全跳动	⌰	有

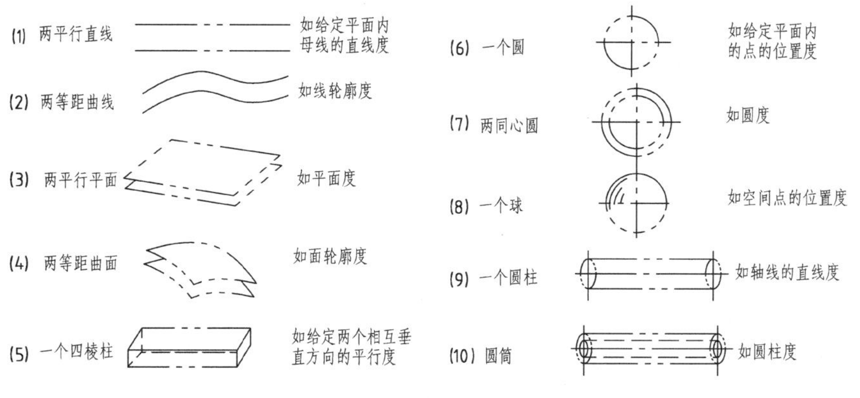

图 7－19 形位公差带形状

(3)形位公差代号

代号由框格和带箭头的指引线组成。它的组成和绘制方法见图7－20(a)。

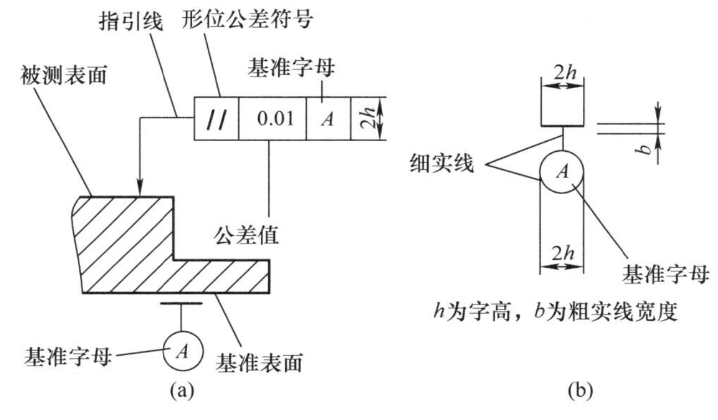

图 7－20 形位公差代号和基准代号

(a) 形位公差代号 (b) 基准代号

(4)基准代号

有位置公差要求的要素要有测量基准,基准要素在图样上要标注基准代号,见图 7－20(b)。

当被测要素是表面或线时,形位公差框格指引线的箭头或基准符号应指在该要素的轮廓线或其延长线上,并与尺寸线明显错开;当被测要素是中心要素(球心、轴线、对称平面)时,指引线的箭头或基准符号应与该要素的尺寸线对齐。如图7－21所示。

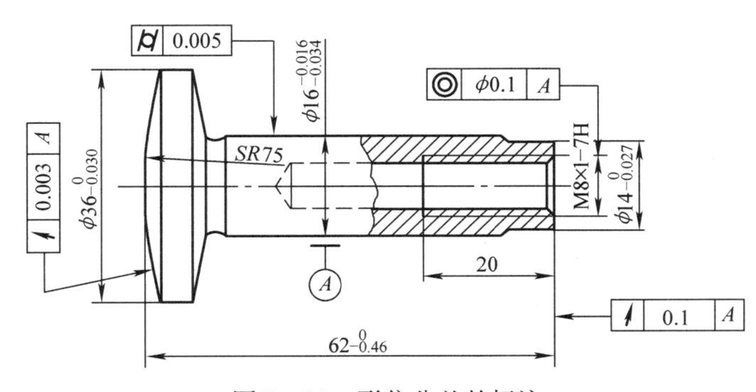

图 7－21 形位公差的标注

例 7－1 说明圆柱度公差[⌭ 0.005]的含义。

被测要素 ϕ14 mm 圆柱面，公差是半径差为 0.005 mm 两同轴圆柱面之间的区域。

例 7－2 说明同轴度公差[◎ ϕ0.1 A]的含义。

被测要素是 M8 的轴线，基准要素是 ϕ16 mm 轴线，公差带是与 ϕ14 mm 轴线同轴的、直径为 0.1 mm 的圆柱面区域。

3. 表面结构

零件的表面结构主要指零件表面的微观几何特性，它是由获得表面的工艺方法形成的。

零件表面的几何误差有尺寸误差、形状误差、位置误差和表面结构。尺寸、形状、位置误差属于零件表面的宏观性误差，表面结构则属于零件表面的微观性误差，它对零件的摩擦、磨损和配合性质都有一定程度的影响。表面结构的标注示例及意义见表 7－6。

表 7－6 表面结构的标注示例及意义

代号	意义	代号	意义
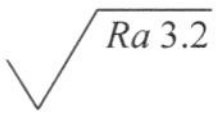 Ra 3.2	用任何方法获得的表面，R_a 的上限值为 3.2μm	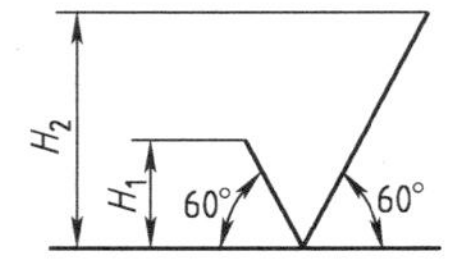 H_2 H_1 60° 60° d'=0.35 mm （d'符号线宽） H_1 =5 mm H_2 =10.5 mm	未指定工艺方法的表面，仅用于简化代号的标注，没有补充说明时不能单独使用
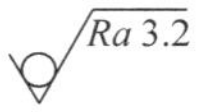 Ra 3.2	用不去除材料的方法获得的表面，R_a 的上限值为 3.2μm	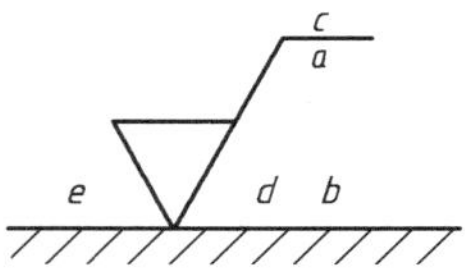 c a e d b	位置 a 注写表面结构的单一要求 位置 a 和 b a 注写第一表面结构要求 b 注写第二表面结构要求 位置 c 注写加工方法，如"车""磨""镀"等 位置 d 注写表面纹理方向，"=""×""M" 位置 e 注写加工余量
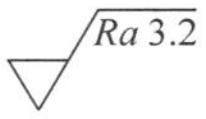 Ra 3.2	用去除材料的方法获得的表面，R_a 的上限值为 3.2μm	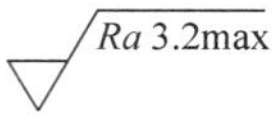 Ra 3.2max	用去除材料的方法获得的表面，R_a 的最大值为 3.2μm
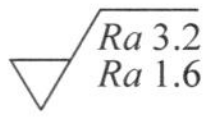 Ra 3.2 Ra 1.6	用去除材料的方法获得的表面，R_a 的上限值为 3.2μm，R_a 的下限值为 1.6μm	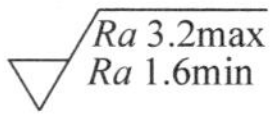 Ra 3.2max Ra 1.6min	用去除材料的方法获得的表面，R_a 的最大值为 3.2μm，R_a 的最小值为 1.6μm

（1）常用表面结构评定参数值

衡量表面结构的参数值有轮廓算术平均偏差 R_a，其数值见表 7－7，R_a 越大表面越粗糙；微观不平十点高度 R_z，其数值见表 7－8，R_z 越大表面越粗糙；轮廓最大高度 R_y，其数值见表 7－8，R_y 用于有较深加工痕迹的表面，或因被测表面很小，不宜采用 R_a、R_z 评定的表面，例如齿轮的轮齿表面，R_y 越大表面越粗糙。

表 7－7　轮廓算术平均偏差（R_a）的数值（μm）

R_a 系列	R_a 补充系列	R_a 系列	R_a 补充系列	R_a 系列	R_a 补充系列	R_a 系列	R_a 补充系列
	0. 008						
0. 012			0. 125		1. 25	12. 5	
	0. 016		0. 16	1. 6			16
	0. 020	0. 2			2. 0		20
0. 025			0. 25		2. 5	25	
	0. 032		0. 32	3. 2			32
	0. 040	0. 4					40
0. 050			0. 05		5. 0	50	
	0. 063		0. 63	6. 3			63
	0. 080	0. 8			8. 0		80
0. 100			1. 00		10. 0	100	

表 7－8　微观不平十点高度 R_z 和轮廓最大高度 R_y 的数值（μm）

第 1 系列	第 2 系列	第 1 系列	第 2 系列	第 1 系列	第 2 系列	第 1 系列	第 2 系列	第 1 系列	第 2 系列	第 1 系列	第 2 系列
			0. 125		1. 25	12. 5			125		1250
			0. 160	1. 60			16. 0		160	1600	
		0. 20			2. 0		20	200			
0. 025			0. 25		2. 5	25			250		
	0. 032		0. 32	3. 2			32		320		
	0. 040	0. 40			4. 0		40	400			
0. 050			0. 50		5. 0	50			500		
	0. 063		0. 63	6. 3			63		630		
	0. 080	0. 80			8. 0		80	800			
0. 100			1. 00		10. 0	100			1000		

（2）表面结构的标注

表面结构的标注示例见图 7－22。

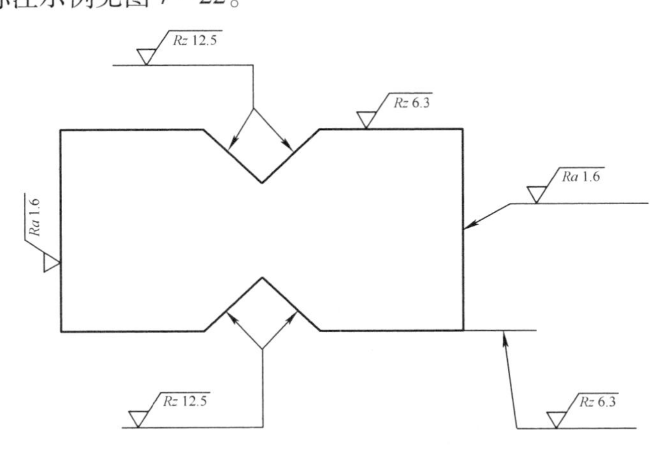

图 7－22　表面结构的标注

（3）表面结构的测量

表面结构的测量方法很多，有比较法、光切法、干涉法和针描法，最简单的当属比较法。

比较法就是将被测零件表面与表面结构样板（见图 7－23），通过视觉、感触进行比较，对被测表面进行评定的方法。

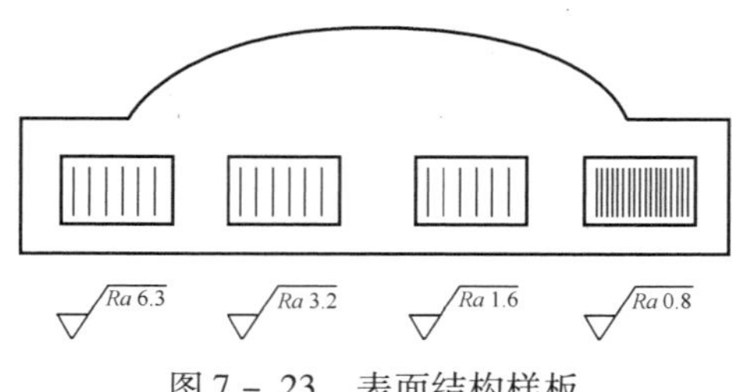

图 7 - 23　表面结构样板

表面结构的表面特征、经济加工方法和应用举例，见表 7 - 9。

表 7 - 9　表面结构与加工方法的应用举例

表面微观特性		R_a	$R_a/\mu m$	加工方法	应用举例
粗糙表面	可见刀痕	>20 ~ 40	>80 ~ 160	粗车、粗刨、粗、铣、钻、毛锉、锯断	半成品粗加工过的表面，非配合的加工表面，如轴端面、倒角、钻孔、齿轮带轮侧面、键槽底面、垫圈接触面等
	微见刀痕	>10 ~ 20	>40 ~ 80		
半光表面	微见加工痕迹	>5 ~ 10	>20 ~ 40	车、刨、铣、镗、钻、粗铰	轴上不安装轴承、齿轮处的非配合表面，紧固件的自由装配表面，轴和孔的退刀槽等
		>2.5 ~ 5	>10 ~ 20	车、刨、铣、镗、磨、拉、粗刮、滚压	半精加工表面，箱体、支架、盖面、套筒等和其他零件结合而无配合要求的表面，需要发蓝的表面等
	看不清加工痕迹	>1.25 ~ 2.5	>6.3 ~ 10	车、刨、铣、镗、磨、拉、刮、压、铣齿	接近于精加工表面，箱体上安装轴承的镗孔表面，齿轮的工作面
光表面	可辨加工痕迹方向	>0.63 ~ 1.25	>3.2 ~ 6.3	车、镗、磨、拉、刮、精铰、磨齿、滚压	圆柱销、圆锥销、与滚动轴承配合的表面，卧式车床导轨面，内、外花键定心表面等
	微辨加工痕迹方向	>0.32 ~ 0.63	>1.6 ~ 3.2	精铰、精镗、磨、刮、滚压	要求配合性质稳定的配合表面工作时受交变应力的重要零件，较高精度车床的导轨面
	不可辨加工痕迹方向	>0.16 ~ 0.32	>0.8 ~ 1.6	精磨、珩磨、研磨、超精加工	精密机床主轴锥孔、顶尖圆锥面、发动机曲轴、凸轮轴工作表面，高精度齿轮面

4. 其他技术要求

热处理是在固态下通过对金属加热、保温和冷却的方法改变合金整体或表面组织，从而获得所需要力学性能的工艺。

热处理在机械制造业中所占地位非常重要，它既可用于消除上一工序所产生的缺陷，又可为下一工艺过程创造有利条件，更重要的是它能改善合金的使用性能，达到充分发挥材料潜力、提高产品质量、延长使用寿命的目的。此外，还有表面处理、化学处理等，在此就不再赘述。

7.2.4 标题栏

标题栏的位置在图纸的右下角和内边框线重合。其主要内容是填写零件的编号、名称、比例、材料、质量、数量及有关责任者的签名。

表 7－10 零件图标题栏

						(材料标记)			(单位名称)
标记	处数	分区	更改文件号	签名	年、月、日				(图样名称)
设计	(签名)	(年月日)	标准化	(签名)	(年月日)	阶段标记	重量	比例	
									(图样代号)
审核									
工艺			批准			共　张　第　张			

7.3 零件的结构工艺性

1. 铸造零件的工艺结构

（1）拔模斜度

用铸造的方法制造零件时，为了便于零件从模型中取出，一般沿拔模方向做成约 1∶20 的斜度，叫做拔模斜度。铸造零件的拔模斜度较小时，在图中可不画、不标注，或在技术要求中说明。斜度较大时，则要画出并标注出拔模斜度，见图 7－24。

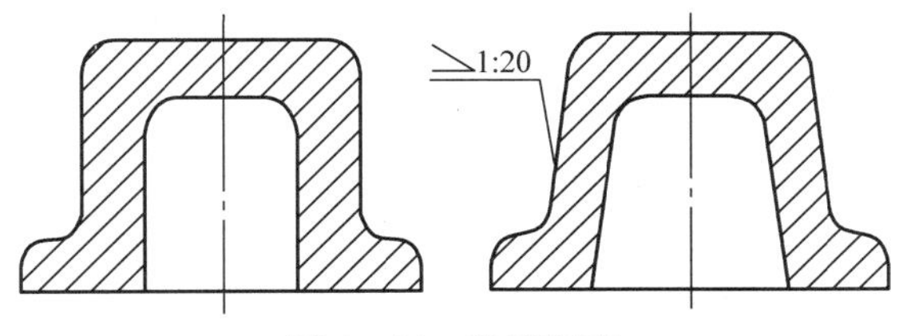

图 7－24 拔模斜度

（2）铸造圆角

为了便于拔模，防止铁水冲坏转角处、冷却时产生缩孔、裂缝和减少应力集中，往往将铸件的转角处制成圆角，这种圆角称为铸造圆角，见图 7－25。

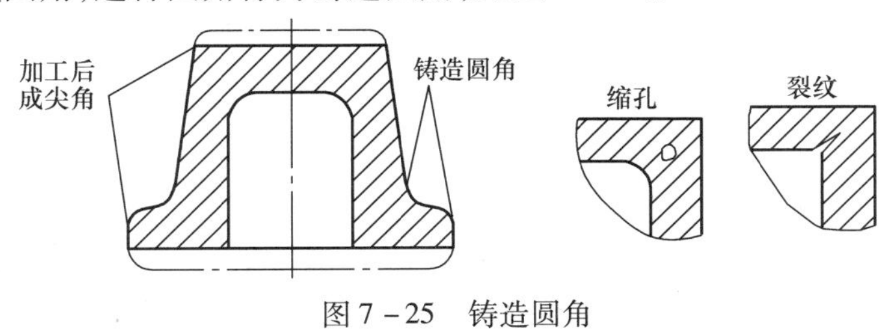

图 7－25 铸造圆角

铸造圆角半径一般取壁厚的0.2~0.4倍，铸造圆角的大小一般在技术要求中统一注明。

(3)铸件壁厚

用铸造方法制造零件时，为了避免浇注后零件各部分因冷却速度不同而产生缩孔或裂纹，铸件的壁厚应保持均匀逐渐过渡，见图7-26。

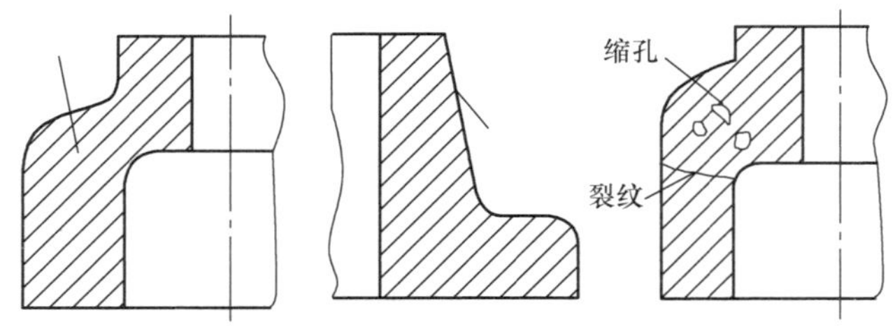

图7-26　铸件壁厚

(4)过渡线

因铸件及锻件上两表面相交处存在铸造、锻造圆角，所以使零件表面交线变得模糊不清，规定画图时表面之间的交线仍按原位置画出，但其两端要空出不画，这种交线称为过渡线。见图7-27。

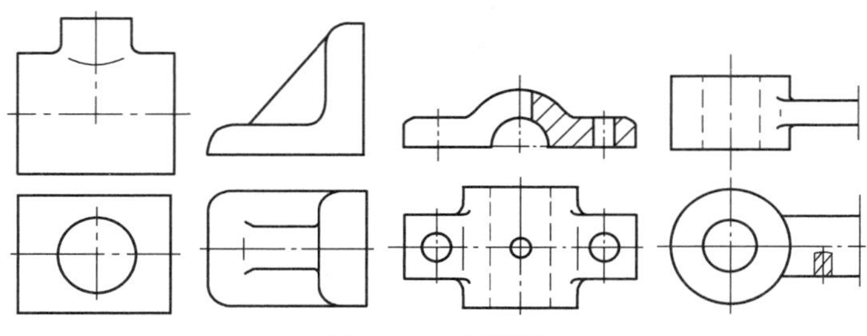

图7-27　过渡线

2. 机械加工零件的工艺结构

零件上常有一些结构，例如倒角、圆角、越程槽、退程槽、凸台、凹坑等结构，它们叫零件的工艺结构。

(1)倒角和倒圆

为了去除零件加工表面的毛刺、锐边和便于装配，在轴或孔的端部一般加工出与水平方向成45°、30°、60°倒角。45°倒角注成C，Cx中的x表示倒角的轴向距离，例如$C2$表示2×45°。当零件倒角无一定要求时，可在技术要求中注明“锐边倒钝”。其他角度的倒角应分别注出倒角宽度C和角度。为了避免阶梯轴轴肩的根部因应力集中而产生裂纹，在轴肩处往往以圆角过渡，称为倒圆。见图7-28。倒角尺寸系列及孔、轴直径与倒角值的大小关系可查阅GB6403.4—1986；圆角查阅GB6403.4—1986。

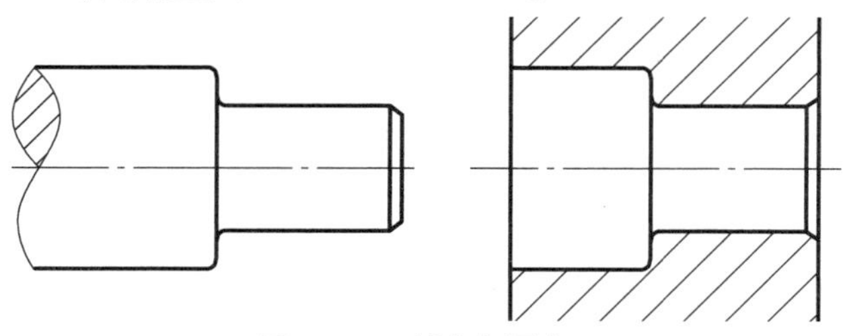

图7-28　倒角与圆角

(2)退刀槽和砂轮越程槽

零件在切削加工中(特别是在车螺纹和磨削时),为了便于退出刀具,常常在零件的待加工面的末端,加工出退刀槽或砂轮越程槽,见图 7 - 29。图中 b 是退刀槽的宽度,d 表示退刀槽的直径。退刀槽的尺寸查阅 GB/T3—1997,砂轮越程槽的尺寸查阅 GB/T 6403. 5—2008。

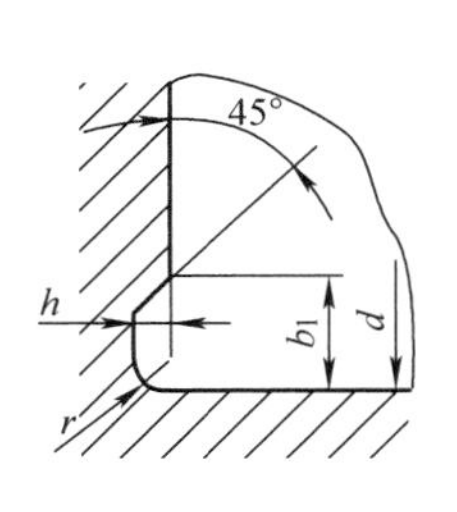

磨内端面

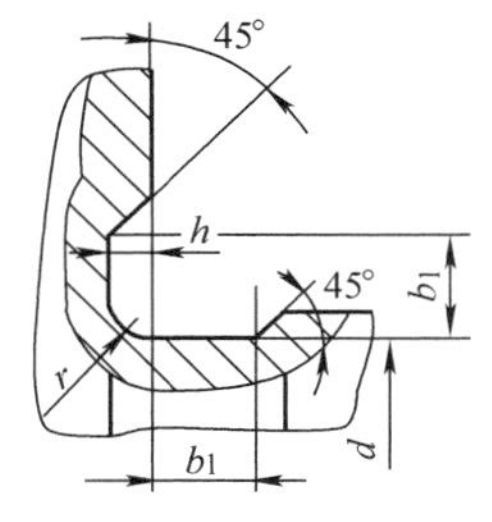

磨外圆及端面

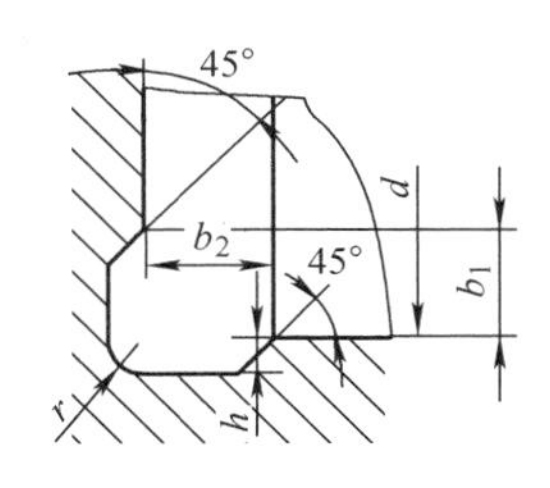

磨内圆及端面

回转面及端面砂轮越程槽的尺寸

<table>
<tr><td>b_1</td><td>0.6</td><td>1.0</td><td>1.6</td><td>2.0</td><td>3.0</td><td>4.0</td><td>5.0</td><td>8.0</td><td>10</td></tr>
<tr><td>b_2</td><td>2.0</td><td colspan="2">3.0</td><td colspan="2">4.0</td><td colspan="2">5.0</td><td>8.0</td><td>10</td></tr>
<tr><td>h</td><td>0.1</td><td colspan="2">0.2</td><td>0.3</td><td colspan="2">0.4</td><td>0.6</td><td>0.8</td><td>1.2</td></tr>
<tr><td>r</td><td>0.2</td><td colspan="2">0.5</td><td>0.8</td><td colspan="2">1.0</td><td>1.6</td><td>2.0</td><td>3.0</td></tr>
<tr><td>d</td><td colspan="3"><10</td><td colspan="2">>10 ~ 50</td><td colspan="2">>50 ~ 100</td><td colspan="2">>100</td></tr>
</table>

注:1. 越程槽内两直线相交处,不允许产生尖角。

2. 越程槽深度 h 与圆弧半径 r,要满足 $r \leqslant 3h$。

平面砂轮越程槽的尺寸

b	2	3	4	5
r	0.5	1.0	1.2	1.6

燕尾导轨砂轮越程槽的尺寸

<table>
<tr><td>H</td><td>≤5</td><td>6</td><td>8</td><td>10</td><td>12</td><td>16</td><td>20</td><td>25</td><td>32</td><td>40</td><td>50</td></tr>
<tr><td>b</td><td rowspan="2">1</td><td rowspan="2" colspan="2">2</td><td rowspan="2" colspan="3">3</td><td rowspan="2" colspan="3">4</td><td rowspan="2" colspan="2">5</td></tr>
<tr><td>h</td></tr>
<tr><td>r</td><td>0.5</td><td colspan="2">0.5</td><td colspan="3">1.0</td><td colspan="3">1.6</td><td colspan="2">1.6</td></tr>
</table>

图 7 - 29 退刀槽与砂轮越程槽

(3)钻孔结构

在麻花钻的头部往往有一个120°的锥顶角。钻孔深度指的是圆柱部分的深度,不包括锥角。阶梯形孔的过渡处,一般也存在锥角120°的圆台。在斜面、曲面上钻孔,为使钻头与钻孔表面垂直,钻孔处应制成与钻头垂直的凸台或凹坑。见图7-30。

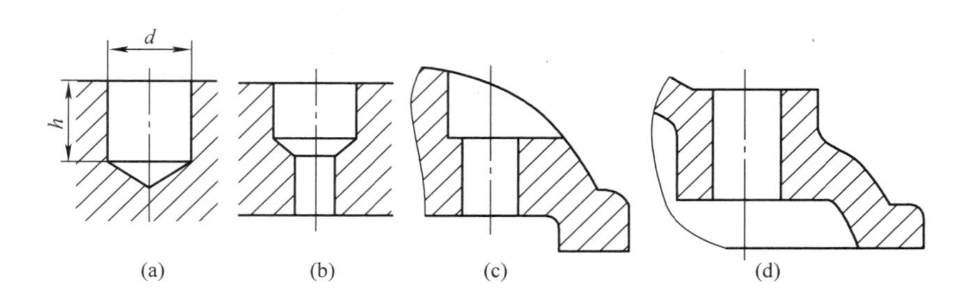

图7-30　钻孔结构

(a)有效钻孔深度　(b)阶梯孔结构　(c)曲面钻孔结构　(d)斜面钻孔结构

(4)较大接触面结构

为保证较大平面的良好接触、减少切削加工面积,应使较大面的一部分凸起或凹下,这样只需加工较大平面的一部分,既减少了加工面积,又能保证两个平面的良好接触,见图7-31。

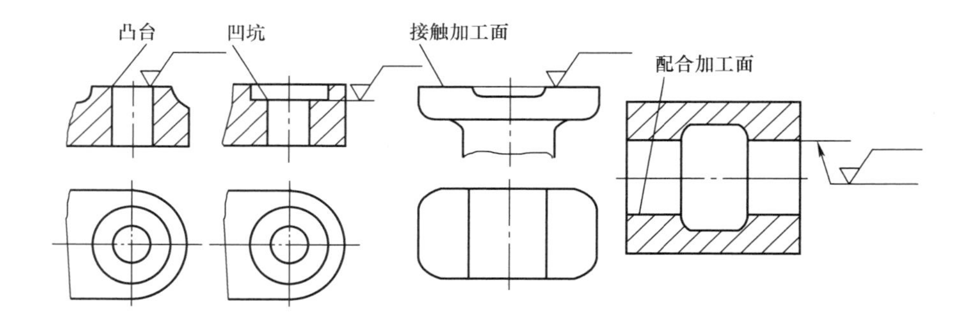

图7-31　接触面结构

7.4　画零件图

1. 画图步骤

1)根据零件的尺寸大小和形状复杂程度、确定比例、选择图纸幅面,选择主视图的投影方向,并根据主视图尚未表达清楚的部分选择其他视图和其他表达方法;

2)画图、布图—画中心线—画主要轮廓部分—画次要轮廓部分—画细小部分(例如螺孔、倒角、圆角)—检查—加粗;

3)标注尺寸和其他技术要求;

4)填写标题栏(图号、名称、比例、数量、重量、签名);

5)检查、校对。

2. 画图方法

1)选择幅面,确定比例。该零件的轴测图没有标注尺寸,复杂程度一般,所以选择 A4 幅面,采用 1:1 的比例。

2)确定主视图的投影方向,确定选用其他何种视图和表达方法。从轴测图看,端盖属于盘盖类零件,所以选择中心线水平放置,主视图作全剖视,目的是表达它的内部形状,左视图表达了孔及其他结构沿圆周方向的分布状况。

3)画图。先画中心线、基准线,再画轮廓线,画轮廓线时要先画主要部分,后画次要部分,先画大的,后画小的。检查、校对、补漏,擦去多余线条,加粗。

4)标注尺寸和技术要求。标注尺寸时首先选各个方向的基准,要做到正确、齐全、清晰,力争做到合理。

以端盖的轴测图(图 7-32)说明画零件图方法。

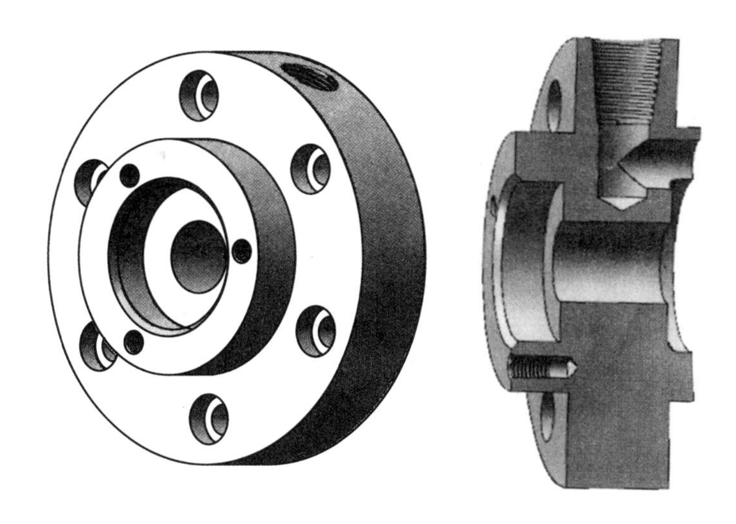

图 7-32 端盖轴测图

1) 视图表达。端盖用两个基本视图表达结构形状。采用复合剖切平面画出全剖视的主视图,以表达出端盖上所有类型孔的结构状况,把主、左视图联系起来看,知道沿 ϕ71 mm 圆周和 ϕ42 mm 圆周分别均布着与轴线平行的六个沉孔和三个螺孔,见图 7-33。

2) 技术要求。

a. 尺寸基准:轴向基准为右端面,径向基准是中心线。

b. 形位公差:该零件 ϕ90 mm 的右端面应有垂直度公差要求,ϕ55g6 圆柱轴心线应有同轴度公差要求。

对于同轴度公差,被测要素 ϕ55g6 轴心线;基准要素 ϕ16H7 孔中心线;公差带与基准轴线同轴,直径为 ϕ0.025 mm 的圆柱体,见图 7-34(a)。

同轴度公差的检测技能是:把芯轴插入 ϕ16H7 孔内(无间隙配合),然后把芯轴连同工件置于两个等高刃口状 V 型块上并限制其轴向移动,在轴向剖面内测量上、下两条素线的读数差,取其最大读数差值为该剖面同轴度误差,转动被测零件,按上述方法在若干剖面内测量,取其最大差值作为该零件的同轴度误差。

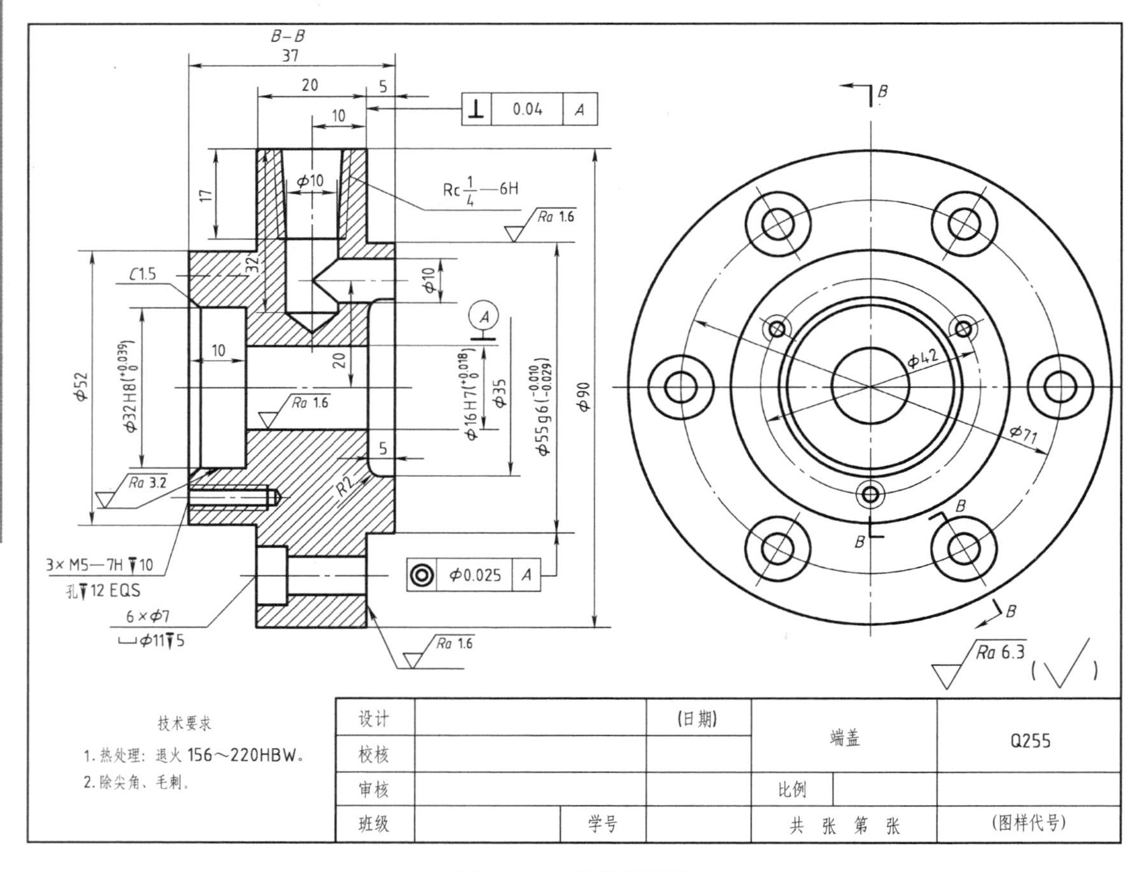

图 7－33　端盖零件图

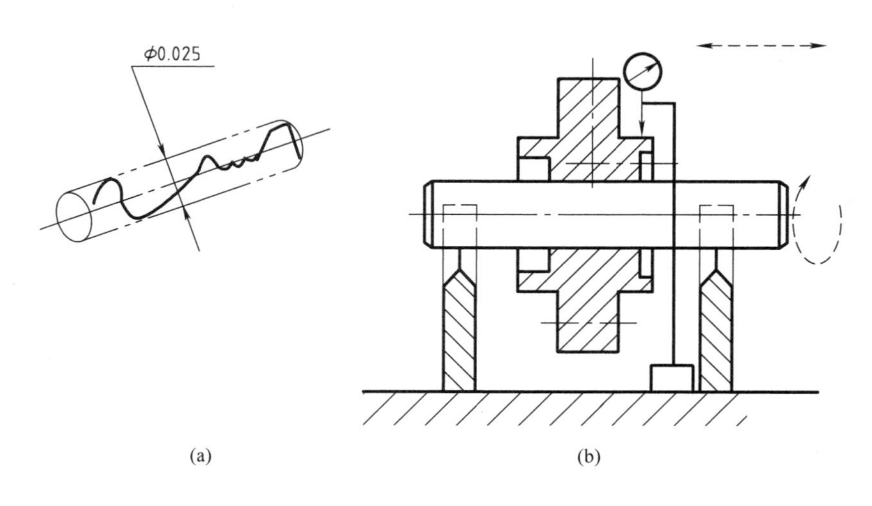

图 7－34　同轴度公差的检测技能

(a)公差带　(b)检测技能

c. 热处理：退火是热处理的一种，目的是降低工件的硬度，提高塑性改善切削加工和压力加工（例如锻造、轧制等）性能；细化晶粒，改善组织，消除内应力。HBW 是布氏硬度，其数值越大，表示材料越硬。

d. 工件材料：Q255 是碳素结构钢的一种，主要用于制造连杆、拉杆、转轴、芯轴等机械零件。Q255 中的"Q"代表"屈服点"，255 表示屈服点为 255MPa 的普通碳素结构钢。

3）参考工艺。

a. 三爪卡盘装夹，车削右端面；粗车、半精车 ϕ90 mm 外圆至要求；粗车、半精车外圆至 ϕ56。

b. 钻孔 ϕ12 mm；扩孔至 ϕ15 mm；车孔至 ϕ35 mm，保证深 5 mm。

c. 调头装夹，车端面保证 37；粗车、半精车外圆至 ϕ52 mm，保证轴向尺寸；粗车、半精车、精车 ϕ32 mmH8 内孔至要求。

d. 划线，钻孔，锪孔，攻螺纹。

e. 三爪卡盘夹 ϕ52 mm 外圆，找正；精车 ϕ16 mmH7 内孔至要求；精车 ϕ90 mm 右端面至要求。

f. 去毛刺，检验。

7.5 典型零件图的识读

读零件图是机械行业工程技术人员和技术工人必须掌握的一项基本功，对现场工作人员显得更为重要，因为只有在读懂零件图后，才可能在制造时采用相应正确的工艺方法，以保证达到零件的各项技术要求。现举例说明零件图的读图步骤和方法。

1. 轴套类零件图的识读

轴套类零件的结构多为共轴回转体，其中多为圆柱体。轴主要用于支撑转动零件传递运动、扭矩和转矩。轴类零件包括阶梯轴、空心轴、光轴和曲轴；套则用来支撑和保护转动零件和其他零件。这类零件常见的结构有螺纹、键槽、花键、退刀槽、越程槽、挡圈槽、轴肩、中心孔、倒角、圆角等。

（1）输出轴零件图的识读

1）读标题栏。目的是概括了解，了解零件的名称、材料、比例、图号等。了解名称，就能根据已有的专业知识和生产经验想象出零件的大概形状、作用、结构特点和加工方法。知道零件的材料，就能知道加工时选用何种刀具；知道比例能确定零件的真实大小与图形大小的关系。如图 7－35 所示，知道零件名称叫"输出轴"，可以想到它的功能是输出运动和动力，其结构一般是由若干同轴圆柱面组成，其上往往有键槽，用于安装齿轮、带轮或凸轮；还有安装轴承的轴径，轴上一般有越程槽、退刀槽等。

2）分析视图，识读零件的结构形状。首先找到主视图，确定其投影方向，然后找出其他视图，分析各个视图表达的重点是什么，它和主视图是什么关系。在此基础上，根据图形特点应用形体分析法或线面分析法，弄清零件由哪些基本体组合而成或由哪种基本体切割而成，再分析零件的细小结构，最后综合起来想象出零件的完整结构、形状。图 7－35所示的输出轴仅有一个基本视图，是它的主视图。由图可以看出，它是由六个同轴圆柱面叠加而成的，K—K、E—E 两个断面图分别表达了它们所在圆柱体上键槽的形状和大小。

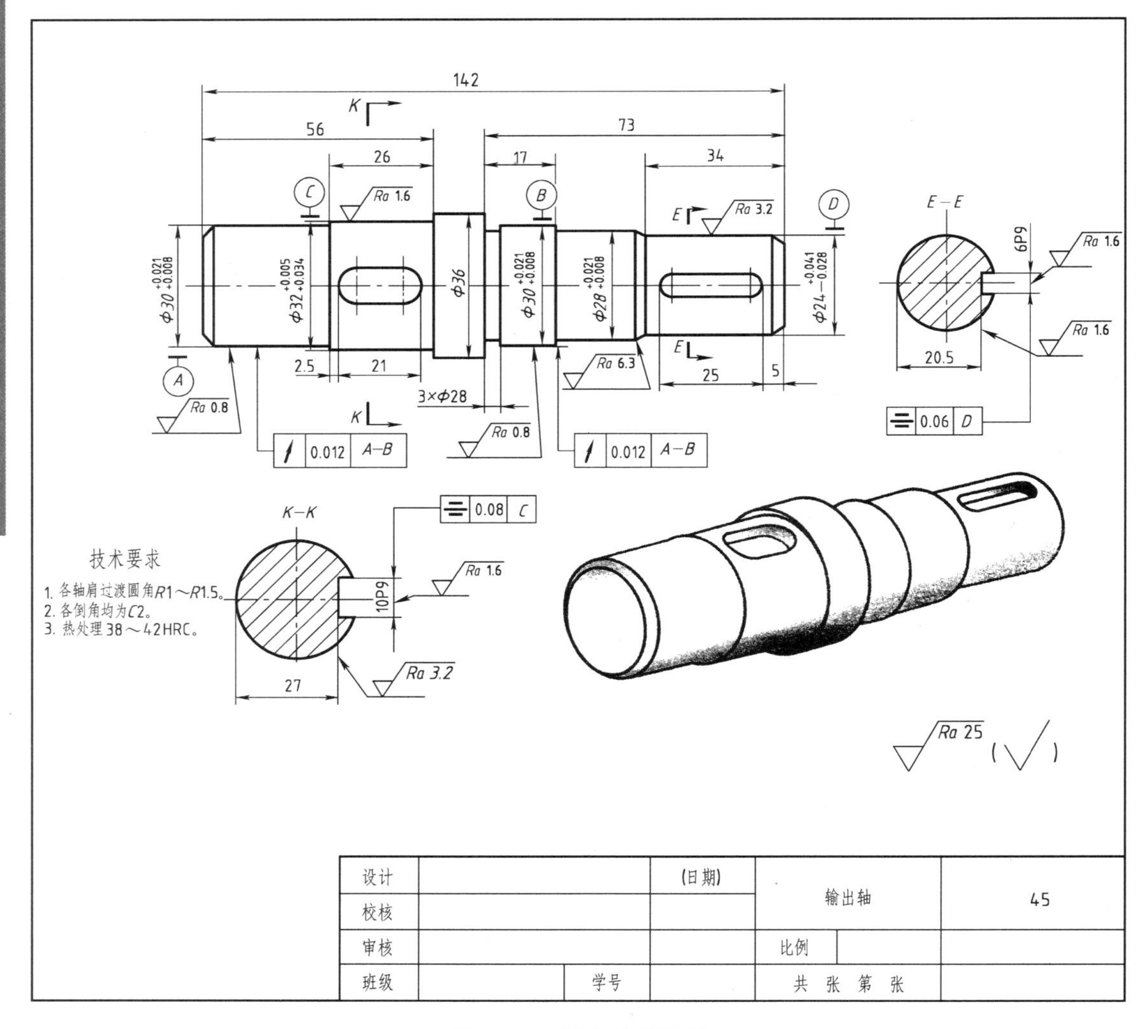

图 7 - 35　输出轴零件图

3）尺寸标注。读尺寸标注，首先要找到基准，弄清楚组成零件各部分的形状、大小和相对位置，然后从基准出发，结合零件的结构形状，确定各部分的定形尺寸和定位尺寸，明确各个尺寸的作用。

图形用于表达零件的形状，尺寸用来确定零件的大小。在读零件图时，要把形状分析和尺寸分析有机地结合起来，能较快想象出零件的形状。

输出轴的轴向基准是右端面，它是尺寸 5 mm、34 mm、73 mm 和 142 mm 的标注依据，左数第 1、2、4 个端面是辅助基准，它们分别是尺寸 56 mm、26 mm 和 17 mm 的标注依据。径向基准是轴心线，它是各圆柱面在高度和宽度方向的基准。键槽两侧面的基准是通过中心线、上下方向的对称平面，键槽深的基准是相应圆柱面的最后素线。

4）技术要求。零件图的技术要求包括尺寸公差、形位公差、表面结构、热处理和表面处理等。

图中有两种形位公差、圆跳动和对称度。

a. 径向圆跳动公差。

圆跳动公差是限制被测要素绕基准轴线作无轴向移动,旋转一周时,任意测量面内的最大跳动量。

图 7-35 中圆跳动公差被测要素分别是两个 ϕ30 mm 圆柱面,基准要素是两个 ϕ30 mm 圆柱面的公共轴线。公差带(限制实际被测要素的变动区域)和两个 ϕ30 mm 圆柱面的公共轴线相垂直的任一测量平面内,半径差为 0.012 mm 且圆心在公共轴线上的两个同心圆之间的区域,见图 7-36(a)。

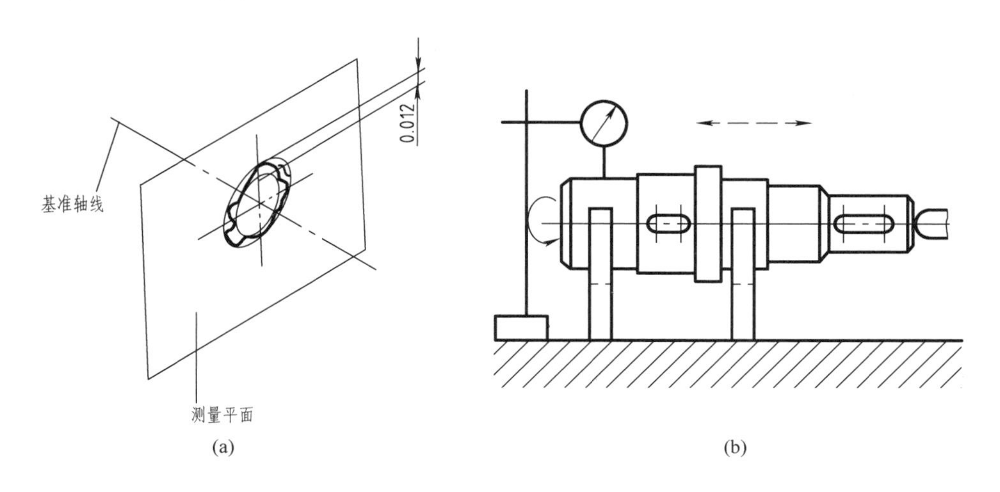

图 7-36 径向圆跳动公差检测技能

(a)公差带 (b)检测技能

径向圆跳动公差检测技能:把两个 ϕ30 mm 圆柱面置于两个等高 V 型块上,并限制其轴向移动,见图 7-36(b)。旋转输出轴,量表在 ϕ30 mm 圆柱面上的径向跳动全量,即为该圆柱面的径向圆跳动误差(被测圆柱面与理想圆柱面的实际差),当其小于或等于 0.012 mm 则为合格工件,大于 0.012 mm 则为不合格工件。

b. 对称度公差。

对称度公差是限制被测要素对基准要素的位置对称误差。被测要素是 10P9 键槽两侧面的对称平面,基准要素是 ϕ32 mm 的轴心线。

公差带是两个互相平行的平面,两平面之间的距离等于公差值 0.08 mm,且对称配置于通过 ϕ32 mm 轴心线的基准平面的两侧。

对称度公差检测技能包括截面测量和长度方向测量。

调整输出轴,使定位块沿径向与平板平面平行,测量定位块与平板之间的距离;将输出轴转 180°,在同一截面内重复上述测量,得到该截面上两对应点之间的数值差,则该截面的对称度误差为

$$f_{截} = \frac{a \times \frac{h}{2}}{R - \frac{h}{2}} \qquad R = \frac{d}{2} \qquad d = 32 \qquad h = 32 - 27.5 = 4.5$$

长度方向的最大、最小数差值就是长度方向的对称度误差。取这两个方向测量得到的最大误差值作为该截面的对称度误差,其他处的测量方法与此相同,见图7-37。

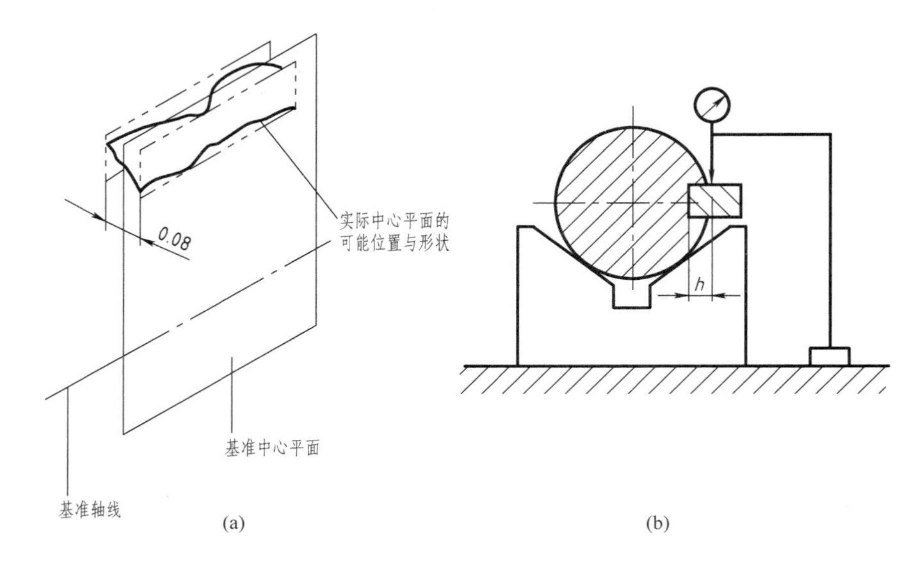

图 7－37　对称度公差检测技能

(a)公差带　(b) 检测技能

c. 其他技术要求。

(a)各轴肩处过渡圆角 $R3 \sim R5$。阶梯轴上截面变化处称为轴肩。输出轴右起第二、三、四端面处均叫轴肩，图上在这三处画的都是尖角，要求制成 $R3 \sim R5$ 的圆角。

(b)各倒角处均为 $C2$，输出轴有三处倒角，它们大小均为 $C2$，即 $2 \times 45°$。

(c)热处理是在固态下通过加热、保温和冷却的方法改变合金整体或表面组织，从而获得所需要力学性能的工艺。输出轴技术要求“热处理 38 ~ 42HRC”的意思是该轴要进行的热处理是调质，调质处理是淬火加高温回火。这种热处理方法可使零件既具有较高的强度与硬度，又具有较高的塑性和韧性。因此它广泛运用于各种重要的机器零件，例如轴、齿轮和连杆等。

HRC 叫洛氏硬度，它是硬度(材料抵抗另一硬物体压入其内的能力)的一种。38 ~ 42 是工件热处理后，所要达到的硬度值范围。

(d)机械零件的材料多种多样，主要有金属材料，例如铸铁、钢、铜、铝等；非金属材料，例如工程塑料、陶瓷、复合材料、功能材料等。输出轴的材料是 45，它是优质碳素结构钢的一种。这种钢的排号用两位阿拉伯数字表示，两位数字表示平均含碳量的万分之几。45 表示平均含碳量为 0.45% 的优质碳素结构钢。这种钢主要用来制造比较重要的机器零件，例如曲轴、传动轴、连杆、蜗杆和齿轮等。

5)参考工艺。

中心孔是轴类工件用顶尖上安装加工的定位基准，中心孔上的 60°锥孔与顶尖上的 60°锥面相配合，中心孔上的小孔的作用是保证锥孔与顶尖的良好配合和储存润滑油，见图 7－38。

中心孔有 A 型、B 型和 C 型，它在图样上的标注方法见表 7－1。

零件的参考加工工艺有以下几步。

a. 三爪卡盘装夹，车端面、钻中心孔；调头装夹，车端面，钻中心孔，保证总长 142 ± 0.5 mm。

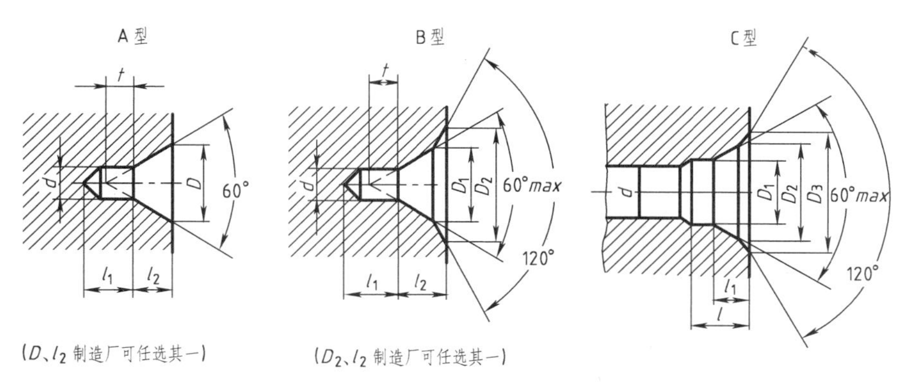

图 7 - 38　中心孔的形式

b. 双顶尖装夹，粗车 $\phi36$ mm；粗车、半精车 $\phi30$ mm、$\phi28$ mm、$\phi24$ mm 分别至 $\phi31.6$ mm、$\phi29.6$ mm、$\phi25.6$ mm；精车 $\phi30$ mm、$\phi28$ mm、$\phi24$ mm 至 $\phi30.4$ mm、$\phi28.4$ mm、$\phi24.4$ mm、倒角 $C2$。调头装夹，粗车、半精车 $\phi30$ mm 至 $\phi31.6$ mm，$\phi32$ mm 至 $\phi33.6$ mm；精车 $\phi30$ mm、$\phi32$ mm 至 $\phi30.4$ mm 和 $\phi32.4$ mm 并倒角 $C2$。

c. 划两处键槽线。

d. 铣键槽，保证槽深尺寸 27 mm 和 20.5 mm，两侧面各留磨削加工余量 0.2 mm。

e. 热处理，调质 38 ~ 42HRC。

f. 双顶尖装夹磨削外圆（五处）至要求尺寸。

g. 磨削两键槽的两侧面至要求尺寸。

h. 除毛刺、检验。

中心孔有 A 型、B 型和 C 型，它在图样上的标注方法见表 7 - 1。

（2）曲轴零件图的识读

曲轴是轴类工件中形状、表达方法和工艺比较复杂的一种轴，它广泛应用于内燃机、空气压缩机、曲柄式冲床中。

1）读形状。曲轴用主视图、左视图表达其结构形状，见图 7 - 39。它由 $\phi32$ mmf7、$\phi40$ mmf7 两个同轴回转体和另外六个同轴回转体组成，两组回转体轴线相互平行，中心距 5.5 mm，沿轴线方向分布着退刀槽、倒角、螺纹等结构，左、右两端面都有中心孔。

2）解释螺纹标注：

M45 × 1.5　M——普通螺纹；公称直径 $\phi45$ mm；1.5——螺距 1.5 mm、细牙螺纹。

M24 × 1.5　M——普通螺纹；公称直径 $\phi24$ mm；1.5——螺距 1.5 mm、细牙螺纹。

3）解释 GB/T44595——A2.5/5.3：A 型中心孔，$d = 2.5$ mm，$D = 5.3$ mm，在完工的零件上保留不保留中心孔均可以。

4）形位公差。它的检测方法见图 7 - 40，检测方法的说明和公差带的解释请读者自己完成。

（3）变速箱连接套零件图的识读，见图 7 - 41。

1）读形状。该零件用两个基本视图表达其结构形状。局部剖视的主视图兼顾表达了零件的内外形状。它主要由三个同轴圆柱面和四个同中心的内孔构成。沿轴向外表面有倒角四处，一处沟槽；内表面有导角两处，还有一个径向通孔和三个轴向螺孔。

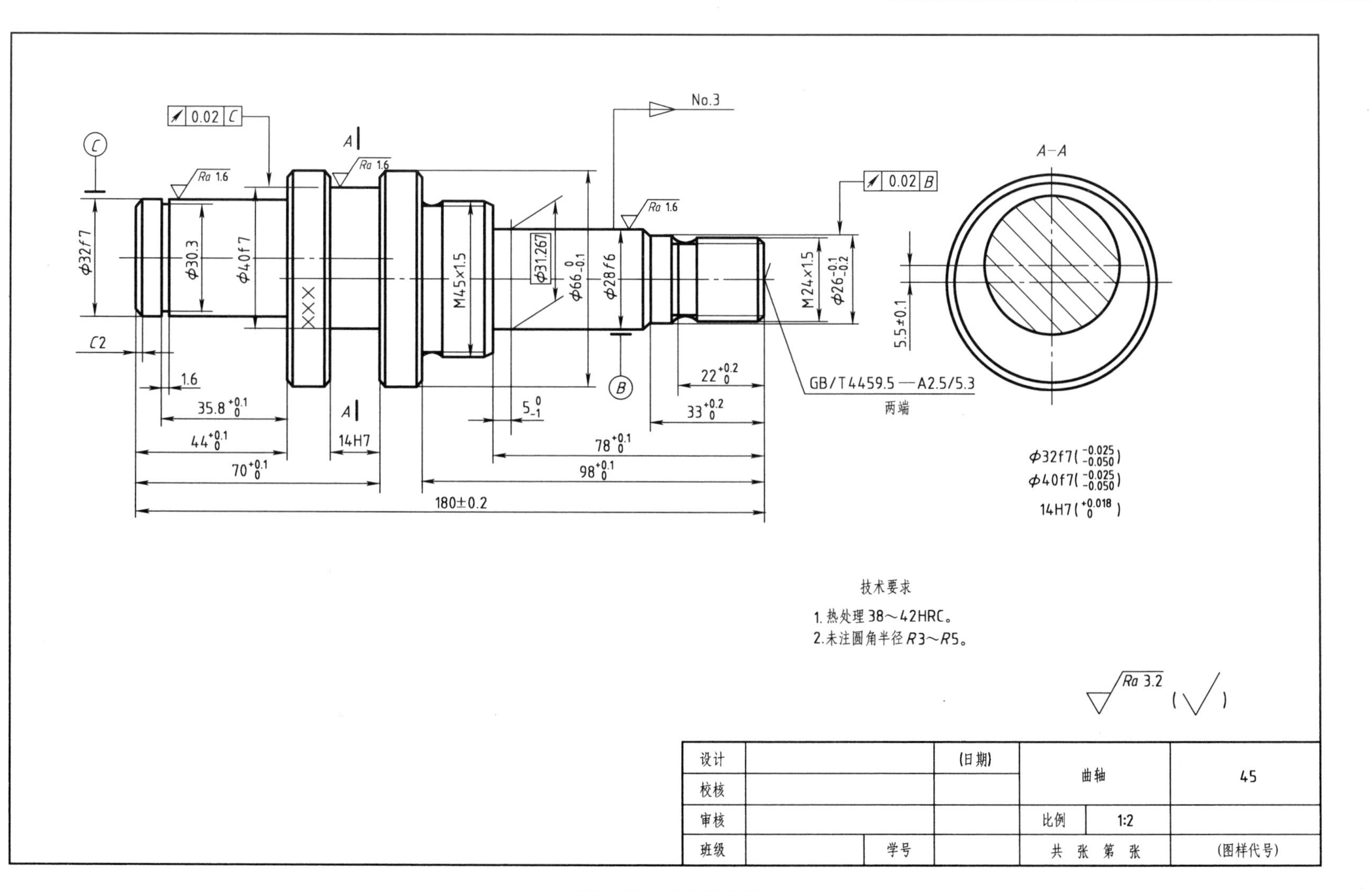
0.02 C
C
A
Ra 1.6
No.3
$\phi32f7$
$\phi30.3$
$\phi40f7$
XXX
M45×1.5
$\phi31.267$
$\phi66^{\ 0}_{-0.1}$
$\phi28f6$
M24×1.5
$\phi26^{-0.1}_{-0.2}$
0.02 B
A－A
5.5±0.1
C2
1.6
B
$22^{+0.2}_{\ 0}$
$33^{+0.2}_{\ 0}$
GB/T4459.5—A2.5/5.3
两端
$35.8^{+0.1}_{\ 0}$
$5^{\ 0}_{-1}$
14H7
$44^{+0.1}_{\ 0}$
$78^{+0.1}_{\ 0}$
$70^{+0.1}_{\ 0}$
$98^{+0.1}_{\ 0}$
180 ± 0.2
$\phi32f7(^{-0.025}_{-0.050})$
$\phi40f7(^{-0.025}_{-0.050})$
$14H7(^{+0.018}_{\ 0})$
技术要求
1.热处理38～42HRC。
2.未注圆角半径R3～R5。
Ra 3.2
设计
(日期)
曲轴
45
校核
审核
比例
1:2
班级
学号
共 张 第 张
(图样代号)

图 7－39 曲轴零件图

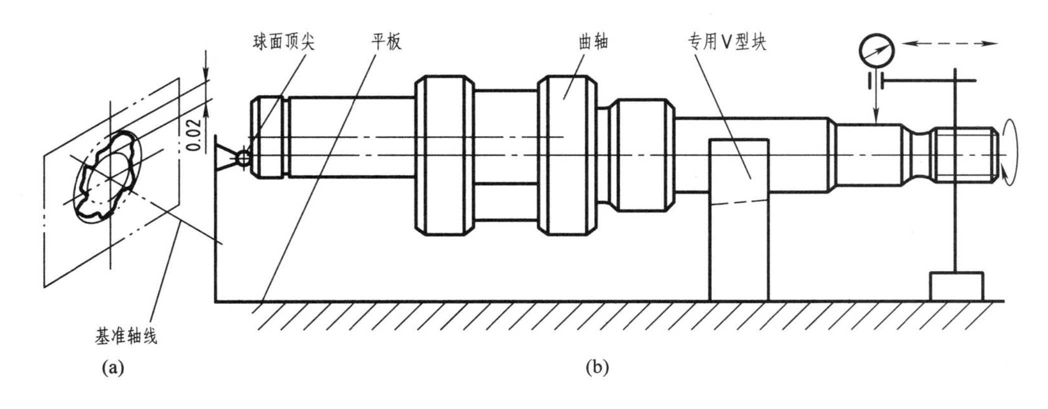

图 7－40　径向圆跳动的检测
（a）公差带　（b）公差检测方法

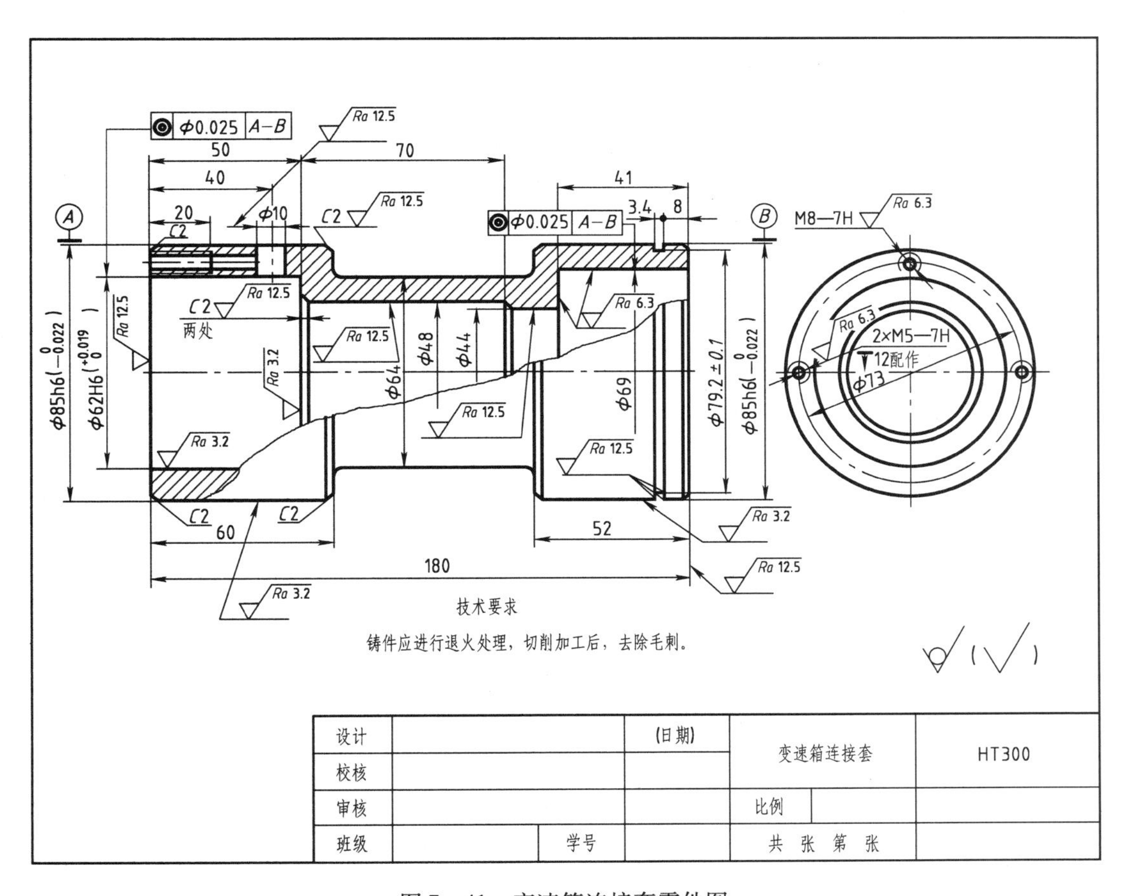

图 7－41　变速箱连接套零件图

径向通孔处采用的是立体上的某些截交线或相贯线，在不致引起误解时，允许简化。

2）尺寸标注。

轴向基准是左（或右）端面，径向基准是中心线。

端面上有 2×M5－7H 螺孔，它的含意是：2——两个螺孔；M5——普通粗牙螺纹，公称直径 5 mm；7H——中径、顶径公差带代号。

3）热处理。退火处理，将工件以缓慢的速度加热至 500～650℃，经适当保温，随炉缓冷至 300～200℃以下出炉。其目的是消除铸件在冷却过程中产生的内应力，便于进行切削加工。

4）工件材料。HT300，灰铸铁。“HT”是“灰铁”二字汉语的第一个字母，其后的数字表示它的最低抗拉强度是 300MPa。HT300 是灰铸铁材料中力学性能较好的一种，用来制造承受高弯曲应力及抗拉应力的重要零件，如齿轮、床身、车床卡盘、高压油缸、滑阀壳体等。

5）参考工艺。

a. 三爪自定心卡盘装夹，车削右端面，粗车、半精车 ϕ85 mm 外圆至 ϕ86 mm；车削 ϕ69 mm 内孔至 ϕ68 mm；车削 ϕ44 mm 内孔至要求尺寸。切 3.4×79.2±0.1 mm 槽至要求尺寸，完成两处 $C2$ 倒角。

b. 调头装夹，车端面，保证尺寸 180 mm 和 60 mm；车外圆至 ϕ86 mm；车削内孔至 ϕ48 mm，车削内孔至 ϕ61 mm；完成四处内外倒角。

c. 钳工划线，钻 ϕ10 mm 通孔，钻 M8－7H、2×M5－7H 螺纹底孔，攻三处螺纹。

d. 磨削，三爪卡盘装夹，磨削一端外圆、内孔至要求；调头装夹，找正后磨削另一端外圆、内孔至要求。

e. 除尖角、毛刺、检验。

2. 轮盘类零件图的识读

（1）读拨盘的零件图

1）读形状。该零件用主、左两个基本视图表达其结构形状。从全剖视图的主视图上可以看出，拨盘的基本形状由 ϕ16 mm、ϕ29.4 mmh7、ϕ49 mm 三个同轴圆柱面和一个与它们同轴、左右相通的 ϕ10 mmJ7 孔构成，见图 7－42。把主、左视图联系起来看比较容易读懂拨盘的形状，比较难懂的是 C、B 两端面之间的部分，采用线面分析法来读它。

根据视图上每一个封闭的“线框”都代表立体上一个平面的投影的性质，用“对线条、找投影”的方法，分析立体的相关表面，可以读懂它的形状。

首先找出左视图上 ϕ49 mm 和 ϕ29.4 mmh7 之间的封闭“线框”，见图 7－43（a）。然后用“对线条、找投影”的方法，找出它在主视图上的投影，可知它是 ϕ49 mm 圆柱面的左侧面在左视图上的投影（即 B 面）；再从左视图上找出 ϕ29.4 mmh7 和 ϕ16 mm 之间的“线框”，用同样方法找到它在主视图上的投影，可知它是 ϕ29.4 mmh7 左端面在左视图上的投影（即 C 面）；用同样的方法可知 ϕ16 mm 圆柱体左侧面在左视图上投影是 ϕ16 mm 和 ϕ10 mmJ7 之间的封闭“线框”（即 D 面）。见图 7－43（b）。最后在左视图上找到 ϕ22 mm 和 ϕ6.5 mmH7 之间的封闭“线框”，找到它在主视图上的投影，可知它是 E 面，见图 7－43（c）。左视图上四个封闭“线框”分别表示四个平面的投影。拨盘的轴测图见图 7－44。

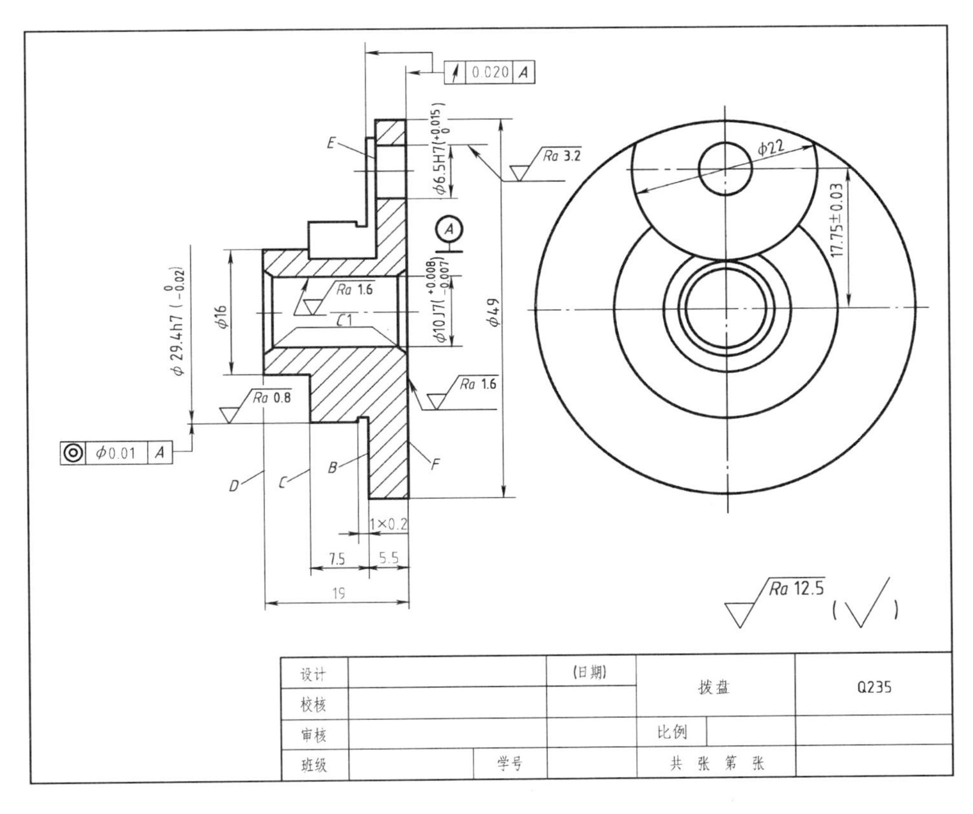

图 7－42 拨盘零件图

以上所述方法称为线面分析法。它是利用投影规律,把立体分解为线、面等几何要素,通过识别这些几何要素的形状和位置,进而想象出立体形状的方法。这种方法的要点是先从视图中比较容易看懂的线“线框”出发,然后找出该线、“线框”对应的其他的视图,从而确定其空间形状和位置。在分析的同时,还应该搞清“线框”四周各边的空间含义,确定它们是形体上的轮廓线还是积聚性的表面。这样就能把立体各部分的形状和位置逐个弄清楚,最后综合起来想象出物体的整体形状。

2）尺寸标注。

轴向尺寸基准是右端面,它是 *B*、*C*、*D*、*E* 四个面的尺寸基准;径向尺寸基准是中心线,它不仅是各个直径的基准,而且是 φ6.5 mmH7 孔的定位基准。

3）尺寸公差。φ6.5 mmH7 中的 H7 是基准孔的尺寸公差带代号;φ29.4 mmh7 中的 h7 基准轴的尺寸公差带代号;φ10 mmJ7 中的 J7 是孔的尺寸公差带代号,若它和相应的基准轴配合,得到的是过渡配合。

4)参考工艺。

a. 三爪卡盘装夹,车削左端面;车削 φ49 mm 外圆 至要求;粗车、半精车 φ29.4 mmh7 至 φ30.4 mm。

b. 钻孔 φ8 mm;扩孔 φ9.8 mm;铰孔(按 IT7 制造);倒角。

c. 精车 φ29.4 mm 外圆至要求,倒 φ10 mm 孔左端角,切断,保证 20 mm。

d. 调头装夹,找正,半精车、精车右端面,倒 φ10 mmJ7 孔的右端倒角。

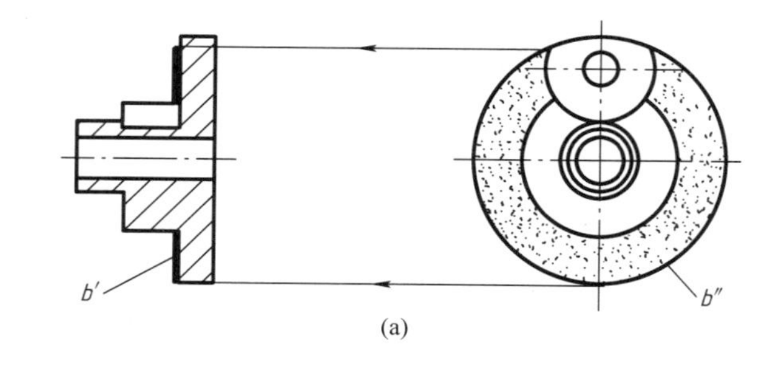

(a)

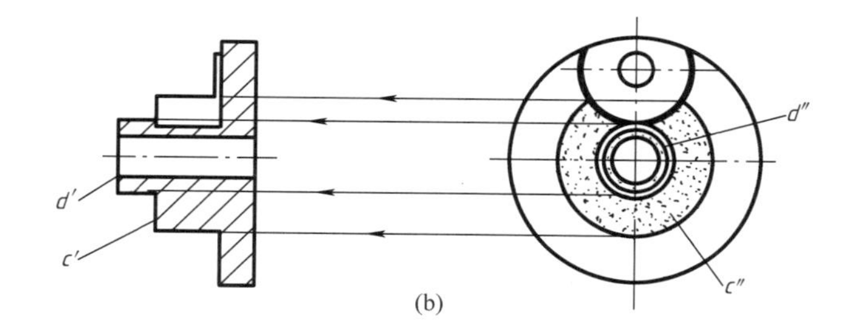

(b)

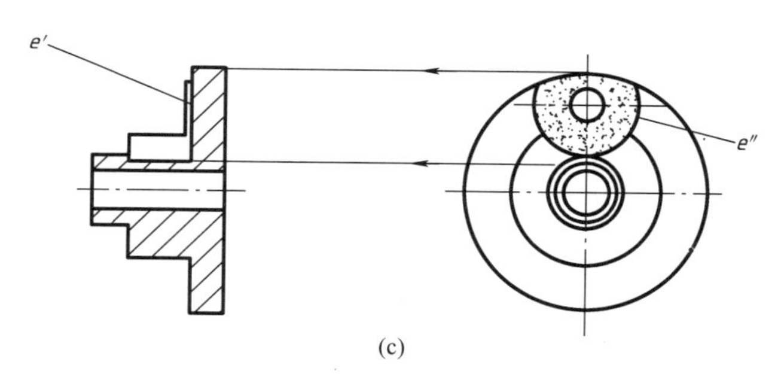

(c)

图 7－43　用对线条、找投影方法分析物体的形状

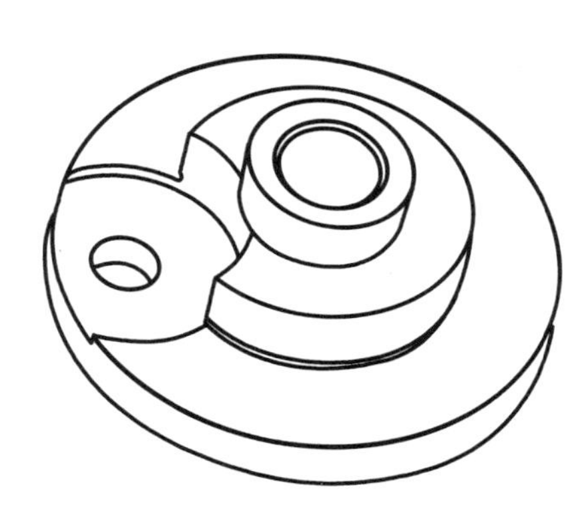

图 7－44　拨盘轴测图

e. 划线，钻孔 $\phi6.3$ mm，铰孔 $\phi6.5$mmH7 至要求。

f. 铣削 $\phi22 \times 1.5$ mm 至要求。

（2）读链轮的零件图

链轮用于链传动，链传动由安装于相互平行的两根轴上的大、小链轮和链条组成。链轮上的轮齿和链条的链节相互啮合，依靠链轮齿和链条之间的啮合来传递运动和动力，链传动是一种具有中间挠性件的啮合传动。链传动具有传动中心距大、平均传动比较准确的优点，但链速不宜太高，否则传动平稳性差、有冲击。

1）读形状。链轮用两个基本视图表达其结构形状，见图 7-45。从全剖视的主视图中可以看出，链轮有三排链齿。机械制图规定链轮在剖视图中链齿的齿顶线画粗实线；分度线画细点画线；齿根线画粗实线，并且规定链齿不画剖面线。链轮上有一个从左端面至右端面直径为 $\phi40$ mmH8 的通孔，通孔上有一个左右相通的键槽，从左视图中可以看出该通槽的宽度为 10 mm，深度为 43.3－40＝3.3 mm。主视图表示轮齿的轴向齿形，左视图表示轮齿的端面齿形。

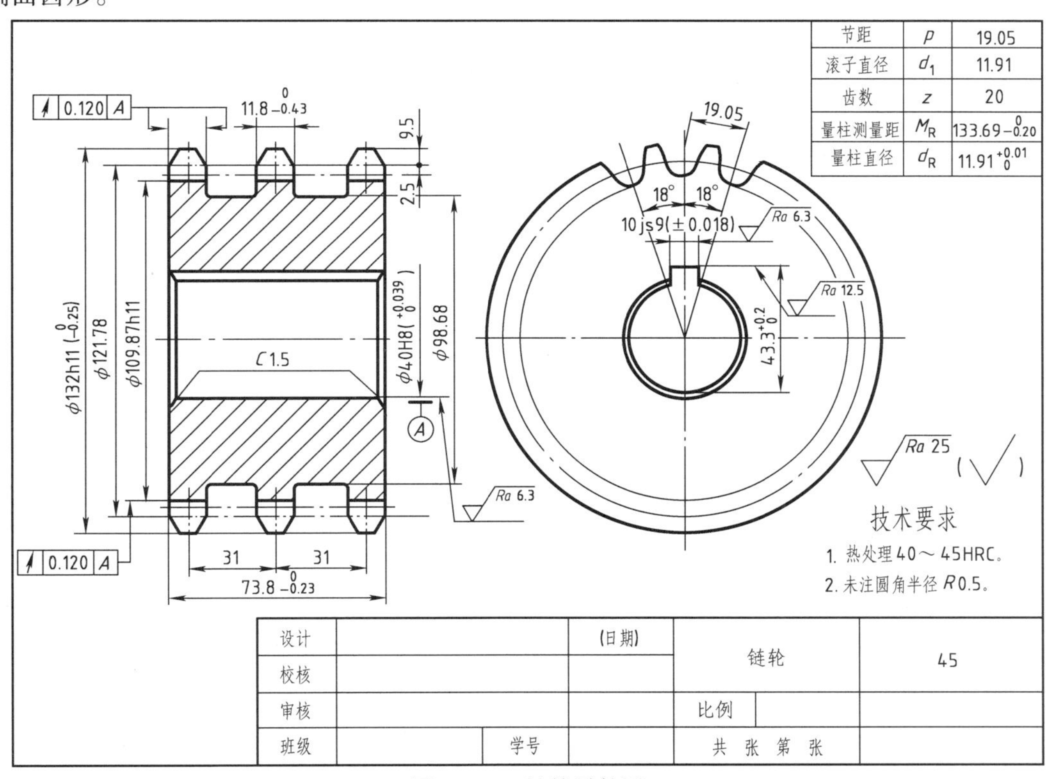

图 7-45 链轮零件图

链轮轮齿的具体形状和大小在 GB 1244—1985 中可以查到。左视图主要表达链轮的外形。轮齿的齿顶圆画粗实线，齿根圆画细实线，分度圆画细点画线。

图纸的右上角列出了链轮的基本参数和齿形标准。节距 p 相当于齿距，滚子直径 d_1 是装在链条销上的滚子直径，齿数 z 是链轮的齿数，量柱测量距 M_R 是计算出来的，量柱直径 d_R 在数值上应等于滚子直径。链轮的轴测图见图 7-46。

2）尺寸标注。轴向尺寸基准是左端面或右端面，径向尺寸基准是中心线，保证键槽深度的 43.3－40＝3.3 mm 的尺寸基准是 $\phi40$ mmH8 孔的最下素线。

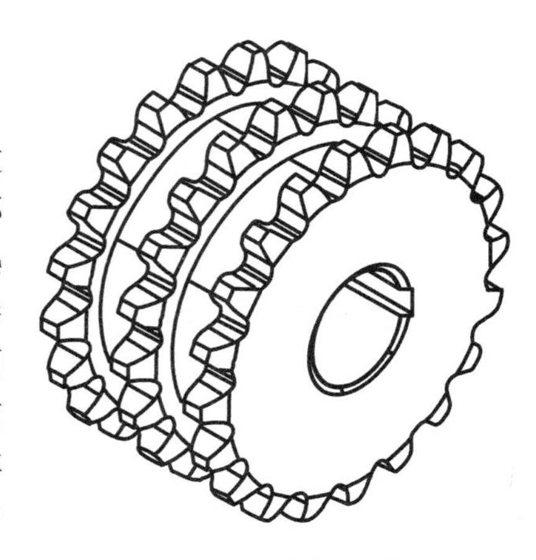

图 7－46　链轮轴测图

3）技术要求。

a. 尺寸公差。请读者自己分析。

b. 齿面热处理 40～45HRC。表面热处理是通过改变零件的表层组织，从而提高其强度和硬度，而心部依然保持其原有的塑性和韧性的热处理方法。齿面热处理有多种方法，例如表面热处理、表面渗碳、表面渗氮等。根据技术要求，该零件要进行表面淬火。表面淬火有两种，火焰表面淬火和感应加热表面淬火。前者应用于单件、小批生产中的大型零件和需要局部淬火的零件，后者常适用于中碳钢(0.4%～0.5%C)和中碳合金结构钢零件。

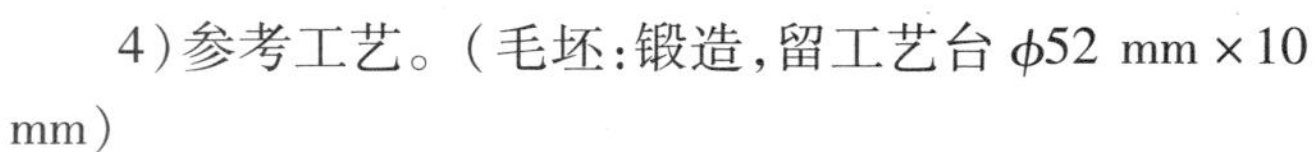

4）参考工艺。（毛坯：锻造，留工艺台 ϕ52 mm×10 mm）

a. 三爪卡盘装夹，车削工艺台 ϕ52 mm×10 mm，车削右端面至要求。

b. 调头装夹，车削左端面，粗车外圆 ϕ132 mmh11，留半精车余量；车削两槽底圆至 ϕ98.68 mm。

c. 钻孔、扩孔，车削孔 ϕ40 mmH8 至要求，倒左端角 1.5×45°。

d. 车削外圆 ϕ132 mmh11 至要求。车削左端面，保证 73.8 mm；车削齿轮左右端面至要求。

e. 调头装夹，车除工艺台，倒右端 1.5×45°倒角。

f. 划线。

g. 插键槽至要求尺寸。

h. 用成型铣刀铣链轮齿，倒圆角。

i. 感应加热表面淬火，保证 40～45HRC。

j. 去毛刺，清理、检验。

(3)读数控铣削类零件图

识读平面凸轮的零件图，见图 7－47。

1)读形状。该零件主要由一个圆盘、一个圆筒组成。圆盘上有一个圆孔和一处凹槽；圆筒的外径为 $\phi65^{+0.03}_{0}$ mm，内径为 ϕ35 mmH7。它的轴测图见图 7－48。

2）尺寸标注。该零件的轴向基准为 ϕ280 mm 的右端面，它是尺寸 17 mm、24 mm、18 mm的标注依据。径向基准是 ϕ280 mm 圆柱体的轴心线，它是 12 mm、17 mm、25 mm 和两个 40 mm 的标注依据。凹槽的各直线段和圆弧均为光滑连接。

3)技术要求。

a. 尺寸公差：尺寸 12 mm、17 mm、25 mm、R69 mm、R72 mm、R90 mm、R93 mm 及R95 mm 为未注公差。ϕ12 mmH7 和 ϕ35 mmH7 的公差等级为 IT7；ϕ65 mm、ϕ280 mm、17 mm、14 mm、18 mm、28 mm 处的尺寸精度均要求较高，需经精铣才能达到。

b. 其他：凸轮表面要进行感应淬火，硬度大于 50HRC；尖角倒钝。

4)参考工艺。

a. 加工 ϕ280 mm 外圆及左端面。

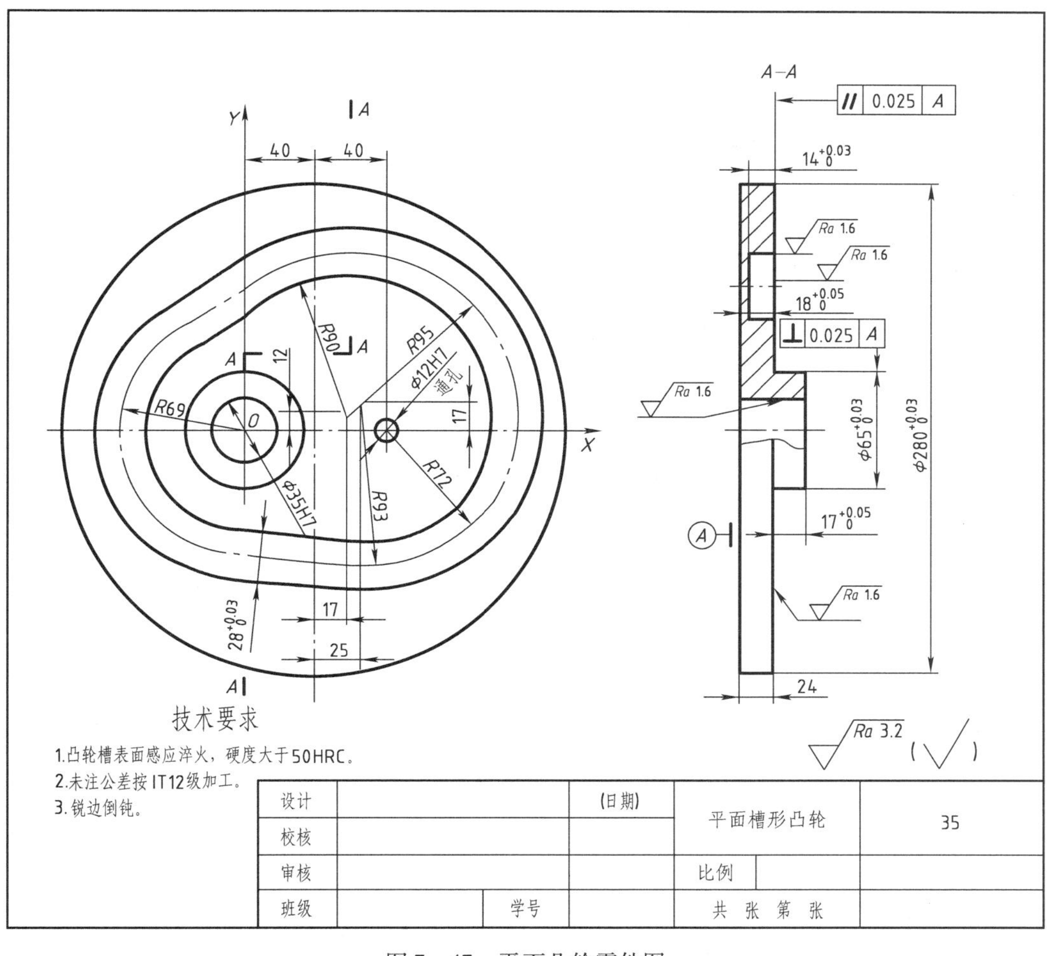

图 7－47　平面凸轮零件图

b. 钻 ϕ12 mmH7 的底孔 ϕ11.8 mm；铰孔至 ϕ12 mmH7。

c. 钻 ϕ32 mm 孔，半精镗、精镗至 ϕ35 mmH7。

d. 三爪自定心卡盘装夹零件 ϕ280 mm 外圆表面，半精车、精车 ϕ65 mm 外圆至要求，并车削右端面，保证 17。

e. 铣削 ϕ280 mm 圆柱右端面。

f. 铣凹槽。

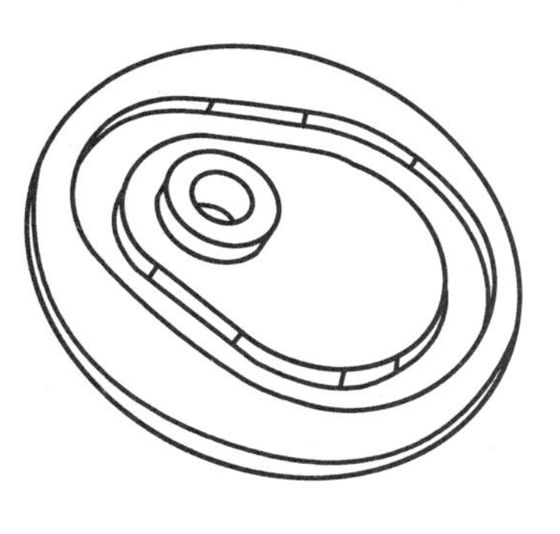

图 7－48　平面凸轮轴测图

5）参考程序。

```
O0001
T1M6;( φ35 镗孔刀)
G90G54G00G40X－40Y0S600M3;
G43Z100 H1;
M08;
G81Z－37R2F120;
G0Z100;
```

```
M05;
M09;
T2M6;(φ11.7 钻头)
G90G54G00G40 X40Y0S700M3;
G43H2Z100;
M08;
G81Z-40R-15F100;
G0Z100;
M05;
M09;
T3M6;(φ12H7 铰刀)
G90G54G00G40 X40Y0S120M3;
G43H3Z100;
M08;
G81Z-40R2F80;
G0Z100;
M05;
M09;
T4M6(φ20 键槽铣刀)
G90G54G00G40 X-109Y0S120M3;
G43H4Z100;
G0Z2M08;
G1Z-14F60;
G1G41X-123D03F200;
G3X-49.068 Y-82.503R83;
G1X13.309 Y-89.359;
G3X95.794 Y-63.233R107;
X122.153 Y-20.286R86;
X24.756 Y115.710R109;
X-39.674 Y99.201R104;
G1X-85.230 Y69.593;
G3X-123Y0R83;
G1G40X-109;
G1G41X-55Y0F200;
G2 X-69.972 Y46.116R55;
G1X-24.416 Y75.724;
G2X22.668 Y87.788R76;
X95.045 Y-13.273R81;
X77.268 Y-42.237R58;
```

X16.369 Y-61.527R79;
G1X-46.009 Y-54.671;
G2X95Y0R55;
G1G40X-109;
G0Z100;
M05;
M09;
G91G28Z0;
G28X0Y0;
M30;

3. 一般类零件图的识读

(1) 识读下料杠杆的零件图

见图7-49。

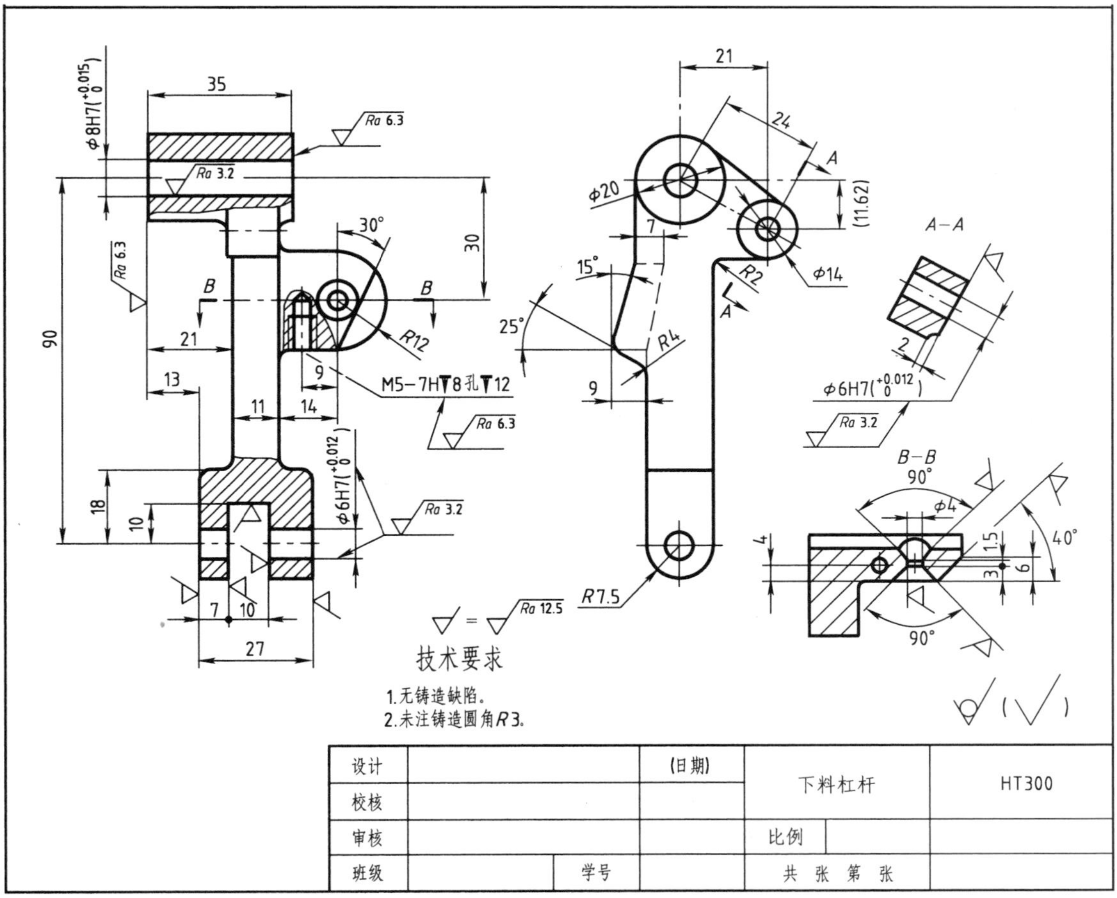
A-A
B-B
M5-7H▼8孔▼12
技术要求
1.无铸造缺陷。
2.未注铸造圆角R3。
设计
(日期)
下料杠杆
HT300
校核
审核
比例
班级
学号
共 张 第 张

图7-49 下料杠杆

1)读形状。下料杠杆用两个基本视图和一个 A-A 斜剖视图、一个 B-B 剖视图表达其形状。主视图表达了零件的外形特征,其上有三处局部剖视图,分别表达了 ϕ8H7 通孔、M5 螺孔和 ϕ6H7 通孔的结构和位置;左视图主要表达了 ϕ8H7、ϕ6H7 和下部 ϕ6H7 孔的相对位置和结构状况，$A-A$ 斜剖视和 $B-B$ 剖视分别表达了 ϕ6H7 通孔和 90°锥孔的结构。下料杠杆的轴测图见图 7－50。

图 7－50　下料杠杆轴测图

2）尺寸标注。长度方向的尺寸基准是 ϕ8H7 孔左端面，宽度方向尺寸基准是 ϕ8H7 和 ϕ6H7 两孔的中心线所在的平面，高度方向的尺寸基准是 ϕ6H7 孔的中心线。

零件的总长 = 21 + 11 + 14 + 12 = 58 mm；

零件的总宽 = 9 + 7.5 + 21 + 7 = 44.5 mm；

零件的总高 = 90 + 10 + 7.5 = 107.5 mm。

3）技术要求。

a. 尺寸公差。该零件 2－ϕ6 mmH7、ϕ8 mmH7 孔的尺寸精度要求较高，公差等级为 IT7 级，用铰削工艺可达到。其余部分均为自由公差。

b. 解释未注铸造圆角 $R3$：由于工艺原因，凡铸造零件，如果没有特殊要求，在面与面的相交处，一般均制成圆角，此零件所有部位的圆角半径均为 3mm。

4）参考工艺（铸件毛坯）。

a. 划线。

b. 铣削 ϕ8 mmH7 左端面，铣削两处 ϕ6 mmH7 左端面。

c. 铣削 ϕ6 mmH7 右端面，保证 27 mm；铣削 ϕ8 mmH7 右端面，保证 35 mm。

d. 铣削 10 × 17.5 mm 槽。

e. 划线。

f. 钻、扩、铰 ϕ8 mmH7 孔；钻、扩、铰两处 ϕ6 mmH7 孔，钻 ϕ4 mm 孔，锪两端 90 mm 沉孔；钻 M5 螺纹底孔 ϕ4.2 mm；攻 M5 螺纹。

g. 除毛刺，检验。

（2）识读托架的零件图

见图 7－51。

1）读形状。托架用主、俯两个基本视图、一个向视图和一个移出断面图表达其形状构造，见图 7－51。主视图表达了零件的位置特征，其上的两个局部剖视图分别表达了两个腰形孔和两个螺孔的形状和位置，移出断面表达了连接上部平板和下部圆筒连接部位的断面形状，B 向视图表达了两个螺孔的端面形状。俯视图主要表达了零件上的腰形孔、圆孔的分布状况，托架的轴测图见图 7－52。

2）尺寸标注。托架长度方向的尺寸基准是 ϕ35H9 圆孔的中心线，它是 175、90、30、的标注依据；宽度方向的尺寸基准是托架前、后方向的对称平面；高度方向的尺寸基准是 ϕ55 的下端面，它是 4、15、60 和 120 的标注依据。

3）技术要求。该零件是用铸造方法生产出来的毛坯，所以标注了未注圆角半径 3～5 mm。

4）参考工艺。

a. 划线。

b. 粗铣、半精铣顶面、ϕ55 mm 的两个端面，保证 60 mm。

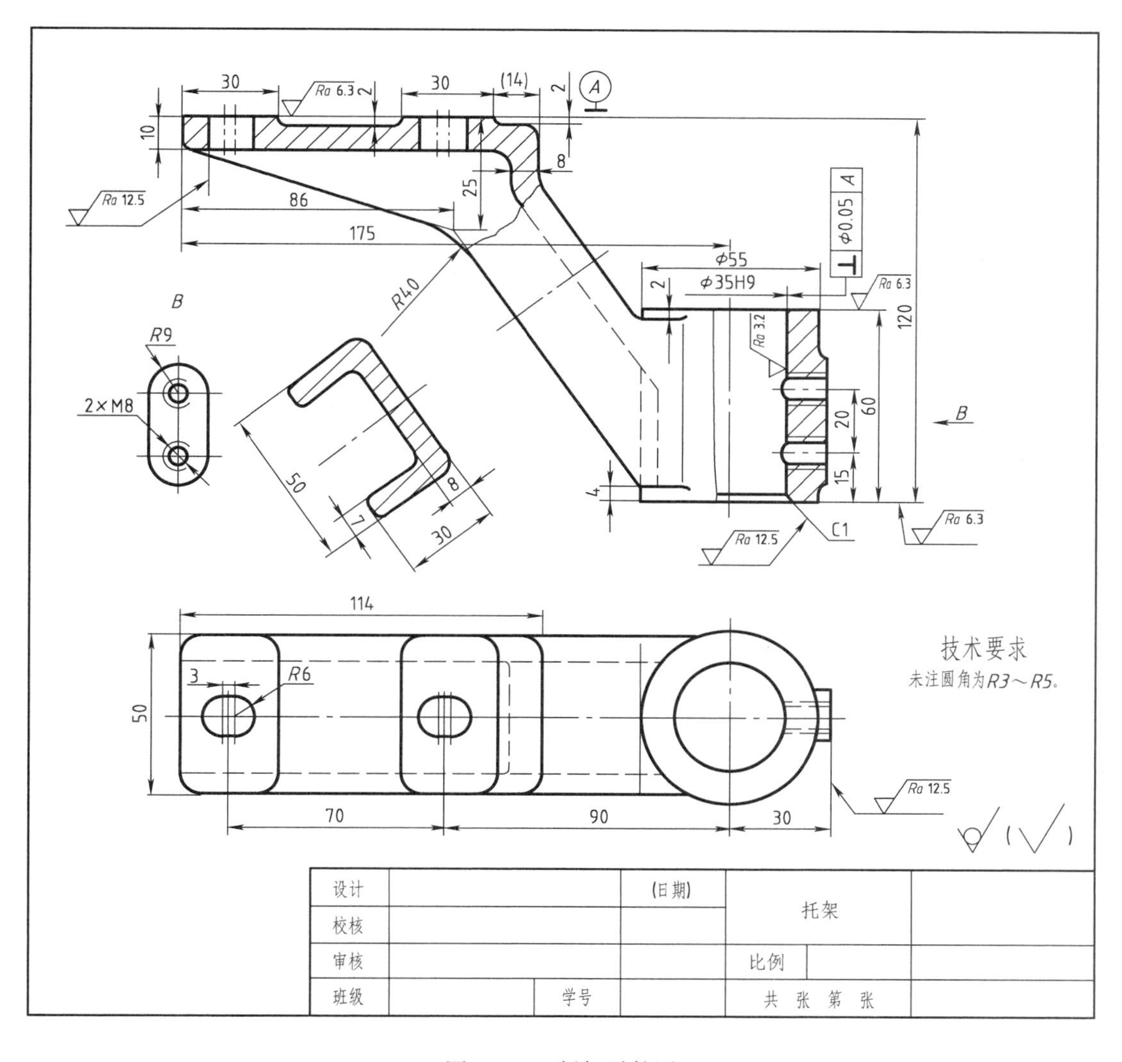

图 7－51 托架零件图

c. 划线。

d. 钻 2 × M8 螺纹底孔 ϕ6.8 mm。

e. 铣两个腰形孔。

f. 车或镗 ϕ55 mmH9 孔并倒角 *C*1。

g. 攻 M8 螺纹。

h. 除毛刺、检验。

4. 箱体类零件的读图

箱体类零件主要包括各种箱体、阀体、泵体和机体等。

箱体类零件的结构特点是：零件的内、外形状和结构均比较复杂，一般具有用于承托和容纳相关零件的空腔。箱体类零件的作用是：主要用于承托滑动轴承、滚

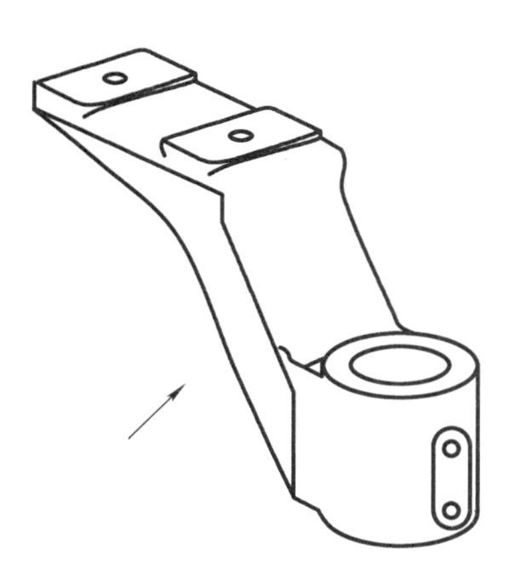

图 7－52 托架轴测图

动轴承，容纳轴、齿轮、蜗轮、蜗杆、润滑油、润滑脂，保护箱体内部的零件，以利于安全生产。箱体类零件上多有肋，以增强其刚度。为了和其他零件连接和定位，有较多的螺孔、光孔和销孔。

(1)识读蜗杆减速器壳体零件图

1）视图表达。蜗杆减速器用四个基本视图、三个向视图表达其形状结构，见图7-53。主视图采用全剖视，是从零件前后方向的对称平面处用单一剖切平面剖开的。主要表达了蜗杆减速器的内腔状况和安装蜗轮、蜗杆孔的中心线垂直交叉的状况，并表达了连接螺孔、润滑螺孔和放油螺孔的深度，其上的重合断面图表达了肋板的断面形状。

俯视图采用半剖视画法，兼顾表达了蜗杆壳体的内、外形状，重点表达了零件底板上6个安装孔的形状、大小和位置。

E 向视图表达了底面的结构。该图采用的是对称零件的简化画法：在不致引起误解的情况下，对称零件可以只画出其整体的1/2，并在其对称中心线两端画出两条与中心线垂直的细实线，也可绘制略大于一半或1/4。

左视图采用局部剖视图，兼顾表达了蜗杆壳体的内部结构和左端面的6个螺孔沿圆周方向的均布状况；重点表达了 $\phi36$ mm 通孔轴向的结构状况。

B 向视图表达了蜗杆孔的端面螺钉孔沿周向的分布状况；*A* 向视图表达了放油孔的位置及其周围的结构；*F* 向视图表达了肋板与蜗轮轴孔和底板的相连状况及肋板的厚度，它的轴测图见图7-54。

2）尺寸标注。箱体类零件多以底面、重要端面、轴心线为其主要基准。蜗杆减速器壳体长度方向以 $120^{+0.033}_{0}$ mm 孔的左端面为基准，宽度方向以零件前后方向的对称平面（通过蜗轮孔的中心）为基准，高度方向以零件的下底面为基准。

3）技术要求。

a. 尺寸公差。箱体类零件的重要孔，孔的中心距的公差等级要求较高，一般为IT6～IT8，例如图7-53中 $\phi120^{+0.033}_{0}$ mm、$\phi36^{+0.027}_{0}$ mm 的公差等级为IT7级；$\phi50^{+0.050}_{0}$ 的公差等级为IT8级，估计它们是用于安装轴承或与某轴有配合要求。

b. 形位公差。箱体类工件的形位公差要求一般有平面度、平行度、垂直度、同轴度、圆跳动、全跳动等。图7-53仅有垂直度公差要求。

c. 其他。箱体类零件的毛坯多为铸件，其表面之间多以圆弧连接，为消除它的内应力，增加尺寸的稳定性，有些零件要进行时效处理。

4)参考工艺（毛坯为铸件）。

a. 粗铣、半精铣、精铣底面。

b. 以底面为基准划线。

c. 粗铣、半精铣、精铣左、右端面，保证尺寸136 mm和达到表面结构要求；粗铣、半精铣前、后端面，保证148 mm。

d. 粗镗、半精镗 $\phi120^{+0.033}_{0}$ mm、$\phi50^{+0.050}_{0}$ mm，$\phi36^{+0.027}_{0}$ mm 孔各留0.5mm余量；粗铣、半精铣M10的端面。

e. 精镗 $\phi120^{+0.033}_{0}$ mm，$\phi50^{+0.050}_{0}$ mm，$\phi36^{+0.027}_{0}$ mm 孔至要求。

f. 划线。

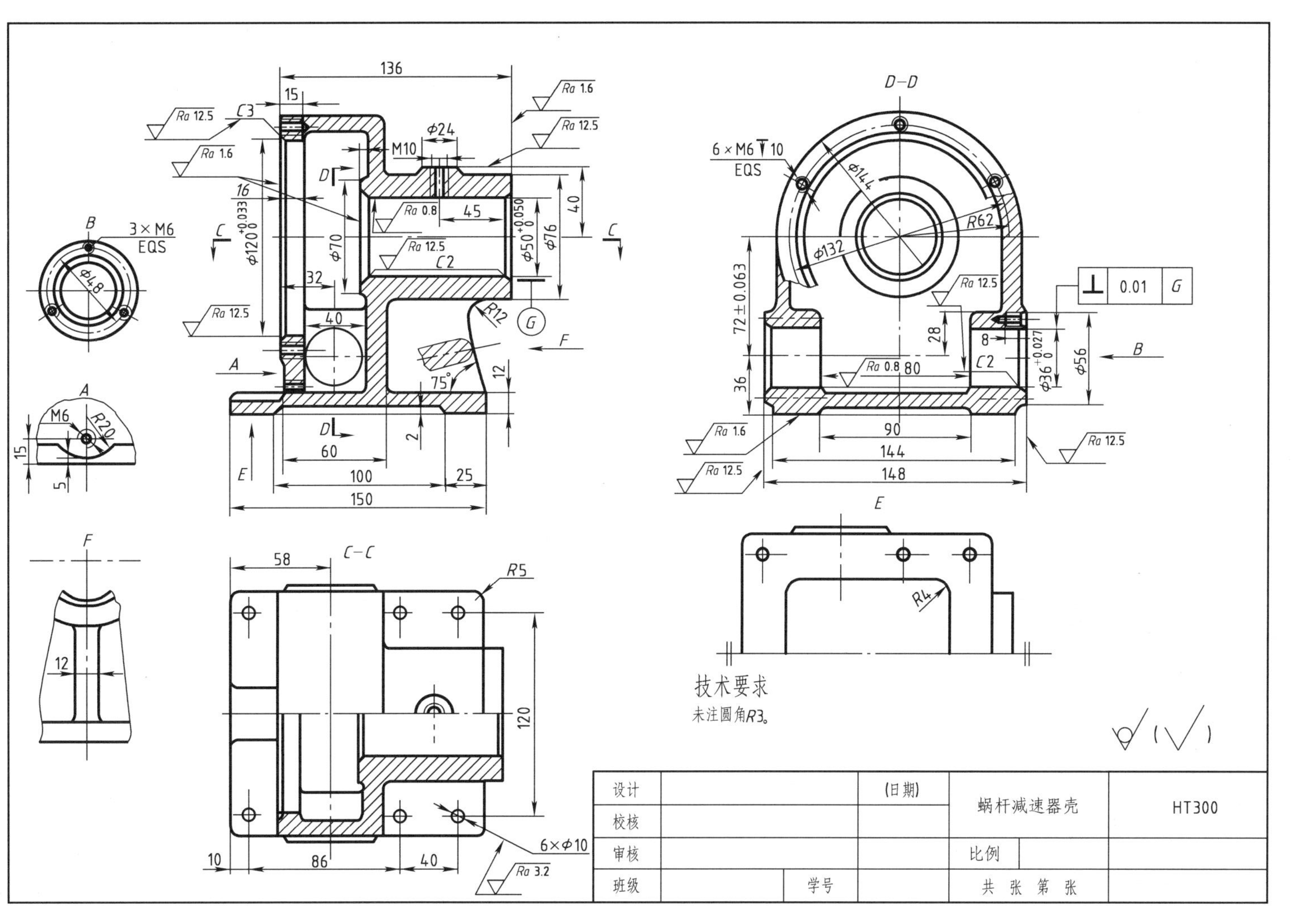

图7-53 蜗杆减速器壳体零件图

图 7－54　蜗杆减速器壳体轴测图

g. 钻 6 × ϕ10 mm 孔；钻 6 × M6 －6H，左、右两处 3 × M6 －6H 螺纹底孔；钻 M10；共计 13 个螺纹底孔。

h. 攻 13 个螺纹孔。

i. 除尖角、毛刺。

j. 检验。

（2）识读阀体的零件图

1）读形状。阀体采用两个基本视图和 A 向视图表达其形状结构，见图 7 －55。主视图表达了阀体的形状特征和位置特征：其上的局部剖视图表达了阀体的主体结构是一个直径为 50 mm 的“圆柱体”，它内部有三个同轴的圆孔。该圆柱置于一个 70 × 70 mm 的正方板上，并以肋板与圆柱体相连，肋板上的重合断面表达了它的断面形状。正方体上有 4 个端面锪光为 ϕ16 mm 的 ϕ7 mm 通孔；零件的左前方有个法兰盘，法兰盘上的凸耳处有四个螺孔。

用复合剖切方法画出的 $B-B$ 剖视图，比较详细地进一步表达了上述结构，并表达了底面上四个孔的相对位置和底面的具体结构。A 向视图表达 M18 ×2 －7H 孔口端面的详细结构，阀体的轴测图见图 7 －56。

2）尺寸标注。长度方向的尺寸基准是 ϕ25 mmH7、ϕ40 mm 光孔和 M36 ×2 螺孔的公共中心线，它是 ϕ25 mmH7、ϕ35 mm、ϕ50 mm、ϕ40 mm、M36 ×2、70 ×70 mm 和中心距 50 mm 等尺寸的起点；宽度方向的尺寸基准是法兰盘的前端面，它是 18 mm、70 mm、15 mm 等尺寸的标注依据。高度方向的尺寸基准是下底面，它是 6 mm、50 mm、80 mm 尺寸的标注依据。

解释下列尺寸标注（特殊符号没有标注）。

a. 4 × M8 －7H↧10↧14 孔 ：4 个螺孔；普通粗牙螺纹，公称直径 8mm ；中径、顶径公差带代号 7H；钻孔深度 14 mm、螺纹深 10 mm。

b. 4 × ϕ7⌴ϕ16 ：4 个光孔，孔径 7 mm，端面锪平 ϕ16 mm。

3）技术要求。

a. 尺寸公差。该零件尺寸精度要求较高的是 ϕ25 mmH7 和 ϕ28 mmH7 孔，有尺寸公差

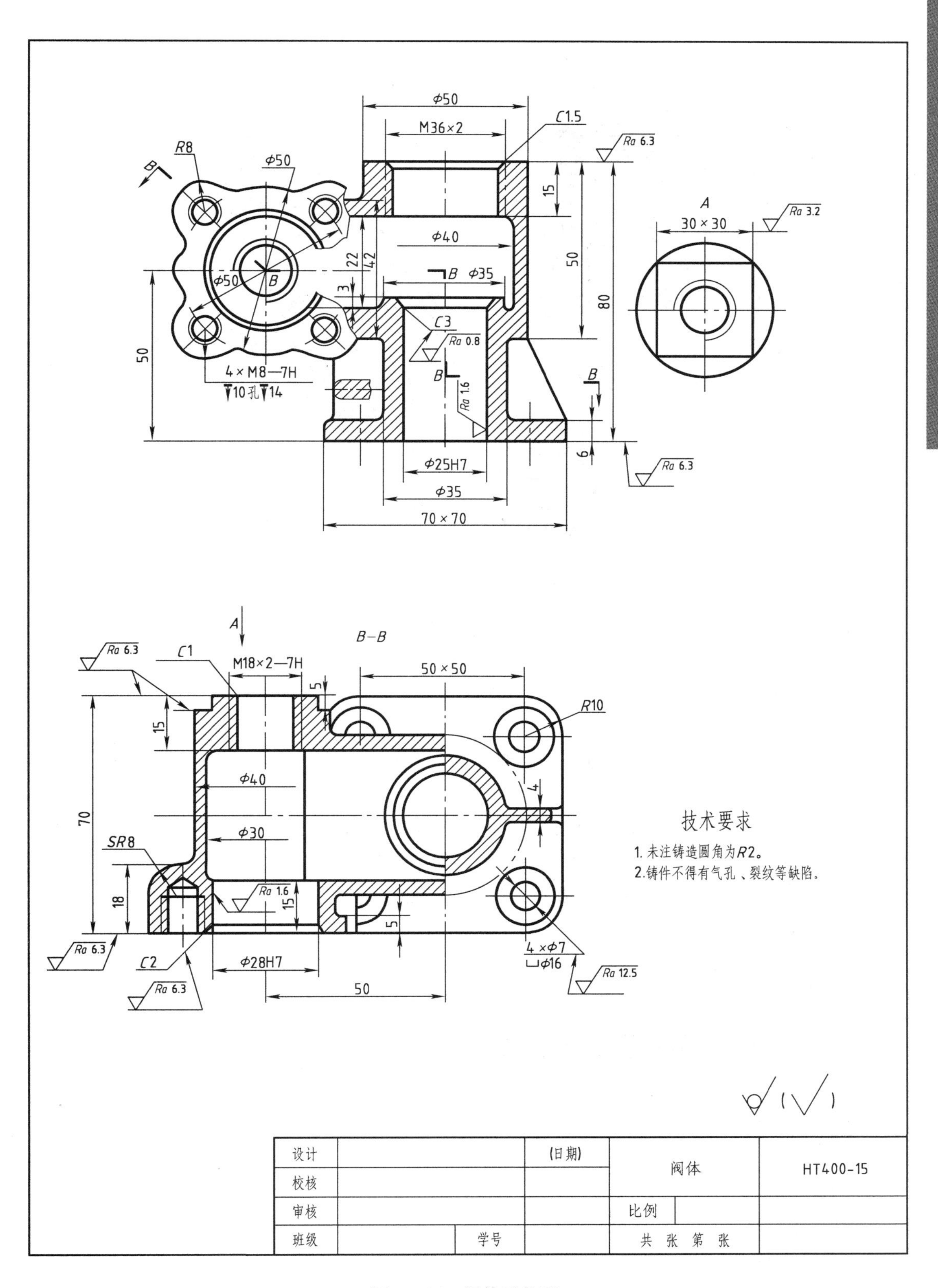

设计		(日期)	阀体	HT400-15
校核				
审核			比例	
班级	学号		共 张 第 张	

图 7－55 阀体零件图

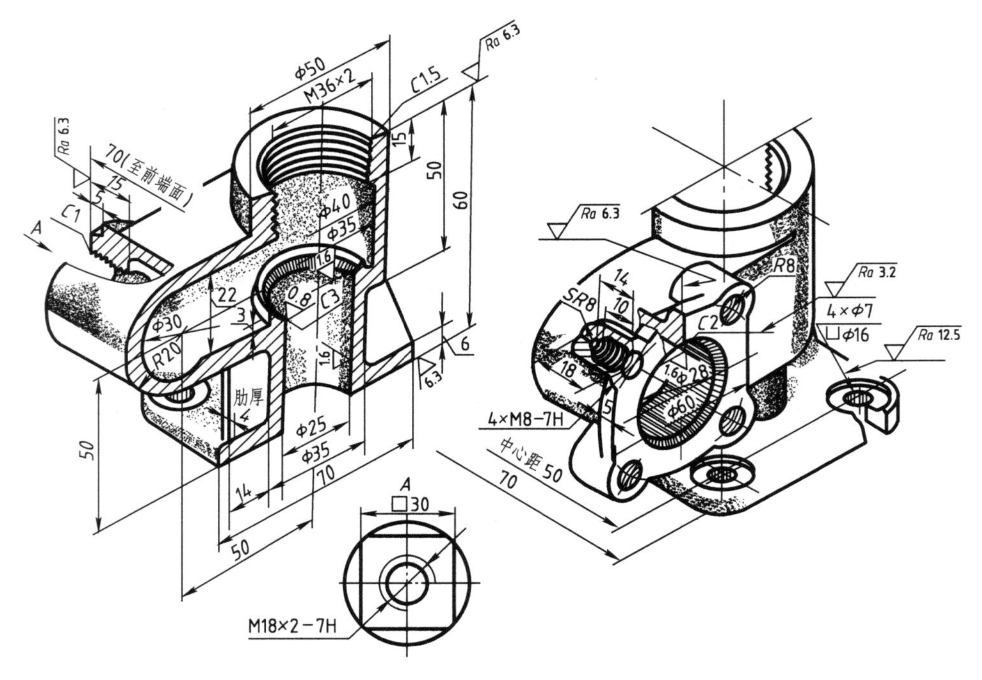

图 7-56　阀体轴测图

要求的还有 M18×2-7H,其余部位均为自由公差。

b. 其他。零件的面与面相交处以圆弧相连,铸件毛坯不得有气孔、裂纹。

4)参考工艺。

a. 划线。

b. 铣上底面、下底面,保证 80 mm;铣法兰前端面及与其对应的后面,保证 70 mm;铣 30×30 mm 正方并保证 5 mm。

c. 粗车、半精车、精车 ϕ25 mmH7 孔,粗车、半精车 M36×2 螺纹底孔及倒角;粗车、半精车、精车 ϕ28 mmH7 孔,粗车、半精车 M18×2-7H 螺纹底孔。

d. 钻、锪底面 4×ϕ7⌴16 孔,钻 4-M8-7H 螺纹底孔。

e. 攻 4-M8-7H 螺孔。

f. 研磨 *C*3 锥孔。

g　除尖角、毛刺、检验。

7.6　第三角投影的零件图举例

1. 美国零件图

见图 7-57。

2. 英国零件图

见图 7-58。

3. 日本零件图

见图 7-59。

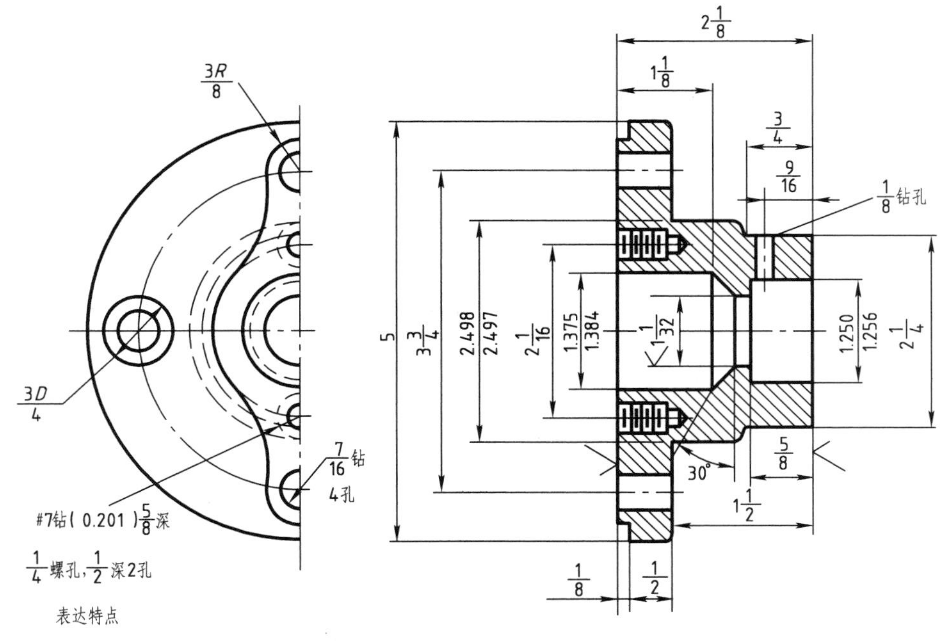

表达特点

1. 主视图采用全剖视，左视图仅画了一半。
2. 螺孔采用形象的方法表达。
3. 尺寸单位英寸，一般采用分数形式标注，尺寸公差标注最大极限尺寸、最小极限尺寸，并以小数形式书写。
4. 表面结构仅标注符号，未标注参数值。

图 7－57　托架

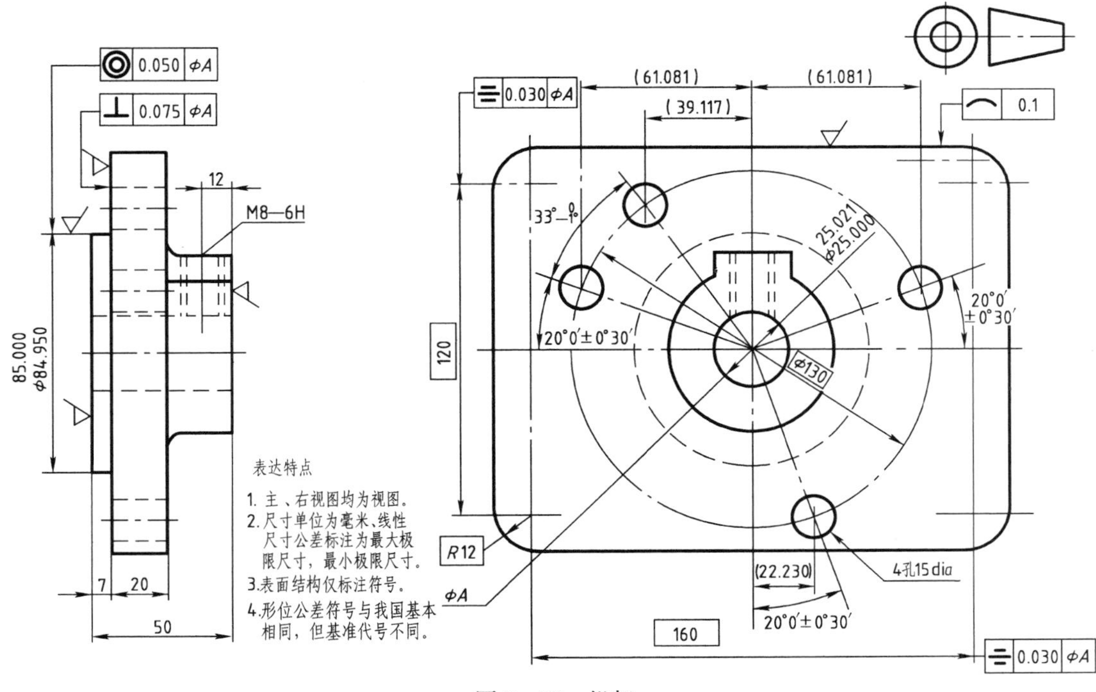

表达特点

1. 主、右视图均为视图。
2. 尺寸单位为毫米、线性尺寸公差标注为最大极限尺寸，最小极限尺寸。
3. 表面结构仅标注符号。
4. 形位公差符号与我国基本相同，但基准代号不同。

图 7－58　机架

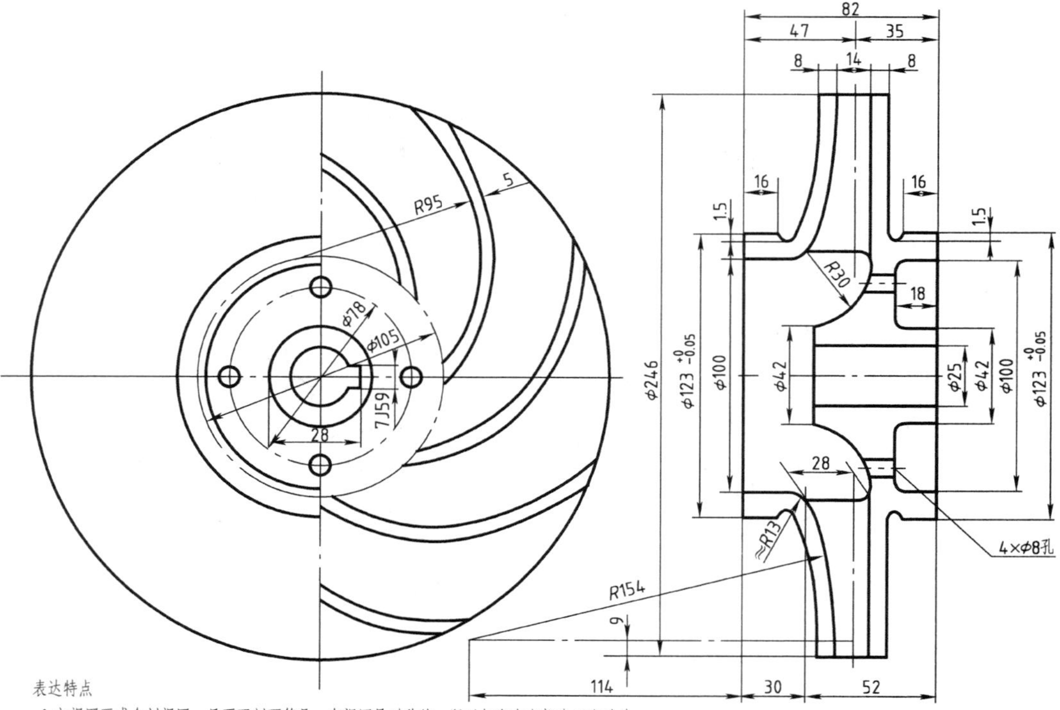

表达特点

1. 主视图画成全剖视图，且不画剖面符号；左视图是对称的，所以仅在右半部分画出叶片。
2. 剖视图不画剖面符号。
3. 尺寸单位是毫米，标注方法与中国基本相同。
4. 表面结构按等级符号标注，不标注表面结构参数值。

图 7－59　叶轮

模块八　装　配　图

学习目标

1. 知道装配图的概念、作用和内容；
2. 能画出中等复杂程度的装配图；
3. 能读懂比较复杂的装配图；
4. 了解第三角投影的装配图；
5. 通过读、画装配图的学习，使学生更深入地理解装配图与零件图的关系，学会全面分析和解决问题的方法，提高其读、画零件图、装配图的能力。

教学提示

1. 地位作用　装配图是机械制图的重点和难点，地位非常重要。
2. 物资材料　齿轮油泵的实物或模型、拆卸工具、相关量具、相关课件。
3. 学法提示　装配图不仅是全书的重点，而且是全书的难点，读、画装配图均如此。初学者要按照书中讲述的方法、步骤反复练习，不断实践，不耻下问。

检验是否读懂装配图的方法是能否正确回答练习题中提出的各种问题和依据装配图折画出正确的零件图；画装配图时必须要几个视图同时画，切不可逐一完成，那样既费时费力，又容易出错。

8.1　装配图的作用、内容、规定画法和简化画法

装配图是用来表达机器或部件的工作原理、传动路线，零件之间的相对位置、配合关系和主要零件结构形状的图样。

在设计或改进机器、部件时，用装配图来表达设计思想，然后根据装配图，拆画出零件图；工人按照零件图制造零件，最后将零件装配成部件或机器。因此，装配图是机械制造行业重要的技术文件。部件是整个机器的组成部分，例如汽车的变速箱就是汽车的一个部件，把属于汽车部件的发动机、变速箱、底盘等部件装配在一起就组成了汽车，汽车是机器。

1. 装配图的作用

装配图是表达设计思想，装配、维修部件、机器；指导生产和进行技术交流的重要技术文件和绘制零件图的依据。

2. 装配图的内容

装配图一般有下列内容，见图 8－1。

（1）一组图形

用以表达机器或部件的工作原理，零件之间的相对位置、装配关系、连接方式、传动路线和主要零件的形状结构。

（2）必要的尺寸

装配图中要标注 5 类尺寸：①总体尺寸、②规格尺寸、③安装尺寸、④配合尺寸、⑤重要尺寸。总体尺寸（总长、总宽、总高）如图 8－1 中的 418 mm（总长），190 mm（总宽），总高可以计算出来，例如（115＋120/2）＝175 mm；规格、性能尺寸，如图 8－1 中 ϕ120 mm（刀盘直径）；

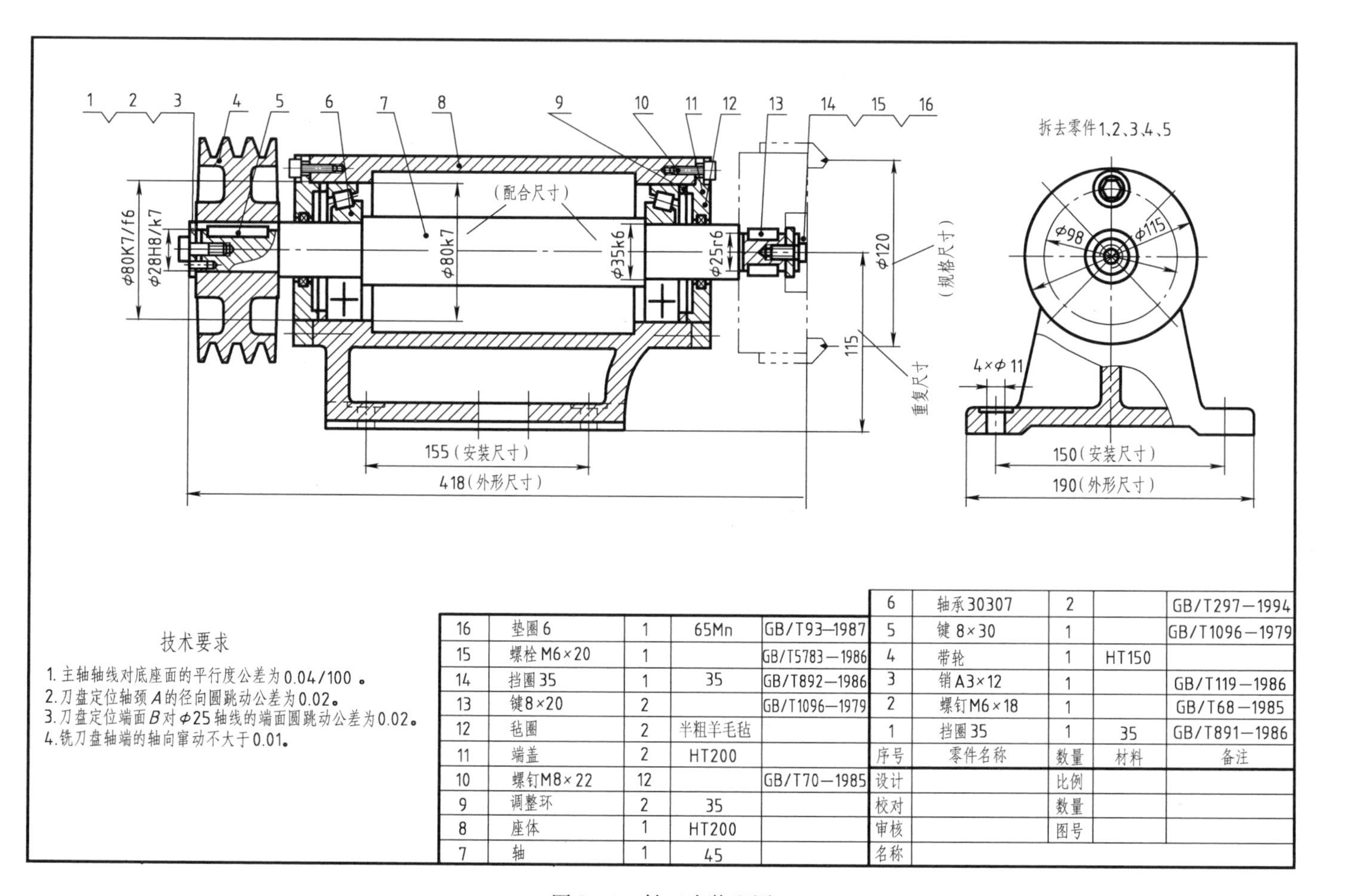

序号	零件名称	数量	材料	备注
16	垫圈6	1	65Mn	GB/T93—1987
15	螺栓M6×20	1		GB/T5783—1986
14	挡圈35	1	35	GB/T892—1986
13	键8×20	2		GB/T1096—1979
12	毡圈	2	半粗羊毛毡	
11	端盖	2	HT200	
10	螺钉M8×22	12		GB/T70—1985
9	调整环	2	35	
8	座体	1	HT200	
7	轴	1	45	
6	轴承30307	2		GB/T297—1994
5	键 8×30	1		GB/T1096—1979
4	带轮	1	HT150	
3	销 A3×12	1		GB/T119—1986
2	螺钉M6×18	1		GB/T68—1985
1	挡圈35	1	35	GB/T891—1986

设计		比例	
校对		数量	
审核		图号	
名称			

图8－1　铣刀头装配图

安装尺寸,如图 8 - 1 中的 155 mm,$4 \times \phi 11$ mm;配合尺寸,如图 8 - 1 中的 $\phi 80$ mmK7/f6,$\phi 28$ mmH8/k7,$\phi 80$ mmK7,$\phi 35$ mmk6;重要尺寸,如图 8 - 1 中 115 mm(中心高)。

(3)技术要求

用文字或符号说明部件或机器在装配、试车、调整、安装要求达到的技术要求和注意事项,例如图 8 - 1 中的四项技术要求。

(4)零件序号、明细栏和标题栏

为了方便读图,组织生产和技术资料的管理,要对装配图中出现的各种零件按顺序编号,并将相关内容填写在明细栏中,见图 8 - 1 中的序号 1、2、3……15、16 和明细栏。标题栏用于填写装配图的名称、图号、比例和相关责任者的签名等。

3. 装配图的规定画法

1) 相邻两零件的非接触面,即使间隙很小,也必须画两条线。例如图 8 - 1 中的件 5 键的上表面和件 4 带轮键槽顶面之间因为设计尺寸不同存在着很小的间隙,所以画两条线;而带轮右端面和件 7 轴左端面之间只画一条线,因为它们是接触面,见图 8 - 1。另外配合面画一条线,见图 8 - 1 $\phi 80$ mmK7/f6。

2)装配图中同一个零件在各剖视图中的剖面线方向必须相同、间隔基本相等,见图 8 - 1中件 8 座体在主视图和左视图中的剖面线方向相同、间隔基本相等。

3)装配图中,厚度小于等于 2mm 的零件断面,因绘制剖面符号有困难,可将其涂黑代替。

4. 装配图的简化画法

1) 在装配图中,对于紧固件以及实心轴、球、键、销等,当剖切平面通过其对称平面或中心线时,这些零件均按不剖切绘制,例如图 8 - 1 中的件 5 键、件 7 轴、件 10 螺钉等。如需表达这些零件上的某些结构时,例如键槽、销连接等,可选用局部剖视图表达,例如图 8 - 1 中键 5 所在部位。

2) 拆卸画法。图 8 - 1 所示左视图是在拆除零件 1、2、3、4、5 后画出的,因为不拆除,就看不到螺钉 10 沿圆周方向的分布状况。这时要在相应视图的上方标注出被拆除零件的序号。即在装配图上,为了看到因被其他零件遮挡而看不到结构时,可以选用拆卸画法。

3) 装配图中,若干个相同的零件或零件组,可以详细表达出一处或几处,其余部分只需表示出其位置即可。图 8 - 1 中的件 10 螺钉共有十多处,而在装配图中仅详细画出两处。

4) 装配图中,零件上的细小工艺结构,例如倒角、圆角、退刀槽、越程槽、拔模斜度均可以不画,均可以通过零件图体现,例如图 8 - 1 中件 8 座体内腔处的铸造圆角;件 7 轴上的退刀槽、越程槽、倒角均未画。

8.2 装配的结构工艺性

为了达到要求的装配性能和方便拆卸,设计部件或机器时要注意装配结构的合理性。

1. 两零件的接触面在同一方向上只允许有一对

如图 8 - 2(a)所示,对于平面结构,$B > A$ 这样既能保证两零件之间的良好接触,又给加工带来方便;对于孔和轴之间的结构,ϕA 为配合面,ϕB 和 ϕC 之间就不应再形成配合面,即 ϕC 必须大于 ϕB,见图 8 - 2(b)。

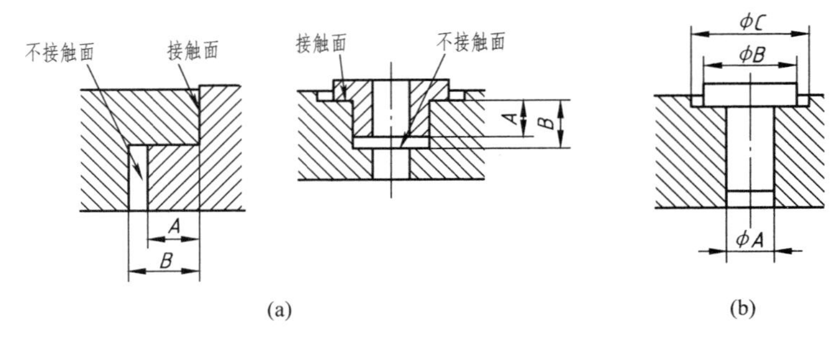

图 8－2 同方向面的装配结构
(a)$B>A$；(b)$\phi C>\phi B$

2. 安装滚动轴承的孔或轴肩的工艺结构

为保证滚动轴承的外圈用孔肩定位，孔肩高度必须小于滚动轴承外圈厚度；为保证轴承内圈用轴肩定位，轴肩高度必须小于滚动轴承的内圈厚度，因为只有如此才能方便地拆卸滚动轴承。见图 8－3。

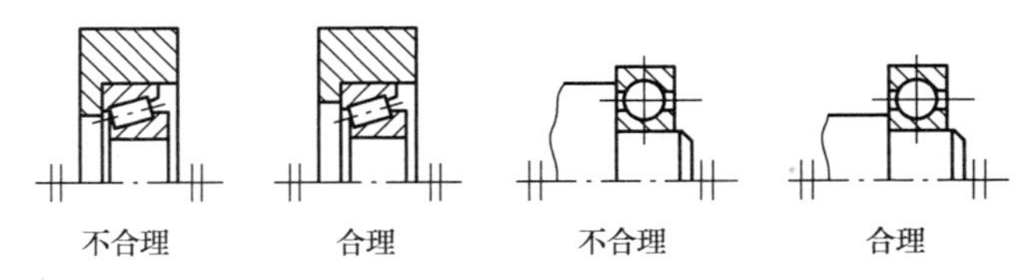

图 8－3 滚动轴承的轴向定位

3. 应留有足够的空间，以便于安装和拆卸螺纹紧固件

见图 8－4。

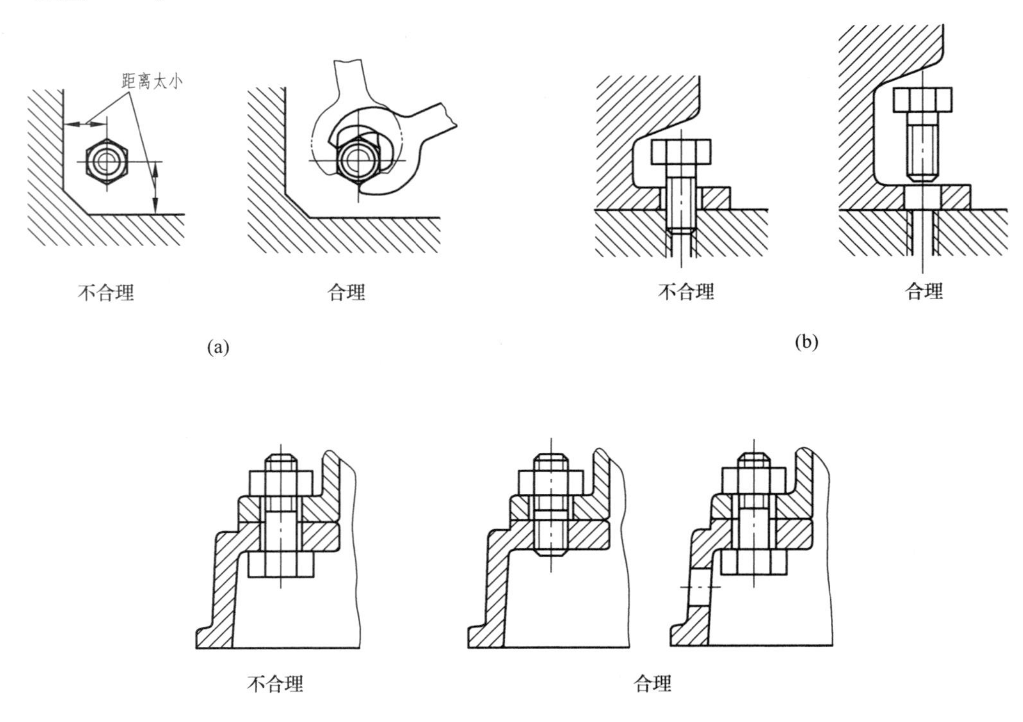

图 8－4 留出方便安装和拆卸螺纹紧固件的空间
(a)留出扳手空间 (b)加大装拆空间 (c)考虑拆装方法

4. 滚动轴承的固定方法

滚动轴承常采用轴肩、孔肩、端盖、轴端挡圈、弹簧挡圈等结构定位,见图 8-5、图 8-6。

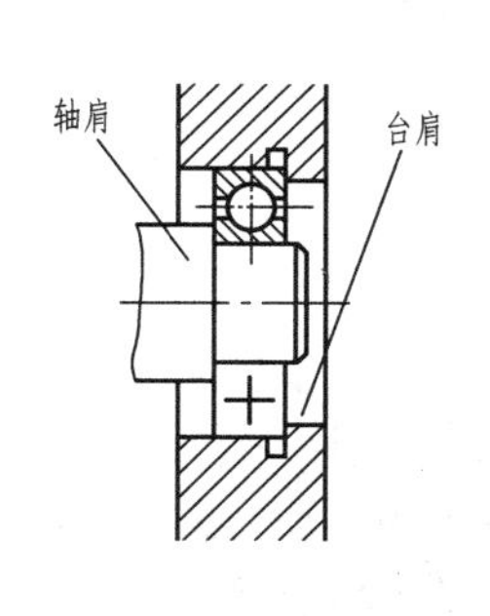

图 8-5 用轴肩固定内、外圈

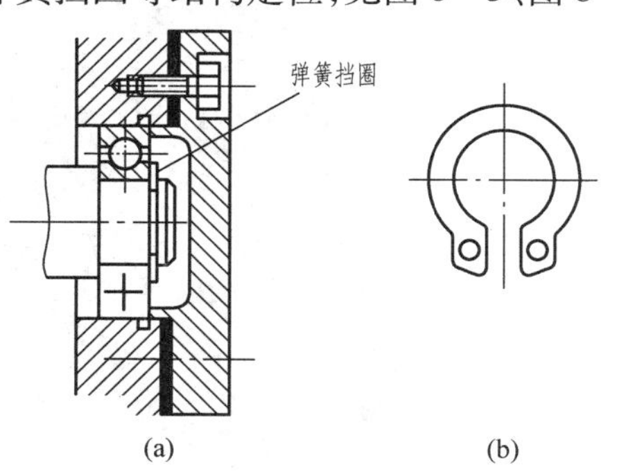

图 8-6 用弹簧挡圈固定滚动轴承的内、外圈
(a)轴承内、外圈的固定 (b)弹簧挡圈

5. 滚动轴承的密封方法

为防止外部灰尘、水分进入滚动轴承和内部油液的外漏,必须对滚动轴承密封,密封方法见图 8-7。

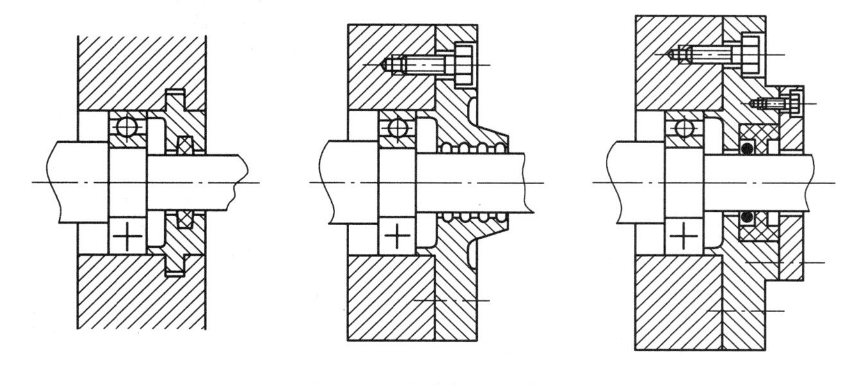

图 8-7 滚动轴承的密封

8.3 零部件测绘

以测绘齿轮油泵的零件为例,来说明零件的测绘方法和步骤。

1. 了解部件或机器的功能、工作原理和主要结构

齿轮油泵是一种能量转换装置,它把由电动机输入的电能转换为机械能,再由机械能转换成液体的压力能,来驱动油缸做功或对机器进行润滑。齿轮油泵的轴测图见图 8-8,工作原理见图 8-9。

齿轮油泵的工作原理是:当主动齿轮逆时针方向旋转时,带动从动齿轮顺时针方向的旋转,这时,啮合的轮齿在右面逐渐分开,齿间空腔的容积由小逐渐变大,压力降低,因而油箱中的油液被吸入,并充满了齿间,齿间的油随着齿轮的旋转被带到左边;当轮齿进入啮合时,齿间的油液被不断挤出变成为高压油,并由出油口输出,经管道输送到油缸做功或对需要润滑的零件进行润滑。

从图 8-8 可以看出,齿轮油泵主要有两条装配关系,一条是啮合齿轮副,一条是压盖与

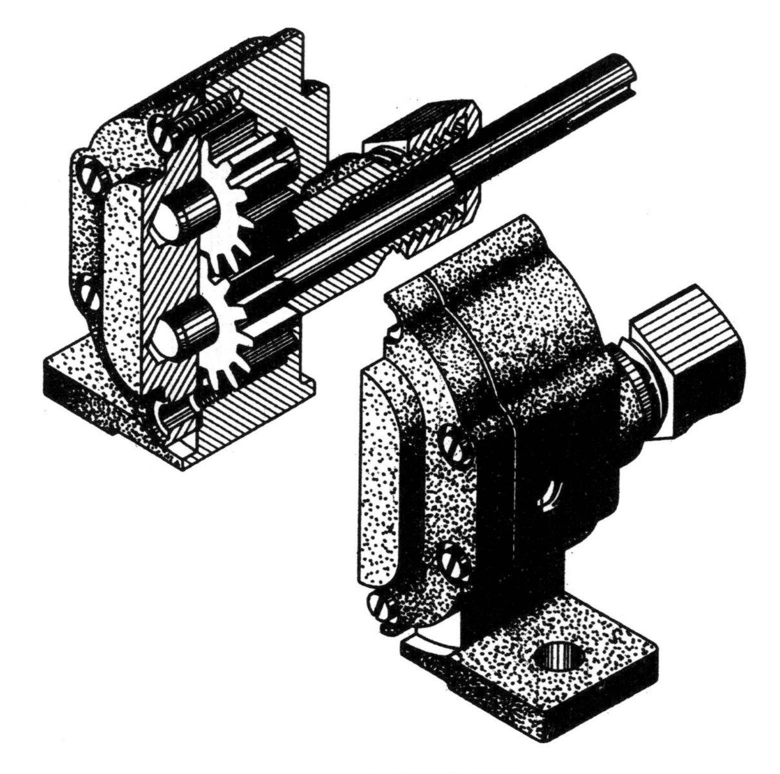

图 8－8　齿轮油泵轴测图

压紧螺母处的填料密封装置。此外，泵盖和泵体由六个螺钉连接，它们之间由纸板垫片密封。齿轮与轴制成一个整体。

2. 画装配示意图

装配示意图是用来表示机器或部件的各个零件的相互位置和装配关系的，是机器或部件拆卸后重新装配的依据，图 8－10 所示为齿轮油泵的装配示意图。

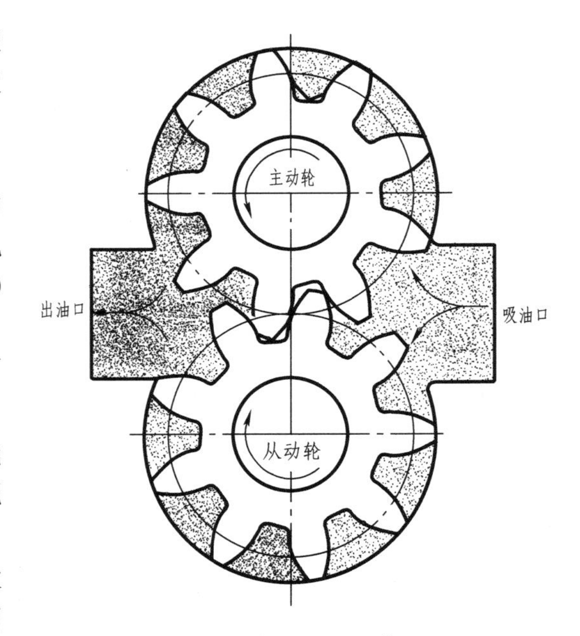

图 8－9　齿轮油泵的工作原理

从该图可以看出，装配示意图有以下特点：

1）装配示意图只用简单的符号或线条表达部件中各零件的大致形状和装配关系；

2）一般零件可用简单图形画出其大致轮廓，形状简单的零件如螺钉、轴等可用单线表示，常用标准件可用国标规定的示意图符号表示，如轴承、键等；

3）相邻两零件的接触面或配合面之间应留有间隙，以便区别；

4）零件可看作透明体，且没有前后之分，均为可见；

5）全部零件应进行编号，并填写明细栏。

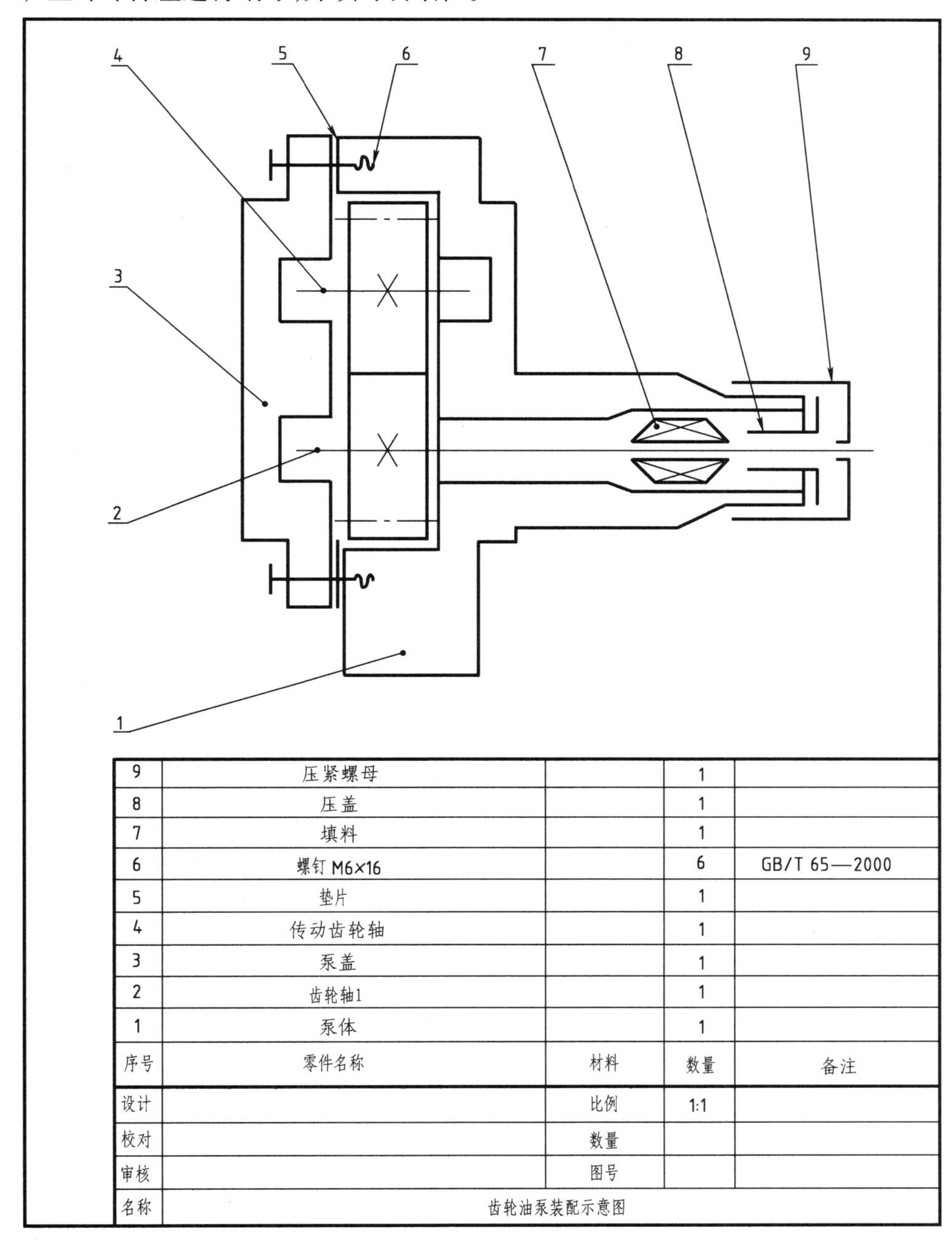

9	压紧螺母		1	
8	压盖		1	
7	填料		1	
6	螺钉 M6×16		6	GB/T 65—2000
5	垫片		1	
4	传动齿轮轴		1	
3	泵盖		1	
2	齿轮轴1		1	
1	泵体		1	
序号	零件名称	材料	数量	备注
设计		比例	1:1	
校对		数量		
审核		图号		
名称	齿轮油泵装配示意图			

图 8－10　齿轮油泵的装配示意图

3. 拆卸零件

拆卸零件前要研究拆卸顺序和拆卸方法，不可拆卸的连接（例如焊接、铆接）尽量不拆，一般不采用破坏性拆卸方法。

拆卸前要测量一些重要尺寸，如运动零件的极限位置尺寸和装配间隙等；拆卸后要对零件进行清洗、编号并妥善保管，以免损坏和丢失。

4. 零件的测绘技能

准备拆卸工具、量具，常用的拆卸工具和量具见表 8－1、表 8－2。

表 8－1　测绘常用工具及用途

序号	名称	图　形	用　途
1	锤头	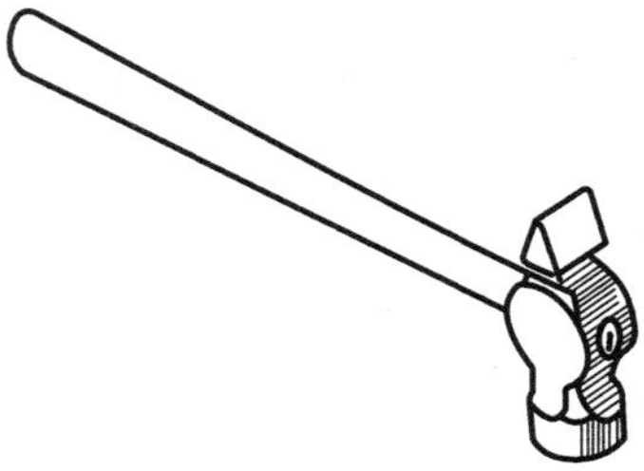	用于拆卸、装配、延展、弯曲等工序
2	一字形螺钉旋具	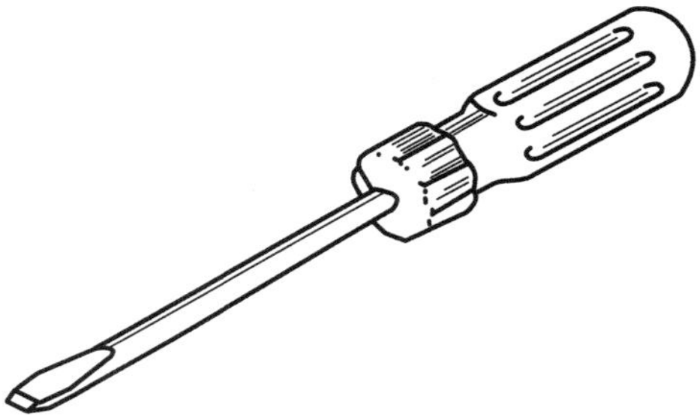	用于紧固、拆卸一字槽螺钉
3	十字形螺钉旋具		用于拆卸、紧固十字槽螺钉
4	钢丝钳		用于夹持金属零件及薄板

续表

序号	名称	图形	用途
5	尖嘴钳		用于在比较狭小的空间夹持零件
6	双头呆扳手		用于紧固或拆卸六角头、四方头螺栓或螺母
7	梅花扳手		用途与双头呆扳手相似,适用于六角头螺栓或螺母,特别适用于位置狭小,位于凹处,不能容纳其他扳手的场合
8	内六角扳手		用于紧固、拆卸内六角头螺钉
9	钩形扳手		用于紧固、拆卸机床、车辆或其他机械设备上的圆螺母
10	管子钳		用于紧固、拆卸金属管和其他圆柱形零件

续表

序号	名称	图　形	用　途
11	丝锥		用于加工内螺纹。加工螺纹公称直径范围为3～36 mm
12	扳牙	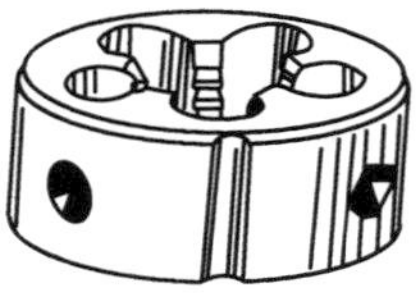	用于加工外螺纹。加工螺纹公称直径范围为3～36 mm
13	螺杆式拉卸工具	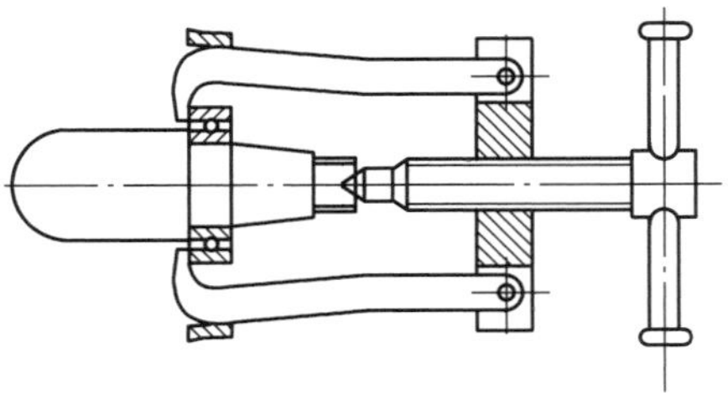	用于拉卸滚动轴承、带轮、齿轮、联轴器等

表 8－2　测绘常用量具及用途

序号	名称	图　形	用　途
1	弹簧内卡钳	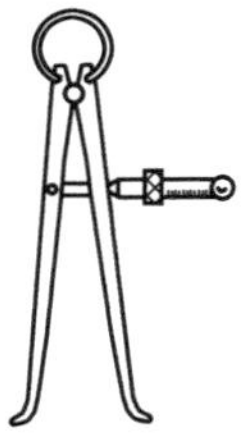	用于比较法测量精度要求较低的工件内径
2	钢直尺	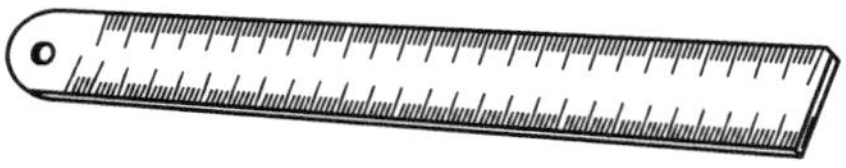	用于测量精度等级较低的工件的线性尺寸
3	游标卡尺	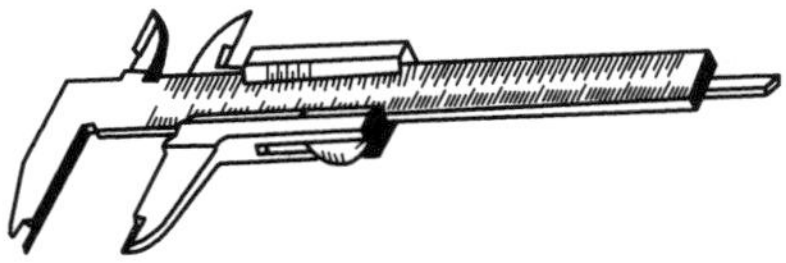	用于测量工件的外径、内径和深度，其精度有0.02 mm、0.05 mm、0.10 mm

续表

序号	名称	图形	用途
4	万能角度尺	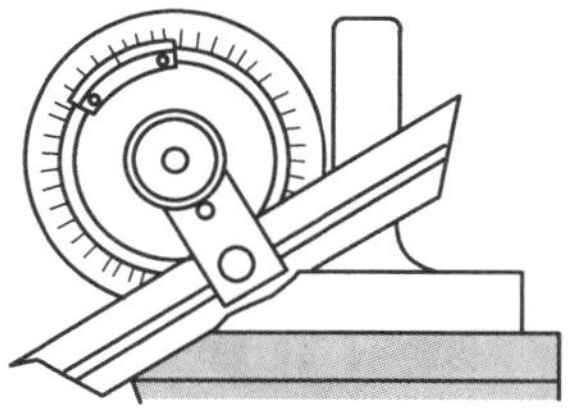	用于测量精度要求较高的工件的内外角度或进行角度画线
5	外径千分尺	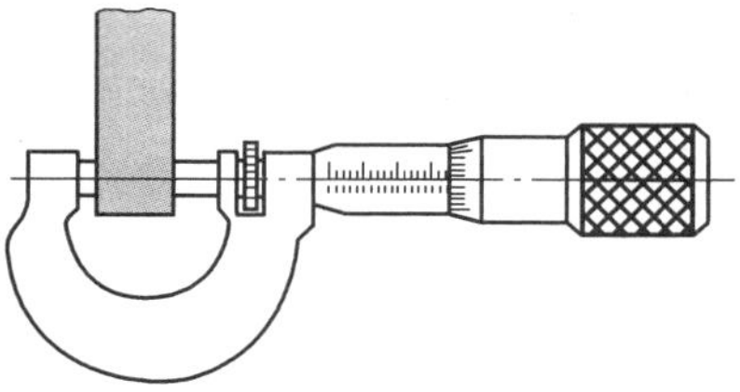	主要用于测量精度要求较高的工件的外形尺寸，如外径、长度、厚度等，其精度为0.01 mm
6	圆角规	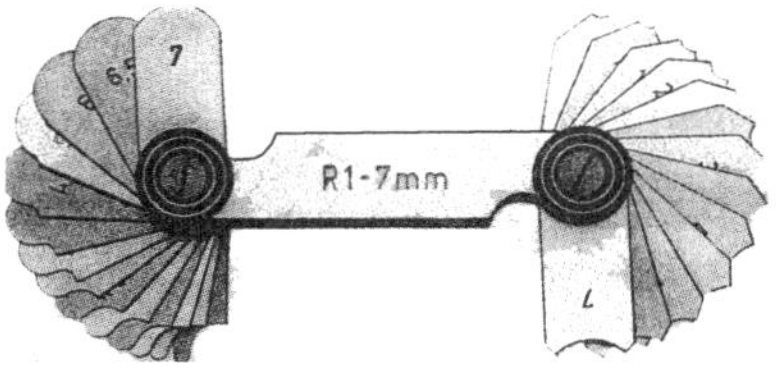	用于测量半径较小的凹、凸圆弧的半径
7	塞尺	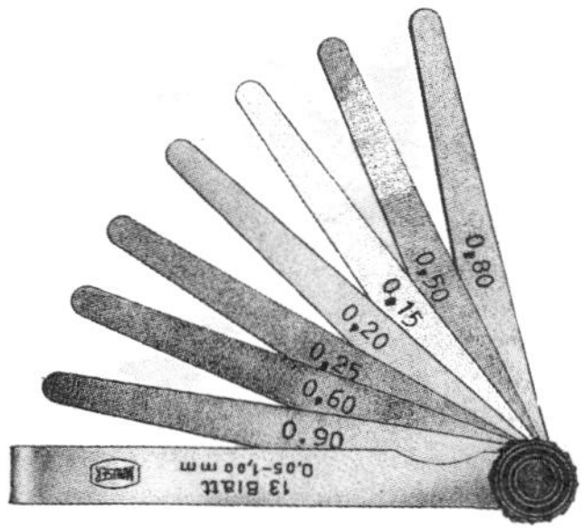	用于测量或检测两平面间的间隙大小
8	内径千分尺	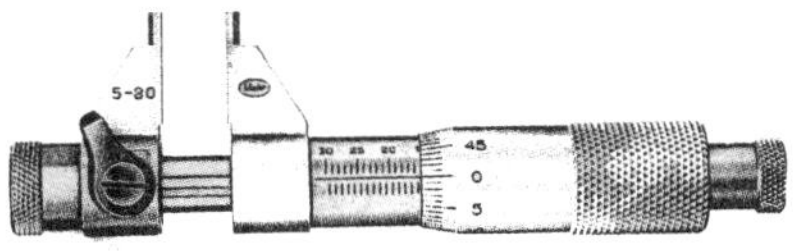	测量精度要求较高的工件的内径、沟槽及卡规的内形尺寸，精度为0.01 mm

续表

序号	名称	图形	用途
9	螺纹环规		用于检测工件外螺纹是否合格。每种规格又分通规(代号T)和止规(代号Z)两种
10	螺纹塞规		用于检测工件内螺纹是否合格。每种规格又分通规(代号T)和止规(代号Z)两种
11	螺纹千分尺	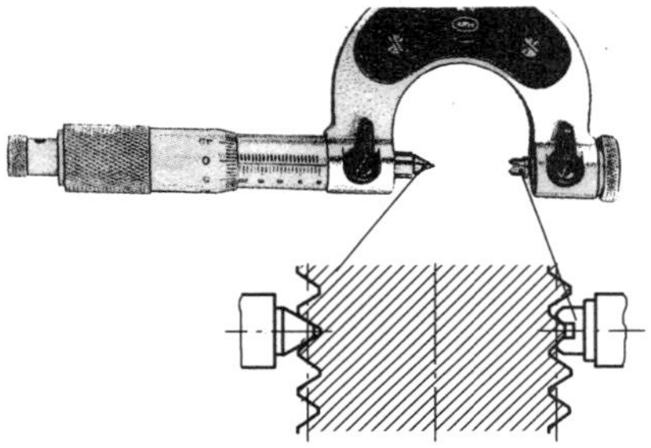	用于测量普通螺纹的中径
12	螺纹样板	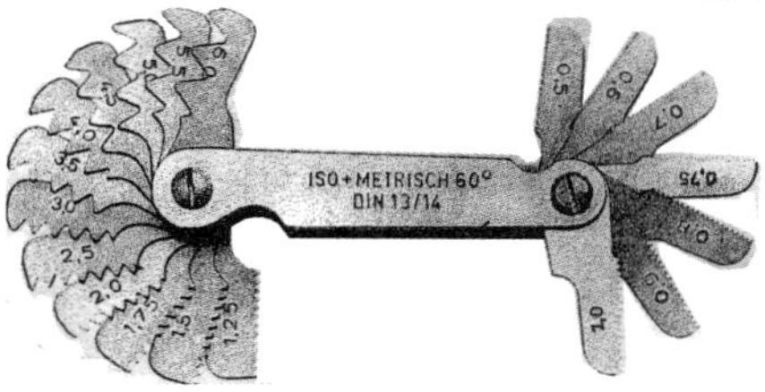	用比较测量法来确定被测螺纹的螺距,或英制55°螺纹每25.4 mm的牙数
13	量块		用于测量精密工件或量规的正确尺寸,用于调整、校正测量仪器、工具,是技术测量上长度计量的基准

1)直线尺寸的测量。直线尺寸可以用钢板尺、外卡钳、游标卡尺、千分尺测量,钢板尺、外卡钳用来测量精度要求较低的直线尺寸,千分尺用来测量精度要求较高的直线尺寸,见图8-11。

2)内、外直径的测量。精度要求较低的内、外直径,可用内、外卡钳测量;精度要求较高的内、外直径,分别用游标卡尺、千分尺、内径千分尺、内径百分表测量,见图8-12。

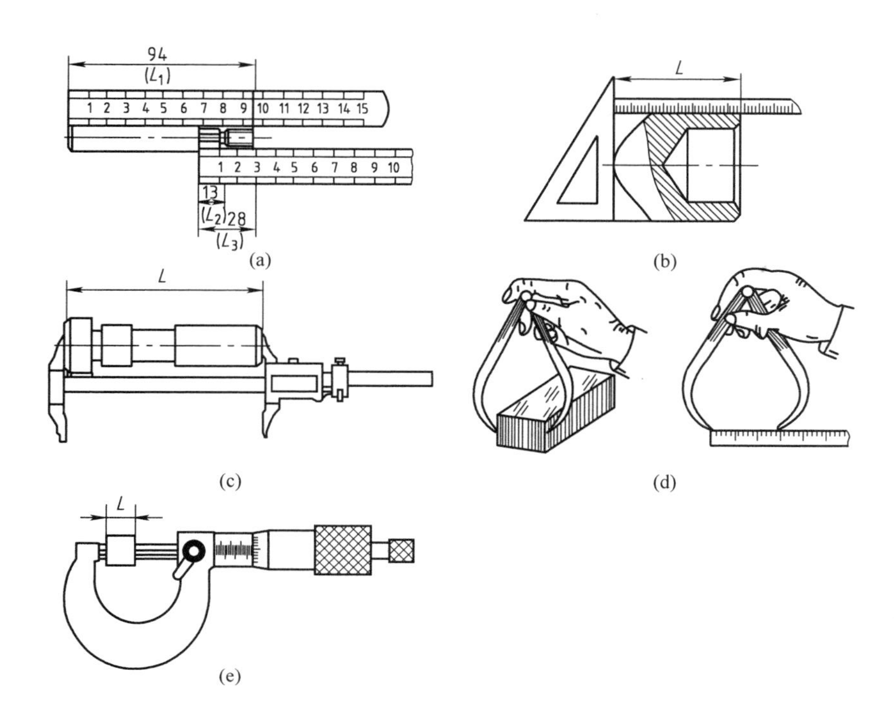

图 8－11 直线尺寸的测量

(a)、(b)钢板尺测量 (c)游标卡尺测量 (d) 外卡钳测量 (e) 千分尺测量

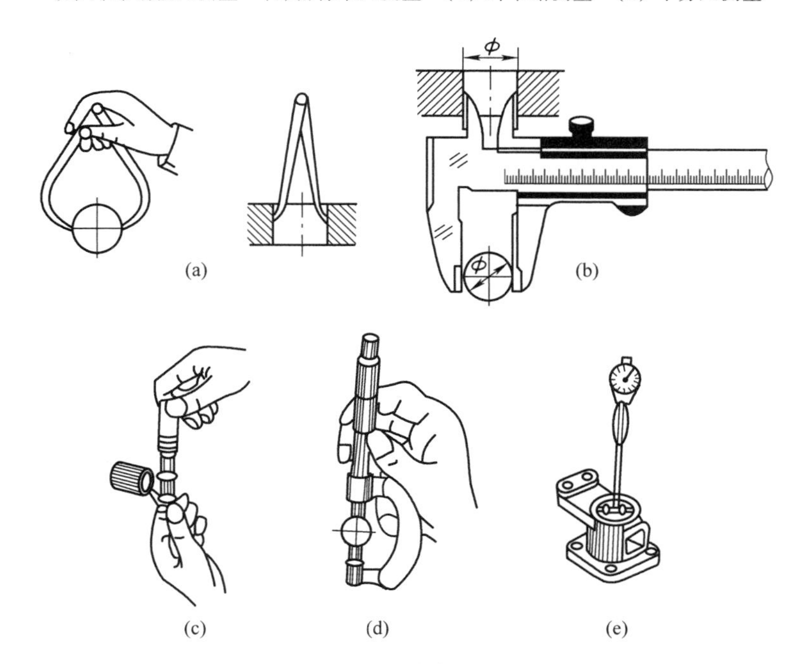

图 8－12 内外直径的测量

(a)内、外卡钳测量 (b)游标卡尺测量 (c)内径千分尺测量 (d)千分尺测量 (e)内径百分表测量

3)深度的测量。精度要求较低的深度尺寸,用钢板尺测量;要求较高的,用游标卡尺或内径百分表测量,见图 8－13。

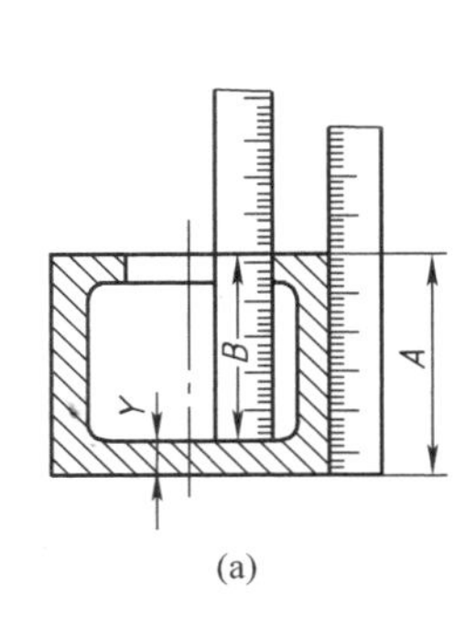

(a)

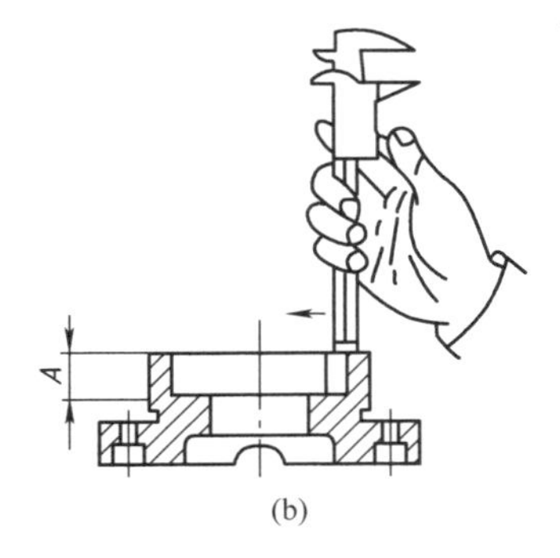

(b)

图 8－13　深度的测量

(a)钢板尺测量　(b)游标卡尺测量

4)壁厚的测量,见图 8－14。

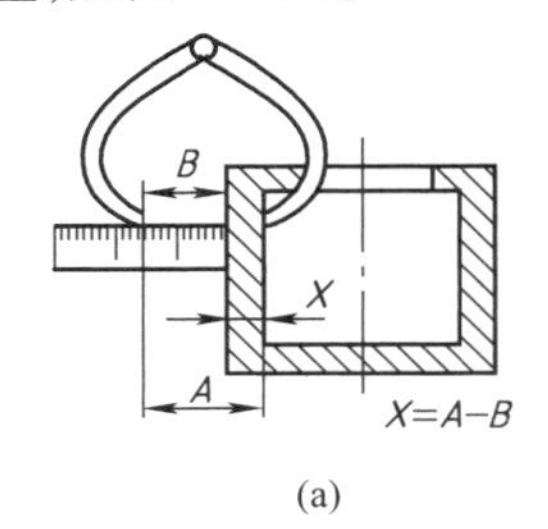

(a)

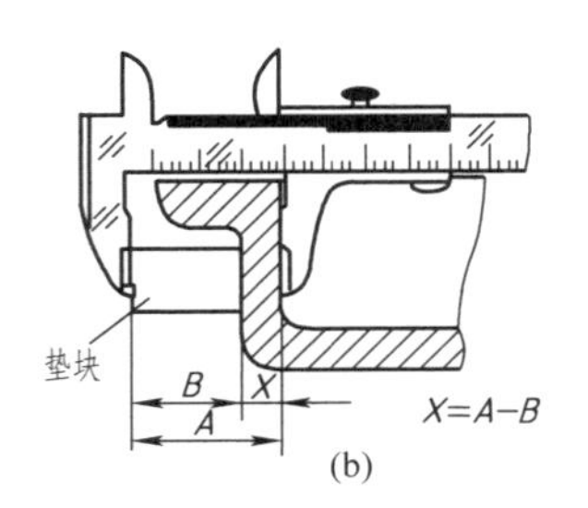

(b)

图 8－14　壁厚的测量

5)两孔的中心距的测量,见图 8－15。两孔直径相等时,先测出 k 和 d,则孔的中心距 $A=k+d$;两孔直径不等时,测量出 k、D 和 d,则 $A=k-(D+d)/2$,见图 8－15(b)。当测量精度较高时,可用内径游标卡尺测量,或用和孔无间隙配合的心轴和千分尺测量。

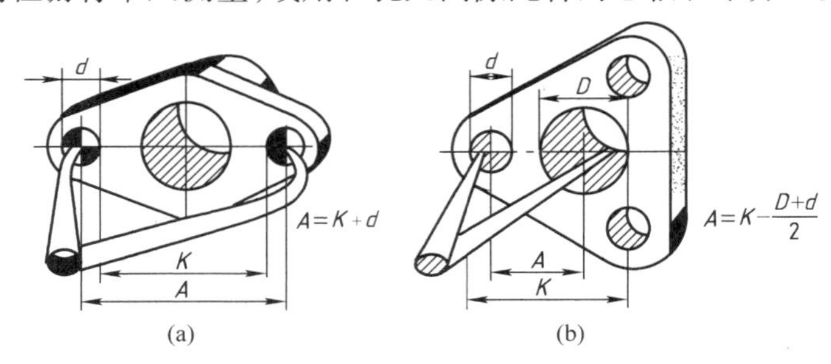

图 8－15　两孔中心距的测量

(a)两孔直径相等　(b)两孔直径不等

6)螺距的测量。螺距可用螺纹规测量,见图 8－16,也可用钢板尺或用拓印法测量;

7)圆弧半径的测量。圆弧半径用圆角规测量,见图 8－17。当圆弧半径较大,没有那么大的圆角规时,先把待测量的圆弧拓印下来,然后用图 8－17(d) 所示方法求出其半径。

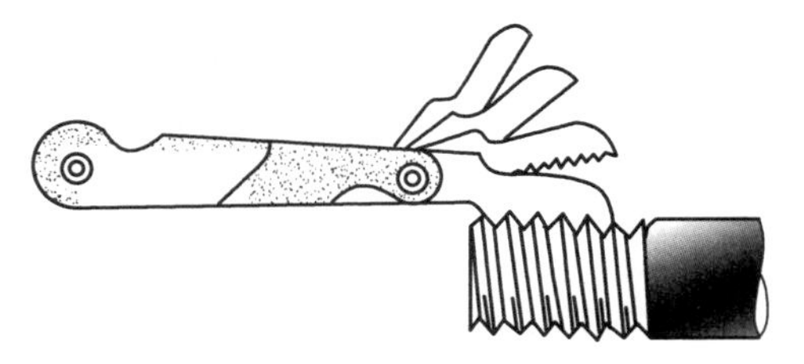

图 8－16　螺距的测量

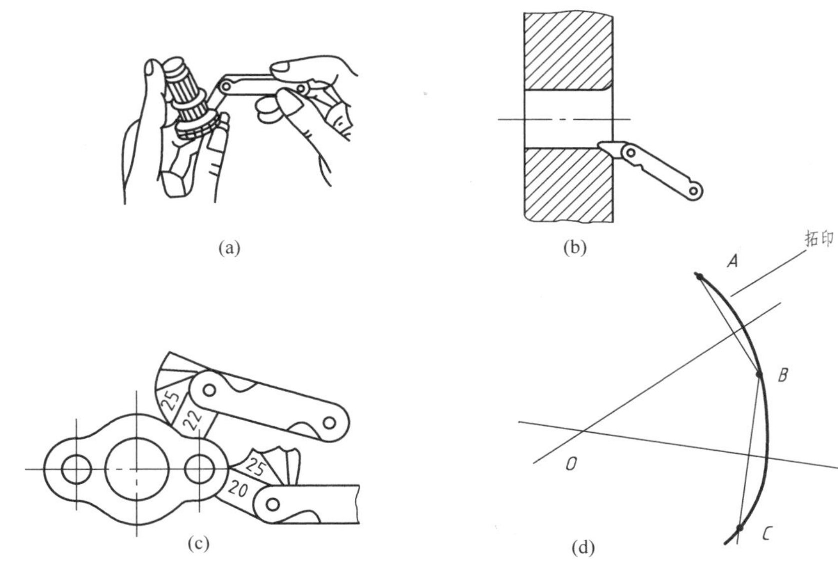

(a) (b) (c) (d)

图 8－17 圆弧半径的测量

(a)用凸样板测量 (b)用凹样板测量 (c)用圆角规测量 (d)大半径圆弧的测量

8)间隙的测量。两平面之间的间隙通常用塞尺(俗称厚薄规)测量,见图 8－18。

9)角度的测量。角度通常用万能角度尺测量,见图 8－19。

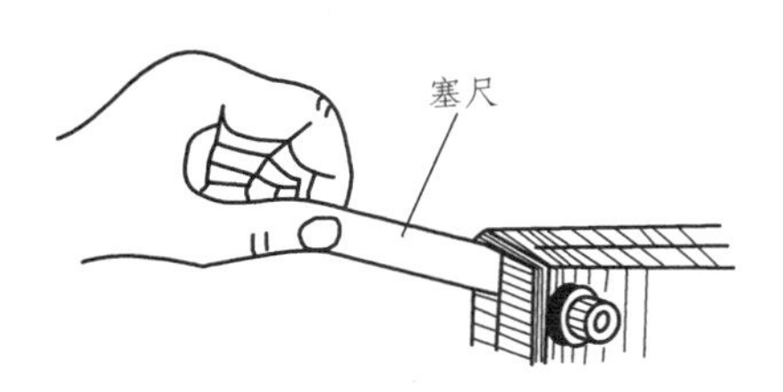

图 8－18 间隙的测量

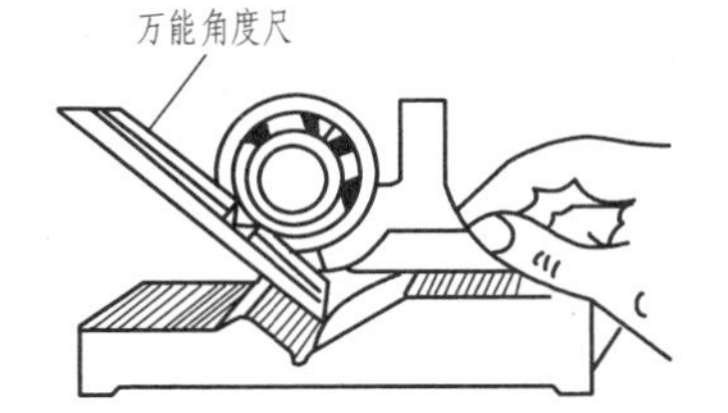

图 8－19 角度的测量

10) 拓印曲面轮廓。当曲面轮廓的半径尺寸精度要求不高或半径较大时,可用拓印曲面轮廓方法测量,见图 8－20。

11)标准圆柱直齿轮的测量。标准圆柱直齿轮通常用测量齿顶圆的方法测量,见图8－21。

图 8－20 拓印曲面轮廓

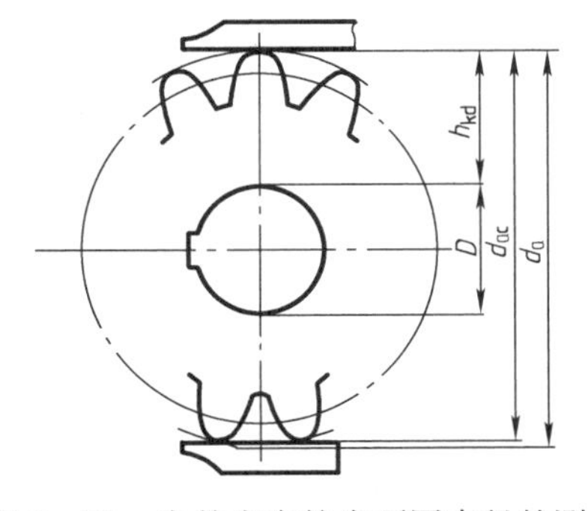

图 8－21 奇数齿齿轮齿顶圆直径的测量

首先数出被测齿轮的齿数,然后测量齿顶圆直径,用下列公式求出模数。

$$m = \frac{d_a}{z}$$

式中　m——模数；

d_a——齿顶圆直径；

z——齿数。

求出 m 后，根据 $d=mz$ 求出齿轮的分度圆直径，，再用相关公式求出齿轮的其他参数。

但是，在测量齿顶圆直径时必须注意，当齿轮的齿数是偶数时，能直接测量出来；当齿轮的齿数是奇数时测得的齿顶圆直径 d_{ac} 不是齿顶圆的真实直径，而是一个齿的齿顶到对面（相差180°）的齿槽两齿面与齿顶圆交点的距离 d_{ac}，见图8－21，显然，$d_{ac}<d_a$。通常，将 d_{ac} 乘以修正系数 k 即可得到 d_a。

$$d_a=kd_{ac}$$

式中　d_a——齿顶圆直径；

d_{ac}——实际测得的奇数齿齿顶圆直径；

k——奇数齿轮齿顶圆直径修正系数，见表8－3。

表8－3　奇数齿齿轮齿顶圆直径修正系数

z	k	z	k	z	k	z	k	z	k
5	1.0515	15	1.0055	25	1.0020	35	1.0010	49～51	1.0005
7	1.0257	17	1.0043	27	1.0017	37	1.0009	53～57	1.0004
9	1.0154	19	1.0034	29	1.0015	39	1.0008	59～67	1.0003
11	1.0103	21	1.0028	31	1.0013	41～43	1.0007	69～85	1.0002
13	1.0073	23	1.0023	33	1.0011	45～47	1.0006	89～99	1.0001

也可以测量出齿轮的内孔 D 和孔壁到齿顶圆之间的距离 h_{kd}，按下式计算齿顶圆直径：

$$d_a=D+2h_{kd}$$

式中　d_a——齿顶圆直径；

D——齿轮孔直径；

h_{kd}——齿轮孔壁到齿顶圆之间的距离。

例如，数得某一标准齿轮的齿数为25，$d_{ac}=134.60$（测量若干次得到的平均值），求该齿轮的 d、d_a、d_f。

查表8－3，当 $z=25$ 时，$k=1.012$

$$d_a=kd_{ac}=1.012\times134.60=134.87$$

$$m=\frac{kd_{ac}}{z}=\frac{134.87}{25}=4.99$$

取 $m\approx5$

$$d=mz=5\times25=125\ \text{mm}$$

$$d_a=m(z+2)=5\times(25+2)=135\ \text{mm}$$

$$d_f=m(25-2.5)=5\times22.5=112.5\ \text{mm}$$

齿轮测绘的内容较多，也比较复杂，例如还有残缺齿轮、修正齿轮、径节齿轮、压力角＝14°的齿轮等，它们怎样测绘在这里就不一一赘述了。

5. 画零件草图

对拆卸下来的专用件均应绘出零件草图，零件草图的内容和零件图完全相同。

画零件草图前要先测量零件的尺寸，然后依据测量出的零件的尺寸大小、画出必要图形，并标注尺寸和填写技术要求，这个过程叫测绘。

怎么样确定零件的技术要求呢?

总的来讲,零件的技术要求要根据零件的工作条件和性质来确定,例如零件的工作负荷的大小和性质,是否运动,什么样的运动,运动速度的高低,什么样的工作环境,是运输机械、加工机械,还是动力机械,来确定零件的公差等级、基准制、配合种类、形位公差、表面结构、热处理方法等。

下面,以图 8 - 22 所示的齿轮油泵轴为例来说明怎么样确定零件的技术要求。

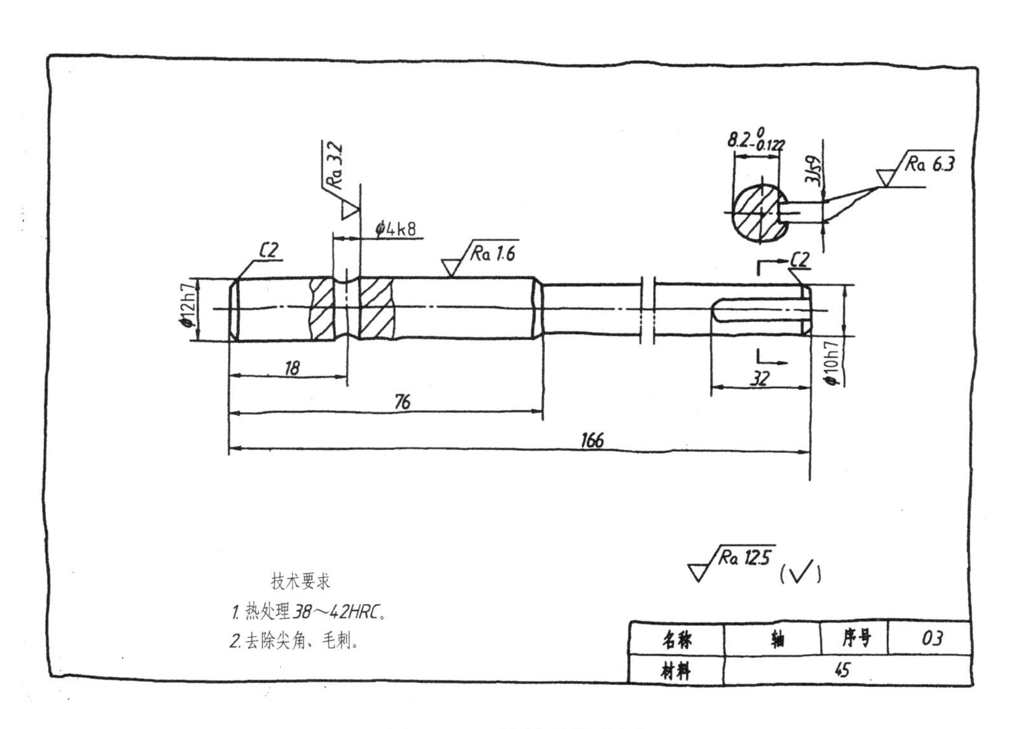

图 8 - 22　轴的零件草图

1)公差等级。轴的配合表面例如与齿轮、凸轮、带轮、链轮、滚动轴承孔、滑动轴承孔相配合的表面的公差等级范围一般在 IT6 ~ IT8 之间。传动精度要求较高的选择 IT6,较低的选用 IT8。齿轮油泵轴的两个配合表面均选用 IT7,分别是 ϕ10h7、ϕ12h7。

2)基准制。一般状况下多选用基孔制,因为改变轴的尺寸比改变孔的尺寸容易,但是当标准件与某零件相配合时,往往以标准件为基准,例如滚动轴承的外径与轴承孔配合时要选用基轴制,当用冷拔钢作轴时,因其不需进行机械加工,也选用基轴制在其他一些特殊状况下,也要选用基轴制。

3)配合类别。轴与孔的配合表面的配合种类选择主要取决于它们之间是否有相对运行和运动速度的高低。有相对运动,且速度较低时,选取间隙配合,其基本偏差代号一般是 h、g,例如选择 h6、g6、h7、g7;速度较高时,选择基本偏差代号一般是 e、f,例如选择 e6、f6、e7、f7;没有相对运动时,选择过渡配合,基本偏差代号为 j、k,例如选择 j6、k6、j7、k7。如没有相对运动,且传递扭矩时,则选用过盈配合或采用键连接,而且多采用键连接。

4)形位公差。比较重要的圆柱面配合表面,选取的形位公差主要有圆度、圆柱度、同轴度、圆跳动，重要端面主要有垂直度、圆跳动，轴上键槽一般选择对称度。它们的数值则要根据公差等级和尺寸分段在形状和位置公差国家标准中选取。

5）表面结构。轴的公差等级确定了，其表面结构的数值亦随之确定了，例如轴 ϕ10h7、ϕ12h7，其公差等级为 IT7，表面结构为 R_a1.6μm，若为 IT6，则选择 R_a0.8μm，若为 IT8，则选择 R_a3.2μm 或 R_a1.6μm，非配合表面一般选择 R_a25μm。

6）热处理。轴类零件的最终热处理一般选择调质（淬火 + 高温回火），其目的为了使轴获得较好的综合力学性能，既具有较高的塑性和韧性，又具有较高的强度和硬度，也有一些轴类零件要选择淬火。个别情况下为了改善其切削加工性能，工序间需进行退火处理。

7）其他类型零件的技术要求和轴套类零件大体相似。当配合表面的公差等级在 IT7（包括 IT7）以上时，轴的公差等级比孔的公差等级高一级。孔的中心距的公差等级一般也为 IT6 ~ IT8，表面结构数值一般为 R_a1.6 ~ 3.2μm，个别要求较高的为 R_a0.8μm，一些表面将保持毛坯状态，非配合表面一般为 R_a25μm。若要对其进行热处理，一般选用退火或正火，目的是改善切削加工性能，对于一些要求尺寸稳定的零件则选用时效处理。此外对于铸、锻件毛坯一般要给出铸造圆角、锻造圆角、拔模斜度，对于机械加工表面要有清除尖角、毛刺等要求。

测绘出的齿轮油泵的零件草图见图 8 – 23、图 8 – 24、图 8 – 25 和图 8 – 26。

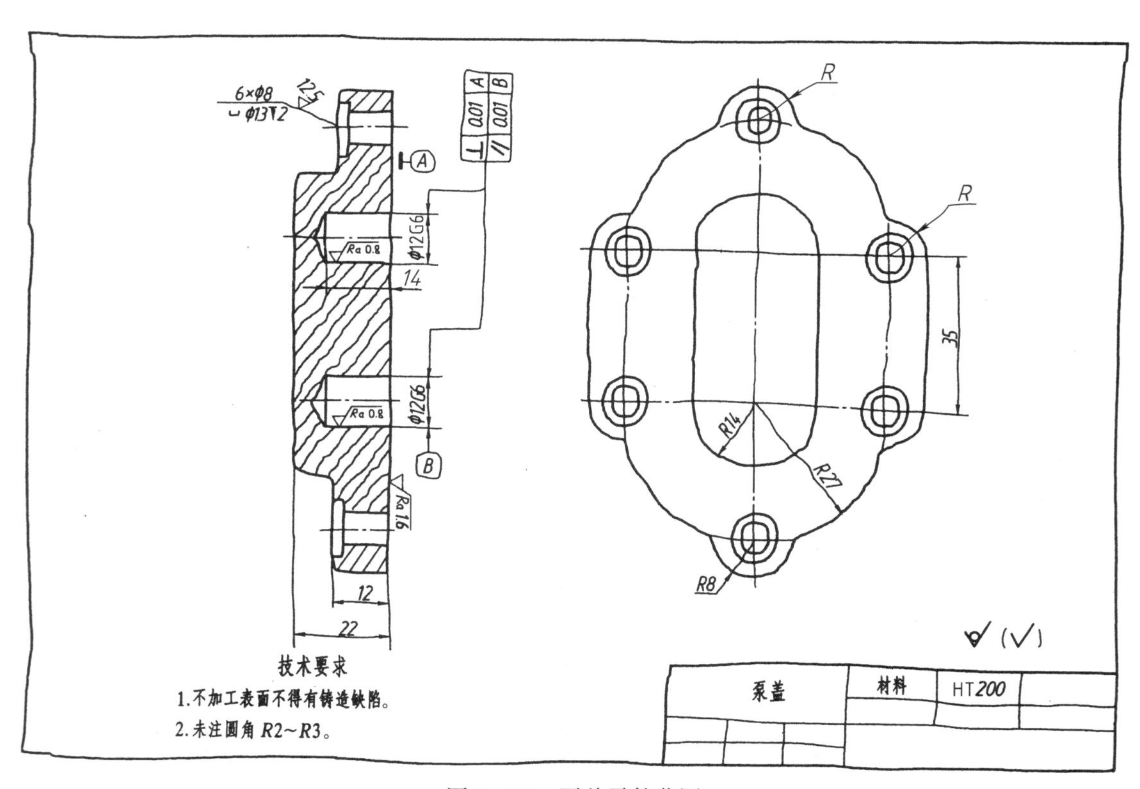

图 8 – 23　泵盖零件草图

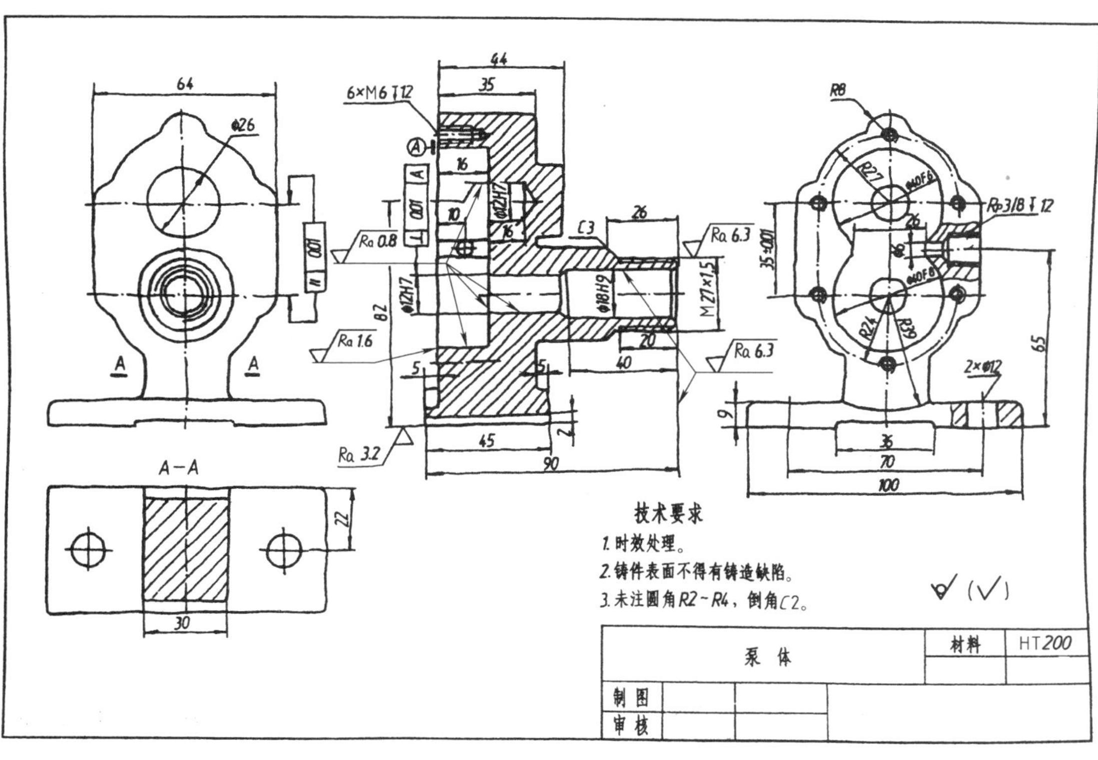

图 8－24　泵体零件草图

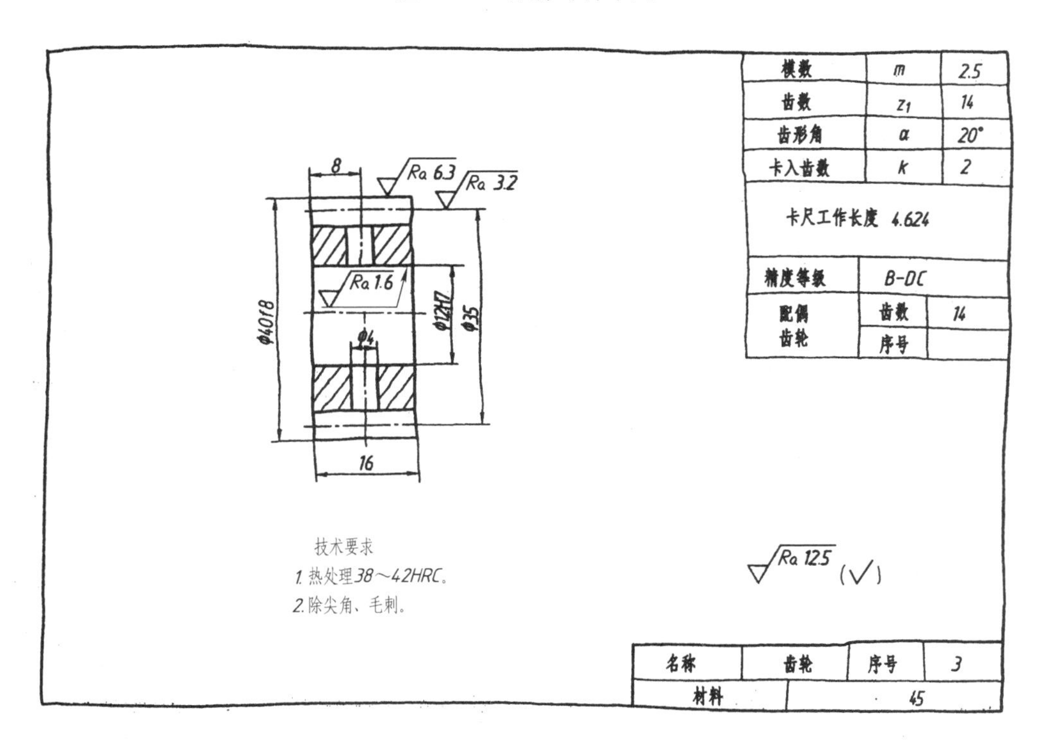

图 8－25　齿轮零件草图

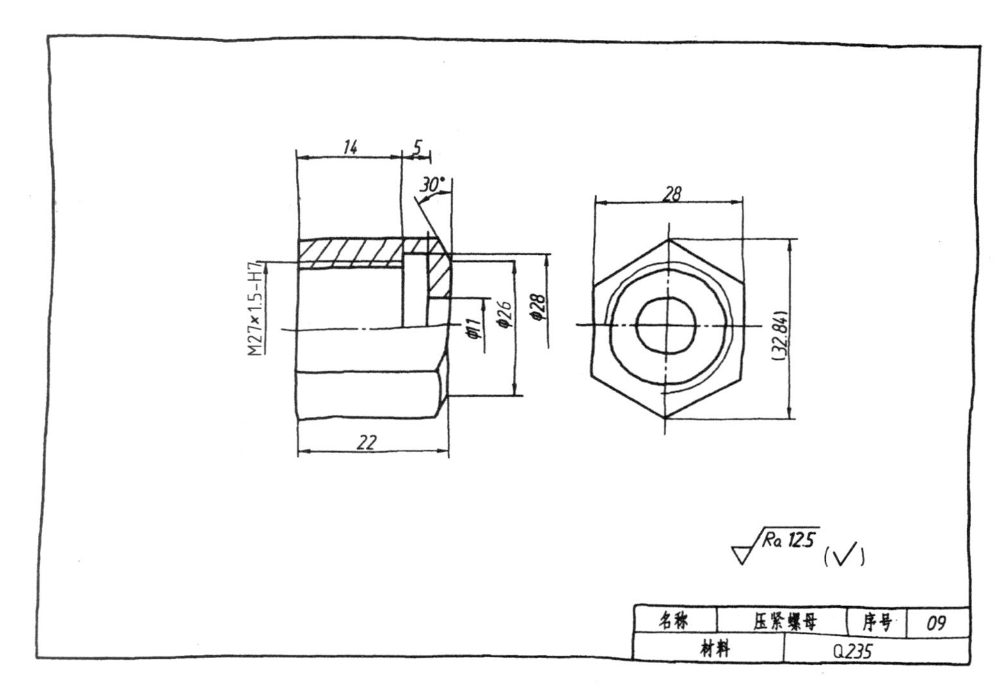

图 8－26　压紧螺母零件草图

8.4　装配图的画图方法

1. 选择视图

选择视图的目的是以最简洁的表达方法，正确、完整、清晰地表达出部件或机器。选择视图要按下列三个步骤进行。

1）分析部件或机器。分析部件或机器的工作原理、结构特点、装配、连接关系和它的复杂度。

2）确定主视图的投影方向。主视图的选择要尽可能简洁、清晰地表达部件或机器，并尽可能按工作位置放置，主要装配线一般要处于水平或垂直位置。

3）其他视图的选择。它是对主视图尚未表达清楚部分的完善和补充，可以选择表达装配图的任何方法表达，例如各种视图、剖视图、断面图、规定画法、简化画法等。

要尽可能多想出几套表达方案，经分析、比较，择其优者而用之。

齿轮油泵的表达方案是以最能表达齿轮油泵的工作原理、结构、形状、位置特征特点的一面作为主视图的投影方向，采用全剖视图，把油泵主要零件的相对位置、装配关系清楚地表达了出来。由于齿轮油泵的结构在前、后方向对称，左视图采用了沿结合面剖切的半剖视图，它表达了油泵的工作原理和螺钉的数量及分布状况，左视图的局部剖视图表达了吸油口的结构形状，见图 8－30。

2. 画装配图的具体步骤

1）表达方案确定之后，下一步是选择比例、图幅、布图，绘制中心线和主要轮廓线 。尽可能选用 1∶1 的比例，确定幅面时要考虑给标题栏、标注尺寸、书写技术要求以及序号留下足够的空间，绘制齿轮油泵是从基础零件轴和齿轮开始的，见图 8－27。

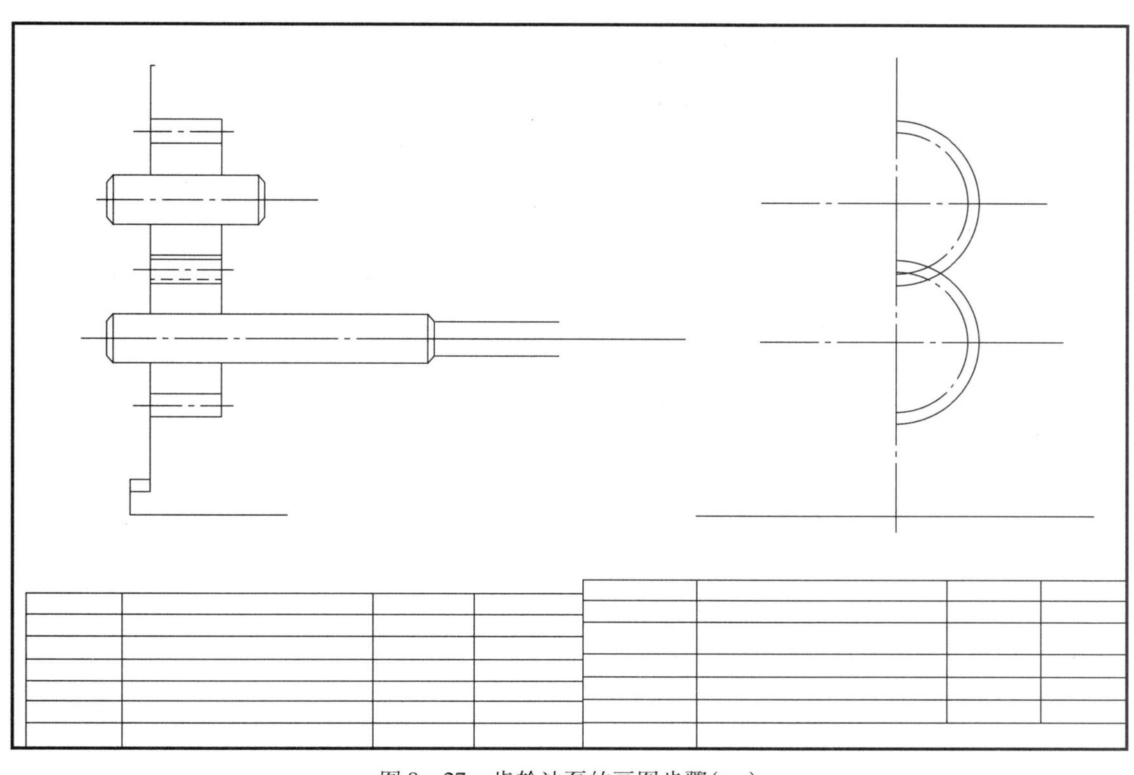

图 8－27　齿轮油泵的画图步骤(一)

2)绘制主要零件的轮廓线。齿轮油泵的主要零件是泵体、泵盖、齿轮轴和齿轮。先画齿轮轴、齿轮,然后画泵体、泵盖轮廓线,见图 8－28。

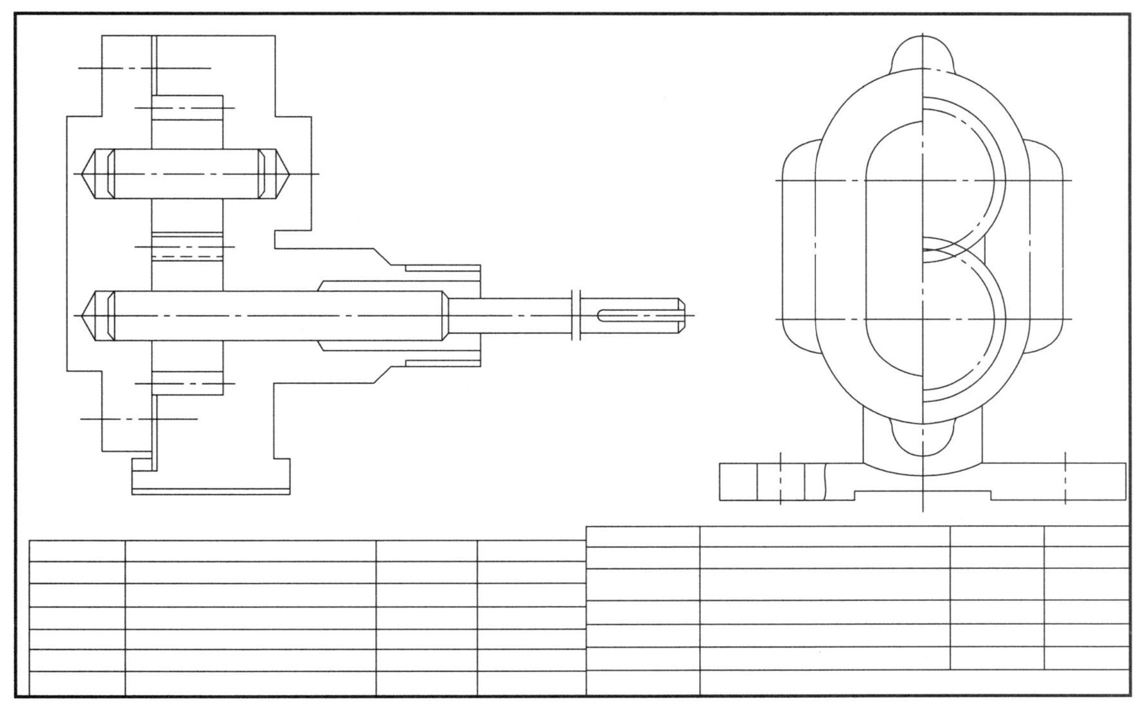

图 8－28　齿轮油泵的画图步骤(二)

3)绘制次要零件的轮廓线。如绘制螺钉、填料、压盖、压紧螺母等,见图8-29。

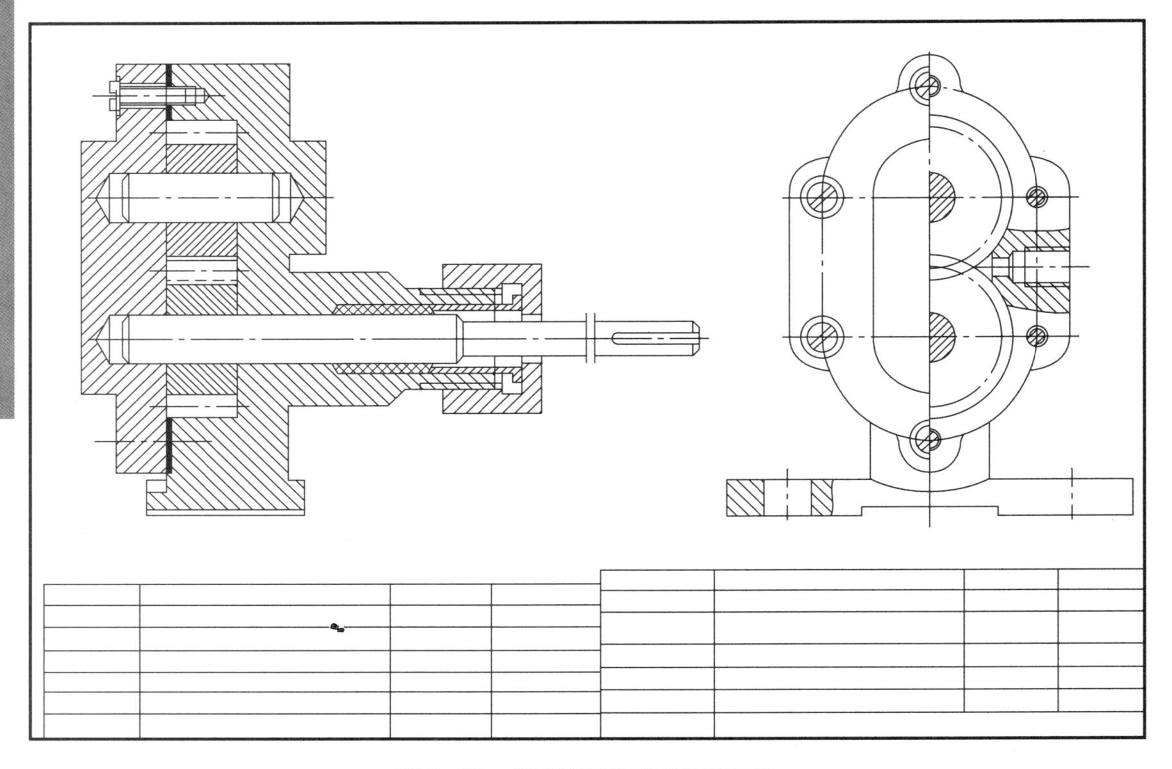

图8-29 齿轮油泵的画图步骤(三)

4)检查、校对、补漏、擦除多余线条、整理完善、标注尺寸、写技术要求、零件序号、填写标题栏、明细栏,见图8-30。

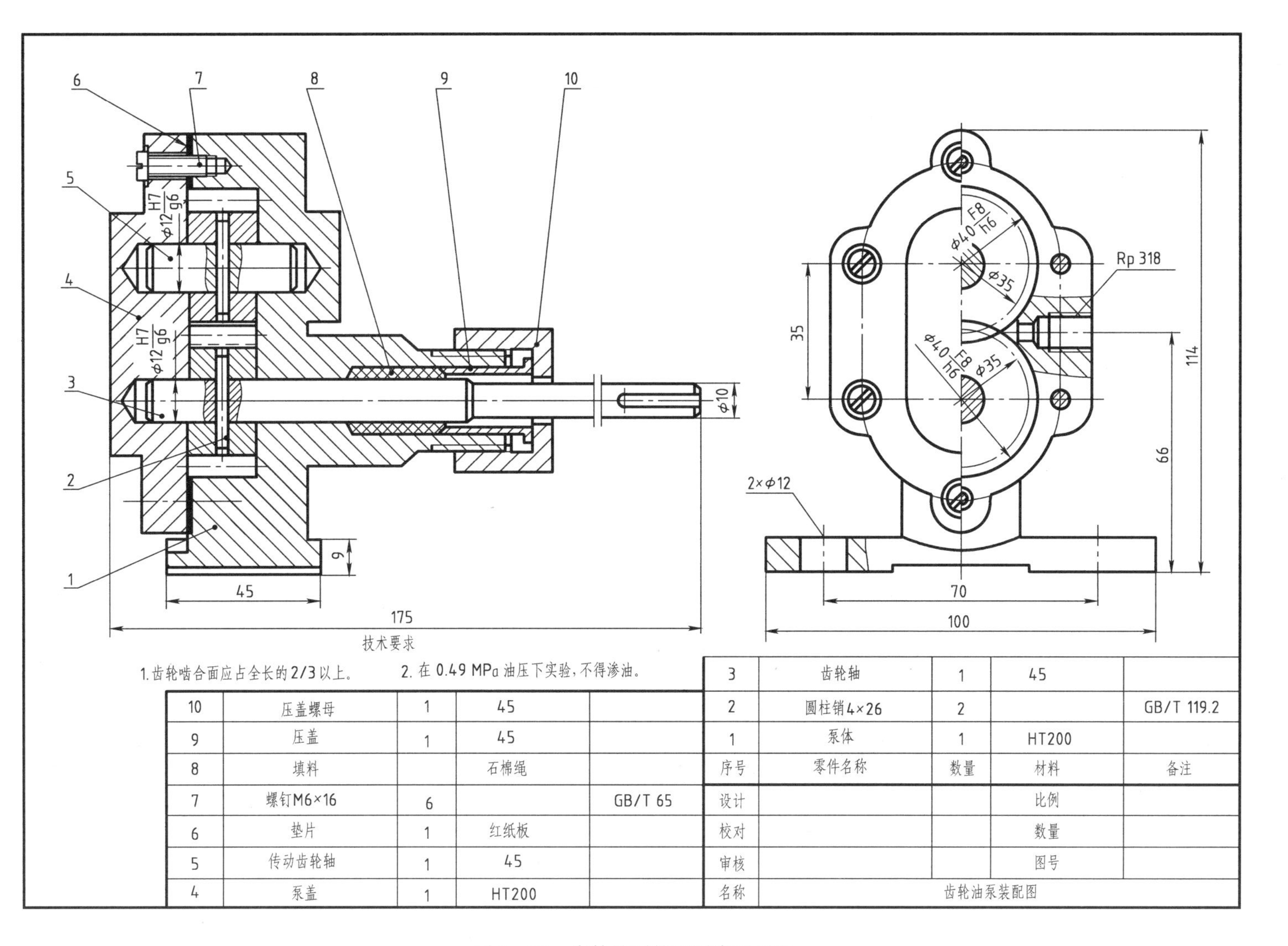

10	压盖螺母	1	45	
9	压盖	1	45	
8	填料		石棉绳	
7	螺钉M6×16	6		GB/T 65
6	垫片	1	红纸板	
5	传动齿轮轴	1	45	
4	泵盖	1	HT200	

3	齿轮轴	1	45	
2	圆柱销4×26	2		GB/T 119.2
1	泵体	1	HT200	
序号	零件名称	数量	材料	备注
设计			比例	
校对			数量	
审核			图号	
名称	齿轮油泵装配图			

图8-30 齿轮油泵的画图步骤(四)

8.5 装配图的读图方法和步骤

以读以下装配图为例，具体说明读装配图的方法和步骤。

例 8-1 读六角凸轮机构的装配图，见图 8-31。

(1)概括了解

从标题栏知道该部件的名称叫六角凸轮机构，由此可以联想到它是以凸轮作主动件来驱动从动件作某种有规律运动的。

读明细栏：六角凸轮机构由 13 种零件组成，其中七种专用件，六种标准件。顺着编号指引线能找到零件在装配中图的位置，为仔细读装配图奠定基础。

(2)分析视图

六角凸轮机构用三个基本视图表达，全剖视的主视图主要表达了各零件的相对位置和机构的内部形状。从该图可以看出件 7 传动轴上安装有六角凸轮，轴与凸轮之间依靠件 9 紧定螺钉固定，传动轴和件 11 六角螺母连接在一起。件 10 平垫圈与底板之间应有少许间隙，否则旋紧件 11 螺母后，件 7 传动轴将不能被转动。件 4 侧面固定板用件 3 沉头螺钉固定在盖板 5 上。件 2 螺旋弹簧安装在件 6 与件 4 之间。

从俯视图上可以看出，件 5 盖板用两个螺钉与底板相连接，并用两个件 12 圆柱销定位。把主、俯视图结合起来能看出六角凸轮的大概形状。

A-*A* 剖视的左视图清楚地表达了件 13 沉头螺钉、件 12 圆柱销连接件 1 底板和件 5 盖板并使它们定位的状况。

(3)工作原理

在图示状态下，如果顺时针方向(*B* 向)转动件 7 传动轴，件 8 六角凸轮也随之转动，由于六角凸轮半径增大而驱动件 6 移动板向左平移，从而压缩件 2 螺旋弹簧；当转过 30°时，移动板移至最左端。如继续顺时针方向转动件 7，因件 8 六角凸轮半径的减小，在弹簧力的作用下，使件 6 移动板向右平移；转过 30°时，件 6 被移至最右端。继续转动件 7 时将重复上述运动。

(4)尺寸分析

总长 94 mm，总宽 50 mm，总高 56 mm。在装配图中，配合尺寸的标注形式见图 8-32。标注配合代号有三种形式，见图 8-32(a)；标注极限偏差有两种形式，见图 8-32(b)。

标注相配合件的公差带代号时，如果是标准件与自制件相配合时，只标注自制件的公差带代号，见图 8-1 中的 ϕ80k7。

传动轴与底板间的配合代号 ϕ10H9/e8，是基孔制间隙配合；移动板与盖板间的配合代号 20H9/e8，同样是基孔制间隙配合；圆柱销与底板、盖板间的配合代号 ϕ6H7/m6，是基孔制过渡配合。

(5)分析零件，画件 5 盖板的零件图

分析零件就是分析零件的结构形状、尺寸大小和技术要求。分析零件时，首先把零件从装配图中分离出来，分离方法是首先找到零件的特征视图，然后从它开始，采用“对线条、找投影”的方法，找到它的其他视图。这种方法是根据三视图“长对正、高平齐、宽相等”的对应关系和在装配图的各剖视图中，同一零件的剖面线方向一致，间隔基本相等的规定进行的，

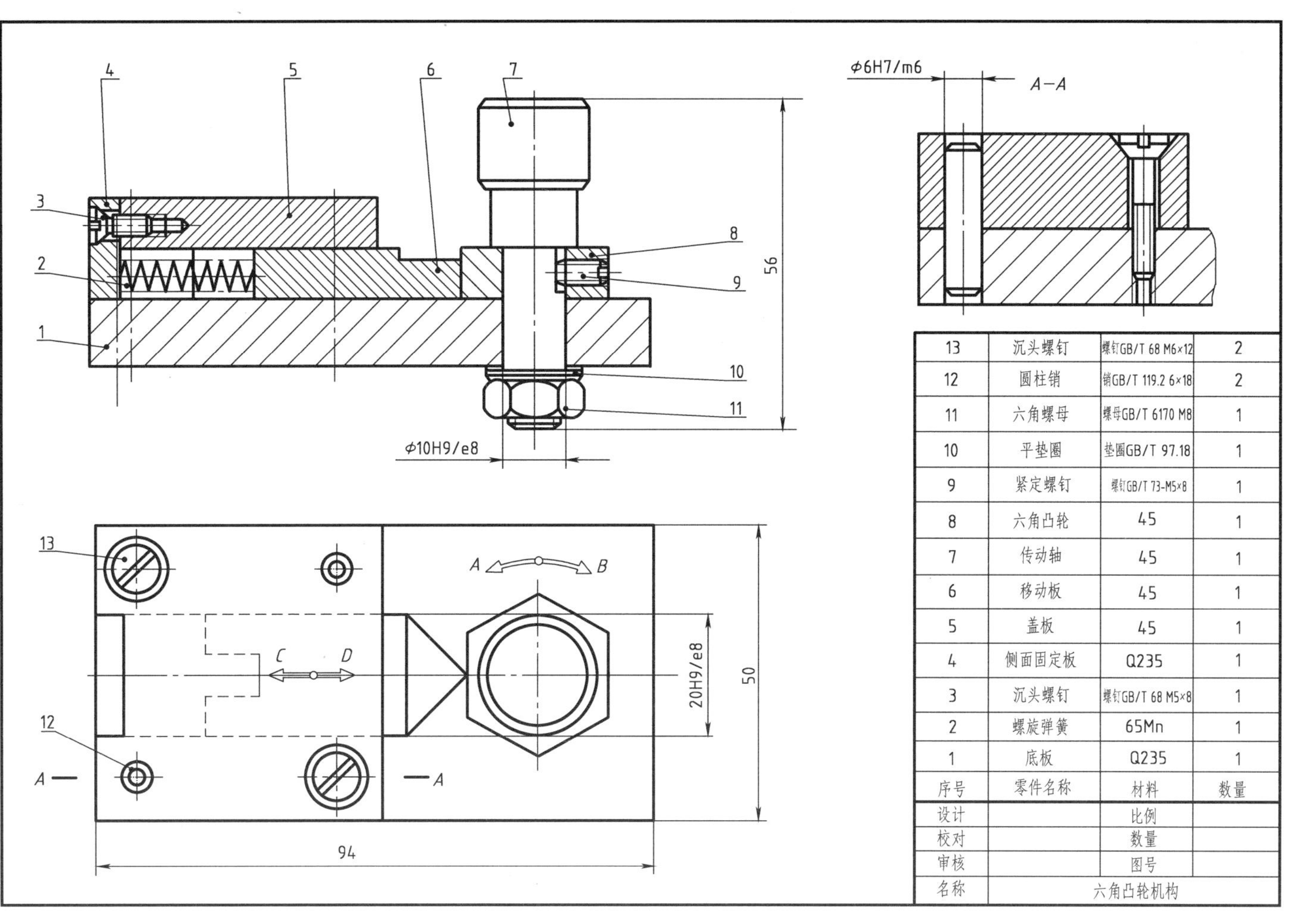

序号	零件名称	材料	数量
13	沉头螺钉	螺钉GB/T 68 M6×12	2
12	圆柱销	销GB/T 119.2 6×18	2
11	六角螺母	螺母GB/T 6170 M8	1
10	平垫圈	垫圈GB/T 97.18	1
9	紧定螺钉	螺钉GB/T 73-M5×8	1
8	六角凸轮	45	1
7	传动轴	45	1
6	移动板	45	1
5	盖板	45	1
4	侧面固定板	Q235	1
3	沉头螺钉	螺钉GB/T 68 M5×8	1
2	螺旋弹簧	65Mn	1
1	底板	Q235	1

设计		比例	
校对		数量	
审核		图号	
名称	六角凸轮机构		

图 8－31 六角凸轮机构装配图

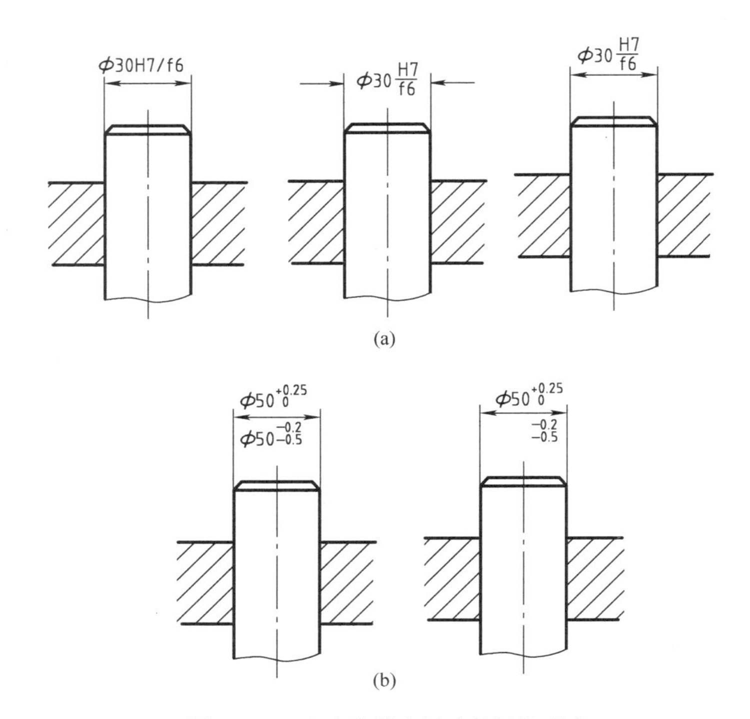

图 8－32　配合代号和尺寸的标注形式

（a）标注配合代号　（b）标注配合尺寸的极限偏差

并把分离出来的零件图涂色，以示区别。然后根据零件分离出来的投影，想象出空间形状，画出它的图样。

现以件 5 盖板为例，说明怎样拆画零件图。

1）把盖板从装配图中分离出来，见图 8－33。

2）依据分离出来的投影，经过分析，画出其必要的图形。在拆画零件图时，对于其大致形状的想象并不十分困难，但对于零件的细小结构，由于在装配图中往往表达得不够充分，甚至根本没有表达。对此，则要根据部件或机器的工作原理，零件间的相对位置、连接、配合关系，进行合理的想象和查阅相关标准资料确定。所以，拆画零件图是一种创造性劳动。盖板的零件图见图 8－34（a），轴测图见图 8－34（b）。

六角凸轮机构的轴测图见图 8－35。

例 8－2　读曲柄滑块机构的装配图，见图 8－36。

（1）概括了解

该机构叫曲柄滑块机构，从明细表中可以看出，它由 14 种零件组成，其中八种是专用件，六种是标准件。

（2）分析视图

该机构用主、俯、左三个视图表达。主视图主要表达了它的外形。在它的右上方采用了沿两零件接合面剖开的局部剖切方法。目的是为了看到件 4 内六角螺钉和件 3 圆柱销。视图部分则表达了件 11 盖板是用沉头螺钉固定在导向槽上的。俯视图上几个局部剖视图分别表达了件 13 手轮和件 8 转轴用紧定螺钉 12 固定，以及手轮和圆柱销之间的配合关系，转轴、连杆、滑块之间连接状况和配合关系，各零件沿前、后方向的分布状况。左视图的局部剖

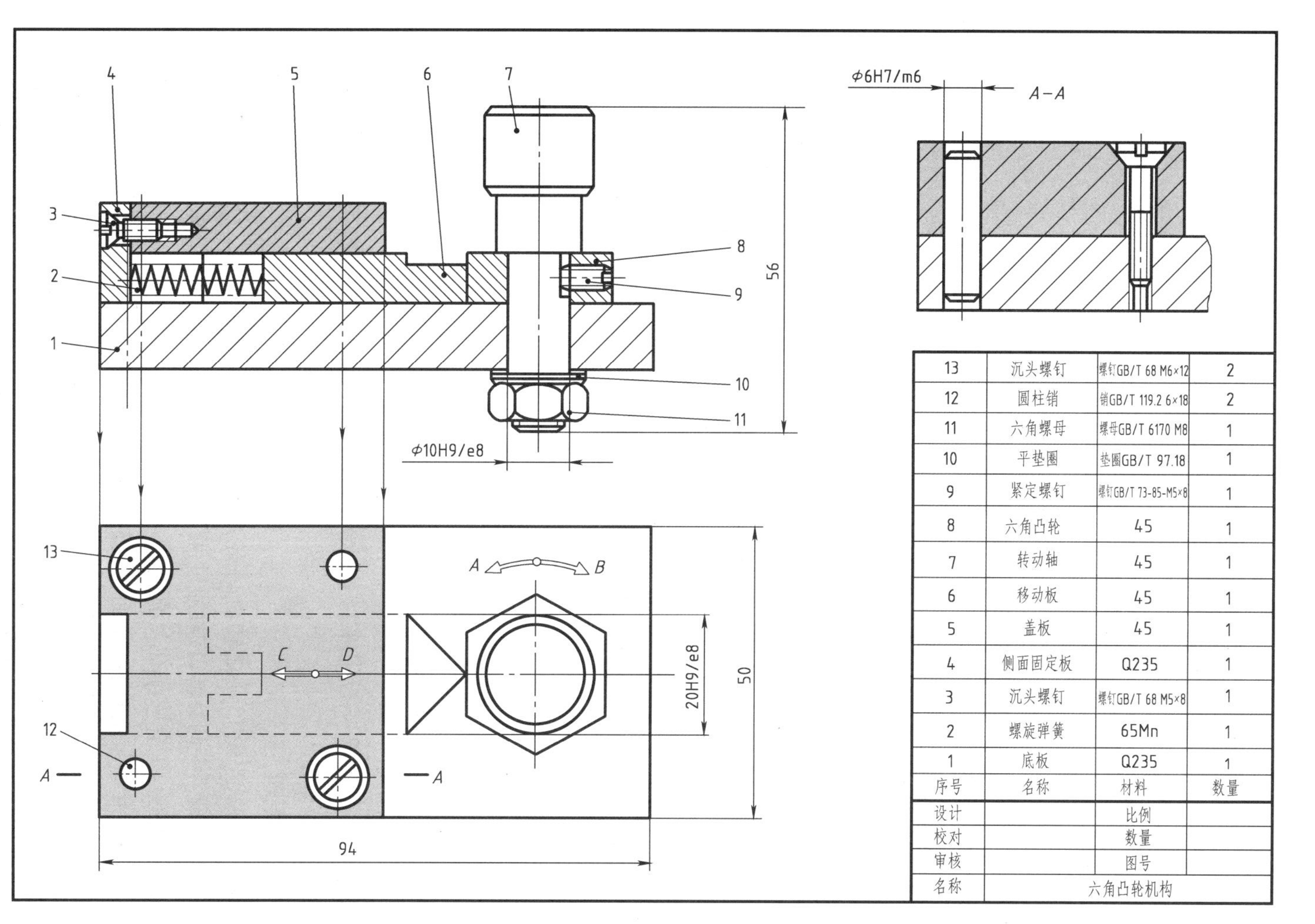

13	沉头螺钉	螺钉GB/T 68 M6×12	2
12	圆柱销	销GB/T 119.2 6×18	2
11	六角螺母	螺母GB/T 6170 M8	1
10	平垫圈	垫圈GB/T 97.18	1
9	紧定螺钉	螺钉GB/T 73-85-M5×8	1
8	六角凸轮	45	1
7	转动轴	45	1
6	移动板	45	1
5	盖板	45	1
4	侧面固定板	Q235	1
3	沉头螺钉	螺钉GB/T 68 M5×8	1
2	螺旋弹簧	65Mn	1
1	底板	Q235	1
序号	名称	材料	数量
设计		比例	
校对		数量	
审核		图号	
名称	六角凸轮机构		

图 8－33　把盖板从装配图中分离出来

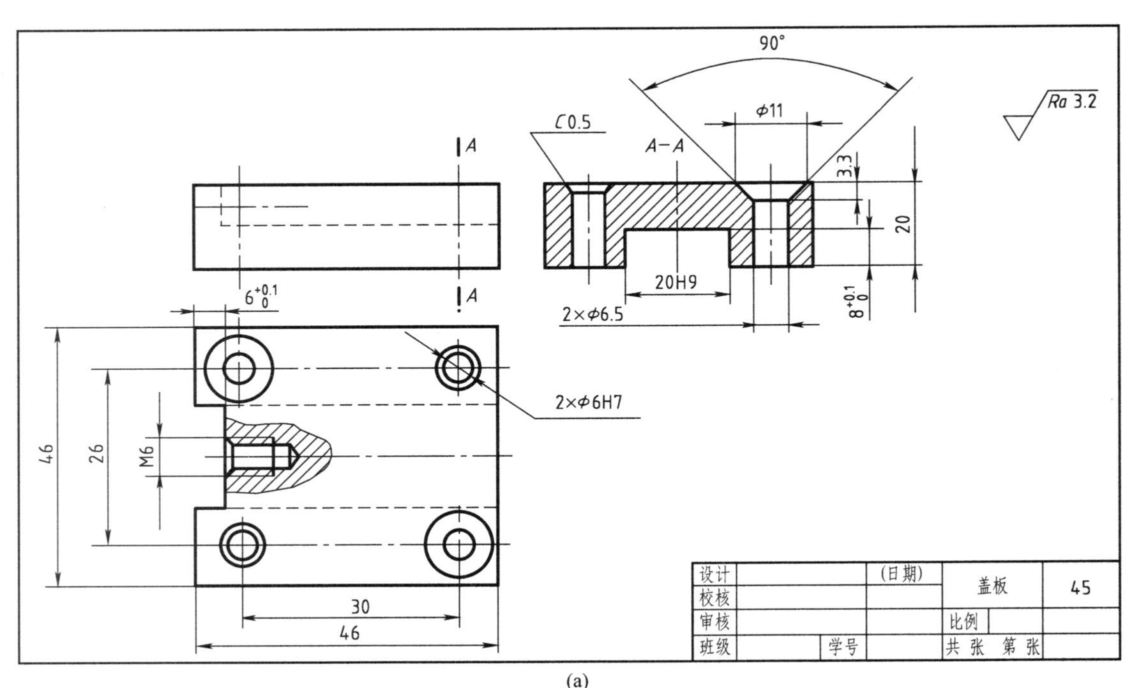

(a)

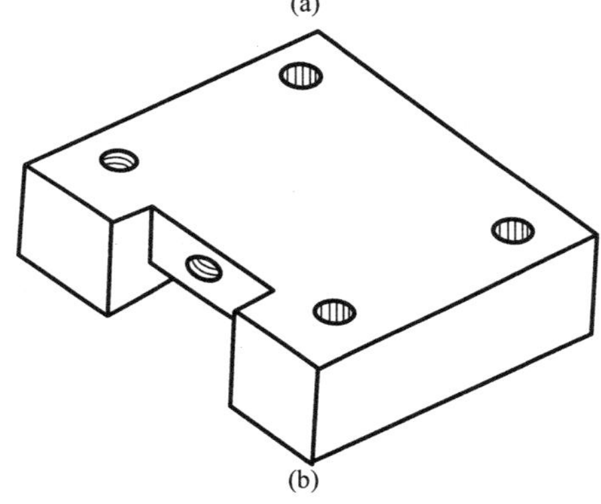

(b)

图 8－34　盖板的零件图与轴测图

(a)零件图　(b)轴测图

视图表达了件 1 底板、件 2 支板用件 14 内六方螺钉把它们连接起来的状况。

(3)分析工作原理

旋转件 5 圆柱销,手轮 13 随之转动,手轮带动与其固定在一起的转轴 8 一同旋转,转轴通过件 7 连接销带动件 6 连杆使件 10 滑块作往复直线移动。反之,如果推动滑块,滑块带动连杆,从而使转轴 8 旋转。当滑块、连杆运动至同一条直线上时,这个位置称为“死点”,这时将出现运动的不确定状况。克服“死点”的措施通常是在转轴上安装“飞轮”。

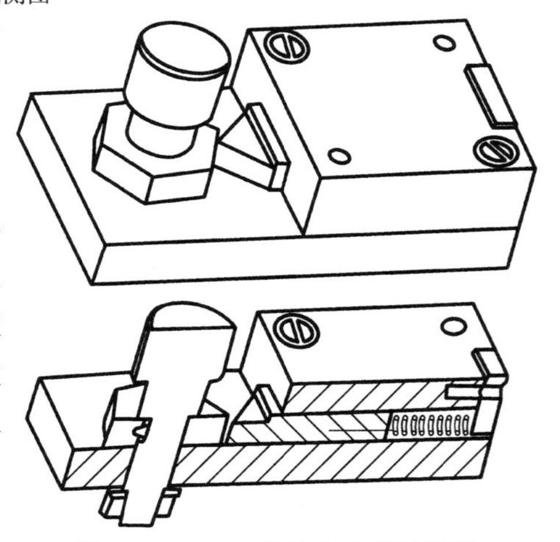

图 8－35　六角凸轮机构的轴测图

(4)分析零件,画件 13 手轮的零件图

首先找到最能反映其形状特征的俯视图的投影,

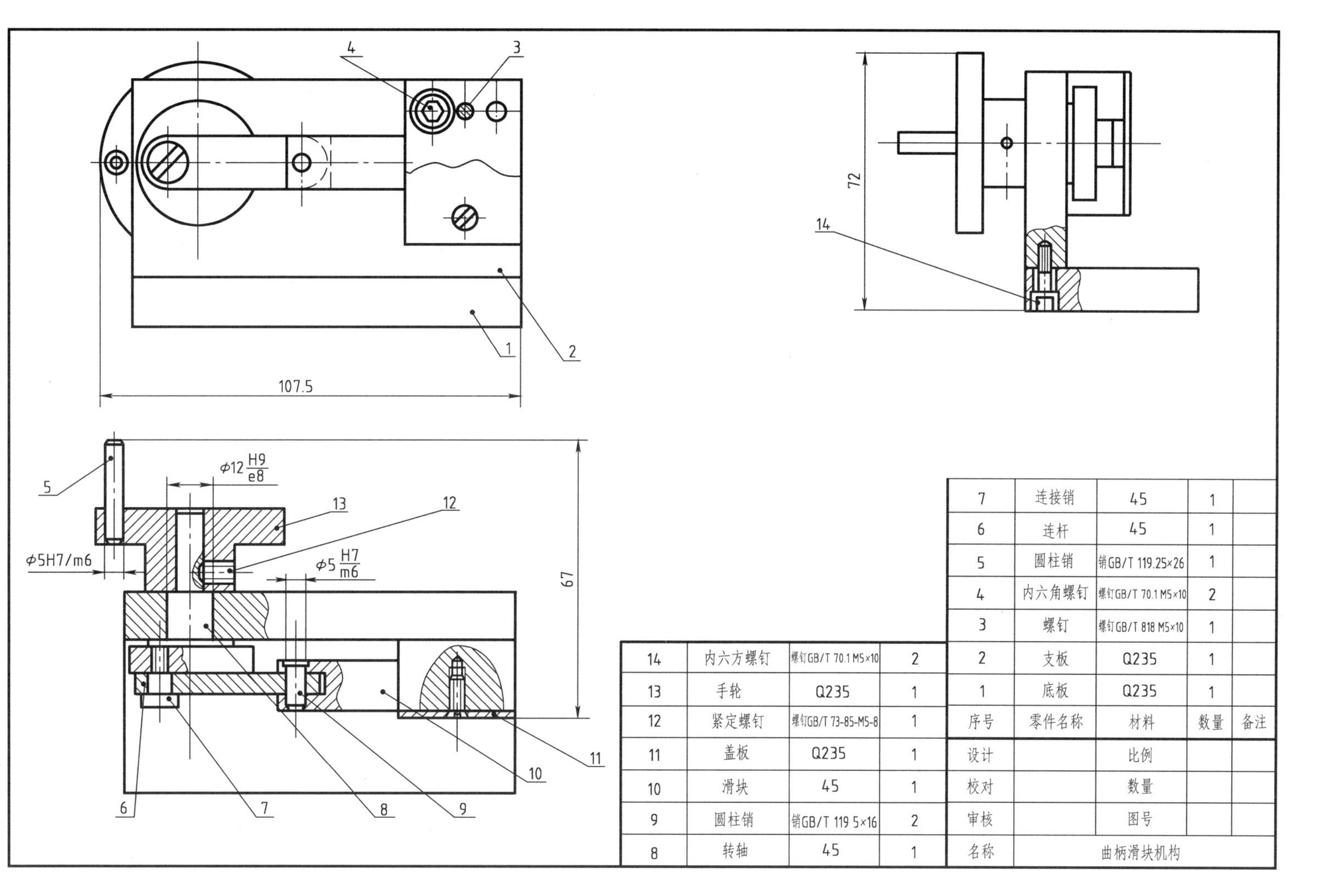

序号	零件名称	材料	数量	备注
14	内六方螺钉	螺钉GB/T 70.1 M5×10	2	
13	手轮	Q235	1	
12	紧定螺钉	螺钉GB/T 73-85-M5-8	1	
11	盖板	Q235	1	
10	滑块	45	1	
9	圆柱销	销GB/T 119 5×16	2	
8	转轴	45	1	
7	连接销	45	1	
6	连杆	45	1	
5	圆柱销	销GB/T 119.25×26	1	
4	内六角螺钉	螺钉GB/T 70.1 M5×10	2	
3	螺钉	螺钉GB/T 818 M5×10	1	
2	支板	Q235	1	
1	底板	Q235	1	

设计		比例	
校对		数量	
审核		图号	
名称	曲柄滑块机构		

图 8－36　曲柄滑块机构装配图

将其分离出来，见图 8－37。然后根据分离出来的三视图想象出其空间形状，拆画出手轮的零件图，见图 8－38。图 8－39 是曲柄滑块机构的轴测图。

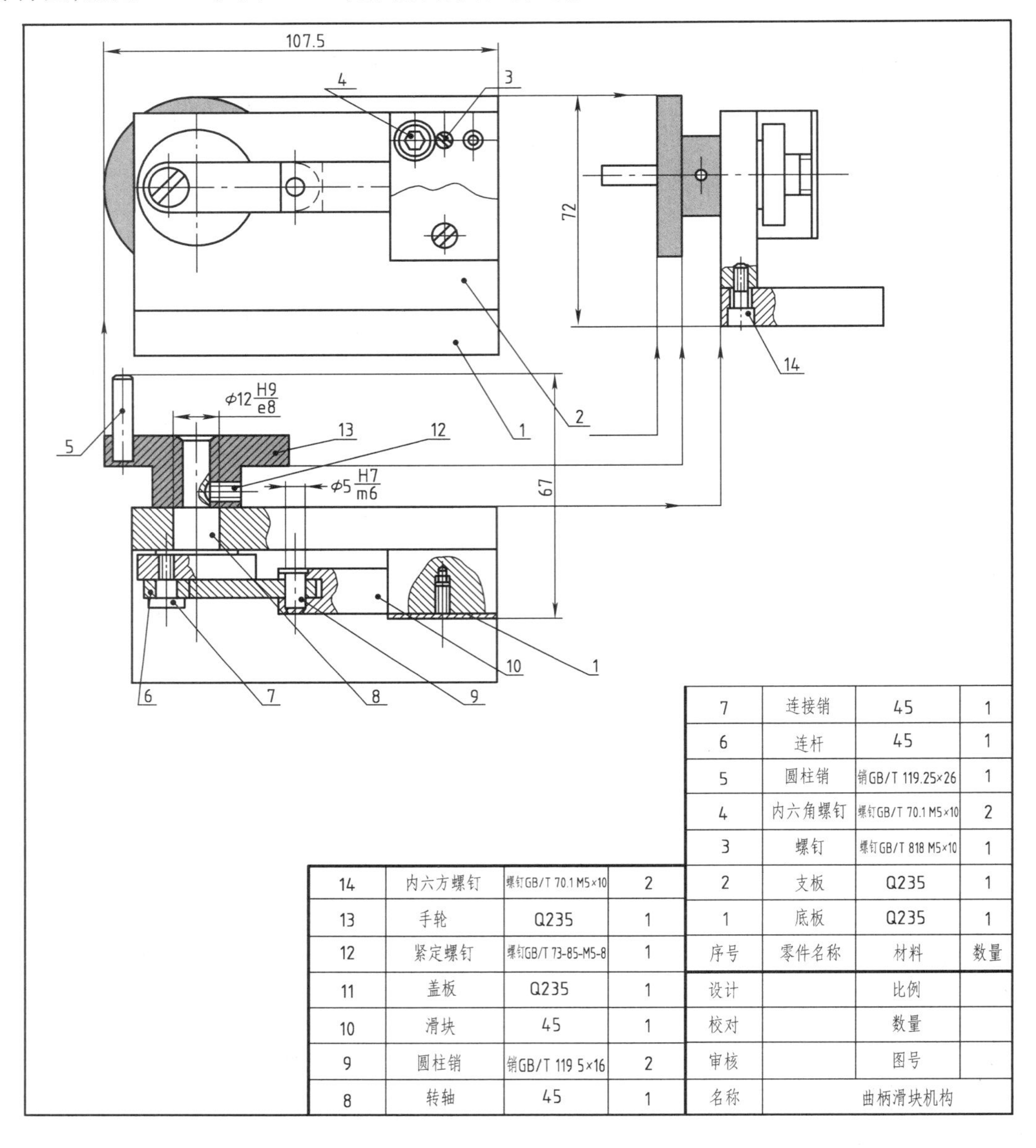

序号	零件名称	材料	数量
14	内六方螺钉	螺钉GB/T 70.1 M5×10	2
13	手轮	Q235	1
12	紧定螺钉	螺钉GB/T 73-85-M5-8	1
11	盖板	Q235	1
10	滑块	45	1
9	圆柱销	销GB/T 119 5×16	2
8	转轴	45	1
7	连接销	45	1
6	连杆	45	1
5	圆柱销	销GB/T 119.25×26	1
4	内六角螺钉	螺钉GB/T 70.1 M5×10	2
3	螺钉	螺钉GB/T 818 M5×10	1
2	支板	Q235	1
1	底板	Q235	1

设计		比例	
校对		数量	
审核		图号	
名称	曲柄滑块机构		

图 8－37　把手轮从装配图中分离出来

(5)分析配合

分析曲柄滑块机构装配图中的三处配合代号。

1)ϕ5H7/m6：基本尺寸 5mm；基孔制，孔的基本偏差代号 H，公差等级 IT7；轴的基本偏差代号 m，公差等级 IT6，属于过渡配合。

2)ϕ12H9/e8：基本尺寸 12mm，基孔制，孔的基本偏差代号 H，公差等级 IT9；轴的基本偏差代号 e，公差等级 IT8，属于间隙配合。

例 8－3　读螺旋传动机构的装配图，见图 8－40。

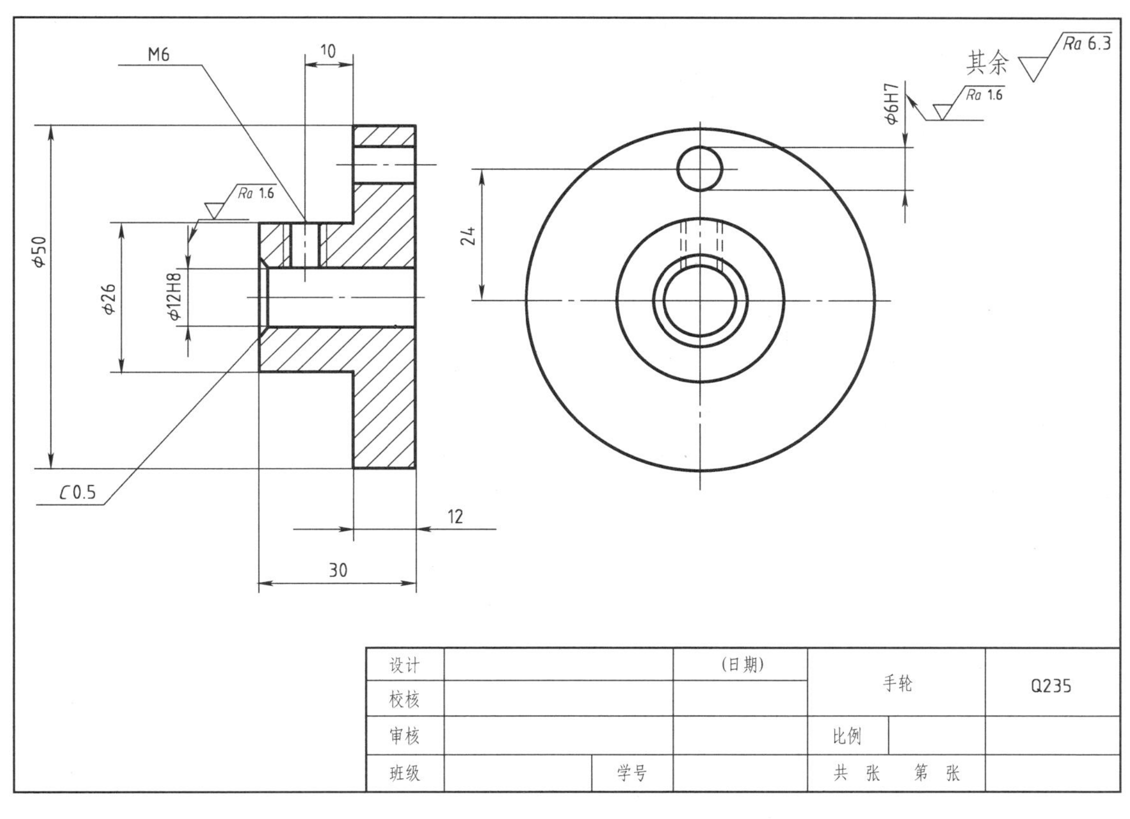

图 8－38　手轮零件图

（1）概括了解

由标题栏知道该机构的名称叫螺旋传动机构；由明细栏可知它由 16 种零件组成，其中十种专用件，六种标准件，见图 8－40。

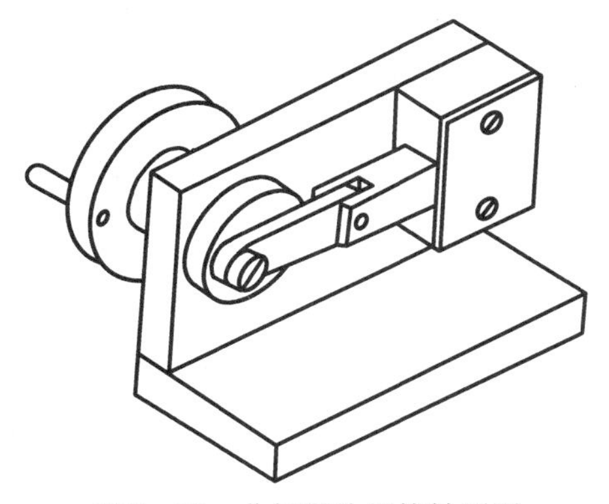

图 8－39　曲柄滑块机构轴测图

（2）分析视图

螺旋传动机构用主、俯两个基本视图表达。主视图上面的两个局部剖视图分别表达了件 3 盖板是用件 15 开槽螺钉固定在件 2 立板上的，并用两个件 13 圆柱销定位；件 2 立板用两个螺钉固定在件 1 底板上。在主视图上还可以看出件 16 螺杆支撑在盖板与底板上。件 12 连接板、件 8 滑块通过件 9 连接销相连接，而连接板由件 14 小轴和螺杆相连接；件 6 滑动支座由螺钉固定在底板上。

俯视图是 *A*－*A* 为阶梯剖视图，表达了机构在前后方向上各零件的相对位置，件 4 滚花手轮是用件 5 紧定螺钉与螺杆固定连接的。

（3）分析工作原理

借助图 8－40、图 8－43 分析工作原理。

（4）分析零件

1）分析零件 14 小轴。首先在装配图上找出最能反映其形状特征的俯视图，并在它上面

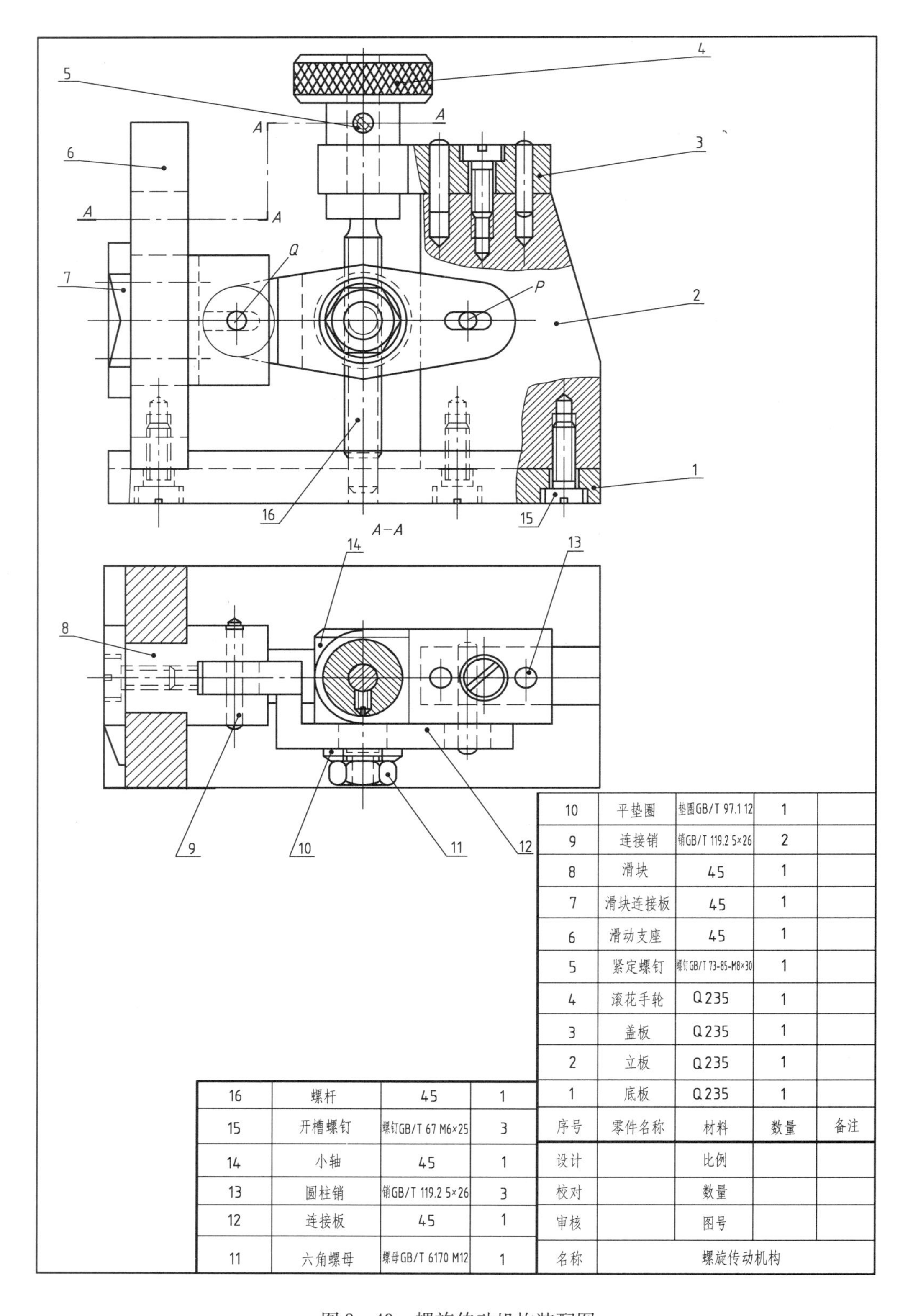

序号	零件名称	材料	数量	备注
16	螺杆	45	1	
15	开槽螺钉	螺钉GB/T 67 M6×25	3	
14	小轴	45	1	
13	圆柱销	销GB/T 119.2 5×26	3	
12	连接板	45	1	
11	六角螺母	螺母GB/T 6170 M12	1	
10	平垫圈	垫圈GB/T 97.1 12	1	
9	连接销	销GB/T 119.2 5×26	2	
8	滑块	45	1	
7	滑块连接板	45	1	
6	滑动支座	45	1	
5	紧定螺钉	螺钉GB/T 73-85-M8×30	1	
4	滚花手轮	Q235	1	
3	盖板	Q235	1	
2	立板	Q235	1	
1	底板	Q235	1	

设计		比例		
校对		数量		
审核		图号		
名称	螺旋传动机构			

图 8－40　螺旋传动机构装配图

涂色，把它从装配图中分离出来，见图 8－41，然后用“对线条、找投影”的方法，找出其在主视图上的投影。根据它在主视图、俯视图上的投影即可想象出其空间形状，它的零件图见图 8－42。

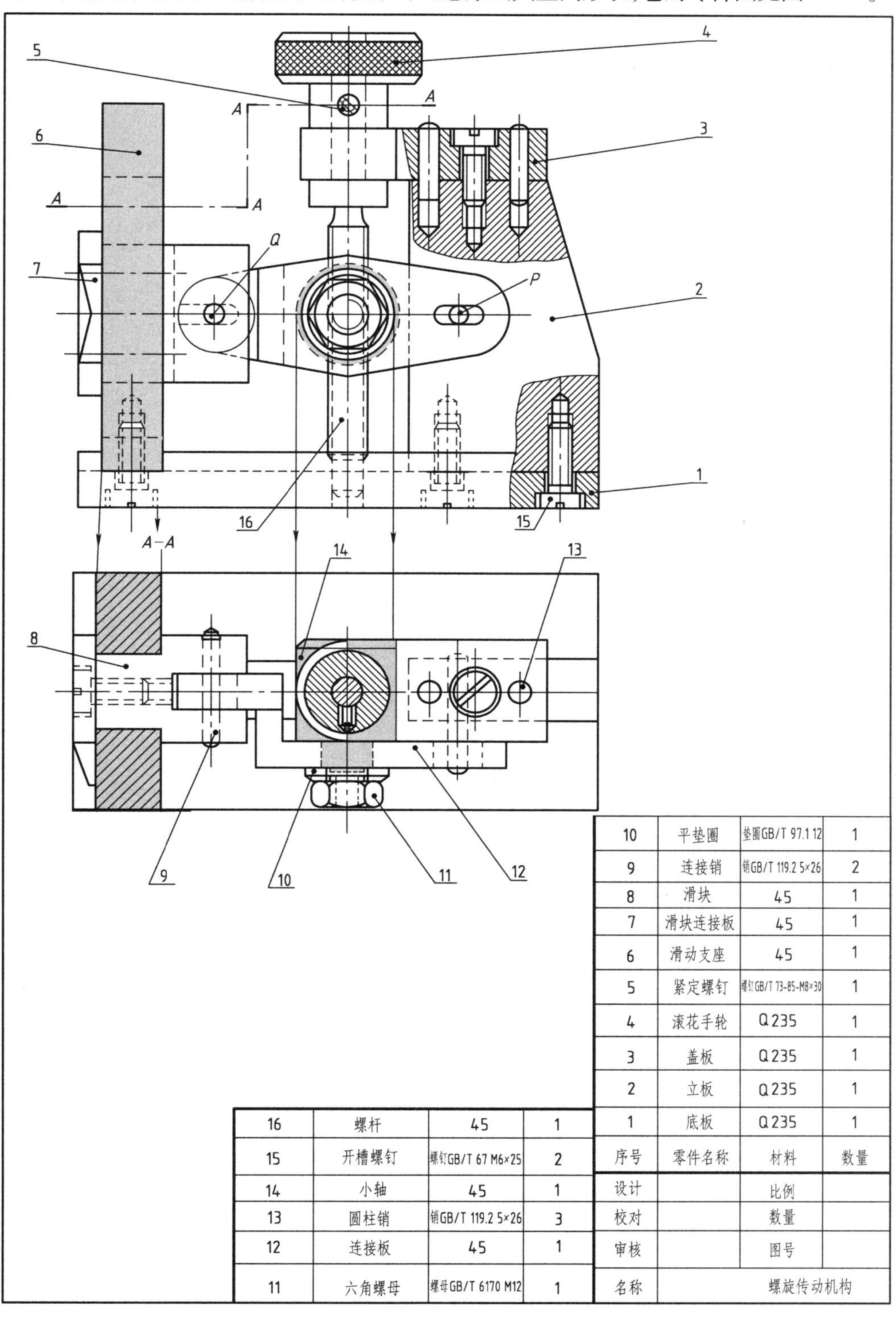

序号	零件名称	材料	数量
16	螺杆	45	1
15	开槽螺钉	螺钉GB/T 67 M6×25	2
14	小轴	45	1
13	圆柱销	销GB/T 119.2 5×26	3
12	连接板	45	1
11	六角螺母	螺母GB/T 6170 M12	1
10	平垫圈	垫圈GB/T 97.1 12	1
9	连接销	销GB/T 119.2 5×26	2
8	滑块	45	1
7	滑块连接板	45	1
6	滑动支座	45	1
5	紧定螺钉	螺钉GB/T 73-85-M8×30	1
4	滚花手轮	Q235	1
3	盖板	Q235	1
2	立板	Q235	1
1	底板	Q235	1

设计		比例	
校对		数量	
审核		图号	
名称	螺旋传动机构		

图 8－41　把小轴从装配图中分离出来

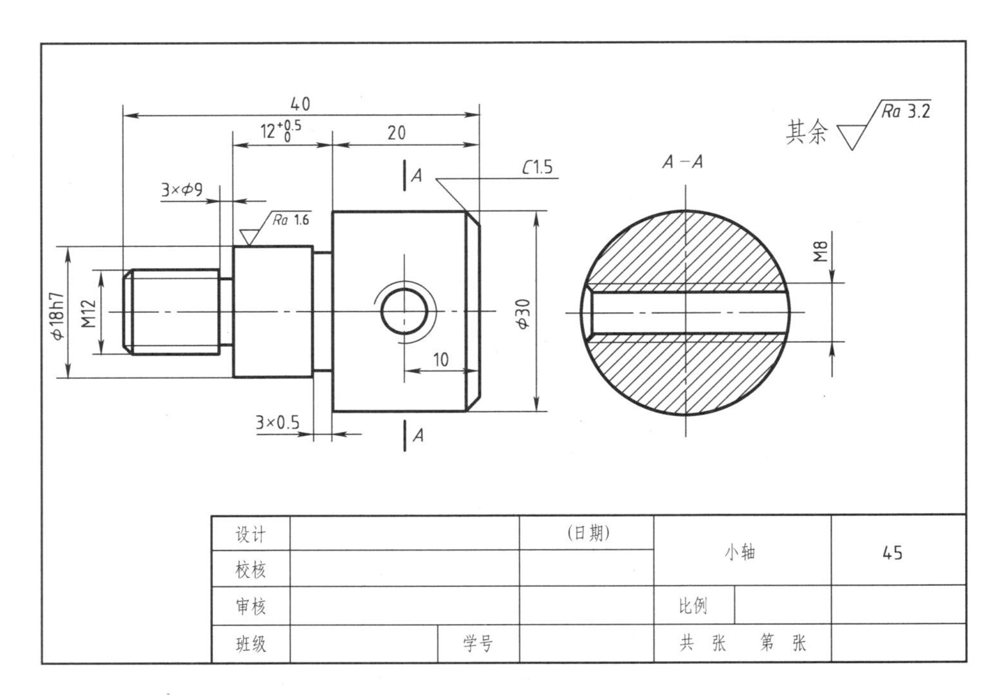

图 8－42 小轴零件图

螺旋传动机构的轴测图见图 8－43。

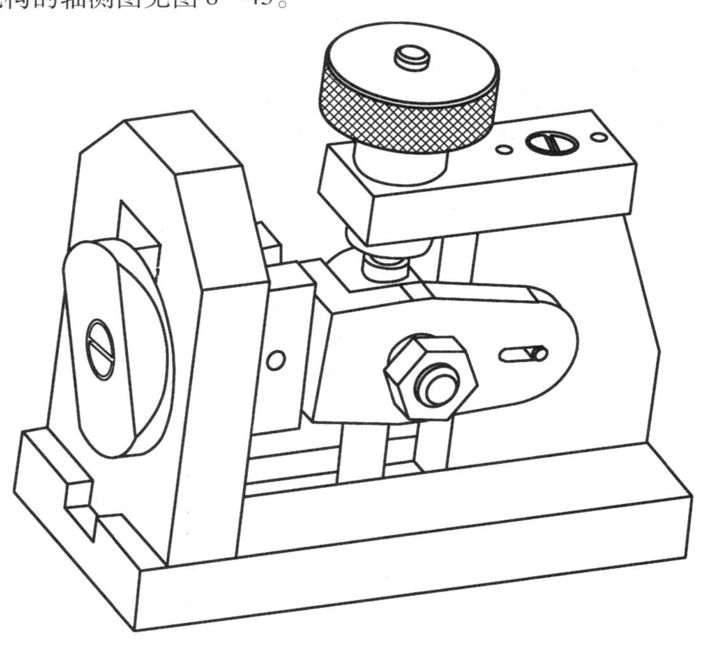

图 8－43 螺旋传动机构轴测图

例 8－4 读落料模的装配图。

读落料模装配图之前，先要知道冲模装配图的一些习惯画法。

1）布置。冲模装配图一般按图 8－44 所示的格局布置。

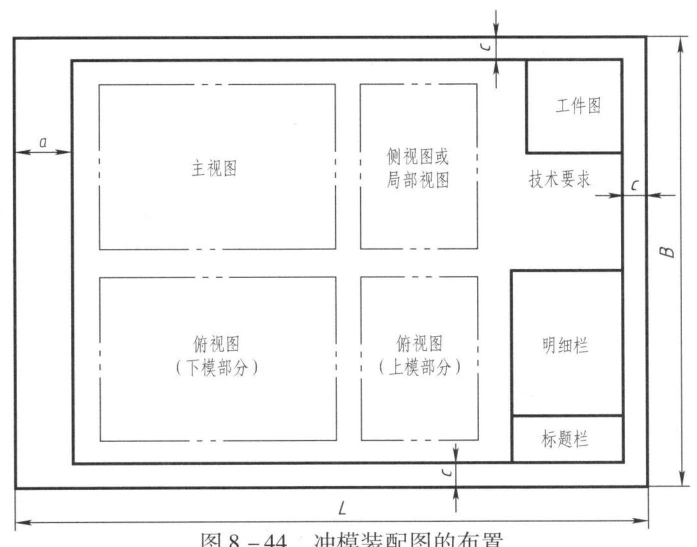

图 8－44　冲模装配图的布置

2）表达方法。一般情况下，用主视图和俯视图表达冲模的结构，若还不能表达清楚时再增加其他视图。

在冲模装配图中，为了减少局部剖视图，在不影响表达剖视图剖切平面通过部分结构的状况下，可将剖切平面以外部分平移或旋转到剖视图上表达，例如螺钉、圆柱销、推杆等。见图 8－45 中主视图左下部的圆柱销。

下模俯视图是假想将上模移出后的投影，上模的俯视图，是假想将下模去掉后的投影。

3）零件图和排样图。零件图是经冲模冲裁后得到的冲压件图样，一般画在装配图的右上角，若幅面不够或工件较大，可另立一页。零件图一般与模具装配图的比例一致。零件图的方向应与冲压时送料的前进方向一致（即与工件在模具中的位置一样，必须用箭头表示）。

有落料工序的冲模，应画出排样图，一般也布置在图面的右上角。工件图和排样图的轮廓用细双点画线表示，断面涂色。

4）习惯画法。圆柱螺旋弹簧在冲模图中，可采用简化画法，用细双点画线表示。当弹簧数量较多时，在俯视图中可只画出一个，其余仅画出窝座，见图 8－46。

（1）概括了解

由标题栏可知，装配图名称叫落料模，它是冲裁模的一种，属于工艺装备。

冲裁模是利用冲裁模具对板料进行分离加工的，工作示意图见图 8－47。凸模 1 和凹模 3 组成一对封闭曲线剪切刃口。凸模固定在冲床的滑块上，凹模固定在冲床的工作台上。当冲床滑块带动凸模下移时，对放在凸模、凹模之间的板料施加压力，上、下一对封闭刃口同时切割板料，完成分离。

冲裁后的板料分成两部分，若封闭线以内的部分是制品称为落料，见图 8－47（b）；若封闭线以外的部分是制品称为冲孔，见图 8－47（c）。

由图 8－45 可知，落料模共由 10 种专用件组成。

（2）分析视图

落料模用主视图和俯视图表达其结构形状，并在装配图上画出了产品的零件图。

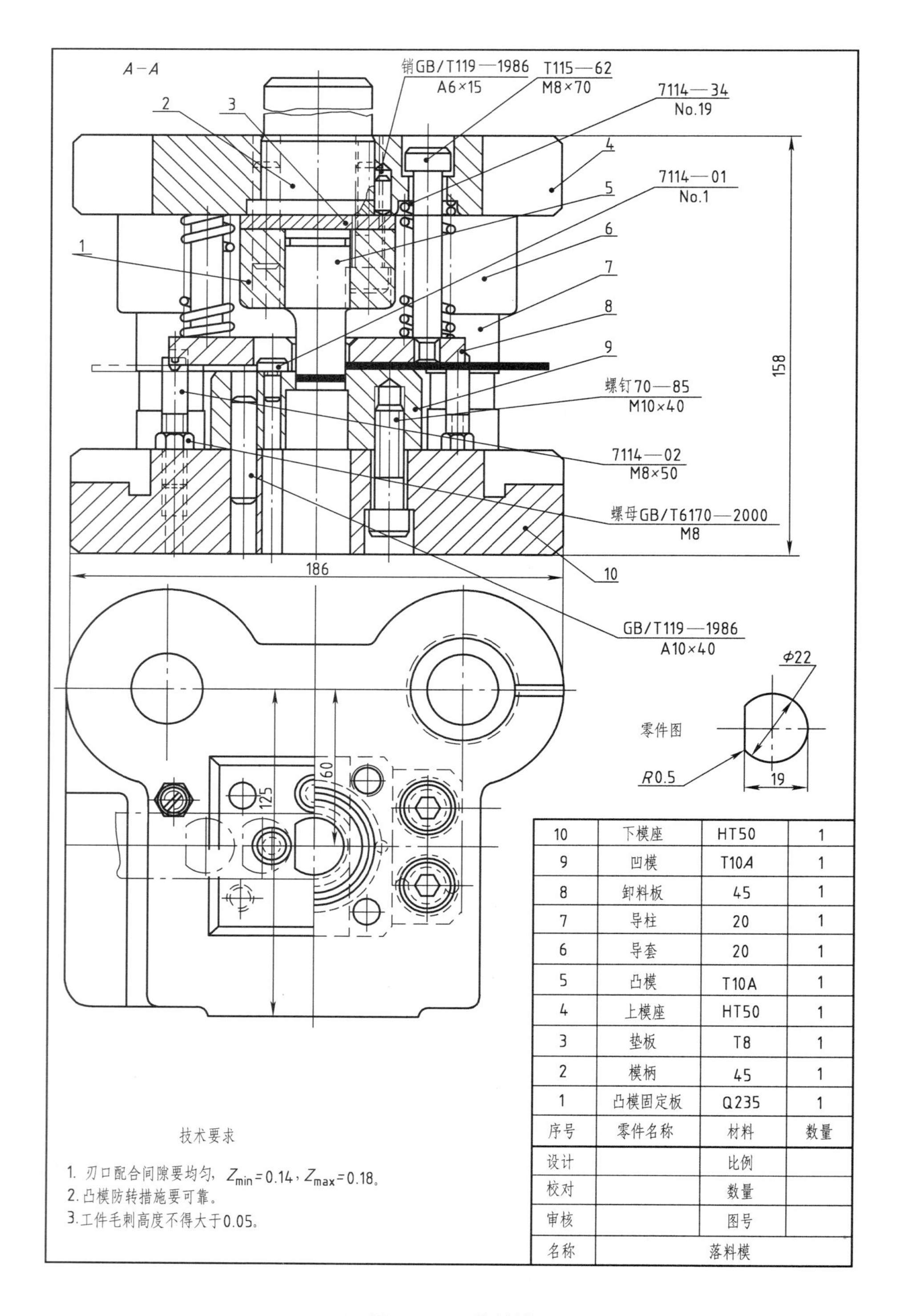
A−A
销GB/T119—1986
A6×15
T115—62
M8×70
7114—34
No.19
7114—01
No.1
螺钉70—85
M10×40
7114—02
M8×50
螺母GB/T6170—2000
M8
GB/T119—1986
A10×40
158
186
1
2
3
4
5
6
7
8
9
10
Φ22
零件图
R0.5
19
125
60
技术要求
1. 刃口配合间隙要均匀，Z_{min}=0.14，Z_{max}=0.18。
2. 凸模防转措施要可靠。
3. 工件毛刺高度不得大于0.05。
10 下模座 HT50 1
9 凹模 T10A 1
8 卸料板 45 1
7 导柱 20 1
6 导套 20 1
5 凸模 T10A 1
4 上模座 HT50 1
3 垫板 T8 1
2 模柄 45 1
1 凸模固定板 Q235 1
序号 零件名称 材料 数量
设计 比例
校对 数量
审核 图号
名称 落料模

图 8－45　落料模

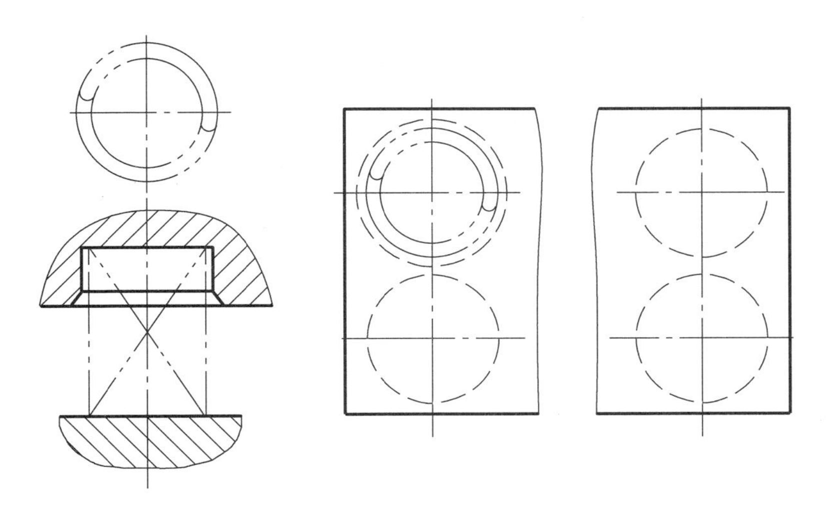

图 8-46　弹簧及窝座的画法

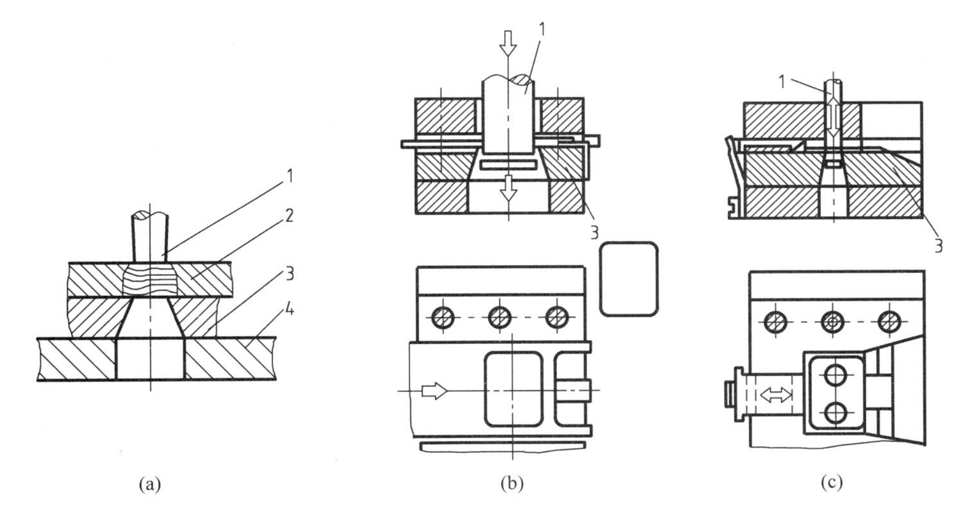

图 8-47　冲裁示意图
(a)示意图　(b)落料　(c)冲孔
1—凸模;2—板料;3—凹模;4—冲床工作台

全剖视的主视图表达了落料模的主要结构,它主要由件 4 上模座、件 5 凸模、件 1 凸模固定板、件 8 卸料板、件 9 凹模、件 10 下模座、件 6 导套和件 7 导柱组成。它表达了零件间的相对位置、连接固定方式和冲模的工作原理。俯视图的左半部表达了下模座的主要结构及凹模在下模座上连接固定状况,它是假想拆去上模座后画出的投影;右半部表达了上模座的主要结构及凸模固定板在上模座上连接固定状况,它是假想拆去下模画出的投影。

(3)工作原理

工作开始时,毛坯板料送料方向用件 7114-01、侧面用件 7114-02 定位;之后,上模向下移动,在弹簧力的作用下件 8 卸料板先压紧板料后,确定了板料的位置,上模继续下移,在冲压力的作用下零件与板料分离,落料后,上模返回,向上运动,弹簧力通过卸料板把板料从凸模上卸下。在以后的工作中由挡料螺栓和挡料销定位。导柱导套的功能是保证凸模、凹模之间准确的相对位置。

(4)分析零件

分析拆画件 10 下模座。拆画方法不再重述,它的零件图和轴测图见图 8-48。

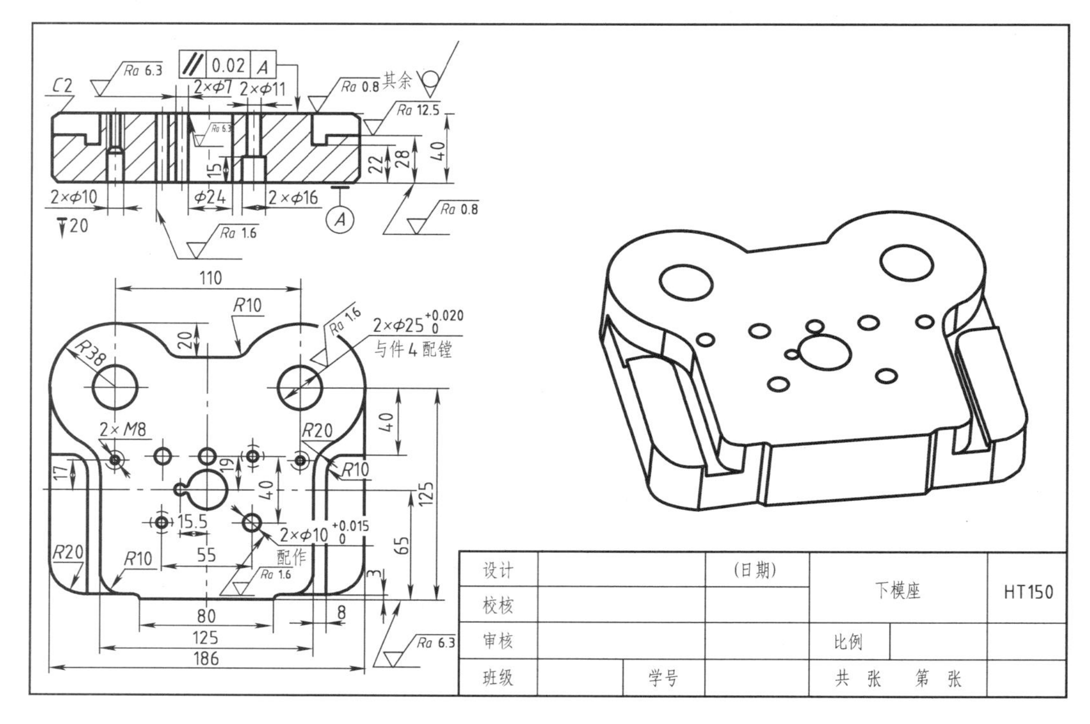

图 8-48 下模座零件图

落料模的轴测图见图 8-49。

(5)分析尺寸

落料模装配图总长 186 mm;总宽 = 125 mm + 固定模座的最大圆弧半径;总高 158 mm,这个尺寸叫冲模的闭合高度。

(6)技术要求

刃口间隙要均匀:$Z_{min}=0.14$,$Z_{max}=0.18$(双向)。冲裁间隙是指凸模、凹模刃口部分,在垂直于冲裁力方向上的投影尺寸之差。双面间隙是指凸、凹模之间的间隙之和,用 Z 表示。$Z_{min}=0.14$,表示双向最小间隙是 0.14;$Z_{max}=0.18$,表示双向最大间隙是 0.18。刃口间隙合适,冲裁件质量高,所需冲裁力小,反之亦然。合理间隙的取值决定于两个因素:板料厚度及其塑性。板料厚度越大,冲裁间隙越大;板料塑性越好,冲裁间隙越小。在实际应用和模具设计中,往往根据料厚和材料的塑性

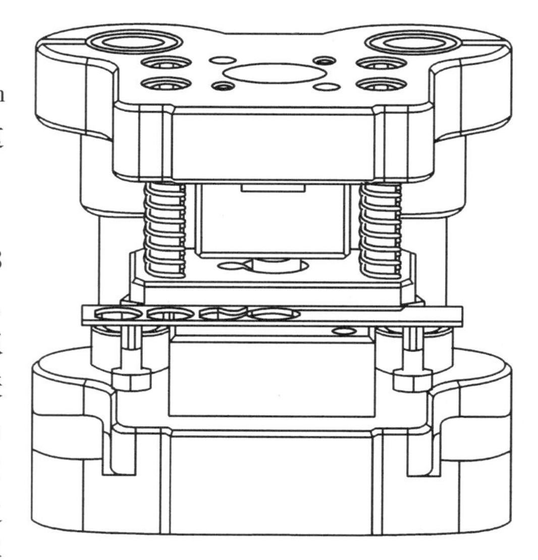

图 8-49 冲模轴测图

查表确定冲裁间隙，例如材料厚为 1 mm 的板料，软铝的双向冲裁最小间隙是 0.04 mm，硬质钢是 0.07 mm。

例 8－5 识读一级圆柱直齿轮减速器的装配图。

(1)概括了解

由明细栏中可知，一级直齿圆柱齿轮减速器共由 35 种零件组成，其中多为螺栓、螺钉、螺母、螺塞，销、键、轴承、齿轮等标准件和常用件，专用件并不多，主要有箱体、箱盖、齿轮、轴等零件，见图 8－50。由它的名称也可以想象出它的主要功能是改变转速和转向，从而改变输出转矩的大小和方向。

(2)分析视图

减速器用三个基本视图表达。主视图选用视图表达部件的外形。在它上面作了三个局部剖视图，分别是表达件 16 放油塞的形状和位置，件 2 圆柱销、件 4 起重螺钉、件 11 螺栓和箱体、箱盖以及它们之间的连接、定位状况，还表达了油面指示杆和箱体内的油液。俯视图是沿上、下盖之间的接合面剖切的局部剖视图，目的是表达两轴系上各个零件的相对位置、配合、连接和结构状况。未剖部分是为了表达件 3 箱盖的外形，由此可以联想到剖开部分的箱盖外形也大致如未剖部分；A－A 剖视的左视图，更清楚地表达了所剖到的轴系状况，表达了通气塞与箱盖的连接状况。左视图上的局部剖视图表达了安装孔。

装配图中采用了许多规定画法，例如齿轮及其啮合的规定画法；螺钉、螺栓、螺母、垫圈、销轴的规定画法。图中多处采用了简化画法：螺栓连接只画出了一组完整的，其余均用点画线表示其中心位置。六角头螺栓、六角螺母的简化画法等。

(3)分析工作原理

电动机通过传动装置带动输入轴旋转，从而带动用键和输入轴固定在一起的件 35 齿轮旋转，它带动用键和件 27 轴固定在一起的件 28 齿轮旋转，输出轴通过安装在其端部的轮子(带轮、链轮、齿轮)将动力输出。主动轴和从动轴均分别支撑在两个滚动轴承上，滚动轴承支撑在箱体上。齿轮旋转时飞溅起来的油液不仅润滑了齿轮本身，同时也润滑了滚动轴承和其他零件，还充满了箱体上的油槽。油液的多少可从油面指示杆上看出。旋出件 16 螺塞可以放出箱体中的油液。油液在工作时产生的气体可以通过件 10 通气塞上的小孔排出。件 4 吊环螺钉是为起重用而设置的。

(4)分析尺寸

1)总体尺寸：总长 314 mm、总宽 248 mm、总高 230 mm。

2)安装尺寸：234 mm、112 mm、4 ×ϕ14 mm。

3)装配尺寸：120 ±0.09 mm、114 mm

4)配合尺寸：ϕ35 mmH7/m6、ϕ45 mmH7/m6 它们都是基孔制、过渡配合；ϕ62 mmH7/h6 是基准轴和基准孔之间的配合；滚动轴承是标准件，它的外径与孔配合，内径与轴配合，都是以它为基准的。因此，ϕ62 mmH7、ϕ72 mmH7 是基轴制的孔；ϕ30 mmm6、ϕ35 mmjs6 是基孔制的轴。

(5)分析零件　拆画件 29 端盖的零件图。先把盖从装配图中分离出来，见图 8－51。端盖的功能是定位滚动轴承外圈的轴向位置和防漏，据此确定其细微部分结构，画出零件图，方法不再重述，见图 8－52。一级直齿圆柱齿轮的轴测图见图 8－53。

序号	零件名称	材料	数量
1	箱体	HT200	1
2	圆柱销	销GB/T 119.6 10×26	2
3	箱盖	HT200	1
4	起重螺钉	Q235	2
5	螺钉	螺钉GB/T 818 M5×14	4
6	盖板	Q235	1
7	垫片	浸渍纸垫	1
8	螺栓	螺栓GB/T 5782 M8×20	16
9	垫圈	垫圈GB/T 97.1 10	1
10	通气塞	Q235	1
11	螺栓	螺栓GB/T 5782 M10×90	6
12	螺母	螺母GB/T 6170 M10	10
13	垫圈	垫圈GB/T 97.1 10	10
14	螺栓	螺栓GB/T 5782 M10×40	4
15	油面指示杆	Q235	1
16	放油塞	Q235	1
17	垫圈	垫圈GB/T 97.1 10	1
18	垫片	浸渍纸垫	2
19	盖	HT200	1
20	轴承6206	毛毡	2
21	垫片	纸板	2
22	通盖	HT200	1
23	轴承6207	毛毡	2
24	毡圈	毛毡	1
25	键	GB/T 1096 键14×45	1
26	环	Q235	2
27	轴	45	1
28	齿轮	45	1
29	盖	HT200	1
30	环	Q235	2
31	通盖	HT200	1
32	毡圈	毛毡	1
33	轴	45	1
34	键	GB/T 1096 键14×45	1
35	齿轮	40Cr	1

设计		比例	
校对		数量	
审核		图号	
名称	一级直齿圆柱齿轮减速器		

图 8－50　一级直齿圆柱齿轮减速器

4 5 6 7 8 9 10 11 12 13 14 15 3 2 1 16 17

120±0.09

230

$114^{\ 0}_{-0.5}$

234

314

A—A

4×φ14

112

A

φ30p6

55

18 19 20 21 22 23 24 25 26 27 28

φ30m6

φ32H7

φ35H7/m6

φ45H7/m6

φ35js6

φ72H6

62H7/h6

φ72H7/h6

248

35 34 33 32 31 30 29

φ28p6

55

序号	零件名称	材料	数量
35	齿轮	40Cr	1
34	键10×45		1
33	轴	45	1
32	毡圈		1
31	通盖	HT200	1
30	环	Q235	2
29	盖	HT200	1
28	齿轮	45	1
27	轴	45	1
26	环	Q235	2
25	键14×45		1
24	毡圈		1
23	轴承6207		2
22	通盖	HT200	1
21	垫片	纸板	2
20	轴承6206		2
19	盖	HT200	1
18	垫片		2
17	垫圈25×16		1
16	放油塞	Q235	1
15	油面指示杆	Q235	1
14	螺栓M10×40		4
13	垫圈10		10
12	螺母M10		10
11	螺栓M10×90		6
10	通气塞M14		1
9	垫圈18×10		1
8	螺栓M8×20		16
7	垫片		1
6	盖板	Q235	1
5	螺钉M5×14		4
4	起重螺钉		2
3	箱盖	HT200	1
2	圆柱销		2
1	箱体	HT200	1

设计		比例	
校对		数量	
审核		图号	
名称	一级直齿圆柱齿轮减速器		

图 8－51 把盖从装配图中分离出来

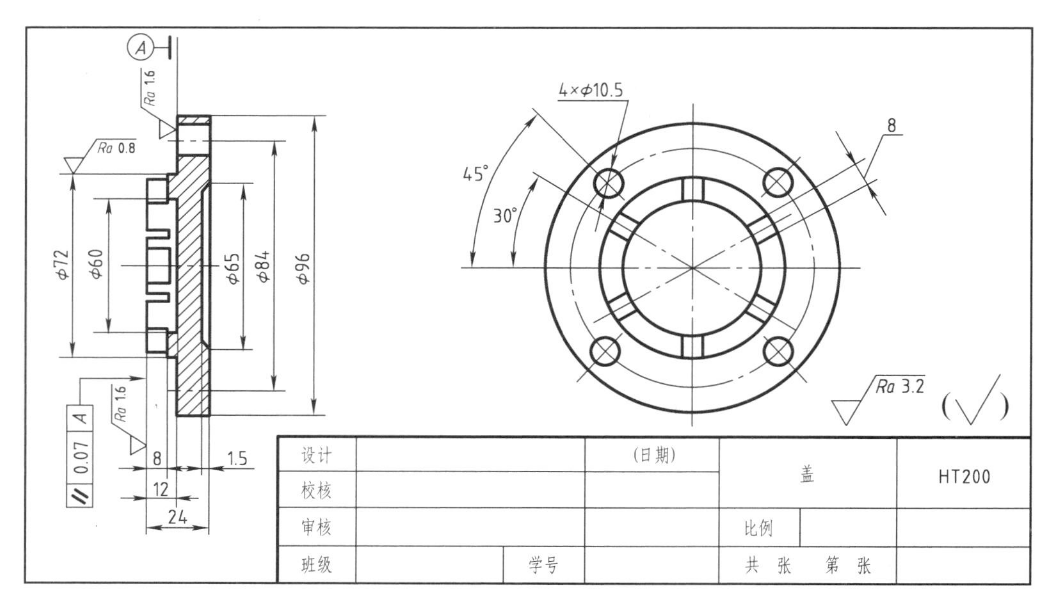

设计		(日期)	盖	HT200
校核				
审核			比例	
班级	学号		共 张 第 张	

图 8－52　盖的零件图

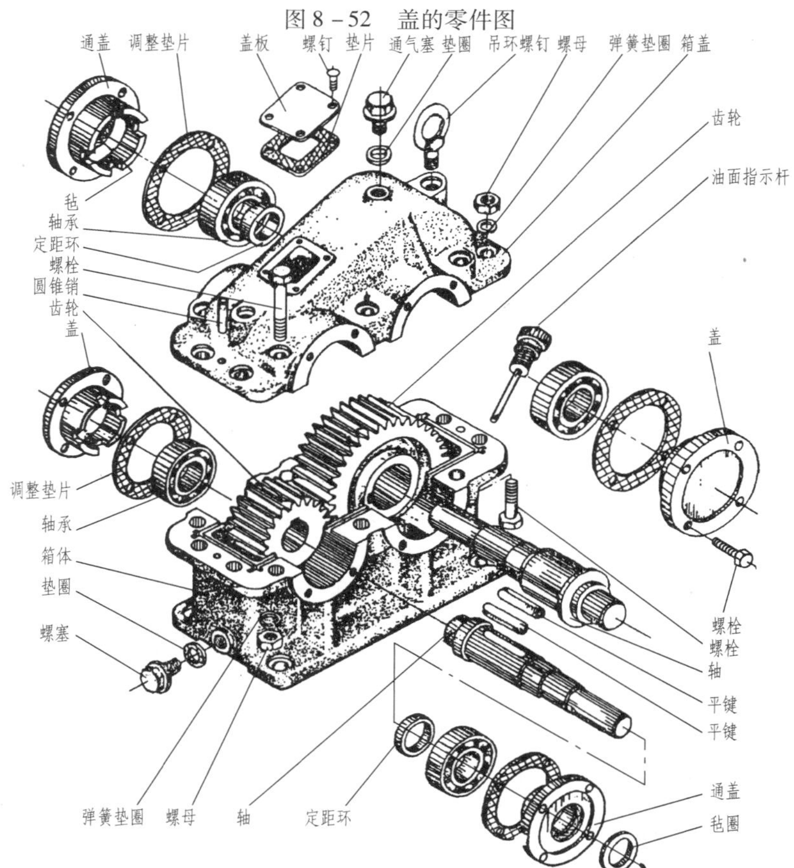

图 8－53　一级直齿圆柱齿轮减速器轴测图

8.6　第三角投影的装配图举例

见图 8－54、图 8－55、图 8－56。

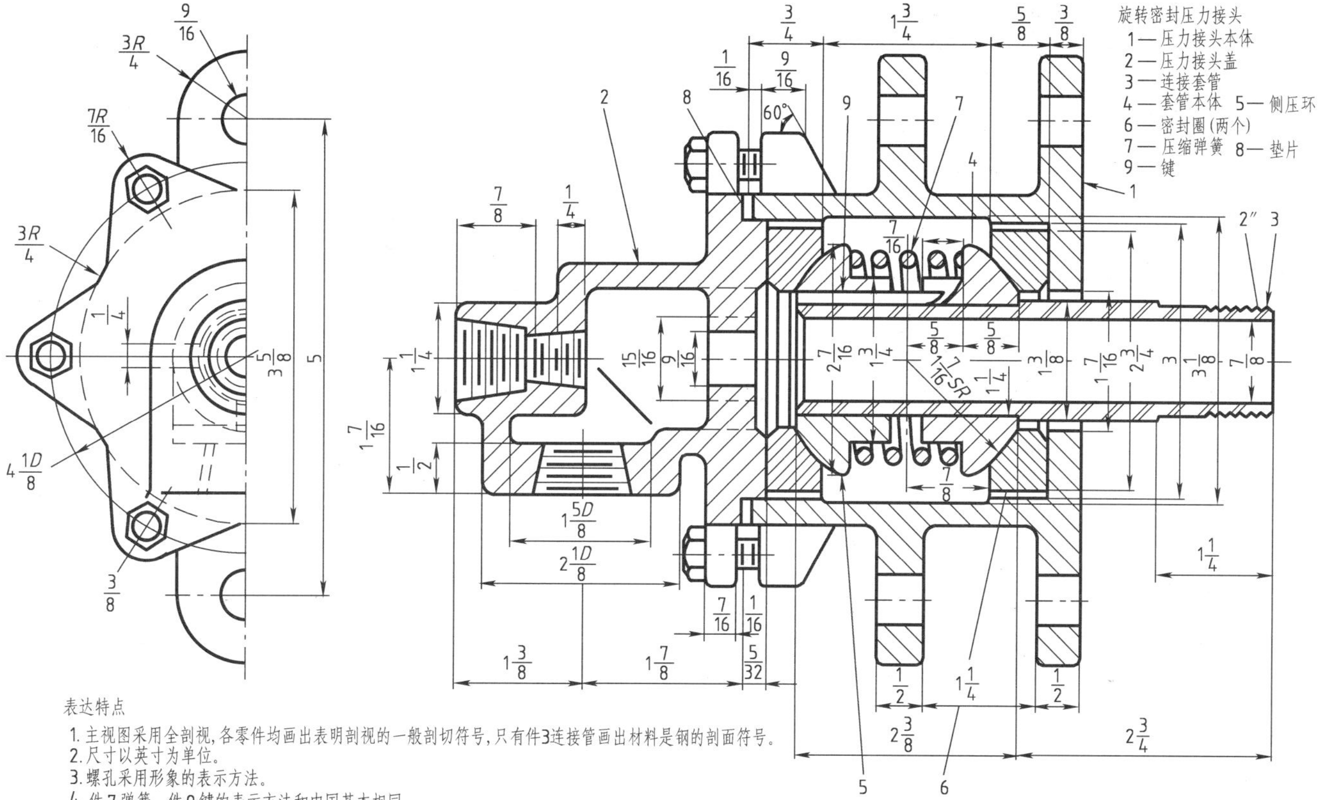

旋转密封压力接头

1—压力接头本体
2—压力接头盖
3—连接套管
4—套管本体 5—侧压环
6—密封圈(两个)
7—压缩弹簧 8—垫片
9—键

表达特点

1. 主视图采用全剖视,各零件均画出表明剖视的一般剖切符号,只有件3连接管画出材料是钢的剖面符号。
2. 尺寸以英寸为单位。
3. 螺孔采用形象的表示方法。
4. 件7弹簧、件9键的表示方法和中国基本相同。
5. 零件2上的肋板表示剖切后的一种表示法。
6. 零件编号的排列没有规律。

图 8-54 旋转密封压力接头装配图(美国)

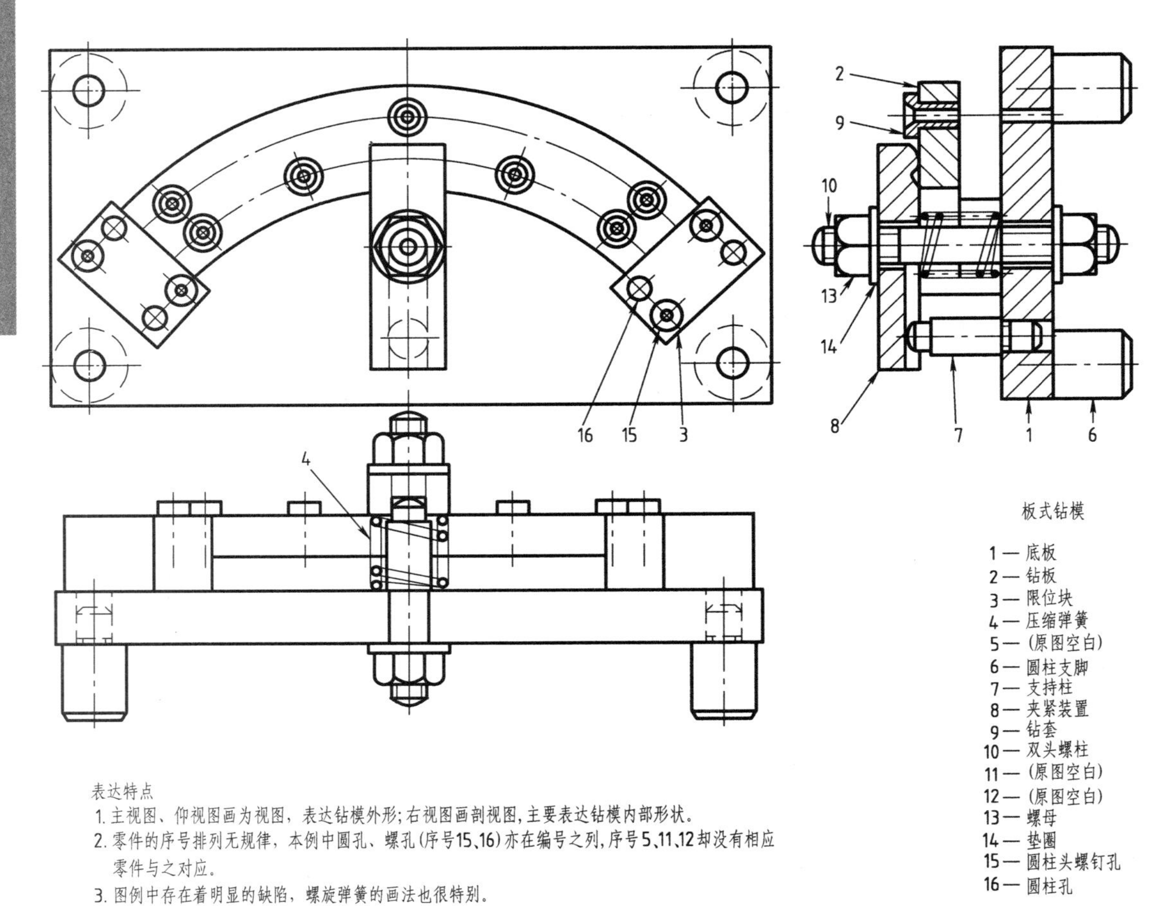

板式钻模

1 — 底板
2 — 钻板
3 — 限位块
4 — 压缩弹簧
5 — （原图空白）
6 — 圆柱支脚
7 — 支持柱
8 — 夹紧装置
9 — 钻套
10 — 双头螺柱
11 — （原图空白）
12 — （原图空白）
13 — 螺母
14 — 垫圈
15 — 圆柱头螺钉孔
16 — 圆柱孔

表达特点

1. 主视图、仰视图画为视图，表达钻模外形；右视图画剖视图，主要表达钻模内部形状。
2. 零件的序号排列无规律，本例中圆孔、螺孔（序号15、16）亦在编号之列，序号5、11、12却没有相应零件与之对应。
3. 图例中存在着明显的缺陷，螺旋弹簧的画法也很特别。

图 8－55　板式钻模板装配图

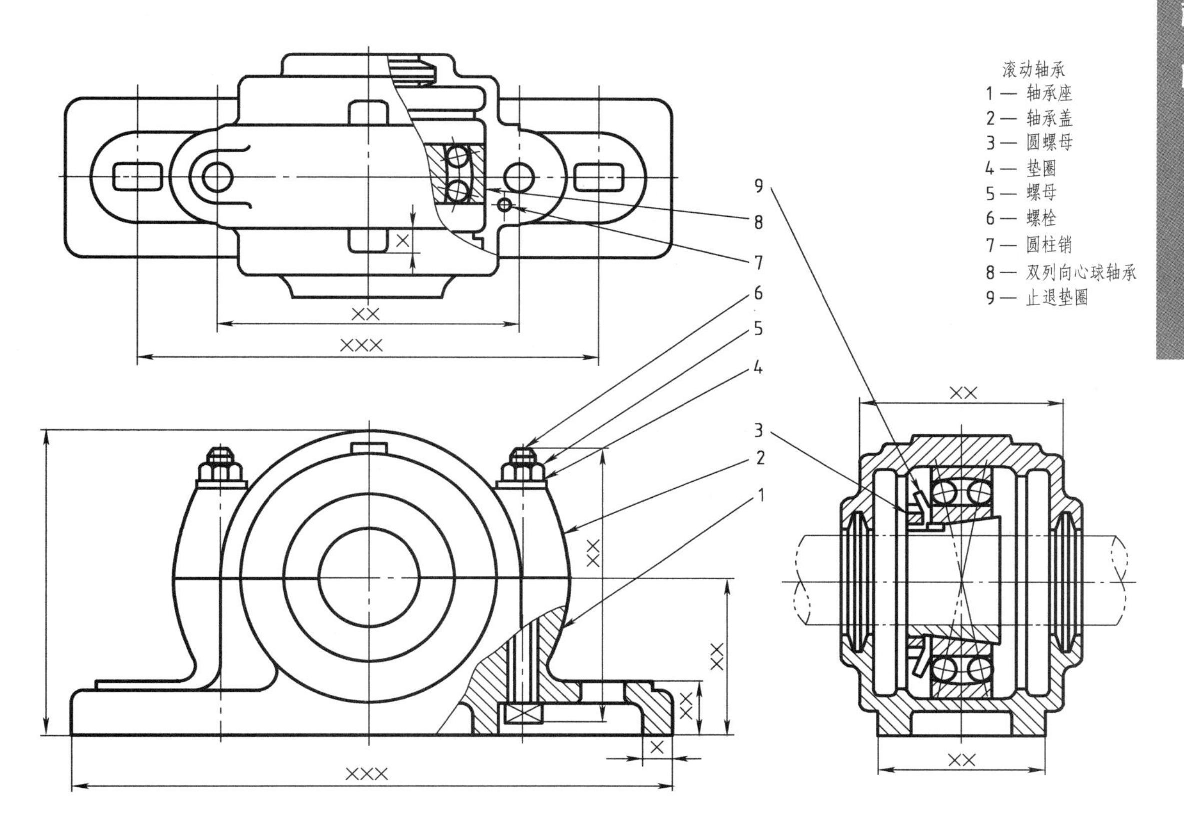

表达特点

1. 主视图、仰视图均采用局部剖视图右视图取全剖视图，并且均画出了剖面符号(件9除外)。
2. 在俯视中件6、件5、件4、均采用了省略画法。
3. 在俯视图中，螺母和止退垫圈未画，采用了省略画法。
4. 零件编号排列整齐有序。

图 8－56 滚动轴承座装配图

附　　录

一、极限偏差表

附表 1　轴的极限偏差(GB/T 1800.4—1999)摘编　μm

基本尺寸/mm		a*	b*		c			d				e		
大于	至	11	11	12	9	10	11	8	9	10	11	7	8	9
—	3	-270 -330	-140 -200	-140 -240	-60 -85	-60 -100	-60 -120	-20 -34	-20 -45	-20 -60	-20 -80	-14 -24	-14 -28	-14 -39
3	6	-270 -345	-140 -215	-140 -260	-70 -100	-70 -118	-70 -145	-30 -48	-30 -60	-30 -78	-30 -105	-20 -32	-20 -38	-20 -50
6	10	-280 -370	-150 -240	-150 -300	-80 -116	-80 -138	-80 -170	-40 -62	-40 -76	-40 -98	-40 -130	-25 -40	-25 -47	-25 -61
10 14	14 18	-290 -400	-150 -260	-150 -330	-95 -138	-95 -165	-95 -205	-50 -77	-50 -93	-50 -120	-50 -160	-32 -50	-32 -59	-32 -75
18 24	24 30	-300 -430	-160 -290	-160 -370	-110 -162	-110 -194	-110 -240	-65 -98	-65 -117	-65 -149	-65 195	-40 -16	-40 -73	-40 -92
30	40	-310 -470	-170 -330	-170 -420	-120 -182	-120 -220	-120 -280	-80 -119	-80 -142	-80 -180	-80 -240	-50 -75	-50 -89	-50 -112
40	50	-320 -480	-180 -340	-180 -430	-130 -192	-130 -230	-130 -290							
50	60	-340 -530	-190 -380	-190 -490	-140 -214	-140 -260	-140 -330	-100 -146	-100 -174	-100 -220	-100 -290	-60 -90	-60 -106	-60 -134
65	80	-360 -550	-200 -390	-200 -500	-150 -224	-150 -270	-150 -340							
80	100	-380 -600	-220 -440	-220 -570	-170 -257	-170 -310	-170 -390	-120 -174	-120 -207	-120 -260	-120 -340	-72 -107	-72 -126	-72 -159
100	120	-410 -630	-240 -460	-240 -590	-180 -267	-180 -320	-180 -400							
120	140	-460 -710	-260 -510	-260 -660	-200 -300	-200 -360	-200 -450	-145 -208	-145 -245	-145 -305	-145 -395	-85 -125	-85 -148	-85 -185
140	160	-520 -770	-280 -530	-280 -680	-210 -310	-210 -370	-210 -460							
160	180	-580 -830	-310 -560	-310 -710	-230 -330	-230 -390	-230 -480							
180	200	-660 -950	-340 -630	-340 -800	-240 -355	-240 -425	-240 -530	-170 -240	-170 285	-170 -355	-170 -460	-100 -146	-100 -172	-100 -215
200	225	-740 -1 030	-380 -670	-380 -840	-260 -375	-260 -445	-260 -550							
225	250	-820 -1 110	-420 -710	-420 -880	-280 -395	-280 -465	-280 -570							
250	280	-920 -1 240	-480 -800	-480 -1 000	-300 -430	-300 -510	-300 -620	-190 -271	-190 -320	-190 -400	-190 -510	-110 162	-110 -190	-110 -240
280	315	-1 050 -1 370	-540 -860	-540 -1 060	-330 -460	-330 -540	-330 -650							
315	355	-1 200 -1 560	-600 -960	-600 -1 170	-360 -500	-360 -590	-360 -720	-210 -299	-210 -350	-210 -440	-210 -570	-125 -182	-125 -214	-125 -265
355	400	-1 350 -1 710	-680 -1 040	-680 -1 250	-400 -540	-400 -630	-400 -760							
400	450	-1 500 -1 900	-760 -1 160	-760 -1 390	-440 -595	-440 -690	-440 -840	-230 -327	-230 -385	-230 -480	-230 -630	-135 -198	-135 -232	-135 -290
450	500	-1 650 2 050	-840 -1 240	-840 -1 470	-480 -635	-480 -730	-480 -880							

f					g			h							
5	6	7	8	9	5	6	7	5	6	7	8	9	10	11	12
-6 -10	-6 -12	-6 -16	-6 -20	-6 -31	-2 -6	-2 -8	-2 -12	0 -4	0 -6	0 -10	0 -14	0 -25	0 -40	0 -60	0 -100
-10 -15	-10 -1	-10 -22	-10 -28	-10 -40	-4 -9	-4 -12	-4 -16	0 -5	0 -8	0 -15	0 -22	0 -36	0 -58	0 -75	0 -120
-13 -19	-13 -22	-13 -28	-13 -35	-13 -49	-5 -11	-5 -14	-5 -20	0 -6	0 -9	0 -15	0 -22	0 -36	0 -588	0 -90	0 -150
-16 -24	-16 -27	-16 -34	-16 -43	-16 -59	-6 -14	-6 -17	-6 -24	0 -8	0 -11	0 -18	0 -27	0 -43	0 -70	0 -110	0 -180
-20 -29	-20 -33	-20 -41	-20 -53	-20 -72	-7 -16	-7 -20	-7 -28	0 -9	0 -13	0 -21	0 33	0 -52	0 -84	0 -130	0 -210
-25 -36	-25 -41	-25 -50	-25 -64	-25 -87	-9 -20	-9 -25	-9 -34	0 -11	0 -16	0 -25	0 -39	0 -62	0 -100	0 -160	0 -250
-30 -43	-30 -49	-30 -60	-30 -76	-30 -104	-10 -23	-10 -29	-10 -40	0 -13	0 -19	0 -30	0 -46	10 -74	0 -120	0 -190	0 -300
-36 -51	-36 -58	-36 -71	-36 -90	-36 -123	-12 -27	-12 -34	-12 -47	0 -15	0 -22	0 -35	0 -54	0 -87	0 -140	0 -220	0 -350
-43 -61	-43 -68	-43 -83	-43 -106	-43 -143	-14 -32	-14 -39	-14 -54	0 -18	0 -25	0 -40	0 -63	0 -100	0 -160	0 -250	0 -400
-50 -70	-50 -79	-50 -96	-50 -122	-50 -165	-15 -35	-15 -44	-15 -61	0 -20	0 -29	0 -46	0 -72	0 -115	0 -185	0 -290	0 -460
-56 -79	-56 -88	-56 -108	-56 -137	-56 -186	-17 -40	-17 -49	-17 -69	0 -23	0 -32	0 -52	0 -81	0 -130	0 -210	0 -320	0 -520
-62 -87	-62 -98	-62 -119	-62 -151	-62 -202	-18 -43	-18 -54	-13 -75	0 -25	0 -36	0 -57	0 -89	0 -140	0 -230	0 -360	0 -570
-68 -95	-68 -108	-68 -131	-68 -165	-68 -223	-20 -47	-20 -60	-20 -83	0 -27	0 -40	0 -63	0 -97	0 -155	0 -250	0 -400	0 -630

注:1. * 基本尺寸小于 1 mm 时,各级的 a 和 b 均不采用。
2. 黑体字为优先公差带。

基本尺寸/mm		js			k			m			n			p		
大于	至	5	6	7	5	6	7	5	6	7	5	6	7	5	6	7
—	3	±2	±3	±5	+40	+60	+100	+6 +2	+8 +2	+12 +2	+8 +4	+10 +4	+14 +4	+10 +6	+12 +6	+16 +6
3	6	±2.5	±4	±6	+6 +1	+9 +1	+13 +1	+9 +4	+12 +4	+16 +4	+13 +8	+16 +8	+20 +8	+17 +12	+20 +12	+24 +12
6	10	±3	±4.5	±7	+7 +1	+10 +1	+16 +1	+12 +6	+15 +6	+21 +6	+16 +10	+19 +10	+25 +10	+21 +15	+24 +15	+30 +15
10	14	±4	±5.5	±9	+9 +1	+12 +1	+19 +1	+15 +7	+18 +7	+25 +7	+20 +12	+23 +12	+30 +12	+26 +18	+29 +18	+36 +18
14	18															
18	24	±4.5	±6.5	±10	+11 +2	+15 +2	+23 +2	+17 +8	+21 +8	+29 +8	+24 +15	+28 +15	+36 +15	+31 +22	+35 +22	+43 +22
24	30															
30	40	±5.5	±8	±12	+13 +2	+18 +2	+27 +2	+20 +9	+25 +9	+34 +9	+28 +17	+33 +17	+42 +17	+37 +26	+42 +26	+51 +26
40	50															
50	65	±6.5	±9.5	±15	+15 +2	+21 +2	+32 +2	+24 +11	+30 +11	+41 +11	+33 +20	+39 +20	+50 +20	+45 +32	+51 +32	+62 +32
65	80															
80	100	±7.5	±11	±17	+18 +3	+25 +3	+38 +3	+28 +13	+35 +13	+48 +13	+38 +23	+45 +23	+58 +23	+52 +37	+59 +37	+72 +37
100	120															
120	140	±9	±12.5	±20	+21 +3	+28 +3	+43 +3	+33 +15	+40 +15	+55 +15	+45 +27	+52 +27	+67 +27	+61 +43	+68 +43	+83 +43
140	160															
160	180															
180	200	±10	±14.5	±23	+24 +4	+33 +4	+50 +4	+37 +17	+46 +17	+63 +17	+51 +31	+60 +31	+77 +31	+70 +50	+79 +50	+96 +50
200	225															
225	250															
250	280	±11.5	±16	±26	+27 +4	+36 +4	+56 +4	+43 +20	+52 +20	+72 +20	+57 +34	+66 +34	+86 +34	+79 +56	+88 +56	+108 +56
280	315															
315	355	±12.5	±18	±28	+29 +4	+40 +4	+61 +4	+46 +21	+57 +21	+78 +21	+62 +37	+73 +37	+94 +37	+87 +62	+98 +62	+119 +62
355	400															
400	450	±13.5	±20	±31	+32 +5	+45 +5	+68 +5	+50 +23	+63 +23	+86 +23	+67 +40	+80 +40	+103 +40	+95 +68	+108 +68	+131 +68
450	500															

续表

r			s			t			u		v	x	y	z
5	6	7	5	6	7	5	6	7	6	7	6	6	6	6
+14 +10	+16 +10	+20 +10	+18 +14	**+20 +14**	+24 +14	—	—	—	**+24 +18**	+28 +18	—	+26 +20	—	+32 +26
+20 +15	+23 +15	+27 +15	+24 +19	**+27 +19**	+31 +19	—	—	—	**+31 +23**	+43 +28	—	+36 +28	—	+43 +35
+25 +19	+28 +19	+34 +19	+29 +23	**+32 +23**	+38 +23	—	—	—	**+37 +28**	+43 +28	—	+43 +34	—	+51 +42
+31 +23	+34 +23	+41 +23	+36 +23	**+39 +28**	+46 +28	—	—	–	**+44 +33**	+51 +33	—	+51 +40	—	+61 +50
						—	—	–			+50 +39	+56 +45	—	+71 +60
+37 +28	+41 +28	+49 +28	+44 +35	**+48 +35**	+56 +35	—	—	—	+54 +41	+62 +41	+60 +47	+67 +54	+76 +63	+86 +73
						+50 +41	+54 +41	+62 +41	+61 +48	+69 +48	+68 +55	+77 +64	+88 +75	+101 +88
+45 +34	+50 +34	+59 +34	+54 +43	**+59 +43**	+68 +43	+59 +48	+64 +48	+73 +48	+76 +60	+85 +60	+84 +68	+96 +80	+110 +94	+128 +112
						+65 +54	+70 +54	+79 +54	+86 +70	+95 +70	+97 +81	+113 +97	+130 +114	+152 +136
+54 +41	+60 +41	+71 +41	+66 +53	**+72 +53**	+83 +53	+79 +66	+85 +66	+96 +66	**+106 +87**	+117 +87	+121 +102	+141 +122	+163 +144	+191 +172
+56 +43	+62 +43	+73 +43	+72 +59	**+78 +59**	+89 +59	+88 +75	+94 +75	+105 +75	**+121 +102**	+132 +102	+139 +120	+165 +146	+193 +174	+229 +210
+66 +51	+73 +51	+86 +51	+86 +71	**+93 +71**	+106 +71	+106 +91	+113 +91	+126 +91	**+146 +124**	+159 +124	+168 +146	+200 +178	+236 +214	+280 +258
+69 +54	+76 +54	+89 +54	+94 +79	**+101 +79**	+114 +79	+119 +104	+126 +104	+139 +104	**+166 +144**	+179 +144	+194 +172	+232 +210	+276 +254	+332 +310
+81 +63	+88 +63	+103 +63	+110 +92	**+117 +92**	+132 +92	+140 +122	+147 +122	+162 +122	**+195 +170**	+210 +170	+227 +202	+273 +248	+325 +300	+390 +365
+83 +65	+90 +65	+105 +65	+118 +100	**+125 +100**	+140 +100	+152 +134	+159 +134	+174 +134	**+215 +190**	+230 +190	+253 +288	+305 +280	+365 +340	+440 +415
+86 +68	+93 +68	+108 +68	+126 +108	**+133 +108**	+148 +108	+164 +146	+171 +146	+186 +146	**+235 +210**	+250 +210	+277 +252	+335 +310	+405 +380	+490 +465
+97 +77	+106 +77	+123 +77	+142 +122	**+151 +122**	+168 +122	+186 +166	+195 +166	+212 +166	**+265 +236**	+282 +236	+313 +284	+379 +350	+454 +425	+549 +520
+100 +80	+109 +80	+126 +80	+150 +130	**+159 +130**	+176 +130	+200 +180	+209 +180	+226 +180	**+287 +258**	+304 +258	+339 +310	+414 +385	+449 +470	+604 +575
+104 +84	+113 +84	+130 +84	+160 +140	**+169 +140**	+186 +140	+216 +196	+225 +196	+242 +196	**+313 +284**	+330 +284	+369 +340	+454 +425	+549 +520	+669 +640
+117 +94	+126 +91	+146 +94	+181 +158	**+190 +158**	+210 +158	+241 +218	+250 +218	+270 +218	**+347 +315**	+367 +315	+417 +385	+507 +475	+612 +580	+742 +710
+121 +98	+130 +98	+150 +98	+198 +170	**+202 +170**	+222 +170	+263 +240	+272 +240	+292 +240	**+382 +350**	+402 +350	+457 +425	+557 +525	+682 +650	+822 +790
+133 +108	+144 +108	+165 +108	+215 +190	**+226 +190**	+247 +190	+293 +268	+304 +268	+325 +268	**+426 +390**	+447 +390	+511 +475	+626 +590	+766 +730	+936 +900
+139 +114	+150 +114	+171 +114	+233 +208	**+244 +208**	+265 +208	+319 +294	+330 +294	+351 +294	**+471 +435**	+492 +485	+566 +530	+696 +660	+856 +820	+1 036 +1 000
+153 +126	+166 +126	+189 +126	+259 +232	**+272 +232**	+295 +232	+357 +330	+370 +330	+393 +330	**+530 +490**	+553 +490	+635 +595	+780 +740	+980 +920	+1 140 +1 100
+159 +132	+172 +132	+195 +132	+279 +252	**+292 +252**	+315 +252	+387 +360	+400 +360	+423 +360	**+580 +540**	+603 +540	+700 +660	+860 +820	+1 040 +1 000	+1 290 +1 250

附表2　孔的极限偏差（GB/T 1800.4—1999）摘编

基本尺寸/mm		A*	B*		C		D				E		F			
大于	至	11	11	12	11	12	8	9	10	11	8	9	6	7	8	9
—	3	+330 +270	+200 +140	+240 +140	**+120** **+60**	+160 +60	+34 +20	**+45** **+20**	+60 +20	+80 +20	+28 +14	+39 +14	+12 +6	+16 +6	**+20** **+6**	+31 +6
3	6	+345 +270	+215 +140	+260 +140	**+145** **+70**	+190 +70	+48 +30	**+60** **+30**	+78 +30	+105 +30	+38 +20	+50 +20	+18 +10	+22 +10	**+28** **+10**	+40 +10
6	10	+370 +280	+240 +150	+300 +150	**+170** **+80**	+230 +80	+62 +40	**+76** **+40**	+98 +40	+130 +40	+47 +25	+61 +25	+22 +13	+28 +13	**+35** **+13**	+49 +13
10	14	+400 +290	+260 +150	+330 +150	**+205** **+95**	+275 +95	+77 +50	**+93** **+50**	+120 +50	+160 +50	+59 +32	+75 +32	+27 +16	+34 +16	**+43** **+16**	+59 +16
14	18															
18	24	+430 +300	+290 +160	+370 +160	**+240** **+110**	+320 +110	+98 +65	**+117** **+65**	+149 +65	+195 +65	+73 +40	+92 +40	+33 +20	+41 20	**+53** **+20**	+72 +20
24	30															
30	40	+470 +310	+330 +170	+420 +170	**+280** **+120**	+370 +120	+119 +80	**+142** **+80**	+180 +80	+240 +80	+89 +50	+112 +50	+41 +25	+50 +25	**+64** **+25**	+87 +25
40	50	+480 +320	+340 +180	+430 +180	**+290** **+130**	+380 +130										
50	65	+530 +340	+380 +190	+490 +190	**+330** +140	+440 +140	+146 +100	**+174** **+100**	+220 +100	+290 +60	+106 +60	+134 +60	+49 +30	+60 +30	**+76** **+30**	+104 +30
65	80	+550 +360	+390 +200	+500 +200	**+340** **+150**	+450 +150										
80	100	+600 +380	+440 +220	+570 +220	**+390** **+170**	+520 +170	+174 +120	**+207** **+120**	+260 +120	+340 +120	+126 +72	+159 +72	+58 +36	+71 +36	**+90** **+36**	+123 +36
100	120	+630 +410	+460 +240	+590 +240	**+400** **+180**	+530 +180										
120	140	+710 +460	+510 260	+660 +260	**+450** **+200**	+600 +200	+208 145	**+245** **+145**	+305 +145	+395 +145	+148 +85	+185 +85	+68 +43	+83 +43	**+106** **+43**	+143 +43
140	160	+770 +560	+530 +280	+680 +280	**+460** **+210**	+610 +210										
160	180	+830 +580	+560 +310	+710 310	**+480** **230**	+630 +230										
180	200	+950 +660	+630 +340	+800 +340	**+530** **+240**	+700 +240	+242 +170	**+285** **+170**	+3 555 +170	+460 +170	+172 +100	+215 +100	+79 +50	+96 +50	**+122** **+50**	+165 +50
200	225	+1 030 +740	+670 +380	+840 +380	**+550** **+260**	+720 +260										
225	250	+1 110 +820	+710 +420	+880 +420	**+570** **+280**	+740 +280										
250	280	+1 240 +920	+800 +480	+1 000 +480	**+620** **+300**	820 +300	+271 +190	**+320** **+190**	+400 +190	+510 +190	+191 +110	+240 +110	+88 +56	+108 +56	**+137** **+56**	+186 +56
280	315	+1 370 +1 050	+860 +540	+1 060 +540	**+650** **+330**	+850 +330										
315	355	+1 560 +1 200	+960 +600	+1 170 +600	**+720** **+360**	+930 +360	+229 +210	**+350** **+210**	+440 +210	+570 +210	+214 +125	+265 +125	+98 +62	+119 +62	**+151** **+62**	+202 +62
355	400	+1 710 +1 350	+1 040 +680	+1 250 +680	**+760** **+400**	+970 +400										
400	450	+1 900 +1 500	+1 160 +760	+1 390 +760	**+840** **+440**	+1 070 +440	+327 +230	**+385** **+230**	+480 +230	+630 +230	+232 +135	+290 +135	+108 +68	+131 +68	**+165** **+68**	+223 +68
450	500	+2 050 +1 650	+1 240 +8 400	+1 470 +840	**+880** **+480**	+1 110 +4 888										

注：1. ＊基本尺寸小于 1 mm 时，各级的 A 和 B 均不采用。

2. 黑体字为优先公差带。

G			H						JS			K		
6	7	6	7	8	9	10	11	12	6	7	8	6	7	8
+8 +2	+12 +2	+6 0	+10 0	+14 0	+25 0	+40 0	+60 0	+100 0	±3	±5	±7	0 -6	0 -10	0 -14
+12 +0	+16 +4	+8 0	+12 0	+18 0	+30 0	+48 0	+75 0	+120 0	±4	±6	±9	+2 -6	+3 -9	+5 -13
+14 +5	+20 +5	+9 0	+15 0	+22 0	+36 0	+58 0	+90 0	+150 0	±4.5	±7	±11	+2 -7	+5 -10	+6 -16
+17 +6	+24 +6	+11 0	+18 0	+27 0	+43 0	+70 0	+110 0	+180 0	±5.5	±9	±13	+2 -9	+6 -12	+8 -19
+20 +7	+28 +7	+13 0	+21 0	+33 0	+52 0	+84 0	+130 0	+210 0	±6.5	±10	±16	+2 -11	+6 -15	+10 -23
+25 +9	+34 +9	+16 0	+25 0	+39 0	+62 0	+100 0	+160 0	+250 0	±8	±12	±19	+3 -13	+7 -18	+12 -27
+29 +10	+40 +10	+19 0	+30 0	+46 0	+74 0	+120 0	+190 0	+300 0	±9.5	±15	±23	+4 -15	+9 -21	+14 -32
+34 +12	+47 +12	+22 0	+35 0	+54 0	+87 0	+140 0	+220 0	+350 0	±11	±17	±27	+4 -21	+12 -28	+20 -43
+39 +14	+54 +14	+25 0	+40 0	+63 0	+100 0	+160 0	+250 0	+400 0	±12.5	±20	±31	+5 -24	+13 -33	+22 -50
+44 +15	+61 +15	+29 0	+46 0	+72 0	+115 0	+185 0	+290 0	+460 0	±14.5	±23	±36	+5 -24	+13 -33	+22 -50
+49 +17	+69 +17	+32 0	+52 0	+81 0	+130 0	+210 0	+320 0	+520 0	±16	±26	±40	+5 -27	+16 -36	+25 -56
+54 +18	+75 +18	+36 0	+52 0	+81 0	+130 0	+210 0	+320 0	+520 0	±18	±28	±44	+7 -29	+17 -40	+28 -61
+60 +20	+83 +20	+40 0	+63 0	+97 0	+155 0	+250 0	+400 0	+630 0	±20	±31	±48	+8 -32	+18 -45	+29 -68

续表

基本尺寸/mm		M			N			P		R		S		T		U
大于	至	6	7	8	6	7	8	6	7	6	7	6	7	6	7	7
—	3	-2 -8	-2 -12	-2 -16	-4 -10	**-4 -14**	-4 -18	-6 -12	**-6 -16**	-10 -16	-10 -20	-14 -20	**-14 -24**	—	—	**-18 -28**
3	6	-1 -9	0 -12	+2 -16	-5 -13	**-4 -16**	-2 -20	-9 -17	**-8 -20**	-12 -20	-11 -23	-16 -24	**-15 -27**	—	—	**-19 -31**
6	10	-3 -12	0 -15	+1 -21	-7 -16	**-4 -19**	-3 -25	-12 -21	**-9 -24**	-16 -25	-13 -28	-20 -29	**-27 -32**	—	—	**-22 -37**
10	14	-4 -15	0 -18	+2 -25	-9 -20	**-5 -23**	-3 -30	-15 -26	**-11 -29**	-20 -31	-16 -34	-25 -34	**-21 -39**	—	—	**-26 -44**
14	18															
18	24	-4 -17	0 -21	+4 -29	-11 -24	**-7 -28**	-3 -36	-18 -31	**-14 -35**	-24 -37	-20 -41	-31 -44	**-27 -48**	—	—	**-33 -54**
24	30													-37 -52	-33 -54	**-40 -61**
30	40	-4 -20	0 -25	+5 -34	-12 -28	**-8 -33**	-3 -42	-21 -37	**-17 -42**	-29 -45	-25 -50	-38 -54	**-34 -59**	-43 -59	-39 -64	**-51 -76**
40	50													-49 -65	-45 -70	**-61 -86**
50	65	-5 -24	0 -30	+5 -41	-14 -33	**-9 -39**	-4 -50	-26 -45	**-21 -51**	-35 -54	-30 -60	-47 -66	**-42 -72**	-60 -79	-55 -85	**-76 -106**
65	80									-37 -56	-32 -62	-53 -72	**-48 -78**	-69 -88	-64 -94	**-91 -121**
80	100	-6 -28	0 -35	+6 -48	-16 -38	**-10 -45**	-4 -58	-30 -52	**-24 -59**	-44 -66	-38 -73	-64 -86	**-58 -93**	-84 -106	-78 -113	**-111 -146**
100	120									-47 -69	-41 -76	-72 -94	**-66 -101**	-79 -119	-91 -126	**-131 166**
120	104	-8 -33	0 -40	+8 -55	-20 -45	**-12 -52**	-4 -67	-36 -61	**-28 -68**	-56 -81	-48 -88	-85 -110	**-77 -117**	-115 -140	-107 -147	**-155 -195**
140	160									-58 -83	-50 -90	-93 -118	**-85 -125**	-127 -152	-119 -159	**-175 -215**
160	180									-61 -86	-53 -93	-101 -126	-93 -133	-139 -164	-131 -171	**-195 -235**
180	200	-8 -37	0 -46	+9 -63	-22 -51	**-14 -60**	-5 -77	-41 -70	**-33 -79**	-68 -97	-60 -106	-113 -142	**-105 -151**	-157 -186	-49 -195	**-219 -265**
200	225									-71 -100	-63 -109	-121 -150	**-113 -159**	-171 -200	-163 -209	**-241 -287**
225	250									-75 -104	-67 -113	-131 -160	**-123 -169**	-187 -216	-179 -225	**-267 -313**
250	280	-9 -41	0 -52	+9 -72	-25 -57	**-14 -66**	-5 -86	-47 -79	**-36 -88**	-85 -117	-74 -126	-149 -181	**-138 -190**	-209 -241	-198 -250	**-295 -347**
280	315									-89 -121	-78 -130	-161 -193	**-150 -202**	-231 -263	-220 -272	**-330 -382**
315	355	-10 -46	0 -57	+11 -78	-26 -62	**-16 -73**	-5 -94	-51 -87	**-41 -98**	-97 -133	-87 -144	-179 -215	**-169 -226**	-257 -293	-247 -304	**-369 -426**
355	400									-103 -139	-93 -150	-197 -233	**-187 -244**	-283 -319	-273 -330	**-414 -471**
400	450	-10 -50	0 -63	+11 -86	-27 -67	**-17 -80**	-6 -103	-555 -95	**-45 -108**	-113 -139	-103 166	219 -259	**-209 -272**	-317 -357	-307 -370	**-467 -530**
450	500									-119 -159	-109 -172	-239 -279	**-229 -292**	-347 -387	-337 -400	**-517 -508**

二、螺纹

附表 3　普通螺纹直径与螺距系列（GB/T 193—2003）、基本尺寸（GB/T 196—2003）摘编　mm

公称直径 D、d		螺距 P		粗牙中径 D_2、d_2	粗牙小径 D_1、d_1
第一系列	第二系列	粗牙	细牙		
3		0.5	0.35	2.675	2.459
	3.5	(0.6)		3.110	2.850
4		0.7	0.5	3.545	3.242
	4.5	(0.75)		4.013	3.688
5		0.8		4.480	4.134
6		1	0.75，(0.5)	5.350	4.917
8		1.25	1,0.75,(0.5)	7.188	6.647
10		1.5	1.25,1,0.75,(0.5)	9.026	8.376
12		1.75	1.5,1.25,1,(0.75),(0.5)	10.863	10.106
	14	2	1.5,(1.25)*,1,(0.75),(0.5)	12.701	11.835
16		2	1.5,1,(0.75),(0.5)	14.701	13.835
	18	2.5	2,1.5,1,(0.75),(0.5)	16.376	15.294
20		2.5		18.376	17.294
	22	2.5	2,1.5,1,(0.75),(0.5)	20.376	19.294
24		3	2,1.5,1,(0.75)	22.051	20.752
	27	3	2,1.5,1,(0.75)	25.051	23.752
30		3.5	(3),2,1.5,1,(0.75)	27.727	26.211
	33	3.5	(3),2,1.5,1,(0.75)	30.727	29.211
36		4	3，2，1.5，(1)	33.402	31.670
	39	4		36.402	34.670
42		4.5	(4),3,2,1.5,(1)	39.077	37.129
	45	4.5		42.077	40.129
48		5		44.752	42.587
	52	5		48.752	46.587
56		5.5	4,3,2,1.5,(1)	52.428	50.046
	60	5.5		56.428	54.046
64		6		60.103	57.505
	68	6		64.103	61.505

注：1. 优先选用第一系列，括号内尺寸尽可能不用，第三系列未列入。

2. * M14×1.25 仅用于火花塞。

附表4 55°密封管螺纹

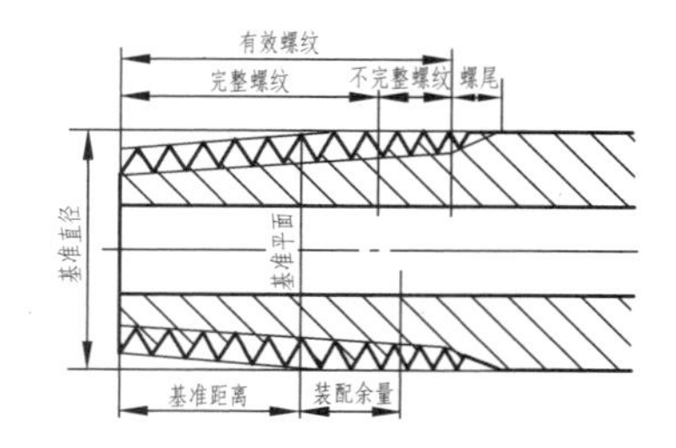

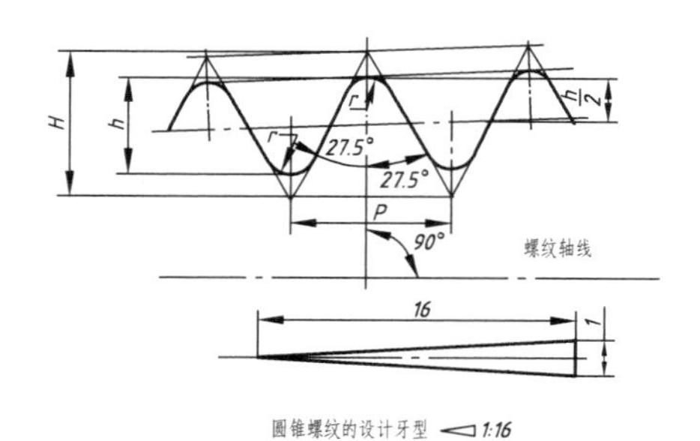

圆锥螺纹的设计牙型 1:16

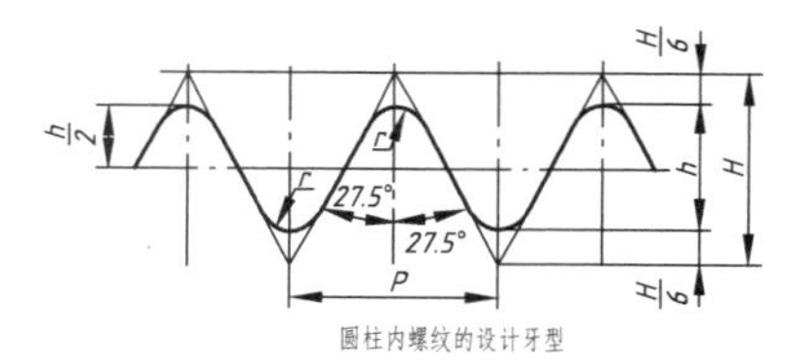

圆柱内螺纹的设计牙型

标记示例

GB/T 7306.1—2000

尺寸代号3/4，右旋，圆柱内螺纹：Rp3/4

尺寸代号3，右旋，圆锥外螺纹：$R_1$3

尺寸代号3/4，左旋，圆柱内螺纹：Rp3/4LH

由尺寸代号为3的右旋圆锥外螺纹与圆柱内螺纹所组成的螺丝螺纹副：Rp/$R_1$3

GB/T 7306.2—2000

尺寸代号3/4，右旋，圆锥内螺纹：Rc3/4

尺寸代号3，右旋，圆锥外螺纹：$R_2$3

尺寸代号3/4，左旋，圆锥内螺纹：Rc3/4LH

由尺寸代号为3的右旋圆锥内螺纹与圆锥外螺纹所组成的螺纹副：Rc/$R_2$3

尺寸代号	每25.4 mm内所含的牙数 n	螺距 P /mm	牙高 h /mm	基准平面内的基本直径			基准距离（基本）/mm	外螺纹的有效螺纹不小于/mm
				大径（基准直径）$d=D$/mm	中径 $d_2=D_2$ /mm	小径 $d_1=D_1$ /mm		
1/16	28	0.907	0.581	7.723	7.142	6.561	4	6.5
1/8	28	0.907	0.581	9.728	9.147	8.566	4	6.5
1/4	19	1.337	0.856	13.157	12.301	11.445	6	9.7
3/8	19	1.337	0.856	16.662	15.806	14.950	6.4	10.1
1/2	14	1.814	1.162	20.955	19.793	18.631	8.2	13.2
3/4	14	1.814	1.162	26.441	25.279	24.117	9.5	14.5
1	11	2.309	1.479	33.249	31.770	30.291	10.4	16.8
1¼	11	2.309	1.479	41.910	40.431	38.952	12.7	19.1
1½	11	2.309	1.479	47.803	46.324	44.845	12.7	19.1
2	11	2.309	1.479	59.614	58.135	56.656	15.9	23.4
2½	11	2.309	1.479	75.184	73.705	72.226	17.5	26.7
3	11	2.309	1.479	87.884	86.405	84.926	20.6	29.8
4	11	2.309	1.479	113.030	111.551	110.072	25.4	35.8
5	11	2.309	1.479	138.430	136.951	135.472	28.6	40.1
6	11	2.309	1.479	163.830	162.351	160.872	28.6	40.1

附表 5 55°非密封管螺纹(GB/T 7307—2001)摘编

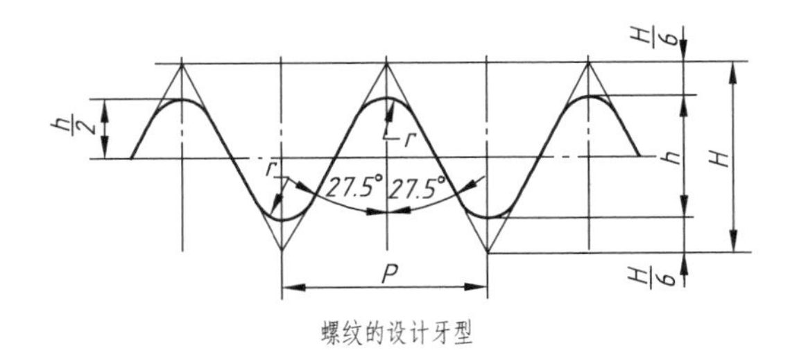

螺纹的设计牙型

标记示例

尺寸代号 2,右旋,圆柱内螺纹:G2

尺寸代号 3,右旋,A 级圆柱外螺纹:G3A

尺寸代号 2,左旋,圆柱内螺纹:G2 LH

尺寸代号 4,左旋,B 级圆柱外螺纹:G4B LH

尺寸代号	每 25.4 mm 内所含的牙数 n	螺距 P/mm	牙高 h/mm	基本直径		
				大径(基准直径) $d=D$ /mm	中径 $d_2=D_2$ /mm	小径 $d_1=D_1$ /mm
1/16	28	0. 907	0. 581	7. 723	7. 142	6. 561
1/8	28	0. 907	0. 581	9. 728	9. 147	8. 566
1/4	19	1. 337	0. 856	13. 157	12. 301	11. 445
3/8	19	1. 337	0. 856	16. 662	15. 806	14. 950
1/2	14	1. 814	1. 162	20. 955	19. 793	18. 631
3/4	14	1. 814	1. 162	26. 441	25. 279	24. 117
1	11	2. 309	1. 479	33. 249	31. 770	30. 291
1¼	11	2. 309	1. 479	41. 910	40. 431	38. 952
1½	11	2. 309	1. 479	47. 803	46. 324	44. 845
2	11	2. 309	1. 479	59. 614	58. 135	56. 656
2½	11	2. 309	1. 479	75. 184	73. 705	72. 226
3	11	2. 309	1. 479	87. 884	86. 405	84. 926
4	11	2. 309	1. 479	113. 030	111. 551	110. 072
5	11	2. 309	1. 479	138. 430	136. 951	135. 472
6	11	2. 309	1. 479	163. 830	162. 351	160. 872

附表 6　梯形螺纹基本尺寸(摘自 GB/T 5796.3—2005)

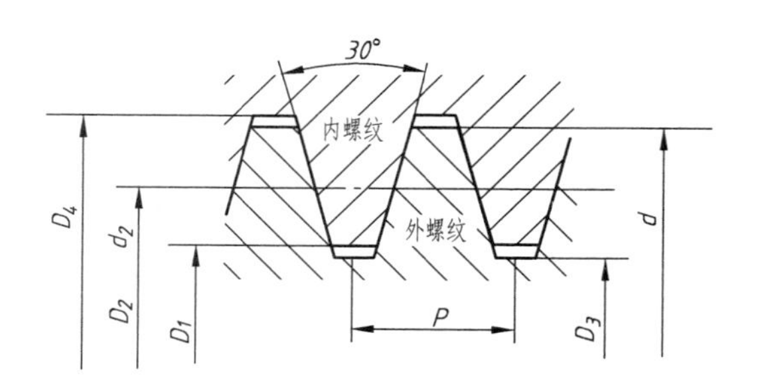

mm

公称直径 d		螺距 P	中径 $d_2=D_2$	大径 D_4	小径	
第一系列	第二系列				d_3	D_1
8		1.5	7.25	8.30	6.20	6.50
	9	1.5	8.25	9.30	7.20	7.50
		2	8.00	9.50	6.50	7.00
10		1.5	9.25	10.30	8.20	8.50
		2	9.00	10.50	7.50	8.00
	11	2	10.00	11.50	8.50	9.00
		3	9.50	11.50	7.50	8.00
12		2	11.00	12.50	9.50	10.00
		3	10.50	12.50	8.50	9.00
	14	2	13.00	14.50	11.50	12.00
		3	12.50	14.50	10.50	11.00
16		2	15.00	16.50	13.50	14.00
		4	14.00	16.50	11.50	12.00
	18	2	17.00	18.50	15.50	16.00
		4	16.00	18.50	13.50	14.00
20		2	19.00	20.50	17.50	18.00
		4	18.00	20.50	15.50	16.00
	22	3	20.50	22.50	18.50	19.00
		5	19.50	22.50	16.50	17.00
		8	18.00	23.00	13.00	14.00
24		3	22.50	24.50	20.50	21.00
		5	21.50	24.50	18.50	19.00
		8	20.00	25.00	15.00	16.00
	26	3	24.50	26.50	22.50	23.00
		5	23.50	26.50	20.50	21.00
		8	22.00	27.00	17.00	18.00
28		3	26.50	28.50	24.50	25.00
		5	25.50	28.50	22.50	23.00
		8	24.00	29.00	19.00	20.00
	30	3	28.50	30.50	26.50	30.00
		6	27.00	31.00	23.00	24.00
		10	25.00	31.00	19.00	20.00
32		3	30.50	32.50	28.50	29.00
		6	29.00	33.00	25.00	26.00
		10	27.00	33.00	21.00	22.00
	34	3	32.50	34.50	30.50	31.00
		6	31.00	35.00	27.00	28.00
		10	29.00	35.00	23.00	24.00
36		3	34.50	36.50	32.50	31.00
		6	33.00	37.00	29.00	30.00
		10	31.00	37.00	25.00	26.00
	38	3	36.50	38.50	34.50	35.00
		7	34.50	39.00	30.00	31.00
		10	33.00	39.00	27.00	28.00
40		3	38.50	40.50	36.50	37.50
		7	36.50	41.00	32.00	33.00
		10	35.00	41.00	29.00	30.00

三、螺纹紧固件

附表 7　六角头螺栓（GB/T 5782—2000）摘编

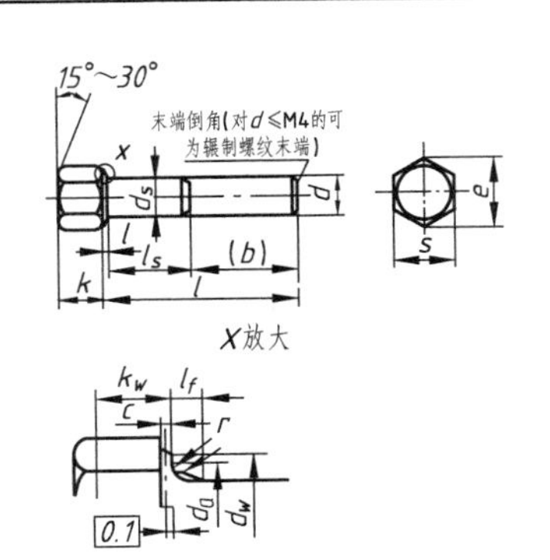

标记示例

螺纹规格 d = M12、公称长度 l = 80 mm、性能等级为 8.8 级、表面氧化、产品等级为 A 级的六角头螺栓：

螺栓　GB/T 5782　M12 × 80

mm

螺纹规格 d			M3	M4	M5	M6	M8	M10	M12	M16	M20	M24	M30	M36	M42	M48
螺距 P			0.5	0.7	0.8	1	1.25	1.5	1.75	2	2.5	3	3.5	4	4.5	5
$b_{参考}$	$l_{公称} \leqslant 125$		12	14	16	18	22	26	30	38	46	54	66	–	–	–
	$125 < l_{公称} \leqslant 200$		18	20	22	24	28	32	36	44	52	60	72	84	96	108
	$l_{公称} > 200$		31	33	35	37	41	45	49	57	65	73	85	97	109	121
c	max		0.4	0.4	0.5	0.5	0.6	0.6	0.60	0.8	0.8	0.8	0.8	0.8	1.0	1.0
	min		0.15	0.15	0.15	0.15	0.15	0.15	0.15	0.2	0.2	0.2	0.2	0.2	0.3	0.3
d_a	max		3.6	4.7	5.7	6.8	9.2	11.2	13.7	17.7	22.4	26.4	33.4	39.4	45.6	52.6
d_s	公称 = max		3.00	4.00	5.00	6.00	8.00	10.00	12.00	16.00	20.00	24.00	30.00	36.00	42.00	48.00
	min 产品等级	A	2.86	3.82	4.82	5.82	7.78	9.78	11.73	15.73	19.67	23.67	–	–	–	–
		B	2.75	3.70	4.70	5.70	7.64	9.64	11.57	15.57	19.48	23.48	29.48	35.48	41.48	47.38
d_w	min 产品等级	A	4.57	5.88	6.88	8.88	11.63	14.63	16.63	22.49	28.19	33.61	–	–	–	–
		B	4.45	5.74	6.74	8.74	11.47	14.47	16.47	22	27.7	33.25	42.75	51.11	59.95	69.45
e	min 产品等级	A	6.01	7.66	8.79	11.05	14.38	17.77	20.03	26.75	33.53	39.98	–	–	–	–
		B	5.88	7.50	8.63	10.89	14.20	17.59	19.85	26.17	32.95	39.55	50.85	60.79	71.3	82.6
l_f	max		1	1.2	1.2	1.4	2	2	3	3	4	4	6	6	8	10
k	公称		2	2.8	3.5	4	5.3	6.4	7.5	10	12.5	15	18.7	22.5	26	30
	产品等级 A	max	2.15	2.925	3.65	4.15	5.45	6.58	7.68	10.18	12.715	15.215	–	–	–	–
		min	1.875	2.675	3.35	3.85	5.15	6.22	7.32	9.82	12.285	14.785	–	–	–	–
	产品等级 B	max	2.2	3.0	3.26	4.24	5.54	6.69	7.79	10.29	12.85	15.35	19.12	22.92	26.42	30.42
		min	1.8	2.6	2.35	3.76	5.06	6.11	7.21	9.71	12.15	14.65	18.28	22.08	25.58	29.58
k_w	min 产品等级	A	1.31	1.87	2.35	2.70	3.61	4.35	5.12	6.87	8.6	10.35	–	–	–	–
		B	1.26	1.28	2.28	2.63	3.54	4.28	5.05	6.8	8.51	10.26	12.8	15.46	17.91	20.71
r	min		0.1	0.2	0.2	0.25	0.4	0.4	0.6	0.6	0.8	0.8	1	1	1.2	1.6
s	公称 = max		5.50	7.00	8.00	10.00	13.00	16.00	18.00	24.00	30.00	36.00	46	55.0	65.0	75.0
	min 产品等级	A	5.32	6.78	7.78	9.78	12.73	15.73	17.73	23.67	29.67	35.38	–	–	–	–
		B	5.20	6.64	7.64	9.64	12.57	15.57	17.57	23.16	29.16	35.00	45	53.8	63.1	73.1
l（商品规格范围）			20 ~ 30	25 ~ 40	25 ~ 40	30 ~ 60	40 ~ 80	45 ~ 100	50 ~ 120	65 ~ 160	80 ~ 200	90 ~ 240	110 ~ 300	140 ~ 360	160 ~ 440	180 ~ 480
l（系列）			20，25，30，35，40，45，50，60，65，70，80，90，100，110，120，130，140，150，160，180，200，220，240，260，280，300，320，340，360，380，400，420，440，460，480													

附表 8　双头螺栓

$b_m = 1d$(GB/T 897—1988)　$b_m = 1.25d$(GB/T 898—1988)

$b_m = 1.5d$(GB/T 899—1988)　$b_m = 2d$(GB/T 900—1988)摘编

A型　B型

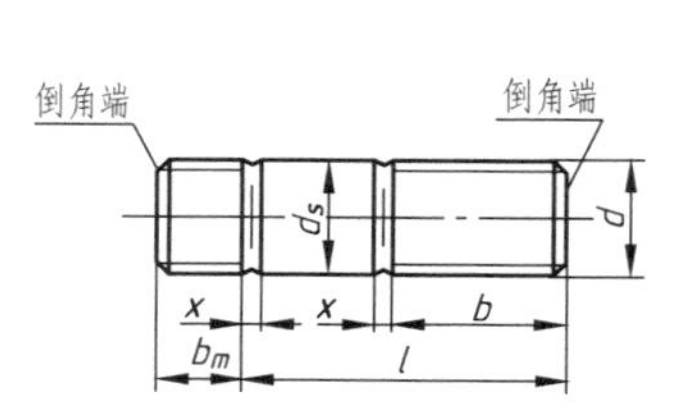

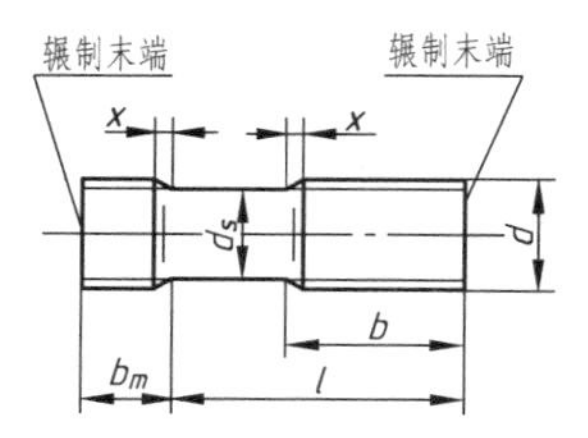

末端按 GB/T2—1985 的规定；d_s 约等于螺纹中径(仅适用于 B 型)。

标记示例

两端均为粗牙普通螺纹，$d = 10$ mm、$l = 50$ mm、性能等级为 4.8 级、不经表面处理、B 型、$b_m = 1d$ 的双头螺柱：

螺柱　GB/T 897　M10 × 50

旋入机件一端为粗牙普通螺纹，旋螺母一端为螺距 $P = 1$ mm 的细牙普通螺纹，$d = 10$ mm、$l = 50$ mm、性能等级为 4.8 级、不经表面处理、A 型、$b_m = 1d$ 的双头螺柱：

螺柱　GB/T 897　AM10—M10 × 1 × 50

mm

螺纹规格 d	b_m(公称)				l/b
	GB/T 897—1988	GB/T 898—1988	GB/T 899—1988	GB/T 900—1988	
M2			3	4	12～16/6、20～25/10
M2.5			3.5	5	16/8、20～30/11
M3			4.5	6	16～20/6、25～40/12
M4			6	8	16～20/8、25～40/14
M5	5	6	8	10	16～20/10、25～50/16
M6	6	8	10	12	20/10、25～30/14、35～70/18
M8	8	10	12	16	20/12、25～30/16、35～90/22
M10	10	12	15	20	25/14、30～35/16、40～120/30、130/32
M12	12	15	18	24	25～30/16、35～40/20、45～120/30、130～180/36
M16	16	20	24	32	30～35/20、40～50/30、60～120/38、130～200/44
M20	20	25	30	40	35～40/25、45～60/35、70～120/46、130～200/52
M24	24	30	36	48	45～50/30、60～70/45、80～120/54、130～200/60
M30	30	38	45	60	60/40、70～90/50、100～120/66、130～200/72、210～250/85
M36	36	45	54	72	70/45、80～110/60、120/78、130～200/84、210～300/109
M42	42	52	63	84	70～80/50、90～110/70、120/90、130～200/96、210～300/109
M48	48	60	72	96	80～90/60、100～110/80、120/102、130～200/108、210～300/121
l(系列)	12、16、20、25、30、35、40、45、50、60、70、80、90、100、110、120、130、140、150、160、170、180、190、200、210、220、230、240、250、260、280、300				

附表 9 Ⅰ型六角螺母（GB/T 6170—2000）摘编

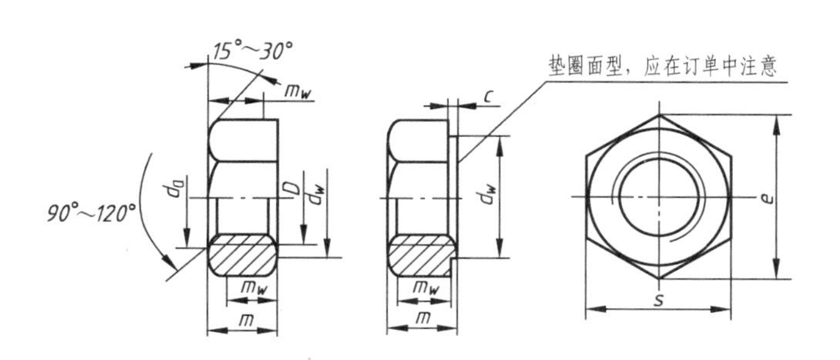

标记示例

螺纹规格 D = M12、性能等级为 8 级、不经表面处理、产品等级为 A 级的Ⅰ型六角螺母：

螺母 GB/T 6170 M12

mm

螺纹规格 *D*		M1.6	M2	M2.5	M3	M4	M5	M6	M8	M10	M12
螺距 *P*		0.35	0.4	0.45	0.5	0.7	0.8	1	1.25	1.5	1.75
c	max	0.2	0.2	0.3	0.4	0.4	0.5	0.5	0.6	0.6	0.6
d_a	max	1.84	2.3	2.9	3.45	4.6	5.75	6.75	8.75	10.8	13
	min	1.60	2.0	2.5	3.00	4.0	5.00	6.00	8.00	10.0	12
d_w	min	2.4	3.1	4.1	4.6	5.9	6.9	8.9	11.6	14.6	16.6
e	min	3.41	4.32	5.45	6.01	7.66	8.79	11.05	14.38	17.77	20.03
m	max	1.30	1.60	2.00	2.40	3.2	4.7	5.2	6.80	8.40	10.80
	min	1.05	1.35	1.75	2.15	2.9	4.4	4.9	6.44	8.04	10.37
m_w	min	0.8	1.1	1.4	1.7	2.3	3.5	3.9	5.2	6.4	8.3
s	公称 = max	3.20	4.00	5.00	5.50	7.00	8.00	10.00	13.00	16.00	18.00
	min	3.02	3.82	4.82	5.32	6.78	7.78	9.78	12.73	15.73	17.73

螺纹规格 *D*		M16	M20	M24	M30	M36	M42	M48	M56	M64
螺距 *P*		2	2.5	3	3.5	4	4.5	5	5.5	6
c	max	0.8	0.8	0.8	0.8	0.8	1.0	1.0	1.0	1.0
d_a	max	17.3	21.6	25.9	32.4	38.9	45.4	51.86	0.5	69.1
	min	16.0	20.0	24.0	30.0	36.0	42.0	48.0	56.0	64.0
d_w	min	22.5	27.7	33.3	42.8	51.1	60	69.5	78.7	88.2
e	min	26.75	32.95	39.55	50.85	60.79	72.02	82.6	93.56	104.86
m	max	14.8	18.0	21.5	25.6	31.0	34.0	38.0	45.0	51.0
	min	14.1	16.9	20.2	224.3	29.4	32.4	36.4	43.4	49.1
m_w	min	11.3	13.5	16.2	19.4	23.5	25.9	29.1	34.7	39.3
s	公称 = max	24.00	30.00	36	46	55.0	65.0	75.0	85.0	95.0
	min	23.67	29.16	35	45	53.8	63.1	73.1	82.8	92.8

注：1. A 级用于 $D \leqslant 16$ 的螺母；B 级用于 $D > 16$ 的螺母。本表仅按优选的螺纹规格列出。

2. 螺纹规格为 M8 ~ M64、细牙、A 级和 B 级的Ⅰ型六角螺母，请查阅 GB/T 6171—2000。

附表 10　小垫圈——A 级(GB/T 848—2002)、平垫圈——A 级(GB/T 97. 1—2002)、平垫圈　倒角型——A 级(GB/T 97. 2—1985)、大垫圈——A 级(GB/T 96—1985)

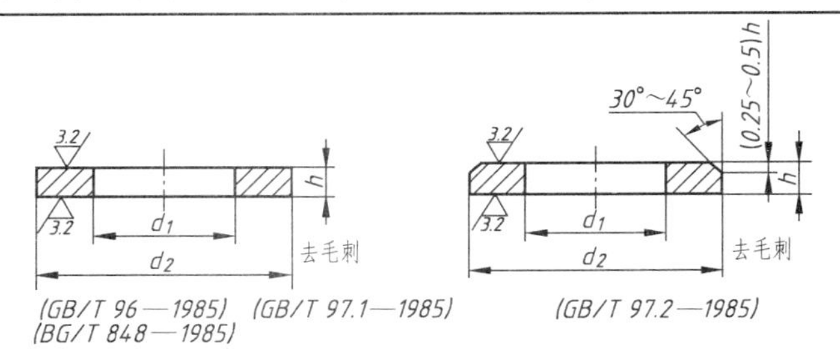

标 记 示 例

标准系列、规格 8 mm、性能等级为 140HV 级、不经表面处理的平垫圈：

垫 圈 GB/T 97. 1 8

mm

<table>
<tr><th colspan="3">规格(螺纹大径)</th><th>3</th><th>4</th><th>5</th><th>6</th><th>8</th><th>10</th><th>12</th><th>14</th><th>16</th><th>20</th><th>24</th><th>30</th><th>36</th></tr>
<tr><td rowspan="8">内径 d_1</td><td rowspan="4">公称(min)</td><td>GB/T 848—1985</td><td rowspan="2">3. 2</td><td rowspan="2">4. 3</td><td rowspan="4">5. 3</td><td rowspan="4">6. 4</td><td rowspan="4">8. 4</td><td rowspan="4">10. 5</td><td rowspan="4">13</td><td rowspan="4">15</td><td rowspan="4">17</td><td rowspan="3">21</td><td rowspan="3">25</td><td rowspan="3">31</td><td rowspan="3">37</td></tr>
<tr><td>GB/T 97. 1—1985</td></tr>
<tr><td>GB/T 972—1985</td><td>—</td><td>—</td></tr>
<tr><td>GB/T 96—1985</td><td>3. 2</td><td>4. 3</td><td>22</td><td>26</td><td>33</td><td>39</td></tr>
<tr><td rowspan="4">max</td><td>GB/T 848—1985</td><td rowspan="2">3. 38</td><td rowspan="2">4. 48</td><td rowspan="4">5. 48</td><td rowspan="4">6. 62</td><td rowspan="4">8. 62</td><td rowspan="4">10. 77</td><td rowspan="4">13. 27</td><td rowspan="4">15. 27</td><td rowspan="4">17. 27</td><td rowspan="3">21. 33</td><td rowspan="3">25. 33</td><td rowspan="3">31. 39</td><td rowspan="3">37. 62</td></tr>
<tr><td>GB/T 97. 1—1985</td></tr>
<tr><td>GB/T 972—1985</td><td>—</td><td>—</td></tr>
<tr><td>GB/T 96—1985</td><td>3. 38</td><td>4. 48</td><td></td><td></td><td></td><td></td></tr>
<tr><td rowspan="8">内径 d_2</td><td rowspan="4">公称(max)</td><td>GB/T 848—1985</td><td>6</td><td>8</td><td>9</td><td>11</td><td>15</td><td>18</td><td>20</td><td>24</td><td>28</td><td>34</td><td>39</td><td>50</td><td>60</td></tr>
<tr><td>GB/T 97. 1—1985</td><td>7</td><td>9</td><td rowspan="2">10</td><td rowspan="2">12</td><td rowspan="2">16</td><td rowspan="2">20</td><td rowspan="2">24</td><td rowspan="2">28</td><td rowspan="2">30</td><td rowspan="2">37</td><td rowspan="2">44</td><td rowspan="2">56</td><td rowspan="2">66</td></tr>
<tr><td>GB/T 972—1985</td><td>—</td><td>—</td></tr>
<tr><td>GB/T 96—1985</td><td>9</td><td>12</td><td>15</td><td>18</td><td>24</td><td>30</td><td>37</td><td>44</td><td>50</td><td>60</td><td>72</td><td>92</td><td>110</td></tr>
<tr><td rowspan="4">min</td><td>GB/T 848—1985</td><td>5. 7</td><td>7. 64</td><td>8. 64</td><td>10. 57</td><td>14. 57</td><td>17. 57</td><td>19. 48</td><td>23. 48</td><td>27. 48</td><td>33. 38</td><td>38. 38</td><td>49. 38</td><td>58. 8</td></tr>
<tr><td>GB/T 97. 1—1985</td><td>6. 64</td><td>8. 64</td><td rowspan="2">9. 64</td><td rowspan="2">11. 57</td><td rowspan="2">15. 57</td><td rowspan="2">19. 48</td><td rowspan="2">23. 48</td><td rowspan="2">27. 48</td><td rowspan="2">29. 48</td><td rowspan="2">36. 38</td><td rowspan="2">43. 38</td><td rowspan="2">55. 26</td><td rowspan="2">64. 8</td></tr>
<tr><td>GB/T 972—1985</td><td>—</td><td>—</td></tr>
<tr><td>GB/T 96—1985</td><td>8. 64</td><td>11. 57</td><td>14. 57</td><td>17. 57</td><td>23. 48</td><td>29. 48</td><td>36. 38</td><td>43. 38</td><td>49. 38</td><td>58. 1</td><td>70. 1</td><td>89. 8</td><td>107. 8</td></tr>
<tr><td rowspan="12">厚度 h</td><td rowspan="4">公称</td><td>GB/T 848—1985</td><td rowspan="2">0. 5</td><td>0. 5</td><td rowspan="3">1</td><td rowspan="3">1. 6</td><td rowspan="3">1. 6</td><td>1. 6</td><td>2</td><td rowspan="3">2. 5</td><td>2. 5</td><td rowspan="3">3</td><td rowspan="3">4</td><td rowspan="3">4</td><td rowspan="3">5</td></tr>
<tr><td>GB/T 97. 1—1985</td><td>0. 8</td><td rowspan="2">2</td><td rowspan="2">2. 5</td><td rowspan="2">3</td></tr>
<tr><td>GB/T 972—1985</td><td>—</td><td>—</td></tr>
<tr><td>GB/T 96—1985</td><td>0. 8</td><td>1</td><td>1. 2</td><td>1. 6</td><td>2</td><td>2. 5</td><td>3</td><td>3</td><td>3</td><td>4</td><td>5</td><td>6</td><td>8</td></tr>
<tr><td rowspan="4">max</td><td>GB/T 848—1985</td><td rowspan="2">0. 55</td><td>0. 55</td><td rowspan="3">1. 1</td><td rowspan="3">1. 8</td><td rowspan="3">1. 8</td><td>1. 8</td><td>2. 2</td><td rowspan="3">2. 7</td><td>2. 7</td><td rowspan="3">3. 3</td><td rowspan="3">4. 3</td><td rowspan="3">4. 3</td><td rowspan="3">5. 6</td></tr>
<tr><td>GB/T 97. 1—1985</td><td>0. 9</td><td rowspan="2">2. 2</td><td rowspan="2">2. 7</td><td rowspan="2">3. 3</td></tr>
<tr><td>GB/T 972—1985</td><td>—</td><td>—</td></tr>
<tr><td>GB/T 96—1985</td><td>0. 9</td><td>1. 1</td><td>1. 4</td><td>1. 8</td><td>2. 2</td><td>2. 7</td><td>3. 3</td><td>3. 3</td><td>3. 3</td><td>4. 6</td><td>6</td><td>7</td><td>9. 2</td></tr>
<tr><td rowspan="4">min</td><td>GB/T 848—1985</td><td rowspan="2">0. 45</td><td>0. 45</td><td rowspan="3">0. 9</td><td rowspan="3">1. 4</td><td rowspan="3">1. 4</td><td>1. 4</td><td>1. 8</td><td rowspan="3">23</td><td>2. 3</td><td rowspan="3">2. 7</td><td rowspan="3">3. 7</td><td rowspan="3">3. 7</td><td rowspan="3">4. 4</td></tr>
<tr><td>GB/T 97. 1—1985</td><td>0. 7</td><td rowspan="2">1. 8</td><td rowspan="2">2. 3</td><td rowspan="2">2. 7</td></tr>
<tr><td>GB/T 972—1985</td><td>—</td><td>—</td></tr>
<tr><td>GB/T 96—1985</td><td>0. 7</td><td>0. 9</td><td>1</td><td>1. 4</td><td>1. 8</td><td>2. 3</td><td>2. 7</td><td>2. 7</td><td>2. 7</td><td>3. 4</td><td>4</td><td>5</td><td>6. 8</td></tr>
</table>

附表 11 标准型弹簧垫圈(GB/T 93—1987)、轻型弹簧垫圈(GB/T 859—1987)摘编

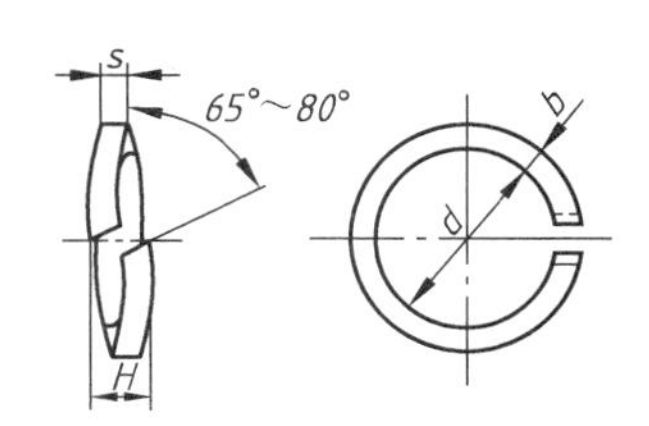

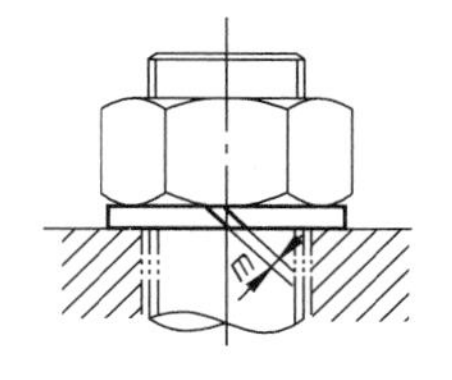

标记示例

规格 16 mm、材料为 65Mn、表面氧化的标准型弹簧垫圈:

垫圈 GB/T93 16

规格 16 mm、材料为 65Mn、表面氧化的轻型弹簧垫圈:

垫圈 GB/T859 16

mm

规格(螺纹大径)			2	2.5	3	4	5	6	8	10	12	16	20	24	30	36	42	48
d	min		2.1	2.6	3.1	4.1	5.1	6.1	8.1	10.2	12.2	16.2	20.2	24.5	30.5	36.5	42.5	48.5
	max		2.35	2.85	3.4	4.4	5.4	6.68	8.68	10.9	12.9	16.9	21.04	25.5	31.5	37.7	43.7	49.7
$s(b)$ 公称	GB/T 93—1987		0.5	0.65	0.8	1.1	1.3	1.6	2.1	2.6	3.1	4.1	5	6	7.5	9	10.5	12
s 公称	GB/T 859—1987		—	—	0.6	0.8	1.1	1.3	1.6	2	2.5	3.2	4	5	6	—	—	—
b 公称	GB/T 859—1987		—	—	1	1.2	1.5	2	2.5	3	3.5	4.5	5.5	7	9	—	—	—
H	GB/T 93—1987	min	1	1.3	1.6	2.2	2.6	3.2	4.2	5.2	6.2	8.2	10	12	15	18	21	24
		max	1.25	1.63	2	2.75	3.25	4	5.25	6.5	7.75	10.25	12.5	15	18.75	22.5	26.25	30
	GB/T 859—1987	min	—	—	1.2	1.6	2.2	2.6	3.2	4	5	6.4	8	10	12	—	—	—
		max	—	—	1.5	2	2.75	3.25	4	5	6.25	8	10	12.5	15	—	—	—
$m \leqslant$	GB/T 93—1987		0.25	0.33	0.4	0.55	0.65	0.8	1.05	1.3	1.55	2.05	2.5	3	3.75	4.5	5.25	6
	GB/T 859—1987		—	—	0.3	0.4	0.55	0.65	0.8	1	1.25	1.6	2	2.5	3	—	—	—

注:m 应大于零。

附表 12　开槽沉头螺钉(GB/T 68—2000)、开槽半沉头螺钉(GB/T 69—2000)摘编

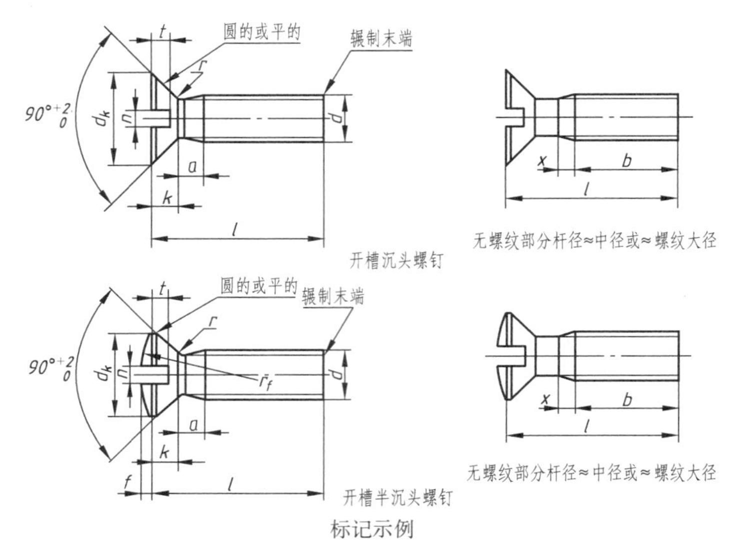

标记示例

螺纹规格 d = M5、公称直径 l = 20 mm、性能等级为 4. 8 级、不经表面处理的 A 级开槽沉头螺钉:

螺钉　GB/T 68　M5 × 20

mm

螺纹规格 d			M1. 6	M2	M2. 5	M3	M4	M5	M6	M8	M10
螺距			0. 35	0. 4	0. 45	0. 5	0. 7	0. 8	1	1. 25	1. 5
a		max	0. 7	0. 8	0. 9	1	1. 4	1. 6	2	2. 5	3
b		min	25				38				
d_k	理论值	max	3. 6	4. 4	5. 5	6. 3	9. 4	10. 4	12. 6	17. 3	2. 0
	实际值	公称 = max	3. 0	3. 8	4. 7	5. 5	8. 40	9. 30	11. 30	15. 80	18. 30
		min	2. 7	3. 5	4. 4	5. 2	8. 04	8. 94	10. 87	15. 37	17. 78
k		公称 = max	1	1. 2	1. 5	1. 65	2. 7	2. 7	3. 3	4. 65	5
n		公称	0. 4	0. 5	0. 6	0. 8	1. 2	1. 2	1. 6	2	2. 5
		min	0. 46	0. 56	0. 66	0. 86	1. 26	1. 26	1. 66	2. 06	2. 56
		max	0. 60	0. 40	0. 80	1. 00	1. 51	1. 51	1. 91	2. 31	1. 81
r		max	0. 4	0. 5	0. 6	0. 8	1	1. 3	1. 5	2	2. 5
x		max	0. 9	1	1. 1	1. 25	1. 75	2	2. 5	3. 2	3. 8
f		≈	0. 4	0. 5	0. 6	0. 7	1	1. 2	1. 4	2	2. 3
r_f		≈	3	4	5	6	9. 5	9. 5	12	16. 5	19. 5
t	max	GB/T 68—2000	0. 50	0. 6	0. 75	0. 85	1. 3	1. 4	1. 6	2. 3	2. 6
		GB/T 69—2000	0. 80	1. 0	1. 2	1. 45	1. 9	2. 4	2. 8	3. 7	4. 4
	min	GB/T 68—2000	0. 32	0. 4	0. 50	0. 60	1. 0	1. 1	1. 2	1. 8	2. 0
		GB/T 69—2000	0. 64	0. 8	1. 0	1. 20	1. 6	2. 0	2. 4	3. 2	3. 8
l(商品规格范围公称长度)			2. 5 ~ 16	3 ~ 20	4 ~ 25	5 ~ 30	6 ~ 40	8 ~ 50	8 ~ 60	10 ~ 80	12 ~ 80
l(系列)			2. 5,3,4,5,6,8,10,12,(14),16,20,25,30,35,40,45,50,(55),60,(65),70,(75),80								

注:1. 公称长度 $l \leqslant 30$ mm,而螺纹规格 d 在 M1. 6 ~ M3 的螺钉,应制出全螺纹($b = l - a$);公称长度 $l \leqslant 45$ mm,而螺纹规格 d 在M4 ~ M10 的螺钉,也应制出全螺纹($b = l - a$)。

2. 尽可能不采用括号内的规格。

附表 13　内六角圆柱头螺钉(GB/T 70.1—2000)摘编

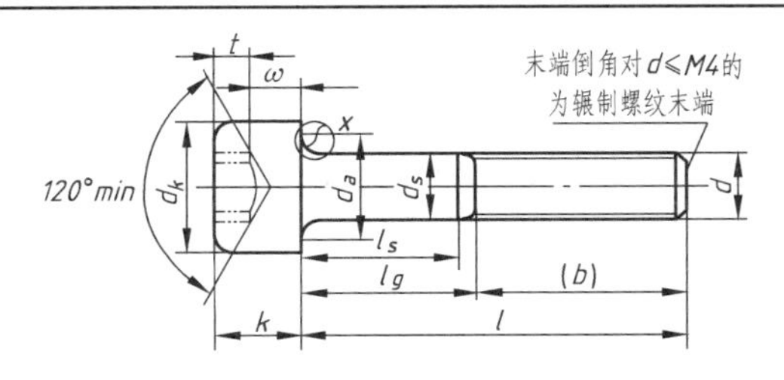

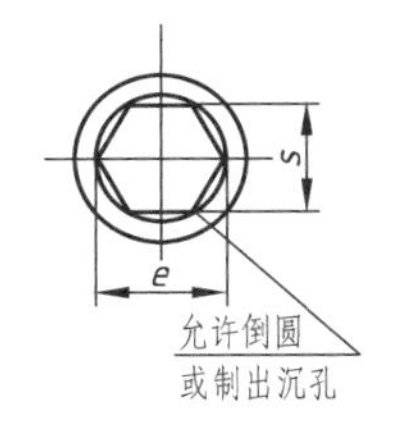

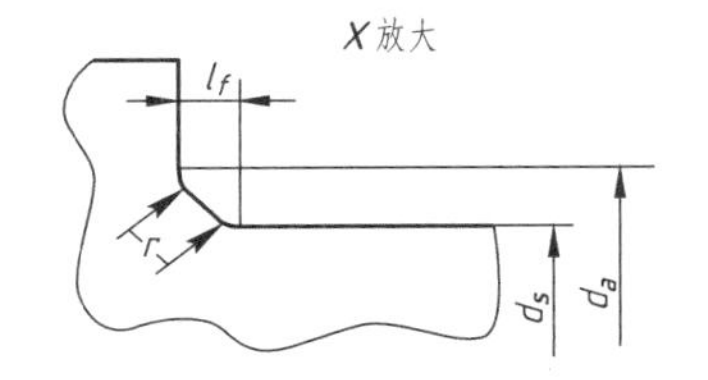

标记示例

螺纹规格 d = M5、公称长度 l = 20 mm、性能等级为 8.8 级、表面氧化的 A 级内六角圆柱头螺钉:

螺钉　GB/T 70.1　M5 × 20

mm

螺纹规格 d		M3	M4	M5	M6	M8	M10	M12	M16	M20	M24
螺距 P		0.5	0.7	0.8	1	1.25	1.5	1.75	2	2.5	3
$b_{参考}$		18	20	22	24	28	32	36	44	52	60
d_k	max	5.50	7.00	8.50	10.00	13.00	16.00	18.00	24.00	30.00	36.00
	min	5.32	6.78	8.28	9.78	12.73	15.73	17.73	23.67	29.67	35.61
d_a	max	3.6	4.7	5.7	6.8	9.2	11.2	13.7	17.7	22.4	26.4
d_s	max	3.00	4.00	5.00	6.00	8.00	10.00	12.00	16.00	20.00	24.00
	min	2.86	3.82	4.82	5.82	7.78	9.78	11.73	15.73	19.67	23.67
e	min	2.87	3.44	4.58	5.72	6.86	9.15	11.43	16	19.44	21.73
l_f	max	0.51	0.6	0.6	0.68	1.02	1.02	1.45	1.45	2.04	2.04
k	max	3.00	4.00	5.00	6.0	8.00	10.00	12.00	16.00	20.00	24.00
	min	2.86	3.82	4.82	5.7	7.64	9.64	11.57	15.57	19.48	23.48
r	min	0.1	0.2	0.2	0.25	0.4	0.4	0.6	0.6	0.8	0.8
s	公称	2.5	3	4	5	6	8	10	14	17	19
	max	2.58	3.080	4.095	5.140	6.140	8.175	10.175	14.212	17.23	19.275
	min	2.52	3.020	4.020	5.020	6.020	8.025	10.025	14.032	17.05	19.065
t	min	1.3	2	2.5	3	4	5	6	8	10	12
d_w	min	5.07	6.53	8.03	9.38	12.33	15.33	17.23	23.17	28.87	34.81
w	min	1.15	1.4	1.9	2.3	3.3	4	4.8	6.8	8.6	10.4
l(商品规格范围)		5 ~ 30	6 ~ 40	8 ~ 50	10 ~ 60	128 ~ 0	16 ~ 100	20 ~ 120	25 ~ 160	30 ~ 200	40 ~ 200
l 小于表中数值时,螺纹制到距头部 3P 以内		20	25	25	30	35	40	50	60	70	80
l(系列)		5,6,8,10,12,16,20,25,30,35,40,45,50,60,65,70,80,90,100,110,120,130,140,150,160,180,200									

注:1. l_g 与 l_s 表中未列出。

2. s_{max} 用于除 12.9 级以外的其他性能等级。

3. $d_{k\ max}$ 对光滑头部未列出。

附表 14　开槽锥端紧定螺钉（GB/T 71—1985）、开槽平端紧定螺钉（GB/T 73—1985）、开槽长圆柱端紧定螺钉（GB/T 75—1985）摘编

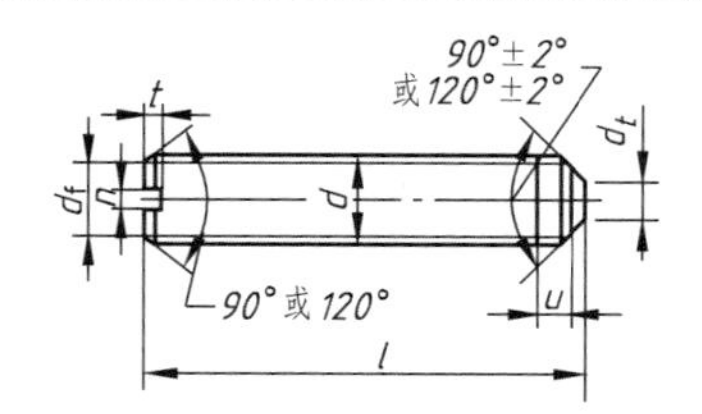

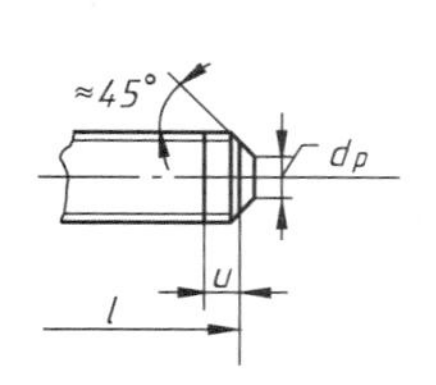

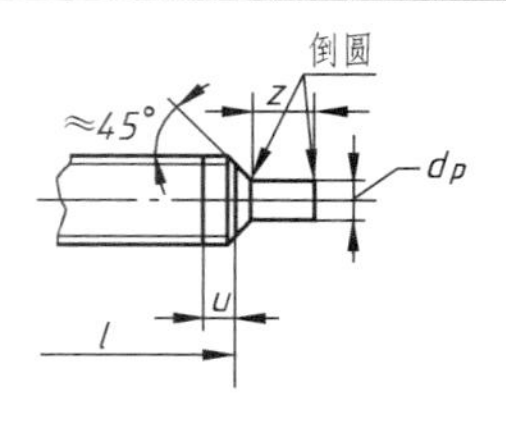

公称长度为短螺钉时，应制成 120°，u（不完整螺纹的长度）≤2p。

标记示例

螺纹规格 d = M5、公称长度 l = 12 mm、性能等级 14H 级、表面氧化的开槽平端紧定螺钉：

螺钉　GB/T 73—85 - M5 × 12

mm

螺纹规格 d		M1.2	M1.6	M2	M2.5	M3	M4	M5	M6	M8	M10	M12
螺距 P		0.25	0.35	0.4	0.45	0.5	0.7	0.8	1	1.25	1.5	1.75
d_f	≈	螺　纹　小　径										
d_t	min	—	—	—	—	—	—	—	—	—	—	—
	max	0.12	0.16	0.2	0.25	0.3	0.4	0.5	1.5	2	2.5	3
d_p	min	0.35	0.55	0.75	1.25	1.75	2.25	3.2	3.7	5.2	6.64	8.14
	max	0.6	0.8	1	1.5	2	2.5	3.5	4	5.5	7	8.5
n	公称	0.2	0.25	0.25	0.4	0.4	0.6	0.8	1	1.2	1.6	2
	min	0.26	0.31	0.31	0.46	0.46	0.66	0.86	1.06	1.26	1.66	2.06
	max	0.4	0.45	0.45	0.6	0.6	0.8	1	1.2	1.51	1.91	2.31
t	min	0.4	0.56	0.64	0.72	0.8	1.12	1.28	1.6	2	2.4	2.8
	max	0.52	0.74	0.84	0.95	1.05	1.42	1.63	2	2.5	3	3.6
z	min	—	0.8	1	1.25	1.5	2	2.5	3	4	5	6
	max	—	1.05	1.25	1.5	1.75	2.25	2.75	3.25	4.3	5.3	6.3
GB/T 71—1985	l（公称长度）	2 ~ 6	2 ~ 8	3 ~ 10	3 ~ 12	4 ~ 16	6 ~ 20	8 ~ 25	8 ~ 30	10 ~ 40	12 ~ 50	14 ~ 60
	l（短螺钉）	2	2 ~ 2.5	2 ~ 2.5	2 ~ 3	2 ~ 3	2 ~ 4	2 ~ 5	2 ~ 6	2 ~ 8	2 ~ 10	2 ~ 12
GB/T 73—1985	l（公称长度）	2 ~ 6	2 ~ 8	2 ~ 10	25 ~ 12	3 ~ 16	4 ~ 20	5 ~ 25	6 ~ 30	8 ~ 40	10 ~ 50	12 ~ 60
	l（短螺钉）	—	2	2 ~ 25	2 ~ 3	2 ~ 3	2 ~ 4	2 ~ 5	2 ~ 6	2 ~ 6	2 ~ 8	2 ~ 10
GB/T 75—1985	l（公称长度）	—	25 ~ 8	3 ~ 10	4 ~ 12	5 ~ 16	6 ~ 20	8 ~ 25	8 ~ 30	10 ~ 40	12 ~ 50	14 ~ 60
	l（短螺钉）	—	2 ~ 25	2 ~ 3	2 ~ 4	2 ~ 5	2 ~ 6	2 ~ 8	2 ~ 10	2 ~ 14	2 ~ 16	2 ~ 20
l（系　列）		2，2.5，3，4，5，6，8，10，12，（14），16，20，25，30，35，40，45，50，（55），60										

注：1. 公称长度为商品规格尺寸。

2. 尽可能不采用括号内的规格。

四、键与销

附表 15　平键　键槽的剖面尺寸(GB/T 1095—2003)、普通平键(GB/T 1096—2003)摘编

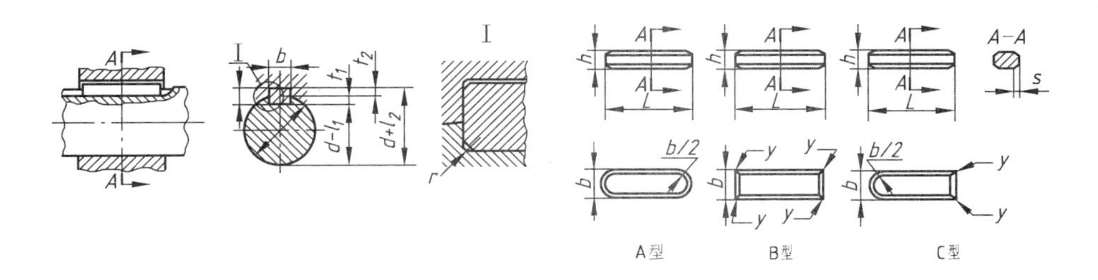

标记示例

宽度 b = 16 mm、高度 h = 10 mm、长度 L = 100 mm 普通 A 型平键的标记为:GB/T 1096　键 16 × 10 × 100

宽度 b = 16 mm、高度 h = 10 mm、长度 L = 100 mm 普通 B 型平键的标记为:GB/T 1096　键 B16 × 10 × 100

宽度 b = 16 mm、高度 h = 10 mm、长度 L = 100 mm 普通 C 型平键的标记为:GB/T 1096　键 C16 × 10 × 100

mm

<table>
<tr><th rowspan="5">键尺寸
b × h</th><th colspan="12">键　槽</th></tr>
<tr><th colspan="6">宽度 b</th><th colspan="4">深度</th><th colspan="2" rowspan="3">半径
r</th></tr>
<tr><th rowspan="3">基本
尺寸</th><th colspan="5">极限偏差</th><th colspan="2">轴 t₁</th><th colspan="2">毂 t₂</th></tr>
<tr><th colspan="2">正常联结</th><th>紧密联结</th><th colspan="2">松联结</th><th rowspan="2">基本
尺寸</th><th rowspan="2">极限
偏差</th><th rowspan="2">基本
尺寸</th><th rowspan="2">极限
偏差</th></tr>
<tr><th>轴 N9</th><th>毂 JS9</th><th>轴和毂 P9</th><th>轴 H9</th><th>毂 D10</th><th>min</th><th>max</th></tr>
<tr><td>2 × 2</td><td>2</td><td rowspan="2">−0.004
−0.029</td><td rowspan="2">±0.012 5</td><td rowspan="2">−0.006
−0.031</td><td rowspan="2">+0.025
0</td><td rowspan="2">+0.060
+0.020</td><td>1.2</td><td rowspan="5">+0.1
0</td><td>1.0</td><td rowspan="5">+0.1
0</td><td rowspan="3">0.08</td><td rowspan="3">0.16</td></tr>
<tr><td>3 × 3</td><td>3</td><td>1.8</td><td>1.4</td></tr>
<tr><td>4 × 4</td><td>4</td><td rowspan="3">0
−0.030</td><td rowspan="3">±0.015</td><td rowspan="3">−0.012
−0.042</td><td rowspan="3">+0.030
0</td><td rowspan="3">+0.078
+0.030</td><td>2.5</td><td>1.8</td></tr>
<tr><td>5 × 5</td><td>5</td><td>3.0</td><td>2.3</td><td rowspan="3">0.16</td><td rowspan="3">0.25</td></tr>
<tr><td>6 × 6</td><td>6</td><td>3.5</td><td>2.8</td></tr>
<tr><td>8 × 7</td><td>8</td><td rowspan="2">0
−0.036</td><td rowspan="2">±0.018</td><td rowspan="2">−0.015
−0.051</td><td rowspan="2">+0.036
0</td><td rowspan="2">+0.098
+0.040</td><td>4.0</td><td rowspan="11">+0.2
0</td><td>3.3</td><td rowspan="11">+0.2
0</td></tr>
<tr><td>10 × 8</td><td>10</td><td>5.0</td><td>3.3</td><td rowspan="6">0.25</td><td rowspan="6">0.40</td></tr>
<tr><td>12 × 8</td><td>12</td><td rowspan="4">0
−0.043</td><td rowspan="4">±0.021 5</td><td rowspan="4">−0.018
−0.061</td><td rowspan="4">+0.043
0</td><td rowspan="4">+0.120
+0.050</td><td>5.0</td><td>3.3</td></tr>
<tr><td>14 × 9</td><td>14</td><td>5.5</td><td>3.8</td></tr>
<tr><td>16 × 10</td><td>16</td><td>6.0</td><td>4.3</td></tr>
<tr><td>18 × 11</td><td>18</td><td>7.0</td><td>4.4</td></tr>
<tr><td>20 × 12</td><td>20</td><td rowspan="4">0
−0.052</td><td rowspan="4">±0.026</td><td rowspan="4">−0.022
−0.074</td><td rowspan="4">+0.052
0</td><td rowspan="4">+0.149
+0.065</td><td>7.5</td><td>4.9</td></tr>
<tr><td>22 × 14</td><td>22</td><td>9.0</td><td>5.4</td><td rowspan="5">0.40</td><td rowspan="5">0.60</td></tr>
<tr><td>25 × 14</td><td>25</td><td>9.0</td><td>5.4</td></tr>
<tr><td>28 × 16</td><td>28</td><td>10.0</td><td>6.4</td></tr>
<tr><td>32 × 18</td><td>32</td><td rowspan="5">0
−0.062</td><td rowspan="5">±0.031</td><td rowspan="5">−0.026
−0.088</td><td rowspan="5">+0.062
0</td><td rowspan="5">+0.180
+0.080</td><td>11.0</td><td>7.4</td></tr>
<tr><td>36 × 20</td><td>36</td><td>12.0</td><td rowspan="11">+0.3
0</td><td>8.4</td><td rowspan="11">+0.3
0</td></tr>
<tr><td>40 × 22</td><td>40</td><td>13.0</td><td>9.4</td><td rowspan="4">0.70</td><td rowspan="4">1.00</td></tr>
<tr><td>45 × 25</td><td>45</td><td>15.0</td><td>10.4</td></tr>
<tr><td>50 × 28</td><td>50</td><td>17.0</td><td>11.4</td></tr>
<tr><td>56 × 32</td><td>56</td><td rowspan="4">0
−0.074</td><td rowspan="4">±0.037</td><td rowspan="4">−0.032
−0.106</td><td rowspan="4">+0.074
0</td><td rowspan="4">+0.220
+0.100</td><td>20.0</td><td>12.4</td></tr>
<tr><td>63 × 32</td><td>63</td><td>20.0</td><td>12.4</td><td rowspan="3">1.20</td><td rowspan="3">1.60</td></tr>
<tr><td>70 × 36</td><td>70</td><td>22.0</td><td>14.4</td></tr>
<tr><td>80 × 40</td><td>80</td><td>25.0</td><td>15.4</td></tr>
<tr><td>90 × 45</td><td>90</td><td rowspan="2">0
−0.087</td><td rowspan="2">±0.043 5</td><td rowspan="2">−0.037
−0.124</td><td rowspan="2">+0.087
0</td><td rowspan="2">+0.260
+0.120</td><td>28.0</td><td>17.4</td><td rowspan="2">2.00</td><td rowspan="2">2.50</td></tr>
<tr><td>100 × 50</td><td>100</td><td>31.0</td><td>19.5</td></tr>
</table>

附表 16 半圆键 键槽的剖面尺寸(GB/T 1098—2003)、普通型半圆键(GB/T 1099.1—2003)摘编

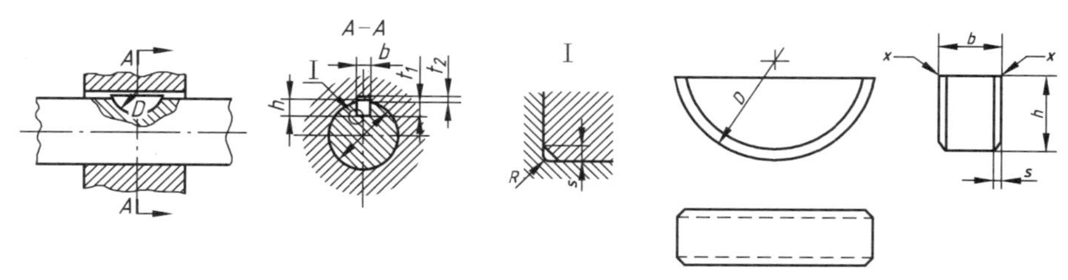

标记示例

宽度 $b=6$ mm、高度 $h=10$ mm、直径 $D=25$ mm 普通型半圆键的标记为：

GB/T 1099.1 键 6×10×25

mm

键尺寸 $b\times h\times D$	键槽											
	宽度 b						深度				半径 r	
	基本尺寸	极限偏差					轴 t_1		毂 t_2			
		正常联结		紧密联结	松联结							
		轴 N9	毂 JS9	轴和毂 P9	轴 H9	毂 D10	基本尺寸	极限偏差	基本尺寸	极限偏差	max	min
1×1.4×4 1×1.1×4	1	−0.004 −0.029	±0.012 5	−0.006 −0.031	+0.025 0	+0.060 +0.020	1.0	+0.1 0	0.6	+0.1 0	0.16	0.18
1.5×2.6×7 1.5×2.1×7	1.5						2.0		0.8			
2×2.6×7 2×2.1×7	2						1.8		1.0			
2×3.7×10 2×3×10	2						2.9		1.0			
2.5×3.7×10 2.5×3×10	2.5						2.7		1.2			
3×5×13 3×4×13	3						3.8	+0.2 0	1.4			
3×6.5×16 3×5.2×16	3						5.3		1.4			
4×6.5×16 4×5.2×16	4	0 +0.030	±0.015	−0.012 −0.042	+0.030 0	+0.078 +0.030	5.0		1.8		0.25	0.16
4×7.5×19 4×6×19	4						6.0		1.8			
5×6.5×16 5×5.2×19	5						4.5		2.3			
5×7.5×19 5×6×19	5						5.5		2.3			
5×9×22 5×7.2×22	5						7.0	+0.3 0	2.3			
6×9×22 6×7.2×22	6						6.5		2.8			
6×10×25 6×8×25	6						7.5		2.8	+0.2 0		
8×11×28 8×8.8×28	8	0 −0.036	±0.018	−0.015 −0.051	+0.036 0	+0.098 +0.040	8.0		3.3		0.40	0.25
10×13×32 10×10.4×32	10						10		3.3			

附表 17　圆柱销　不淬硬钢和奥氏体不锈钢(GB/T119. 1—2000)
圆柱销　淬硬钢和马氏体不锈钢(GB/T119. 2—2000)摘编

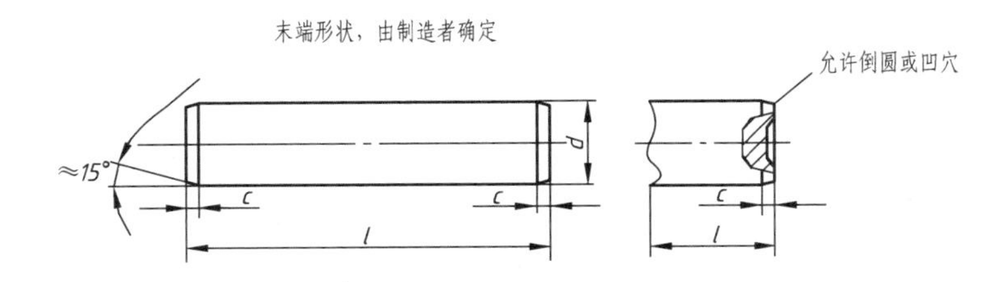

标记示例

公称直径 $d=6$ mm、公差为 m6、公称长度 $l=30$ mm、材料为钢、不经淬火、不经表面处理的圆柱销：

销　GB/T 119. 1　6　m6 × 30

公称直径 $d=6$ mm、公差为 m6、公称长度 $l=30$ mm、材料为钢、普通淬火(A 型)、表面氧化处理的圆柱销：

销　GB/T 119. 2　6 × 30

mm

d(公称)		1. 5	2	2. 5	3	4	5	6	8
c ≈		0. 3	0. 35	0. 4	0. 5	0. 63	0. 8	1. 2	1. 6
l(商品长度范围)	GB/T 119. 1	4 ~ 16	6 ~ 20	6 ~ 24	8 ~ 30	8 ~ 40	10 ~ 50	12 ~ 60	14 ~ 80
	GB/T 119. 2	4 ~ 16	5 ~ 20	6 ~ 24	8 ~ 30	10 ~ 40	12 ~ 50	14 ~ 60	18 ~ 80
d(公称)		10	12	16	20	25	30	40	50
c ≈		2	2. 5	3	3. 5	4	5	6. 3	8
l(商品长度范围)	GB/T 119. 1	18 ~ 95	22 ~ 140	26 ~ 180	35 ~ 200 以下	50 ~ 200 以下	60 ~ 200 以下	80 ~ 200 以下	95 ~ 200 以下
	GB/T 119. 2	22 ~ 100 以下	26 ~ 100 以下	40 ~ 100 以下	50 ~ 100 以下	—	—	—	—
l(系列)		3,4,5,6,8,10,12,14,16,18,20,22,24,26,28,30,32,35,40,45,50,55,60,65,70,80,85,90,95,100,120,140,160,180,200···							

注：1. 公称直径 d 的公差：GB/T 119. 1—2000 规定为 m6 和 h8，GB/T 119. 2—2000 仅 m6。其他公差由供需双方协议。
2. GB/T 119. 2—2000 中淬硬钢按淬火方法不同，分为普通淬火(A 型)和表面淬火(B 型)。
3. GB/T 119. 1—2000 中公称长度大于 200 mm，按 20 mm 递增；GB/T 119. 2—2000 中公称长度大于 100 mm，按 20 mm 递增。

附表 18　圆锥销(GB/T 117－2000)摘编

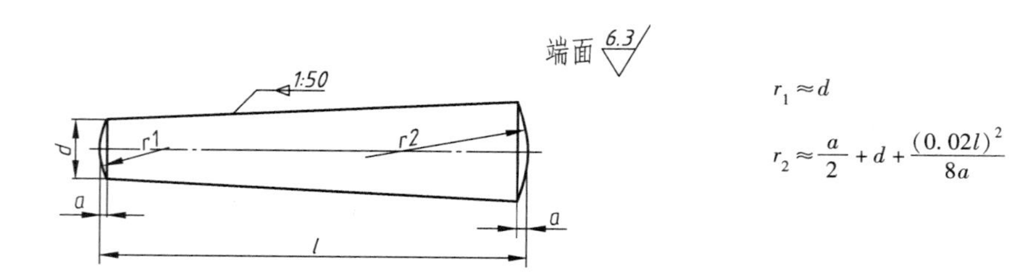

$r_1 \approx d$

$r_2 \approx \frac{a}{2} + d + \frac{(0.02l)^2}{8a}$

标记示例

公称直径 d＝6 mm、公称长度 l＝30 mm、材料为 35 钢、热处理硬度 HRC28～38、表面氧化处理的 A 型圆锥销：

销　GB/T 117 6×30

mm

d(公称)	0.6	0.8	1	1.2	1.5	2	2.5	3	4	5
$a\approx$	0.08	0.1	0.12	0.16	0.2	0.25	0.3	0.4	0.5	0.63
l(商品长度范围)	4～8	5～12	6～16	6～20	8～24	10～35	10～35	12～45	14～55	18～60
d(公称)	6	8	10	12	16	20	25	30	40	50
$a\approx$	0.8	1	1.2	1.6	2	2.5	3	4	5	6.3
l(商品长度范围)	22～90	22～120	22～160	32～180	40～200 以上	45～200 以上	50～200 以上	55～200 以上	60～200 以上	65～200 以上
l(系列)	2,3,4,5,6,8,10,12,14,16,18,20,22,24,26,28,30,32,35,40,45,50,55,60,65,70,75,80,85,90,95,100,120,140,160,180,200…									

注：1. 公称直径 d 的公差规定为 h10，其他公差如 a11、c11 和 f8 由供需双方协议。

2. 圆锥销有 A 型和 B 型。A 型为磨削，锥面表面粗糙度 R_a＝0.8 μm；B 型为切削或冷镦，锥面表面粗糙度 R_a＝3.2 μm。

3. 公称长度大于 200 mm，按 20 mm 递增。

五、滚动轴承

附表 19　滚动轴承(GB/T276—1994)(摘录)

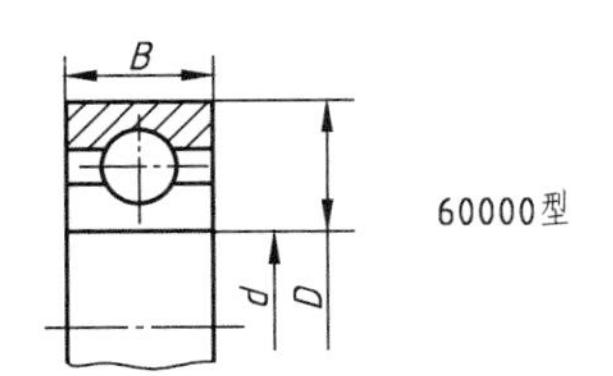

轴承型号	尺寸/mm			轴承型号	尺寸/mm		
	d	D	B		d	D	B
10 系列				02 系列			
6000	10	26	8	6200	10	30	9
6001	12	28	8	6201	12	32	10
6002	15	32	9	6202	15	35	11
6003	17	35	10	6203	17	40	12
6004	20	42	12	6204	20	47	14
6005	25	47	12	6205	25	52	15
6006	30	55	13	6206	30	62	16
6007	35	62	14	6207	35	72	17
6008	40	68	15	6208	40	80	18
6009	45	75	16	6209	45	85	19
6010	50	80	16	6210	50	90	20
6011	55	90	18	6211	55	100	21
6012	60	95	18	6212	60	110	22
6013	65	100	18	6213	65	120	23
6014	70	110	20	6214	70	125	24
6015	75	115	20	6215	75	130	25
6016	80	125	22	6216	80	140	26
6017	85	130	22	6217	85	150	28
6018	90	140	24	6218	90	160	30
6019	95	145	24	6219	95	170	32
6020	100	150	24	6220	100	180	34
6021	105	160	26	6221	105	190	36
6022	110	170	28	6222	110	200	38
6024	120	180	28	6224	120	215	40
6026	130	200	33	6226	130	230	40
6028	140	210	33	6228	140	250	42
6030	150	225	35	6230	150	270	45

附表 20 单向推力轴承(GB/T301—1995)(摘录)

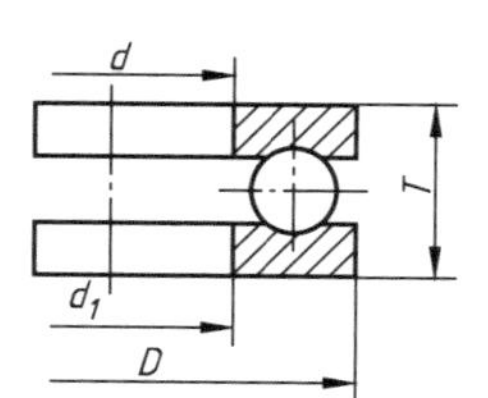

5100型

轴承型号	尺寸/mm		
	d	D	T
11 系列			
51100	10	24	9
51101	12	26	9
51102	15	28	9
51103	17	30	9
51104	20	35	10
51105	25	42	11
51106	30	47	11
51107	35	52	12
51108	40	60	13
51109	45	65	14
51110	50	70	14
51111	55	78	16
51112	60	85	17
51113	65	90	18
51114	70	95	18
51115	75	100	19
51116	80	105	19
51117	85	110	19
51118	90	120	22
51120	100	135	25
51122	110	145	25
51124	120	155	25
51126	130	170	30
51128	140	180	31
51130	150	190	31
12 系列			
51200	10	26	11
51201	12	28	11
51202	15	32	12
51203	17	35	12
51204	20	40	14
51205	25	47	15
51206	30	52	16
51207	35	62	18
51208	40	68	19
51209	45	73	20
51210	50	78	22
51211	55	90	25
51212	60	95	26
51213	65	100	27
51214	70	105	27
51215	75	110	27
51216	80	115	28
51217	85	125	31
51218	90	135	35
51220	100	150	38
51222	110	160	38
51224	120	170	39
51226	130	190	45
51228	140	200	46
51230	150	215	50
13 系列			
51305	25	52	18
51306	30	60	21
51307	35	68	24
51308	40	78	26
51309	45	85	28
51310	50	95	31
51311	55	105	35
51312	60	110	35
51313	65	115	36
51314	70	125	40
51315	75	135	44
51316	80	140	44
51317	85	150	49

参考文献

1 上官家桂. 机械制图一点通[M]. 北京:机械工业出版社,2009
2 吴敏慧. 麻淑英 机械工人专业制图[M]. 北京:机械工业出版社 1998
3 宋敏生. 机械识图技巧[M]. 北京:机械工业出版社,2007
4 刘力. 机械制图[M]. 北京:高等教育出版社,2000
5 李文. 机械制图[M]. 天津:天津大学出版社,2008
6 机械工业教育协会编. 工程制图[M]. 北京:机械工业出版社,